"十二五"职业教育国家规划教材
经全国职业教育教材审定委员会审定

微生物检验

(第二版)

郝生宏　关秀杰　主编

化学工业出版社
·北京·

《微生物检验》(第二版) 从企业的实际要求出发，分析了企业微生物检测典型的工作任务，对工作任务中包含的关键技能进行了分析，同时参考国家职业标准有关要求，按照突出重点、覆盖全面、难易结合的原则，形成“以企业微生物典型检验任务为出发点，以微生物学基本技能为切入点”的教材编写思路，筛选出了微生物形态检测、微生物消毒灭菌、微生物培养基制备、微生物接种、微生物分离纯化、微生物计数、微生物菌种保藏、微生物生理生化鉴定、微生物血清学鉴定等9项基本技能，并以9项基本技能为基础，重点培养学生对食品微生物和食品生产环境微生物的综合检测能力，将食品微生物检验室的筹建和质量管理作为教材制高点，作为学生更高的职业目标的贮备能力。

本书配有电子课件与《学生实践技能训练手册》，可从 www.cipedu.com.cn 下载使用。

本书适合作为高等职业院校农产品加工与质量检测、绿色食品生产与检验、食品检测技术、食品营养与卫生、食品质量与安全、食品营养与检测等食品类专业教材，也可作为相关技术人员的参考用书和行业培训教材。

图书在版编目 (CIP) 数据

微生物检验/郝生宏，关秀杰主编. —2版. —北京：化学工业出版社，2015.12 (2022.6重印)
“十二五”职业教育国家规划教材
ISBN 978-7-122-25649-2

Ⅰ.①微… Ⅱ.①郝…②关… Ⅲ.①微生物检定-高等职业教育-教材 Ⅳ.①Q93-331

中国版本图书馆CIP数据核字 (2015) 第264798号

责任编辑：李植峰 迟 蕾　　装帧设计：张 辉
责任校对：边 涛

出版发行：化学工业出版社 (北京市东城区青年湖南街13号 邮政编码100011)
印　　装：北京科印技术咨询服务有限公司数码印刷分部
787mm×1092mm 1/16 印张18¼ 字数481千字 2022年6月北京第2版第5次印刷

购书咨询：010-64518888　　售后服务：010-64518899
网　　址：http://www.cip.com.cn
凡购买本书，如有缺损质量问题，本社销售中心负责调换。

定　　价：48.00元

《微生物检验》（第二版）编审人员

主　　编　郝生宏　关秀杰

副 主 编　吴佳莉　杨荣芳　金 岩　刘权树

参编人员（按姓名汉语拼音排列）

曹乐民（河南农业职业学院）
高慧君（大连市韩伟集团）
关秀杰（辽宁农业职业技术学院）
郝生宏（辽宁农业职业技术学院）
胡志凤（黑龙江农业职业技术学院）
金　岩（北华大学林学院）
刘权树（营口市疾病预防控制中心）
孙　睿（佳木斯大学）
王成义（大连市真爱果业有限公司）
吴佳莉（辽宁农业职业技术学院）
吴翊馨（沈阳体育学院）
徐启红（漯河职业技术学院）
燕香梅（辽宁省沈阳市农业检测中心）
杨　灵（河南轻工职业学院）
杨荣芳（辽宁农业职业技术学院）
杨玉红（鹤壁职业技术学院）

主　　审　王安国（吉林省德大集团）

前　言

随着人们生活水平的不断提高，对食品数量的需求已经逐步过渡到对食品品质的要求，近几年，大量的食品安全事件被曝光，引发了人们对食品安全的极大关注。国家和政府高度重视食品安全问题，新修订的《中华人民共和国食品安全法》在2015年正式颁布实施。2011年8月国家开展了全国性的“打四黑、除四害”行动，其中三项（打击制售假劣食品药品的“黑作坊”、打击制售假劣生产生活资料的“黑工厂”、打击收赃销赃的“黑市场”）涉及了食品生产、运输、销售等关键环节。2013年，十八届三中全会中提出“完善统一权威的食品药品安全监管机构，建立最严格的覆盖全过程的监管制度，建立食品原产地可追溯制度和质量标识制度，保障食品药品安全。”可见，政府已把食品安全问题作为关乎国家和民族存亡的重大问题来抓，成为中国未来若干年持续的热点和敏感问题，相关企业的食品安全管理策略和措施也将随之面临调整和改进。

微生物的污染和防控是保障食品安全的一个基本环节，涉及食品原料的管理、生产过程的管理、储存管理、运输管理、销售管理等全过程。在食品企业的HACCP体系中，对微生物的防控是重要内容，具备扎实的微生物理论和操作技能对于满足未来食品企业品质管理和品质检验要求具有重要的意义。微生物检测是食品类专业的核心课程，也是食品行业和食品企业的关键技术。

本教材从企业的实际要求出发，分析了企业微生物检测典型的工作任务，对工作任务中包含的关键技能进行了分析，同时参考国家职业标准有关要求，按照突出重点、覆盖全面、难易结合的原则，形成“以企业微生物典型检验任务为出发点，以微生物学基本技能为切入点”的教材编写思路。筛选出了微生物形态检测、微生物消毒灭菌、微生物培养基制备、微生物接种、微生物分离纯化、微生物计数、微生物菌种保藏、微生物生理生化鉴定、微生物血清学鉴定等9项基本技能，并以9项基本技能为基础，重点培养学生对食品微生物和食品生产环境微生物的综合检测能力，将食品微生物检验室的筹建和质量管理作为教材制高点，作为学生更高的职业目标的贮备能力。

本书对传统微生物检测的知识和技能体系进行了较大调整，在编写体例上力求有所突破和创新，特别强调技能的实用性和难度的延伸性，试图在学生专业能力、社会能力的培养方面实现系统化的均衡发展，为学生未来职业规划提供有力的专业背景支撑，教材系统地、有针对性地形成了“双能力（微生物检测能力和实验室管理能力）并行，职业技能贯通（食品检验工—实验室主管）”的编写特色。本书配有电子课件和《学生实践技能训练手册》，可从www.cipedu.com.cn下载使用。

本书在编写过程中参阅了近年大量的微生物教材、国家标准、行业规范、企业文件，同时得到了食品论坛众多网友的支持，在此一并表示感谢。

本教材虽在一版基础上进行了认真修订，但也难免存在欠妥之处，敬请同行批评指正，编写组将不胜感激。

编者

2016 年 4 月

第一版前言

随着人们生活水平的不断提高，对食品数量的需求已经逐步过渡到对食品品质的要求。近几年，大量的食品安全事件被曝光，引发了人们对食品安全的极大关注。国家和政府高度重视食品安全问题，新的《中华人民共和国食品安全法》在2009年正式颁布实施，配套的《食品安全国家标准管理办法》在2010年相继颁布。2011年8月，国家又开展了全国性的“打四黑除四害”行动，其中三项（打击制售假劣食品药品的“黑作坊”、打击制售假劣生产生活资料的“黑工厂”、打击收赃销赃的“黑市场”）都涉及了食品的生产、运输、销售等关键环节。政府已把食品安全问题作为关乎国家和民族存亡的重大问题来抓，它将是中国未来若干年持续的热点和敏感问题。

微生物污染的防控是保障食品安全的一个基本环节，涉及食品原料的管理、生产过程的管理、储存管理、运输管理、销售管理等食品流通的全过程。在食品企业的HACCP体系中，对微生物的防控是重要内容，具备扎实的微生物理论和操作技能对于满足未来食品企业的品质管理要求具有重要的意义。微生物检验是食品类专业的核心课程，也是食品行业和食品企业的核心技术。

本教材从企业的实际要求出发，分析了企业中微生物检测典型的工作任务，对工作任务中包含的关键技能进行了分析，同时参考国家职业标准的有关要求，按照突出重点、覆盖全面、难易结合的原则，形成“以企业微生物典型检验任务为出发点，以微生物基本操作技能为切入点”的教材编写思路。筛选出了微生物观察技术、微生物消毒灭菌技术、微生物接种技术、微生物培养基制备技术、微生物分离纯化技术、微生物计数技术、微生物菌种保藏技术7项基本技能，以7项基本技能为基础，重点培养对食品微生物和环境微生物的综合检测能力，将食品微生物检验室质量管理作为教材的制高点，引导学生向更高的职业目标迈进。教材系统地、有针对性地构建了食品微生物检验人员的知识和能力框架，形成了“双能力（微生物检测能力和实验室管理能力）融合，职业技能贯通（食品检验工—实验室主管）”的教材编写特色。

本书由郝生宏、关秀杰担任主编，其中绪论由郝生宏、金岩编写；模块一的任务一由金岩编写；模块一的任务二、三、四；附录一、二、三、四由胡志凤编写；模块一的任务五、六、七由孙睿编写；模块二的任务一由关秀杰编写；模块二的任务二由吴佳莉编写；模块三由关秀杰编写；模块四由郝生宏编写；杨荣芳负责附录五的编写；郝生宏、杨荣芳负责附录六的编写；杨荣芳、胡克伟、魏丽红、肖彦春、雷恩春、蔡智军、郑虎哲、刘丽云、李文一、富新华、郝长红、李晗负责前期企业调研和任务分析；燕香梅、王成义、高慧君给教材编写提供了宝贵建议；郝生宏负责教材大纲的编制和后期统稿。

本书由吉林省德大集团的王安国担任主审。

本书在编写过程中参阅了近年大量的微生物教材、国家标准、行业规范、企业文件，同时得到了食品论坛众多网友的支持，在此一并表示感谢。

本书适用于农产品检测、食品加工、食品营养等食品类专业，在知识和技能体系方面进行了较大的调整，力求有所突破和创新，但难免存在考虑不周之处，敬请同行批评指正，编写组将不胜感激。

编者

2012年4月

目录

绪　论

【学习目标】

- 熟悉微生物的概念、分类和特点。
- 了解微生物在自然界的分布情况。
- 了解微生物与食品安全的关系。
- 知道微生物检验的范围。
- 了解微生物检验的发展方向。

当你清晨喝着可口的酸奶，品尝着香甜的面包时，你就已经开始享受微生物给你带来的美味；当你患病而躺在医院的病床上，经受病痛的折磨时，可能是有害的微生物入侵了你的身体；当抗生素类药物使你恢复健康时，你得感谢微生物给你带来的益处，因为抗生素是微生物的“奉献”。然而，有时高剂量的抗生素注射入你的体内后，效果甚微，甚至毫无效果，这也正是微生物的恶作剧——病原微生物对药物产生了耐药性。微生物在许多重要产品，例如奶酪、啤酒、抗生素、疫苗、维生素及酶等的生产中起着不可替代的作用，但同时也是食品污染的罪魁祸首。可以说，微生物与人类关系的重要性，怎么强调都不过分。微生物是一把十分锋利的双刃剑，它们在给人类带来巨大利益的同时也带来“残忍”的破坏。要想使微生物更好地为人类服务，做到在生产生活中能对其有效防控，必须熟悉微生物的活动规律、生活习性，这是人类认识并利用微生物的主要目标。

一、微生物的概念

（一）什么是微生物

微生物是一切肉眼看不见或看不清的微小生物的总称。它们广泛存在于自然界，形体微小、数量繁多、肉眼看不见，是需借助于光学显微镜或电子显微镜放大几倍、数百倍、数千倍甚至数万倍，才能观察到的最低等的微小生物。

（二）微生物的种类

微生物包括的类群十分庞杂，根据它们的细胞结构组成和进化水平的差异，可把它们分为三类。

1. 非细胞型微生物

这类微生物没有典型的细胞结构，只由核酸和蛋白质构成，或只含一种成分。它们不能独立生活，只能寄生在活细胞内。病毒、亚病毒（类病毒、拟病毒、朊病毒）都是非细胞型微生物。

2. 原核细胞型微生物

原核细胞是比较低级和原始的一类细胞，其主要特点是细胞分化程度低，没有成形的细胞核，遗传物质散在于细胞质中形成核区。除核糖体外，细胞质中没有其他成形的细胞器。最主要的原核细胞型微生物是细菌，还包括支原体、衣原体、立克次体、螺旋体、放线菌等。

3. 真核细胞型微生物

真核细胞的细胞核分化程度较高，有核膜、核仁和染色体，细胞内有多种不同功能的细胞器。真菌（如酵母菌、霉菌）、原生动物、显微藻类等都是真核细胞型微生物。

二、微生物的特点

微生物由于其个体都极其微小，由此形成了一系列与之密切相关的五个重要共性，即体积小、面积大；吸收多，转化快；生长旺，繁殖快；适应强，易变异；分布广，种类多。

1. 体积小，面积大

微生物的个体极其微小，必须借助显微镜放大几倍、数百倍、数千倍，乃至数万倍才能看清。

以细菌中的杆菌为例可以形象地说明微生物个体的细小。杆菌的宽度是 0.5μm，因此 80 个杆菌“肩并肩”地排列成横队，也只有一根头发丝的宽度。杆菌的长度约 2μm，故 1500 个杆菌头尾衔接起来仅有一粒芝麻长。

我们知道，把一定体积的物体分割得越小，它们的总表面积就越大，可以把物体的表面积和体积之比称为比表面积。如果把人的比表面积值定为 1，则大肠杆菌的比表面积值竟高达 30 万！这样一个小体积大面积系统是微生物与一切大型生物在许多关键生理特征上的区别所在。

由于微生物是一个如此突出的小体积大面积系统，从而赋予它们具有不同于一切大型生物的五个重要共性。因为一个小体积大面积系统，必然有一个巨大的营养物质的吸收面、代谢废物的排泄面和环境信息的交换面，并由此产生其余四个共性。

2. 吸收多，转化快

微生物的比表面积大得惊人，所以它们与外界环境的接触面特别大，这非常有利于微生物通过体表吸收营养和排泄废物。因此，它们的“胃口”十分庞大。而且，微生物的食谱又非常广泛，凡是动植物能利用的营养，微生物都能利用，大量的动植物不能利用的物质，甚至剧毒的物质，微生物照样可以视为美味佳肴。如大肠杆菌（*Escherichia coli*）在合适的条件下，每小时可以消耗相当于自身重量 2000 倍的糖，而人要完成这样一个规模则需要 40 年之久。如果说一个 50kg 的人一天吃掉与体重等重的食物，恐怕无人会相信。

我们可以利用微生物的这个特性，发挥“微生物工厂”的作用，使大量基质在短时间内转化为大量有用的化工、医药产品或食品，使有害物质化为无害，将不能利用的物质变为植物的肥料，为人类造福。

3. 生长旺，繁殖快

微生物以惊人的速度“生儿育女”。例如大肠杆菌在合适的生长条件下，12.5～20min 便可繁殖一代，每小时可分裂 3 次，由 1 个变成 8 个；每昼夜可繁殖 72 代，由 1 个细菌变成 4722366500 万亿个（重约 4722t）；经 48h 后，则可产生 2.2×10^{43}个后代，如此多的细菌的重量约等于 4000 个地球之重。

当然，由于种种条件的限制，这种疯狂的繁殖是不可能实现的。细菌数量的翻番只能维持几个小时，不可能无限制地繁殖。因而在培养液中繁殖细菌，它们的数量一般仅能达到每毫升 1 亿～10 亿个，最多达到 100 亿个。尽管如此，它们的繁殖速度仍比高等生物高出千万倍。

微生物的这一特性在发酵工业上具有重要意义，可以提高生产效率，缩短发酵周期。

4. 适应强，易变异

微生物具有极其灵活的适应性或代谢调节机制，这是任何高等动、植物所无法比拟的。主要也是因为它们体积小、面积大。

微生物对环境条件，尤其是地球上恶劣的“极端环境”具有惊人的适应力，如高温、高酸、高碱、高盐、高辐射、高压、低温、高毒等，堪称世界之最。

微生物的个体一般都是单细胞、简单多细胞或是非细胞的，它们通常是单倍体，加之具有繁殖快、数量多的特点，并且与外界环境直接接触，因此，即使其变异频率十分低（一般

为 10^{-10}～10^{-5})，也可在短时间内产生出大量变异的后代。有益的变异可为人类创造巨大的经济和社会效益，如产青霉素的菌种产黄青霉菌（*Penicillium chrysogenum*），1943 年，每毫升发酵液仅分泌约 20 单位的青霉素，至今早已超过 5 万单位；有害的变异则是人类各项事业中的大敌，如各种致病菌的耐药性变异使原本已得到控制的传染病变得无药可治，而各种优良菌种生产性状的退化则会使生产无法正常维持等。

5. 分布广，种类多

虽然人们不借助显微镜就无法看到微生物，可是它在地球上几乎无处不有，无孔不入。江、河、湖、海、土壤、空气及人和动物的体内都有许多微生物。

微生物种类繁多。迄今为止，我们所知道的微生物约有 10 万种，但据估计目前已知的微生物的种类只占地球上实际存在的微生物总数的 20%，所以，微生物很可能是地球上物种最多的一类。微生物资源是极其丰富的，但在人类生产和生活中仅开发利用了已发现微生物总数的 1%。

三、微生物污染

微生物在自然界中广泛分布，无处不在，随着自然环境的不同，其分布密度有着很大的差异。这些微生物可通过多种途径侵入到产品中造成污染，污染菌大量繁殖后，最终会造成产品的腐败变质。因此，了解自然界中微生物的分布，并有针对性地采取有效措施，对控制产品的微生物污染有着重要意义。对产品造成污染的微生物可能来自环境、人员、生产原料、生产器械及包装材料等。

（一）土壤

土壤是自然界中微生物生活最适宜的环境，它具有微生物所需要的一切营养物质和进行生长繁殖等生命活动的各种条件。土壤中的有机物为微生物提供了良好的碳源、氮源和能源；矿质元素的含量也很适于微生物的生长；土壤的酸碱度接近中性，缓冲性较强；渗透压大都不超过微生物的渗透压；土壤空隙中充满着空气和水分，基本上可以满足微生物的需要，为好氧和厌氧微生物的生长提供了良好的环境。此外，土壤的保温性能好，与空气相比，昼夜温差和季节温差的变化都不大。在表层土几毫米以下，微生物便可免于被阳光直射致死。这些都为微生物的生长繁殖提供了有利的条件，所以土壤有“微生物天然培养基”之称。这里的微生物数量最大，类型最多，也是人类利用微生物的主要来源。

土壤中的微生物包括细菌、放线菌、真菌、藻类和原生动物等多种类群。其中细菌最多，约占土壤微生物总量的 70%～90%，每克土壤中的数量可达 10^7～10^9 个，放线菌、真菌次之，藻类和原生动物等较少。许多病原微生物可随着动、植物残体以及人和动物的排泄物进入土壤，因此，土壤中的微生物既有非病原的，也有病原的。通常无芽孢菌在土壤中生存的时间较短，而有芽孢菌在土壤中生存的时间较长。例如沙门菌只能生存数天至数周，而炭疽杆菌、破伤风杆菌、梭状芽孢杆菌等，却能生存数年或更长时间。霉菌及放线菌的孢子在土壤中也能生存较长时间。

由于土壤中有大量微生物存在，是自然环境中一切微生物的总发源地，因此，土壤也是产品中微生物污染的重要来源。

（二）空气

空气中没有微生物生长繁殖所需要的营养物质和充足的水分，还有日光中紫外线的照射，因此，空气不是微生物良好的生存场所。但空气中却飘浮着许多微生物，这是由于土壤、水体、各种腐烂的有机物以及人和动物呼吸道、皮肤干燥脱落物及排泄物中的微生物，都可随着气流的运动被携带到空气中去。微生物小而轻，能随空气流动到处传播，因而微生物的分布是世界性的。

空气中的微生物主要是过路菌，以对干燥和射线有抵抗力的真菌、放线菌的孢子为主，还有各种球菌、芽孢杆菌、酵母菌等，也可能有病原体，尤其在医院、疫区或患者周围。如一个感冒病人，一声咳嗽可散播约10万个病菌，一个喷嚏含有约1500万个病菌。国外有研究发现，一个喷嚏可使飞沫以167km/h的时速运行，在1s内喷射到6m以外的地方。由此可见，空气是传播疾病的重要途径。

微生物在空气中的分布很不均匀，尘埃量多、污浊的空气中，微生物的数量也多。如在商场、医院、宿舍、城市街道等公共场所的空气中，微生物的数量最多；由于尘埃的自然沉降，所以越近地面的空气，其含菌量越高；而在海洋、高山、森林地带、终年积雪的山脉或高纬度地带的空气中，微生物的数量则甚少。

空气中的微生物是引起各类污染的主要原因。许多工业产品是部分或全部由有机物组成，因此易受空气中微生物的侵蚀，引起生霉、腐烂、腐蚀等；即使是无机物如金属、玻璃等，也可因微生物活动而产生腐蚀与变质，使产品的品质、性能、精确度、可靠性下降，带来巨大的损失。因此工业产品的防腐问题日益受到人们的重视。而食品、药品、化妆品、生物制品等产品如果暴露在空气中，则更易受到空气中微生物的污染，接触时间越长，则污染越严重。

（三）水

水体如海洋及陆地上的江河、湖泊、池塘、水库、小溪等，溶解或悬浮着多种无机物和有机物，可作为微生物的营养物质，所以水体是微生物栖息的第二天然场所。水中的微生物多来自于土壤、空气、污水或动植物尸体等，尤其是土壤中的微生物，常随同土壤被雨水冲刷进入江河、湖泊中。

微生物在水中的分布常受许多环境因子的影响，最重要的一个因子是营养物质。在远离人们居住地区的湖泊、池塘和水库中，有机物含量少，微生物也少，并以自养型种类为主。处于城镇等人口密集区的湖泊、河流以及下水道中，由于流入了大量的人畜排泄物、生活污水和工业废水等，有机物的含量大增，微生物的数量可高达每毫升10^7～10^8个，这些微生物大多数是腐生型细菌和原生动物，有时甚至还含有伤寒杆菌、痢疾杆菌、霍乱弧菌等病原体。这种污水如不经净化处理，是不能饮用的，也不宜作养殖用水。

水在产品的加工生产方面起着重要作用，用水来清洗生产车间、生产设备、产品原料、机械器具等，还要用水来保持工作人员的清洁卫生，因此水质的好坏对产品的卫生质量影响很大。如果产品用水不清洁，不符合国家水质卫生标准，那它就很可能成为产品中微生物污染的污染源和重要污染途径，其结果势必要影响产品的质量。

（四）人体

在正常生理状态下，人的体表及与外界相通的管腔中，如口腔、鼻咽腔、消化道和泌尿生殖道中均有大量的微生物存在，它们数量大、种类较稳定，且一般是有益无害的微生物，称为正常菌群。如皮肤上常见的细菌是表皮葡萄球菌，有时也有金黄色葡萄球菌存在；鼻腔中常见的有葡萄球菌、类白喉分枝杆菌；口腔中经常存在着大量的链球菌、乳酸杆菌和拟杆菌；胃中含有盐酸，不适于微生物生活，除少数抗酸菌外，进入胃中的微生物很快被杀死；人体肠道呈中性（或弱碱性），且含有被消化的食物，适于微生物的生长繁殖，所以肠道特别是大肠中含有很多微生物，可达数百万亿个，它们可随粪便排出，占粪便干重的1/3左右。除了这些正常菌群外，人感染了病原菌后，病原菌也可通过口腔、鼻腔等各种途径排出体外。

人接触产品时，人手造成的产品微生物污染是最为常见的。如果操作人员不注意个人的卫生及隔离、指甲不常修剪、本人患有疾病等，那么污染率就会提高。因此，产品的生产、包装、运输、储藏、销售过程中都可能造成人源因素所引起的微生物污染。

（五）产品原料及辅料

1. 植物原料及辅料

健康的植物在生长期与自然界广泛接触，其体表存在有大量的微生物。感染病后，植物组织内部会存在大量的病原微生物，这些病原微生物是在植物的生长过程中通过根、茎、叶、花、果实等不同途径侵入组织内部的。即使有些外观看上去是正常的水果或蔬菜，其内部组织中也可能有某些微生物的存在。有人从苹果、樱桃等组织内部分离出酵母菌，从番茄组织中分离出酵母菌和假单胞菌属的细菌，这些微生物是果蔬开花期侵入并生存于果实内部的。如果以这些果蔬为原料加工制成食品，由于原料本身带有微生物，而且在加工过程中还会再次感染，所制成的产品中有可能带有大量微生物。

粮食作为储藏期较长的农产品，其微生物污染问题尤为突出。据统计，全世界每年因霉变而损失的粮食就占总产量的2%左右。在各种粮食和饲料上的微生物以曲霉属、青霉属和镰孢（霉）属的一些种为主，其中曲霉属危害最大。花生、玉米等农作物最易被黄曲霉菌污染，部分黄曲霉菌株产生的黄曲霉毒素是一种强烈的致癌毒物，现已发现的黄曲霉毒素有十几种，其中以 B_1 的毒性和致癌性最强。该毒素对热稳定，300℃时才能被破坏，对人、家畜、家禽的健康危害极大。另一类剧毒致癌毒素为 T_2，由镰孢霉属的真菌产生，该毒素被人吸收后会引起白细胞下降和骨髓造血机能破坏，有少数国家曾用来制成生物武器。因此，以植物尤其是粮食为原料的产品，大多要进行霉菌及真菌毒素的检测。

2. 动物原料及辅料

禽畜的皮毛、消化道、呼吸道等与外界相通的管腔有大量微生物存在。与外界隔绝的组织（如肌肉、脂肪、心、肝、肾等脏器）和血流在健康的情况下是不含菌的，但如果受到病原体感染，患病的畜禽其器官及组织内部可能有微生物存在，形成组织病变。病变组织作为产品原料及辅料是不适宜的，若加工成食品，则是危险的。因此，针对动物原料及辅料，需要特别进行宰前检疫，即对待宰动物进行活体检查。

屠宰过程中卫生管理不当将为微生物的广泛污染提供机会。如使用非灭菌的刀具放血时，将微生物引入血液中，随着微弱、短暂的血液循环而扩散至身体的各部位。屠宰后的畜禽丧失了先天的防御机能，微生物侵入组织后会迅速繁殖。因此在屠宰、分割、加工、储存和肉的配销过程中的每一个环节，微生物的污染都可能发生。

健康动物的乳汁本身是无菌的，但患有传染病和乳房炎的病畜其乳汁中可能带有金黄色葡萄球菌、化脓性棒状杆菌、绿脓杆菌、克雷伯菌、布氏杆菌等。另外，其加工过程中也易被动物皮毛、容器工具、挤奶员的卫生习惯及挤奶前的尘埃等污染。

健康禽类所产生的鲜蛋内部本应是无菌的，但是鲜蛋中也经常可发现微生物存在。可能的原因是：①病原菌通过血液循环进入卵巢，在蛋黄形成时进入蛋中；②禽类的排泄腔内含有一定数量的微生物，当蛋从排泄腔排出体外时，由于蛋遇冷收缩，附在蛋壳上的微生物可穿过蛋壳进入蛋内；③鲜蛋储存期长或经过洗涤，环境中的微生物通过蛋壳上许多大小为4～6μm 的气孔而侵入到蛋内等。有些动物虽然不是产品加工的原料，也会使产品尤其是食品受到微生物污染，如老鼠、苍蝇、蟑螂等动物，都是携带和传播微生物或病原菌的重要媒介。

（六）加工机械和设备、包装材料

产品在从生产到消费的过程中，要接触许多设备、用具，它们清洁与否直接影响着产品的卫生质量，其中以食品的生产尤为突出。如在食品加工过程中，食品的汁液、颗粒黏附于加工器械设备和用具表面，若生产结束后设备没有得到彻底的清洗和灭菌，就会使原本少量的微生物大量繁殖，成为后来使用中的污染源，而造成食品污染。有些盛放食品的用具，若不加清洗或消毒而连续使用，也会使原本清洁的食品被污染。另外，如果产品符合卫生标准，而各种包装材料处理不当，也会带来微生物污染。一次性包装材料通常比循环使用的材料所带的微生物数量要少。

由于在产品的加工前、加工过程中和加工后都容易受到微生物的污染，如果不采取措施加以控制，在适宜的温、湿度条件下，它们会迅速繁殖造成产品的腐败变质。其中有的是病原微生物，有的能产生细菌毒素或真菌毒素，从而引起使用者中毒或其他严重疾病的发生。所以加强预防和控制措施，以保证产品的卫生质量就显得格外重要。

四、微生物与食品安全

"民以食为天，食以安为先"，食品安全一直是重要的公共卫生问题。它关系着消费者的身心健康和生命安全，关系着社会的稳定和经济的发展，是社会关注的热点。致病微生物引起的食品安全问题在世界范围内屡见不鲜，一旦发生，对公众的健康危害是明确而广泛的。据报道，全球仅 2005 年就有 180 万人死于腹泻病。这些病例的大部分可归因于食品和饮用水微生物污染。在工业发达国家，每年罹患微生物污染引起的食源性疾病的人口百分比高达 30%。美国疾控中心统计数据显示，美国每年约有 4800 万人患有微生物性食源性疾病。2011 年，美国因微生物因素引发的食品安全问题造成 3037 人死亡。2011 年，中国食源性疾病主动监测显示，我国平均 6.5 人中就有 1 人次罹患微生物污染引起的食源性疾病。有害微生物的防控已成为世界范围内食品安全保障体系的重要组成部分。

1995 年 10 月《中华人民共和国食品卫生法》颁布后，国家实行食品卫生监督制度，把食品安全纳入了法制化管理。2003 年我国开始实施"食品安全行动计划"，进一步加强食品安全管理。2005 年国家质量监督检验检疫总局发布的《食品生产加工企业质量安全监督管理实施细则》规定食品生产加工企业必须具有相应的食品生产加工专业技术人员，检验人员必须取得从事食品质量检验的资质，食品检验人员实行职（执）业资格管理制度。2009 年国家正式颁布《中华人民共和国食品安全法》（以下简称《食品安全法》），进一步规范和统一了食品生产、流通、销售、监督等方面的要求。为了解决食品安全问题，国家实施六大食品安全保障体系，其中包括加强"食品安全师"体系建设、强制实行食品质量安全市场准入制度（每个企业至少有一名持证上岗的专业"食品安全师"人员）、食品生产企业的食品实行强制检验制度等。由此全面地启动了食品行业的企业整改与建设，食品类企业进一步提升了 QS、HACCP、SSOP、GMP 等现行质量管理体系中微生物防控方面的措施。政府加大了监管范围和力度，我国目前已经在全国 31 个省（区、市）和新疆生产建设兵团开展食品安全风险监测，监测内容包括食品中化学污染物和有害因素监测、食源性致病菌监测及食源性疾病监测。2012 年在国家、省、地（市）和县的 2854 个疾控机构实施食物中毒报告工作，在全国 31 个省（市、区）和新疆生产建设兵团的 465 家县级以上试点医院设立了疑似食源性疾病异常病例/异常健康事件监测点，并启动开展了食源性疾病主动监测，建立国家食源性疾病主动监测网。2015 年国家对《食品安全法》进行了修订并颁布实施，进一步加大了食品安全的法治化管理。

五、食品企业微生物防控措施

（一）加强环境卫生管理

环境卫生的好坏对产品的卫生质量影响很大。环境卫生搞得好，其含菌量会大大下降，这样就会减少产品污染的概率；反之，环境卫生状况差，含菌量高，则污染概率增大。加强环境卫生管理，可着重从以下几个方面入手。

1. 做好粪便的卫生管理工作

粪便含菌量大，经常含有肠道致病菌、虫卵和病毒等，这些都可能成为产品的污染源。搞好粪便的卫生管理工作，要重点做好粪便的收集、运输和无害化处理。目前粪便的无害化处理主要采取堆肥法、沼气发酵法、药物处理法、发酵沉卵法等方法，达到杀死虫卵和病原菌、提高肥料利用率、减少环境污染的目的。

2. 做好污水的卫生管理工作

污水分为生活污水和工业污水两类。生活污水中含有大量的有机物质和肠道病原菌，工业污水中含有不同的有毒物质。为了保护环境，保护产品用水的水源，必须做好污水的无害化处理工作。目前活性污泥法、悬浮细胞法、生物膜法、氧化塘法都是处理污水的常用手段。

3. 做好垃圾的卫生管理工作

《中华人民共和国固体废物污染环境防治法》所确立的废弃物治理原则是减量化、资源化、无害化。所谓减量化就是尽量避免垃圾的产生；所谓资源化就是积极推进废弃物资源的综合利用；所谓无害化就是废弃物的收运、处置都应以环境相允许，对人体健康和环境不产生危害为原则。

食品企业不可避免地要产生很多生产垃圾，对于垃圾的处理一方面体现企业对卫生的防控管理水平，另一方面也是企业作为环境使用者应当承担的基本责任和义务对于固体废弃物，常采用的处理方法是填埋、堆肥、焚烧等，垃圾生物处理新型工艺因其完全符合废弃物治理原则，近年来得到了长足的发展。该工艺主要分为四个阶段：①过筛，回收可再生资源；②引入特定功能的微生物（主要是一些能高效降解有机物质，如降解纤维素、脂肪、蛋白质的微生物）进行好氧发酵或厌氧发酵，加速垃圾的降解过程；③同时收集发酵所产生的沼气；④经过充分发酵后的垃圾也是一种很好的农业肥料。

（二）企业常规卫生管理

为保证产品的卫生质量，不仅要加强环境卫生的管理，更要搞好企业内部的卫生管理，这点对药品生产、食品生产等企业显得尤为重要。在这些企业中，所有工作都应围绕着控制污染源和切断传播途径而开展，对产品的生产、储藏、运输、销售各环节都要制定严格的卫生管理办法，并且执行落实到位。对从业人员则必须加强卫生教育，使他们养成良好的卫生习惯。食品企业的工作人员还要定期到卫生防疫部门进行健康检查和带菌检查。我国规定患有痢疾、伤寒、传染性肝炎等消化道传染病（包括病原携带者）、活动性肺结核、化脓性或渗出性皮肤病的人员，不得从事接触食品的工作。患有上述疾病的职工必须停止直接接触食品的工作，待治愈或带菌消失后，方可恢复工作。

（三）加强产品卫生检测

对产品卫生要求比较高的企业，应设有微生物检验室，以便随时了解生产原料、生产环境及产品的卫生质量。经检测发现不符合卫生要求的产品，一方面要采取相应的措施及时处理；更重要的是要查出原因，找出污染源，以便采取有力的对策，保证今后能生产出符合卫生要求的产品。

除了生产企业要加强产品卫生检测外，各地各级的产品质量监督管理部门、卫生防疫部门也要定期或经常对产品进行采样化验，起到监督管理的作用。

六、微生物检验的范围

微生物检验是基于微生物学的基本理论，利用微生物试验技术，根据各类产品卫生标准的要求，研究产品中微生物的种类、性质、活动规律等，用以判断产品卫生质量的一门应用技术。

微生物检验的范围包括以下几点：①生产环境的检验。包括车间用水，空气，地面，墙壁等。②原辅料检验。包括食用动物，谷物，添加剂等一切原辅材料等。③食品的加工，储藏，销售诸环节的检验。包括食品从业人员的卫生状况，加工工具，运输车辆，包装材料等。④食品的检验。主要是对出厂食品，可疑食品及食物中毒食品的检验。我国卫生部颁布的食品微生物指标有菌落总数、大肠菌群、霉菌和酵母以及致病菌四项。

七、微生物检验技术的发展

微生物检验的常规技术包括显微技术，染色技术，灭菌和消毒技术，培养基制备技术，接种，分离纯化和培养技术，无菌取样技术，微生物的计数技术，菌种保藏技术，微生物常规鉴定技术等。

传统常规的微生物检测方法检测时限长，过程烦琐。随着食品、药品和其他工业的发展以及人们对各类产品质量安全的重视，传统检测方法已经远不能满足微生物检测的需要，迫切需求灵敏度更高、特异性更强、简便快捷的微生物检测技术和方法。建立和完善适应国际贸易的各类产品的微生物检测技术和体系迫在眉睫。

食品在生产、加工、储存、运输和销售等各个环节均可能受到微生物的污染。一旦污染，微生物将大量繁殖而引起食品腐败变质，或导致食源性感染和食物中毒。传统的检验方法主要包括形态检查和生化方法，准确性和灵敏度均较高，但涉及的实验较多、操作烦琐、需要时间较长，因此研究和建立食品微生物快速、准确、特异检验的新技术和新方法受到各国科学家的重视。近年来，随着生物学技术和微电子技术的发展，食品微生物快速检验技术也有了很大的进展。

（一）载体法

载体法包括快速测试片法、螺旋板系统法和滤膜法。载体法将稀释、培养和显色融为一体，大大简化了分析步骤，节约了分析时间，并且可以在取样的同时接种，更能准确地反映当时样本中真实的细菌数。

（二）代谢学技术

1. 电阻抗技术

电阻抗技术是指细菌在培养基内生长繁殖的过程中，会使培养基中的大分子物质，如碳水化合物、蛋白质和脂类等，代谢为具有电活性的小分子物质，如乳酸盐、醋酸盐等，这些离子态物质能增加培养基的导电性，使培养基的阻抗发生变化。通过检测培养基的电阻抗变化情况，即可判定细菌在培养基中的生长、繁殖特性。该法已用于食品中细菌总数、大肠杆菌、沙门菌、酵母菌、霉菌和支原体的检测，具有高敏感度、特异性、快速反应性和高度重复性等优点。

2. 微热量计技术

微热量计技术是通过测定细菌生长时热量的变化进行细菌的检出和鉴别。微生物在生长过程中产生热量，用微热量计测量产热量等数据，存储于计算机中，经过适当信号上的数字模拟界面，在记录器上绘制成以产热量对比时间组成的热曲线图。将试验所得的热曲线图，与已知细菌热曲线图直观比较，即可对细菌进行鉴别。

3. 放射测量技术

放射测量技术是根据细菌在生长繁殖过程中代谢碳水化合物产生CO_2的原理，把微量的放射性^{14}C标记引入碳水化合物或盐类等底物分子中进行检测的技术。在细菌生长时，这些底物被利用并释放出含放射性的$^{14}CO_2$，然后利用自动化放射测定仪（Bactec）测量$^{14}CO_2$的含量，可以根据$^{14}CO_2$的多少来判断细菌的数量。该方法已用于测定食品中的细菌，具有快速、准确度高和自动化等优点。

（三）免疫分析检测

1. 免疫荧光技术（IFT）

免疫荧光技术是将不影响抗原抗体活性的荧光素标记在抗体（或抗原）上，与其相应的抗原（或抗体）结合后，在荧光显微镜下呈现一种特异性荧光反应。可用来对沙门菌、李斯特菌（单核细胞增生李斯特菌）、葡萄球菌毒素、大肠杆菌（*E. coli O157*）等进行快速检测。该技术的主要优点是特异性强、敏感度高、速度快。但还存在不足，如非特异性染色问题尚未完全解决，结果判定的客观性不足，技术程序比较复杂。

2. 酶联免疫吸附技术（ELISA）

酶联免疫吸附技术是将抗原或抗体吸附于固相载体，在载体上进行免疫酶染色，底物显色后，通过定性或定量分析有色产物量确定样品中待测物质含量的技术。它结合了免疫荧光法和放射免疫测定法两种技术的优点，具有可定量、反应灵敏准确、标记物稳定、适用范围宽、结果判断客观、简便完全、检测速度快以及费用低等特点，可同时进行上千份样品的分析。

3. 酶联荧光免疫分析技术（VIDAS）

酶联荧光免疫分析技术将酶系统与荧光免疫分析结合起来，在普通酶免疫分析的基础上用理想的荧光底物代替生色底物，可提高分析的灵敏度和增宽测量范围，减少试剂的用量。酶放大技术、固相分离及荧光检测三者的联合将成为荧光免疫分析中最灵敏的方法。

（四）分子生物学检测方法

1. 分子杂交

分子杂交利用核糖核酸（RNA）和脱氧核糖核酸（DNA）可以和特定微生物的核酸相结合，来诊断和鉴别微生物。该法可以解决抗体检测的特异性问题，但需要相对大的样本量(10000～100000 个细菌)，才能获得明确的结果。因为样品中含大量的非特异微生物会干扰杂交结果，所以在食品微生物方面主要是利用琼脂平板上的细菌菌落进行杂交。

2. 聚合酶链式反应（PCR）

常规的 PCR 方法只能得出定性的结果，从而限制了其应用。随后发展的是定量 PCR 技术，包括与（最大可能数计数法 MPN）相结合的非直接定量 PCR 和直接定量 PCR。MPN-PCR 方法是将传统的 MPN 计数方法和 PCR 方法相结合，对样品中的靶细菌进行半定量。非直接定量 PCR 还包括非竞争性定量 PCR，是通过对同一反应管中的靶基因和另一段无关的内标序列（如管家基因）同步扩增进行的，通过内标产物对靶序列产物进行校正，从而得出相对的定量值。定量 PCR 不需要增菌，可直接作用于样品，在食物致病菌的检测方面很有用，但是试样处理过程相对烦琐，PCR 方法的敏感度非常高。

（五）基因芯片

基因芯片也叫 DNA 芯片、DNA 微阵列、寡核苷酸阵列，是采用原位合成或显微打印手段，将数以万计的 DNA 探针固化于支持物表面，产生二维 DNA 探针阵列，然后与标记的样品进行杂交，通过检测杂交信号来实现对生物样品快速、并行、高效地检测或医学诊断，由于常用硅芯片作为固相支持物，且在制备过程中运用了计算机芯片的制备技术，所以称之为基因芯片技术。

该技术可检测各种介质中的微生物，研究复杂微生物群体的基因表达。与传统的检测方法（细菌培养、生化鉴定、血清分型等）相比，基因芯片技术的先进性主要体现在：①基因芯片可以实现微生物的高通量和并行检测。一次实验即可得出全部结果；②操作简便快速。整个检测只需 4h 基本可以出结果（而传统方法一般需 4～7 d）；③特异性强，灵敏度高。

（六）分析化学技术

随着分析化学技术的日新月异，很多仪器分析手段和方法如高效液相色谱、气相色谱、气相色谱-质谱联用、液相色谱-质谱联用等，已显示出了在微生物检测中的潜力。这些方法不同于依赖微生物生物学特征的检测方法，而是通过分析微生物的化学组成（生物标志物）来区分和鉴定微生物，开辟了检测和鉴定微生物的新途径。

【拓展学习】

微生物学的发展简史

一、经验阶段

自古以来，人类在日常生活和生产实践中已经觉察到微生物的生命活动及其作用。早在4000 多年前的龙山文化时期，我们的祖先已能用谷物酿酒。殷商时代的甲骨文上也有酒、醴（甜酒）等的记载。在古希腊的石刻上记有酿酒的操作过程。在很早以前，我们的祖先就在狂犬病、伤寒和天花等的流行方式和防治方法方面积累了丰富经验。例如，在公元4世纪就有如何防治狂犬病的记载；又如，在10世纪的《医宗金鉴》中，有种痘预防天花的记载，这种方法后来相继传入俄国、日本、英国等。1796年，英国人詹纳发明了牛痘苗，为免疫学的发展奠定了基础。

二、形态学阶段

17世纪，荷兰人列文虎克发现了微生物，从而解决了认识微生物世界的第一个障碍。但在其后的两百年里，微生物学的研究基本停留在形态描述和分门别类阶段。

三、生理学阶段

从19世纪60年代开始，以法国巴斯德和德国科赫为代表的科学家将微生物学的研究推进到生理学阶段，并为微生物学的发展奠定了坚实的基础。

1857年，巴斯德通过著名的曲颈瓶试验彻底否定了生命的自然发生说。在此基础上，他提出了加热灭菌法，后来被人们称为巴氏消毒法，成功地解决了当时困扰人们的牛奶、酒类变质问题。巴斯德还研究了酒精发酵、乳酸发酵、醋酸发酵等，并发现这些发酵过程都是由不同的发酵菌引起的，从而奠定了初步的发酵理论。在此期间，巴斯德的三个女儿相继染病死去，不幸的遭遇促使他转而研究疾病的起源，并发现特殊的微生物是发病的病源。由此开始了19世纪寻找病原菌的黄金时期。巴斯德还发明了减毒菌苗，用以预防鸡霍乱病和牛羊炭疽病，发明并使用了狂犬病疫苗，为人类治病、防病做出了巨大贡献。巴斯德在微生物学各方面的研究成果促进了医学、发酵工业和农业的发展。

与巴斯德同时代的科赫对医学微生物学做出了巨大贡献。科赫首先论证了炭疽杆菌是炭疽病的病原菌，接着又发现了结核病和霍乱的病原菌，并提倡用消毒和灭菌法预防这些疾病的发生。科赫还建立了一系列研究微生物的重要方法，如细菌的染色方法、固体培养基的制备方法、琼脂平板的纯种分离技术等，这些方法一直沿用至今。科赫提出的某种微生物作为病原体所必须具备的条件，即科赫法则，至今仍指导着动植物病原体的确定。

四、生物化学阶段

20世纪以来，随着生物化学和生物物理学的不断渗透，再加上电子显微镜的发明和同位素示踪原子的应用，推动了微生物学向生物化学阶段发展。1897年，德国学者布希纳发现酵母菌的无细胞提取液与酵母菌一样可将糖液转化为酒精，从而确认了酵母菌酒精发酵的酶促过程，将微生物的生命活动与酶化学结合起来。一些科学家用大肠杆菌为材料所进行的一系列研究，都阐明了生物体的代谢规律和控制代谢的基本过程。进入20世纪，人们开始利用微生物进行乙醇、甘油、各种有机酸、氨基酸等的工业化生产。

1929年，弗莱明发现点青霉能够抑制葡萄球菌的生长，从而揭示出微生物间的拮抗关系，并发现了青霉素。此后，陆续发现的抗生素越来越多。抗生素除医用外，也用于防治动植物病害和食品保藏。

五、分子生物学阶段

1941年，比德尔等用X射线和紫外线照射链孢霉，使其产生变异，获得了营养缺陷型（即不能合成某种物质）菌株。对营养缺陷型菌株的研究，不仅使人们进一步了解了基因的作用和本质，而且为分子遗传学打下了基础。1944年，艾弗里第一次证实引起肺炎双球菌形成荚膜的物质是DNA。1953年，沃森和克里克在研究微生物DNA时提出了DNA分子的双螺旋结构模型。1961年，雅各布和莫诺在研究大肠杆菌诱导酶的形成过程中提出了操纵子学说，并阐明了乳糖操纵子在蛋白质生物合成中的调节控制机制，这一切为分子生物学奠定了重要基础。近几十年来，随着原核微生物DNA重组技术的出现，人们利用微生物生产出了胰岛素、干扰素等贵重药物，形成了一个崭新的生物技术产业。

微生物从发现到现在短短的300年间，特别是20世纪中期以后，已在人类的生活和生产实践中得到广泛的应用，并形成了继动、植物两大生物产业后的第三大产业。这是以微生物的代谢产物和菌体本身为生产对象的生物产业，所用的微生物主要是从自然界筛选或选育的自然菌种。21世纪，微生物产业除了更广泛地利用和挖掘不同生境（包括极端环境）的自然资源微生物外，基因工程菌将形成一批强大的工业生产菌，生产外源基因表达的产物，特别是药物的生产将出现前所未有的新局面，结合基因组学在药物设计上的新策略，将出现以核酸（DNA或RNA）为靶标的新药物（如反义寡核苷酸、肽核酸、DNA疫苗等）的大量生产，人类将完全征服癌症、艾滋病以及其他疾病。

此外，微生物工业将生产各种各样的新产品，例如，降解性塑料、DNA芯片、生物能源等。在21世纪将出现一批崭新的微生物工业，为全世界的经济和社会发展作出更大贡献。

【思考题】

1. 什么是微生物？它包括哪些类群？
2. 微生物有哪五大共性？其中最基本的是哪一个？为什么？
3. 分析造成产品微生物污染的原因有哪些？如何采取有效的措施加以预防和控制？
4. 你认为如何才能够保证微生物检验工作的质量和效率？

模块一　微生物学基本操作技能

任务一　微生物形态检测

【学习目标】

- 学习污染食品的主要微生物的形态、结构和功能。
- 熟知细菌、放线菌、酵母菌和霉菌的形态、结构、繁殖方式及群体特征。
- 熟知革兰染色的原理，革兰阴性菌和革兰阳性菌细胞壁的异同。
- 能熟练使用生物显微镜，独立完成革兰染色和微生物大小测定。

【理论前导】

一、细菌

细菌是微生物中数量最多的一大类群，结构简单，种类繁多，是大自然物质循环的主要参与者。细菌是以二分裂的方式繁殖、水生性较强的单细胞原核微生物。

食品的微生物污染中，细菌是重要的来源，占有很大比重。凡在温暖、潮湿和富含有机物质的地方都有各种细菌活动，常散发出特殊的臭味或酸败味。夏天，在固体食品表面有时会出现一些水珠状、鼻涕状、糨糊状等色彩多样的小突起，这就是细菌的集团，即菌落（单个的突起）或菌苔（成片的突起）。如果用小棒去挑动这些小突起，往往会拉出细丝，用手摸一下会有黏、滑的感觉。在液体中出现浑浊、沉淀或液面漂浮“白花”，并伴有小气泡冒出，也说明其中可能生长了大量细菌。

细菌与人类的生产、生活关系十分密切，在人类还未研究和认识细菌时，少数病原菌曾猖獗一时，夺走无数生命；不少腐败细菌还常常会引起食物和工农业产品腐烂变质；有些细菌还能引起动物疾病和植物病害。随着人类对细菌认识和研究的不断深入，由细菌引起的人类和动物、植物传染病已得到有效的控制，很多有益细菌被发掘出来，广泛应用在工业、农业、医学、环境等方面，为人类服务。

（一）细菌的形态及观察

1. 细菌的基本形态

常见的细菌有三种基本形态，分别是球状、杆状和螺旋状，其中以杆菌最为常见，球菌次之，螺旋菌较为少见，见图 1-1。

（1）球菌　细胞呈球形或椭圆形。根据这些细胞分裂产生的子代细胞所保持的一定空间排列方式，球菌可分为：单球菌、双球菌、链球菌、四联球菌、八叠球菌、葡萄球菌。

（2）杆菌　细胞呈杆状或圆柱形，在细菌中杆菌种类最多。杆菌外形较球菌复杂，可以分为多种，有短杆状、棒杆状、梭状、梭杆状、分枝状、螺杆状、竹节状（两端截平）和弯月状等。按杆菌细胞的排列方式分，则有链状、栅状、“八”字状以及由鞘衣包裹在一起的丝状等。

（3）螺旋菌　细胞呈弯曲杆状的细菌统称为螺旋菌。螺旋不到一周的称为弧菌，其菌体呈弧形或逗号状，如霍乱弧菌；螺旋 1 周或多周（小于 6 周），外形坚硬的称为螺菌；螺旋 6 周以上，体长而柔软的螺旋状细菌则专称螺旋体。

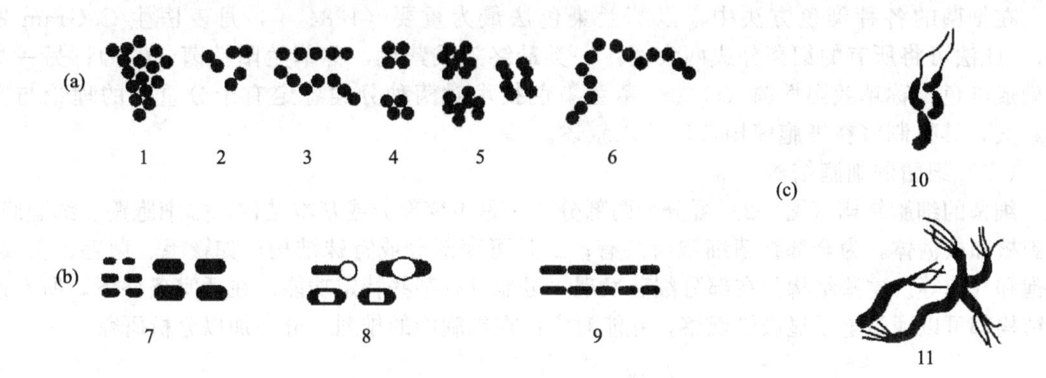

图 1-1　细菌的各种形态
(a) 球菌；(b) 杆菌；(c) 螺旋菌
1—单球菌（尿素微球菌）；2—双球菌（肺炎双球菌）；3—链球菌（溶血性链球菌）；
4—四联球菌（四联微球菌）；5—八叠球菌（尿素八叠球菌）；6—葡萄球菌（金黄色葡萄球菌）；
7—长杆菌和短杆菌；8—枯草芽孢杆菌；9—溶纤维梭菌；10—弧菌；11—螺菌

细菌除了上述三种基本形态外，还有许多其他形态，如梨状、叶球状、盘碟状、方形、星形及三角形等。

细菌的形态不是一成不变的，在环境因素如培养时间、培养温度、培养基的组成与浓度、菌龄、有害物质等的影响下，细菌的形态有时会发生变化。一般来说，幼龄时期的菌体生长条件适宜，形状正常、整齐。老龄时易出现异常形态。

2. 细菌的大小

细菌大小的度量单位是 μm（微米，10^{-6}m）。由于细菌的形状和大小受培养条件的影响，因此，测量菌体大小应以最适培养条件下培养 14～18h 的细菌为准。

球菌大小以其直径表示，大多数直径为 0.5～2.0μm；杆菌和螺旋菌以其长度×宽度表示，螺旋菌的长度是菌体两端点间的距离，不是其真正的长度。不同细菌的大小差异很大，典型细菌的代表大肠杆菌，其平均长度约 2μm，宽约 0.5μm。形象地说，若把 1500 个细菌的长径相连，仅等于一粒芝麻的长度（3mm）；如把 120 个细菌横向紧挨在一起，其总宽度才抵得上一根人发的粗细（60μm）。迄今最大的细菌是德国等国的科学家在非洲西部大陆架土壤中发现的纳米比亚嗜硫珠菌，它的直径为 0.32～0.1mm，肉眼清楚可见，它们以海底散发的硫化氢为主要营养来源，属于硫细菌类。最小的细菌是芬兰学者 E. O. Kajander 等发现的纳米细菌，它是一种可引起尿路结石的细菌，其直径只有 50nm，甚至比最大的病毒小。

3. 细菌的观察

由于细菌细胞微小且透明，通常在显微镜下观察前要先对菌体细胞进行染色，才能观察到其形态。细菌的染色方法很多，表 1-1 列出了常用的一些染色方法。

表 1-1　细菌观察常用的染色方法

细胞类型	染色方式	染色方法
死菌	正染色	简单染色法
		革兰染色法
		抗酸染色法
		芽孢染色法
		吉姆萨染色法
	负染色	荚膜染色法
活菌	活性染色	美蓝(亚甲蓝)染色法
		氯化三苯基四氮唑染色法

在细菌的各种染色方法中，以革兰染色法最为重要（1884 年，丹麦医生 C. Gram 发明），此法可将所有的细菌分成两大类：一类最终染成紫色，称革兰阳性菌（G^{+}）；另一类被染成红色，称革兰阴性菌（G^{-}）。革兰染色技术对菌种分类鉴定有十分重要的理论与实践意义，其机制将在细胞壁构造后予以叙述。

（二）细菌的细胞结构

细菌的细胞结构（图 1-2）可分为两部分：一是不变部分或基本结构，如细胞壁、细胞膜、细胞核和核糖体，为全部细菌细胞所共有；二是可变部分或特殊结构，如鞭毛、菌毛、荚膜、芽孢和气泡等。这些结构只在部分细菌发现，可能具有某些特定功能。在适宜条件下，所有这些结构都可以通过电子显微镜观察，并能对它们在细胞中的排列、分布加以分析研究。

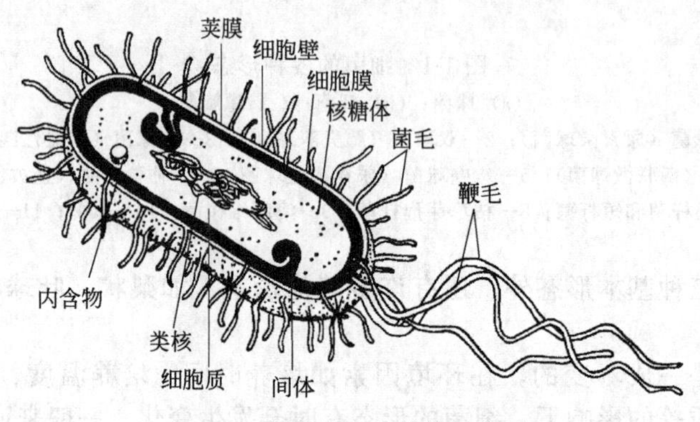

图 1-2　细菌的细胞结构示意图

1. 基本结构

（1）细胞壁　细胞壁是细胞质膜外面具有一定硬度和韧性的壁套，使细胞保持一定形状，保障其在不同渗透压条件下生长，即使在不良环境中也能防止胞溶作用。

细菌细胞壁的生理功能有：①保护原生质体免受渗透压变化引起破裂的作用；②维持细菌的细胞形态（可用溶菌酶处理不同形态的细菌细胞壁后，菌体均呈现圆形得到证明）；③细胞壁是多孔结构的分子筛，阻挡某些分子进入和保留蛋白质在间质（革兰阴性菌细胞壁和细胞质之间的区域）；④细胞壁为鞭毛提供支点，使鞭毛运动；⑤赋予细菌具有特定的抗原性、致病性以及对抗生素和噬菌体的敏感性。

不同细菌细胞壁的化学组成和结构不同，通过革兰染色可将细菌分为革兰阳性菌和革兰阴性菌。

革兰染色步骤如下：固定过的细胞用暗染色液例如结晶紫染色，接着加碘液媒染，细菌细胞壁内由于染色形成结晶紫与碘的复合物。随后加酒精从薄的细胞壁中洗出结晶紫与碘暗染色的复合物，但是结晶紫-碘复合物不能从厚的细胞壁中洗出。最后，用较浅的石炭酸复红复染。加石炭酸复红染色，使脱色的细胞呈粉红色，但在暗染色的细胞中没有看到粉红色，仍保持第一次的染色结果。保持原来染色（厚的细胞壁）的细胞称作革兰阳性，在光学显微镜下呈现蓝紫色。脱色的细胞（薄的细胞壁和外膜）称作革兰阴性，染成粉红色或淡紫色（表 1-2）。

表 1-2　革兰染色程序和结果

步　骤	方　法	结　果	
		阳性(G^{+})	阴性(G^{-})
初染	结晶紫 1～2min	紫色	紫色
媒染剂	碘液 1～2min	仍为紫色	仍为紫色
脱色	95%乙醇 20～25s	保持紫色	脱去紫色
复染	番红(或复红)3～5min	仍显紫色	红色

细菌对革兰染色的反应主要与其细胞壁的结构有关（表 1-3）。

表 1-3 革兰阳性菌和革兰阴性菌细胞壁的特征比较

特 征	G^+菌	G^-菌	特 征	G^+菌	G^-菌
肽聚糖	层厚	层薄	壁质间隙	很薄	较厚
类脂	极少	脂多糖	细胞状态	僵硬	僵硬或柔韧
外膜	缺	有			

革兰阳性菌细胞壁的特点是厚度大（20～80nm）和化学组成简单，一般含有 90％肽聚糖和 10％磷壁酸，见图 1-3。

肽聚糖是由若干肽聚糖单体聚合而成的多层网状结构大分子化合物。肽聚糖的单体含有三种组分：*N*-乙酰葡萄糖胺（*N*-acetylglucosamine，简称 NAG）、*N*-乙酰胞壁酸（*N*-acetylmuramic acid，简称 NAM）和四肽链。*N*-乙酰葡萄糖胺与 *N*-乙酰胞壁酸交替排列，通过 β-1,4 糖苷键连接成聚糖链骨架。四肽链则是通过一个酰胺键与 *N*-乙酰胞壁酸相连，肽聚糖单体聚合成肽聚糖大分子时，主要是两条不同聚糖链骨架上与 *N*-乙酰胞壁酸相连的两条相邻四肽链间的相互交联。不同种类细菌的肽聚糖聚糖链骨架基本是相同的，不同的是四肽链氨基酸的组成以及两条四肽链间的交联方式。四肽链一般可以用 R_1-D-谷氨酸-R_3-D-丙氨酸的通式表示。

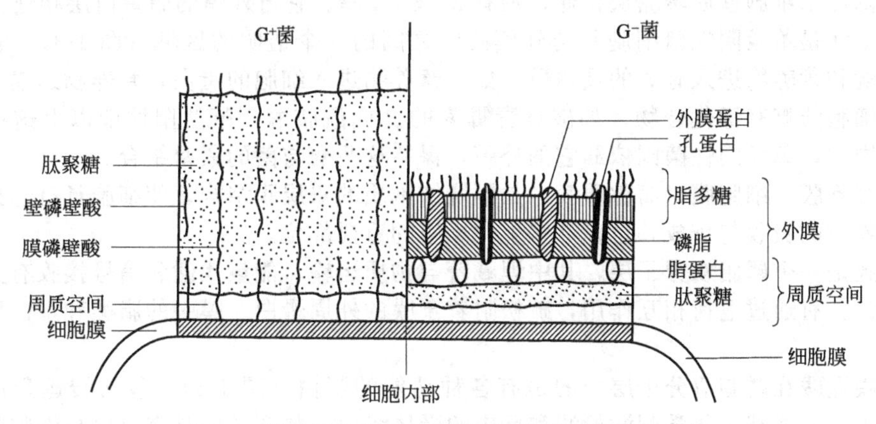

图 1-3 革兰阳性菌与革兰阴性菌细胞壁构造的比较

磷壁酸是大多数革兰阳性菌细胞壁的组分，以磷酸二酯键与肽聚糖的 *N*-乙酰胞壁酸相结合。此酸有两个类型：甘油型磷壁质酸（图 1-4）和核醇型磷壁质酸。甘油型磷壁质酸是由许多分子的甘油借磷酸二酯键联结起来的分子；核醇型磷壁质酸是由若干分子的核醇借磷酸二酯键联结而成的分子。一般认为磷壁酸因含有大量的带负电性的磷酸，大大加强了细胞膜对二价离子的吸附，尤其是镁离子。而高浓度的镁离子有利于维持细胞膜的完整性、提高细胞壁合成酶的活性。磷壁酸是革兰阳性菌表面抗原（C 抗原）的主要成分，也是噬菌体吸附的受体位点。

革兰阴性菌细胞壁的特点是厚度较革兰阳性菌薄，层次较多，成分较杂，肽聚糖层很薄，故机械强度较革兰阳性菌弱。

革兰阴性菌外膜上含有许多独特的结构（图 1-3），如把外膜与肽聚糖层连接起来的脂蛋白，使营养物被动运输通过膜的“膜”孔蛋白和起保护细胞作用的脂多糖（LPS）。脂多糖也称为内毒素，对哺乳动物有高度毒性。

革兰阴性菌细胞壁外膜的基本成分是脂多糖，此外还有磷脂、多糖和蛋白质。外膜被分为脂多糖层（外）、磷脂层（中）、脂蛋白层（内）。

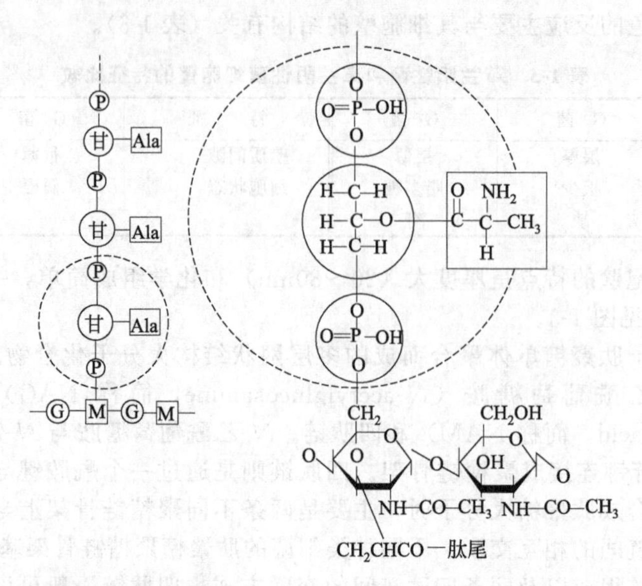

图 1-4　甘油磷壁质酸的结构模式（左）及单体（虚线范围内）的分子结构图

革兰阴性菌细胞壁肽聚糖层很薄，约有 2～3nm 厚。它与外膜的脂蛋白层相连。

周质空间是革兰阴性菌细胞膜与外膜两膜之间的一个透明的区域（图 1-3）。它含有与营养物运输和营养物进入有关的蛋白质，如：营养物进入细胞的蛋白；营养物运输的酶，如蛋白酶；细胞防御有毒化合物，如破坏青霉素的 β-内酰胺酶。革兰阳性菌以上这些酶常分泌到胞外周围，革兰阴性菌则依靠它的外膜，保持这些酶与菌的紧密结合。

（2）细胞膜　细胞膜，简称质膜，是围绕细胞质的双层膜结构，使细胞具有选择吸收性能，控制物质的吸收与排放，也是许多生化反应的重要部位。

细胞膜是一个磷脂双分子层，其中埋藏着与物质运输、能量代谢和信号接收有关的整合蛋白。另外，有通过电荷相互作用，疏松附着于膜的外周蛋白。膜中的脂类和蛋白质互相相对运动。

细胞膜埋藏在磷脂双分子层中的是有各种功能的蛋白（图 1-5），包括转运蛋白、能量代谢中的蛋白和能够对化学刺激检测和反应的受体蛋白。整合蛋白是完全地与细胞膜连接而且贯穿全膜的蛋白，所以这些蛋白在此区域中有疏水性氨基酸埋藏在磷脂中。外周蛋白是由于磷脂带正电荷极性头，只是通过电荷作用与细胞膜松散连接的一类，用盐溶液洗涤可以从纯化的膜上除去。脂类和蛋白质均在运动，而且是彼此之间相对运动。这就是被广泛接受的称作液态镶嵌模式的细胞膜结构模型。

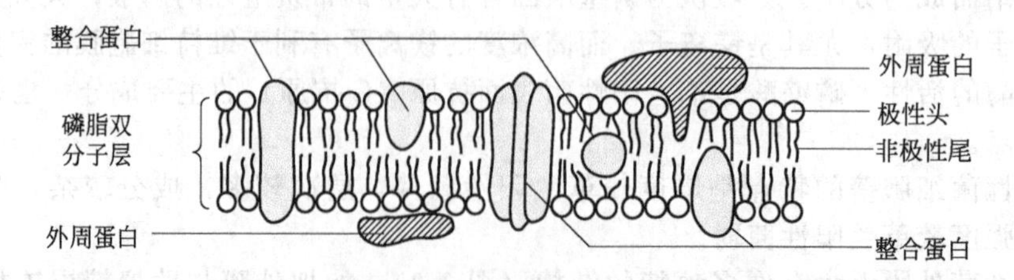

图 1-5　细胞膜结构示意图

磷脂双分子层是由含有亲水区域的和疏水区域的两亲性分子磷脂组成。在细胞膜中磷脂以双分子层排列，极性头部亲水区指向细胞膜的外表面，而其疏水区脂肪酸的尾部指向细胞膜的内层。结果，细胞膜对于大分子或电荷高的分子成为一个选择渗透屏障，它们不易通过磷脂双分子的疏水性内层。

细胞膜的生理功能有：①维持渗透压的梯度和溶质的转移。细胞膜是半渗透膜，具有选择性的渗透作用，能阻止高分子通过，并选择性地逆浓度梯度吸收某些低分子进入细胞。由于膜有极性，膜上有各种与渗透有关的酶，还可使两种结构相类似的糖进入细胞的比例不同，吸收某些分子，排出某些分子。②细胞膜上有合成细胞壁和形成横隔膜组分的酶，故在膜的外表面合成细胞壁。③膜内陷形成的间体（相当于高等植物的线粒体）含有细胞色素，参与呼吸作用。中间体与染色体的分离和细胞分裂有关，还为 DNA 提供附着点。④细胞膜上有琥珀酸脱氢酶、NADH 脱氢酶、细胞色素氧化酶、电子传递系统、氧化磷酸化酶及腺苷三磷酸酶（ATPase）。在细胞膜上进行物质代谢和能量代谢。⑤细胞膜上有鞭毛基粒，鞭毛由此长出，即为鞭毛提供附着点。

（3）细胞质及其内含物　细胞质是指除核以外，细胞膜以内的原生质。细菌细胞质是含水的、含有细胞功能所需的各种分子、RNA 和蛋白质的混合物。对所有的细菌都是一样的，细胞质中的主要结构是核糖体。

核糖体由一个小的亚基和一个大的亚基组成，核糖体的亚基是由蛋白质和 RNA 组成的复合物，是细胞合成蛋白质的场所。原核细胞中的核糖体，尽管在形状上和功能上与真核细胞相似，但是组建核糖体亚基的蛋白质和 RNA 性质上有差别。古细菌的核糖体与真细菌的核糖体（70S）同样大小，但是对于白喉毒素和某些抗生素的敏感性却不同，而与真核生物的核糖体相似。业已证明抗生素对人类是非常有用的，因为抑制细菌蛋白质合成的抗生素，对真核生物蛋白质的合成无效果，这样就有了选择毒性。

内含体是某些细菌含有的与特殊功能相联系的结构，它常常在光学显微镜下观察到。这些颗粒常是储存物，可以与膜结合，例如聚 β-羟基丁酸盐（PHB）颗粒；细胞质中发现的分散颗粒如多聚磷酸盐颗粒（也称为异染颗粒）。某些细菌中也能看到脂肪滴。一个有趣的内含体是在蓝细菌（蓝绿藻）和生活在水环境中的其他光合细菌内发现的气泡，在细胞内四周排列的由蛋白质构成的气泡提供浮力，使得细菌漂浮靠近水的表面，见表 1-4。

表 1-4　细菌细胞质中的内含物

内含物		存在于	组　成	功　能
有膜包裹	聚 β-羟基丁酸	许多细菌	主要是 PHB	储备碳和能源
	硫滴	H_2S 氧化细菌和紫硫光合细菌	液状硫	能源
	气泡	许多水生细菌	螺纹蛋白膜	浮力
	羧基化体	自养细菌	CO_2 固定酶	固定 CO_2 的部位
	绿色体	绿色光合细菌	类脂、蛋白、菌绿素	捕光中心
	碳氢内含物	许多利用碳氢化合物的细菌	包裹在蛋白质壳中内含物	能源
	磁石体	许多水生细菌	磁铁颗粒	趋磁性
无膜包裹	多聚葡糖苷	许多细菌	高分子葡萄糖聚合物	碳源和能源
	多聚磷酸盐	许多细菌	高分子磷酸盐聚合物	磷酸盐储藏物
	藻青素	许多蓝细菌	精氨酸和天冬氨酸的多肽	氮源
	藻胆蛋白体	许多蓝细菌	捕光色素和蛋白质	捕捉光能

（4）原核和质粒　细菌的 DNA 位于细胞质中，由一个染色体构成，不同种的细菌之间染色体大小不同（大肠杆菌染色体有 4×10^6 碱基对长）。DNA 是环状、致密超螺旋，而且与真核细胞中发现的组蛋白相类似的蛋白质结合。虽然染色体没有核膜包围，但在电子显微镜下常可看到细胞内分离的核区，称为拟核。古细菌的染色体和真细菌的染色体类似，是一个单个环状的 DNA 分子，不包含在核膜内，而 DNA 分子大小通常小于大肠杆菌的 DNA。

某些细菌还含有染色体外的小分子 DNA，称作质粒。其上携带的基因对细菌正常生活并非必需的，但在某些情况下对细菌有利，如抗生素抗性质粒。质粒常以不同大小的环状双螺旋存在，它可以独立进行复制，也可整合到染色体上。

2. 特殊结构

(1) 鞭毛和菌毛 鞭毛是从细胞膜和细胞壁伸出细胞外面的蛋白质组成的丝状体结构，使细菌具有运动性。鞭毛纤细而具有刚韧性，直径仅 20nm，长度达 15～20μm，可以分为三部分：基体、钩形鞘和螺旋丝。

具有鞭毛的细菌其鞭毛数目和在细胞表面的分布因种不同而有所差异，是细菌鉴定的依据之一。一般有三类：单生鞭毛［图 1-6(a)］、丛生鞭毛［图 1-6(b)］和周生鞭毛［图 1-6(c)］。

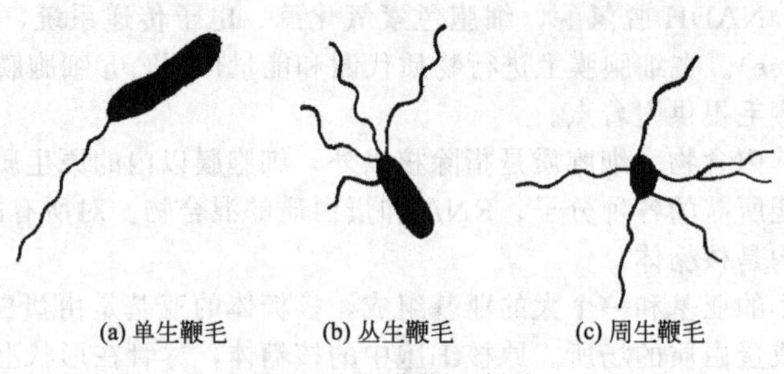

图 1-6 细菌鞭毛类型

鞭毛与细菌运动有关，如趋化性和趋渗性等。

菌毛是细菌细胞表面发现的特殊的像头发样的蛋白质表膜附属物，有几微米长。

性菌毛与遗传物质从一个细菌转移到另一个细菌有关，即在细菌接合交配时起作用。性菌毛比菌毛稍长，数量少，只有一根或几根。

(2) 芽孢 某些细菌如芽孢杆菌属和梭菌属，其生长发育到一定阶段，在细胞内形成一个圆形或椭圆形的，对不良环境条件抵抗性极强的休眠体，称为芽孢，又称为内生孢子。它们是由细菌的 DNA 和外部多层蛋白质及肽聚糖包围而构成，芽孢对干燥和热具有高度抗性。

芽孢结构相当复杂，最里面为核心，含核质体、核糖体和一些酶类，由核心壁所包围；核心外面为皮层，由肽聚糖组成；皮层外面是由蛋白质所组成的芽孢衣；最外面是芽孢外壁。一般含内生芽孢的细菌总称为孢子囊（图 1-7）。

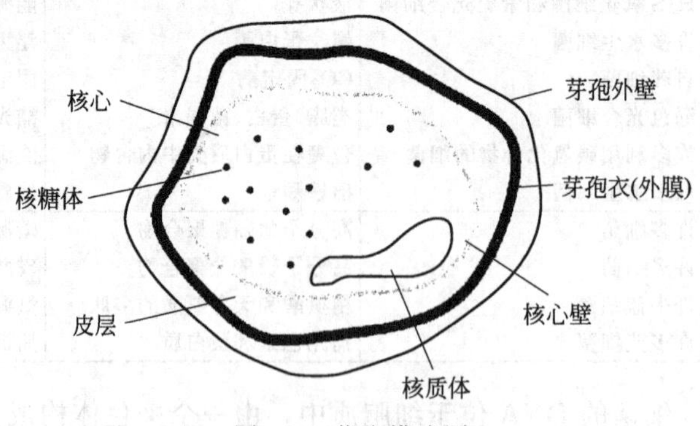

图 1-7 芽孢模式图

芽孢是许多细菌（主要是芽孢杆菌属和梭菌属）产生一种特化的繁殖结构（它无繁殖功能，为抗逆性休眠体）。在光学显微镜下用特殊的芽孢染色（如孔雀绿染色）或通过相差显微镜能够观察到芽孢。由于芽孢有许多层包围细菌遗传物质的结构，使得芽孢具有惊人的、对所有类型环境应力的抗性，例如热、紫外线辐射、化学消毒剂和干燥。由于许多重要的病原菌可产生芽孢，因此，必须设计灭菌措施以除去这些坚硬的结构，因为某些菌能经受住在沸水中煮沸几小时。

(3) 荚膜 有些细菌生活在一定营养条件下，可向细胞壁表面分泌一层松散透明、黏度极大、黏液状或胶质状的物质即为荚膜。这些物质，有时用负染色法可在光学显微镜下看见。根据荚膜在细胞表面存在的状况，可以分为以下四类。

① 这种物质若具有一定外形，厚约 200nm，而且相对稳定地附着于细胞壁外者，称为荚膜或大荚膜。它与细胞结合力较差，通过液体振荡培养或离心便可得到荚膜物质。

② 如果这种物质的厚度在 200nm 以下者即为微荚膜。它与细胞表面结合较紧，光学显微镜不能看见，但可采用血清学方法证明其存在。微荚膜易被胰蛋白酶消化。

③ 没有明显边缘，又比荚膜疏松，而且向周围环境扩散，并增加培养基黏度，这种类型的黏性物质层称黏液层。有的微生物，其附着性黏液物并非在整个细胞表面产生，而是局限于一个区域，通常是在一端，使细胞特异性地附着于物体表面。这种局限化了的黏液层，称粘接物。

④ 荚膜物质互相融合，连为一体，组成共同的荚膜，多个菌体包含其中，称为菌胶团。肠膜明串珠菌，在蔗糖液中串生，并在其外形成一个共同的厚的荚膜。

产荚膜细菌由于有黏液物质，在固体琼脂培养基上形成的菌落，表面湿润、有光泽、黏状液、称为光滑型菌落。而无荚膜细菌形成的菌落，表面干燥、粗糙，称为粗糙型菌落。

荚膜虽不是细胞的重要结构，但它是细胞外碳源和能源性储藏物质，并能保护细胞免受干燥的影响，同时能增加某些病原菌的致病能力，使之抵御宿主吞噬细胞的吞噬。例如能引起肺炎的肺炎双球菌Ⅲ型，如果失去了荚膜，则成为非致病菌。有些具有荚膜的致病菌并非荚膜本身有毒，而是利于在人体大量生长繁殖所致。当然，有的荚膜有毒，如流感嗜血杆菌、肺炎克雷伯杆菌和多杀巴斯德菌等。有些细菌能借荚膜牢固地黏附在牙齿表面，引起龋齿。

产荚膜细菌，常常给生产带来麻烦，食品工业中的黏性面包、黏性牛奶，都是由于污染了这类细菌引起的。它对制糖工业威胁更大，由于产荚膜细菌的大量繁殖，增加了糖液黏度，影响了过滤速度，使生产蒙受损失。

在一定条件下，有害的东西可变为有益的物质。肠膜明串珠菌，在人为控制下，可利用蔗糖合成大量荚膜物质——葡聚糖。葡聚糖是生产右旋糖酐的原料，而右旋糖酐是代血浆的主要成分，具体维持血液渗透压和增加血容量的作用，临床上用于抗休克、消肿和解毒，在医疗上十分重要。

提纯的荚膜物质，有的具有抗原性和半抗原性，人们常通过血清学反应进行细菌鉴定。像炭疽杆菌，由于荚膜化学组成的微小差异，通过荚膜膨胀试验，可将其分为 70 多个型。

(三) 细菌的繁殖和群体形态

1. 细菌的繁殖方式

细菌一般进行无性繁殖，表现为细胞的横分裂，称为裂殖。绝大多数类群在分裂时产生大小相等和形态相似的两个子细胞，称作同形裂殖。电镜研究表明，细菌分裂大致经过细胞核和细胞质的分裂、横隔壁的形成、子细胞分离等过程。

首先是核的分裂和隔膜的形成。细菌染色体 DNA 的复制往往先于细胞分裂，并随着细菌生长而分开。与此同时，细胞赤道附近的细胞膜从外向中心作环状推进，然后闭合形成一个垂直于细胞长轴的细胞质隔膜，使细胞质和细胞核均一分为二。第二步形成横隔壁，如蕈状芽孢杆菌 (*Bacillus mycoides*)，随着细胞膜的向内陷，母细胞的细胞壁也跟着由四周向中心逐渐延伸，把细胞质隔膜分为两层，每层分别成为子细胞的细胞膜，横隔壁也逐渐分为两层，这样每个子细胞便各自具备了一个完整的细胞壁。有的细菌如链球菌、双球菌等在分裂过程中，横隔壁尚未完全形成，细胞就停止了生长，留下了一个小孔，此时两个子细胞的细胞膜仍然相连，即形成了“胞间连丝”。第三步是子细胞分离。有些种类的细菌，在横隔壁形成后不久便相互分开，呈单个游离状态；而有的却数个或多个细胞相连呈短链状或长链状。尤其是球菌，因分裂面的不同，分裂后排列成单球菌、双球菌、链球菌、四联球菌、八叠球菌和葡萄球菌等。

少数种类如柄细菌分裂后产生一个有柄不运动和一个无柄有鞭毛的子细胞，称为异形分裂。此外还有通过出芽方式进行繁殖，如芽生杆菌（*Blastobacter*）、生丝微菌（*Hyphomicrobium*）的芽殖，蛭弧菌侵入宿主细菌细胞的壁与膜间隙生长、分裂，产生多个子细胞的多次分裂以及节杆菌（*Arthrobacter*）的劈裂等特殊的繁殖方式。

细菌除无性繁殖外，电镜观察和遗传学研究已证明细菌存在着有性接合。然而细菌有性接合较少，以无性繁殖为主。

2. 细菌的群体形态

（1）在固体培养基上的群体形态　细菌在固体培养基上生长发育，几天内即可由一个或几个细菌分裂繁殖为成千上万个细菌，聚集在一起形成肉眼可见的群体，称为菌落。如果一个菌落是由一个细菌菌体生长、繁殖而成，则称为纯培养。因此，可以通过单菌落计数的方法来计数细菌的数量。在微生物的纯种分离中也可以通过挑起单个菌落进行移植的方法来获得纯培养物。当固体培养基表面众多菌落连成一片时，便成为菌苔。

各种细菌在一定培养条件下形成的菌落具有一定的特征，包括菌落的大小、形状、光泽、颜色、硬度、透明度等。菌落的特征对菌种的识别、鉴定有一定意义。

菌落特征包括大小，形状（圆形、假根状、不规则状等），突起（扁平、隆起、凸透镜状、垫状、脐突状等），边缘（完整、波状、裂片状、啮蚀状、丝状、卷曲等），表面状态（光滑、皱褶、颗粒状、龟裂状、同心环状等），表面光泽（闪光、金属光泽、无光泽等），质地（油脂状、膜状、黏、脆等），颜色，透明程度等（图 1-8）。

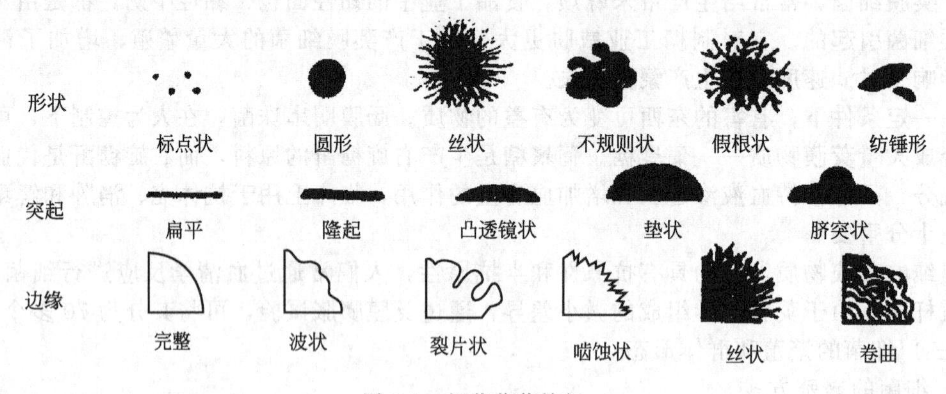

图 1-8　细菌菌落特征

菌落特征取决于组成菌落的细胞结构和生长行为。肺炎双球菌有荚膜，菌落表面光滑黏稠，为光滑型；无荚膜的菌株，菌落表面干燥皱褶，为粗糙型；蕈状芽孢杆菌等的细胞呈链状排列，所形成的菌落表面粗糙、卷曲，菌落边缘有毛状突起。扫描电子显微镜观察结果，也表明菌落特征与其中的细胞形状和排列密切有关。有的菌落有颜色，其色素有些是不溶性的，存在于细胞内，有的是可溶性的，扩散至培养基中。

菌落的形态大小也受邻近菌落的影响。菌落靠得太近，由于营养物有限，有害代谢物的分泌与积累，生长受到抑制。因此，以划线法分离菌种时，相互靠近的菌落较小，分散的菌落较大。

即使在同一个菌落中，各个细胞所处的空间位置不同，营养物的摄取、空气供应、代谢产物的积累等方面也不一样，所以，在生理上、形态上或多或少有所差异。例如好气菌的表面菌落中，由于个体间的争夺，使得越接近菌落表面的个体越易获得氧气，越向深层者越难；越接近培养基者营养越丰富，反之缺乏，因而造成了同一菌落中细胞间的差异。

从上可知，细菌菌落形态是细胞表面状况、排列方式、代谢产物、好气性和运动性的反映，并受培养条件，尤其是培养基成分的影响；培养时间的长短也影响菌落应有特征的表现，观察时务必注意。一般细菌需要培养3～7d甚至10d观察，同时还应选择分布比较稀疏处的单个菌落观察。

（2）在半固体培养基上的群体形态　纯种细菌在半固体培养基上生长时，会出现许多特有的培养性状，因此对菌种鉴定十分重要。半固体培养法通常把培养基灌注在试管中，形成高层直立柱，然后用穿刺接种法接入试验菌种。若用明胶半固体培养基试验，还可根据明胶柱液化层中呈现的不同形状来判断某细菌有否蛋白酶产生和某些其他特征（图1-9）；若使用的是半固体琼脂培养基，则从直立柱表面和穿刺线上细菌群体的生长状态和有否扩散现象来判断该菌的运动能力和其他特性。

（3）在液体培养基上的群体形态　细菌在液体培养基中生长，因菌种及需氧性等表现出不同的特征。当菌体大量增殖时，有的形成均匀一致的浑浊液；有的形成沉淀；有的形成菌膜漂浮在液体表面（图1-10）。有些细菌在生长时还可同时产生气泡、酸、碱和色素等。

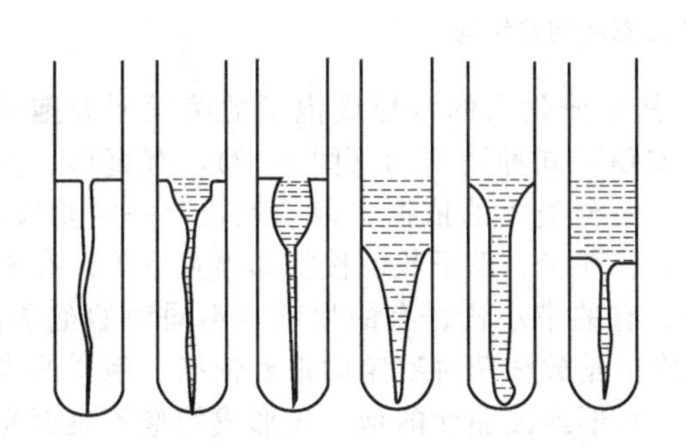

图1-9　细菌明胶柱穿刺培养生长表现

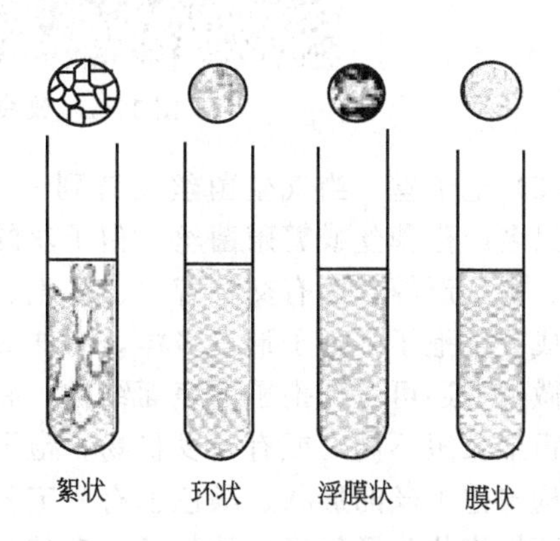

图1-10　细菌在肉汤培养基中的生长

二、放线菌

放线菌是菌体形态为分枝的丝状体，属于原核微生物。放线菌革兰染色都呈阳性反应，不运动，大部分是腐生菌，少数为寄生菌。

放线菌广泛分布在含水量较低、有机物较丰富和呈弱碱性的土壤中。泥土所特有的“泥腥味”，主要由放线菌产生的土腥味素所引起。每克土壤中放线菌的孢子数一般可达10^7个。

放线菌与人类关系极其密切，绝大多数属于有益菌，对人类健康的贡献尤为突出。许多在临床和农业生产上有使用价值的抗生素都是由放线菌产生的。放线菌还可用于生产各种酶和维生素。此外，它在甾体转化、石油脱蜡、烃类发酵、污水处理等方面也有所应用。有的菌还能与植物共生，固定大气氮。由于放线菌有很强的分解纤维素、石蜡、琼脂、角蛋白和橡胶等复杂有机物的能力，故它们在自然界物质循环和提高土壤肥力等方面有着重要的作用。此外，少数放线菌也能引起人、畜和植物疾病，如马铃薯疮痂病和人畜共患的诺卡菌病等。

（一）放线菌的形态和结构

放线菌菌体为单细胞，大多数由分枝发达的菌丝组成。根据放线菌菌丝的形态和功能分为营养菌丝、气生菌丝和孢子丝三种（图1-11）。

（1）营养菌丝　也称基内菌丝，匍匐生长于培养基内，菌丝无分隔，直径很小，约0.2～0.8μm，长度不定，短的小于100μm，长的可达600μm。可产生各种色素，呈黄、橙、红、紫、绿、褐、黑等不同的颜色，水溶性的色素使培养基着色，脂溶性色素则只是菌落呈现颜色，因此色素是鉴定菌种的重要依据。营养菌丝的主要生理功能是吸收营养和排泄代谢废物。

（2）气生菌丝　营养菌丝发育到一定时期，长出培养基外并伸向空间的菌丝，又称为二级菌丝。它叠生于营养菌丝之上，直径比营养菌丝粗，颜色较深。菌丝生长发生于丝状体顶端，并常伴有分枝现象。气生菌丝的功能是多核菌丝生成横隔进而分化形成孢子丝。

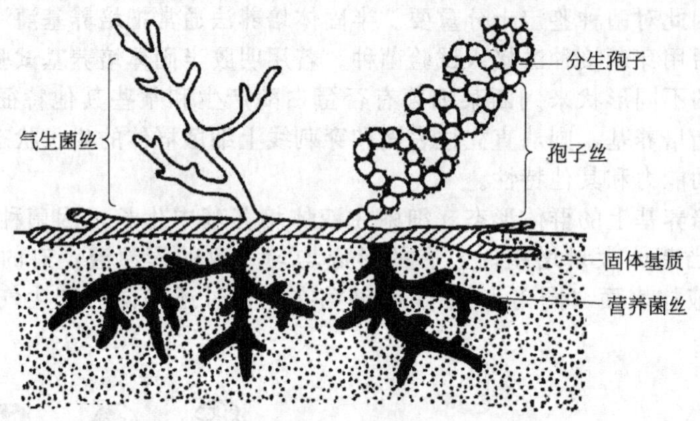

图1-11　放线菌的一般形态和构造结构

（3）孢子丝　当气生菌丝发育到一定程度，其上分化出的可形成孢子的菌丝即为孢子丝，又名产孢菌丝或繁殖菌丝。孢子丝的排列方式随不同种而不同（图1-12），有直形、波浪形、螺旋形等，还有交替着生、丛生、轮生等，是分类上的依据。孢子丝长到一定阶段，可形成分生孢子，孢子形态多样，有球形、椭圆形、杆状、瓜子状、梭状和半月形等。在电子显微镜下还可看到孢子的表面结构，有的光滑、有的带小疣、有的生刺（不同种的孢子，刺的粗细长短不同）或有毛发状物。孢子表面结构也是放线菌种鉴定的重要依据。孢子的表面结构与孢子丝的形状、颜色也有一定关系，一般直形或波曲状的孢子丝形成的孢子表面光滑；而螺旋状孢子丝形成的孢子，有的光滑，有的带刺或毛发；白色、黄色、淡绿、灰黄、淡紫色的孢子表面一般都是光滑型的，粉红色孢子只有极少数带刺，黑色孢子绝大部分都带刺和毛发。由于孢子含有不同色素，成熟的孢子堆也表现出特定的颜色，而且在一定条件下比较稳定，故也是鉴定菌种的依据之一。

（二）放线菌的繁殖

放线菌主要通过形成无性孢子的方式进行繁殖，也可借菌体断裂片段繁殖。

放线菌长到一定阶段，一部分气生菌丝形成孢子丝，孢子丝成熟便分化形成许多孢子，称为分生孢子。孢子的产生有以下几种方式。

（1）凝聚分裂形成凝聚孢子。其过程是孢子丝孢壁内的原生质围绕核物质，从顶端向基部逐渐凝聚成一串体积相等或大小相似的小段，然后小段收缩，并在每段外面产生新的孢子壁而成为圆形或椭圆形的孢子。孢子成熟后，孢子丝壁破裂释放出孢子。多数放线菌按此方式形成孢子，如链霉菌孢子的形成多属此类型。

（2）横隔分裂形成横隔孢子。其过程是单细胞孢子丝长到一定阶段，首先在其中产生横隔膜，然后，在横隔膜处断裂形成孢子，称横隔孢子，也称中节孢子或粉孢子。一般呈圆柱形或杆状，体积基本相等，大小相似，约（0.7～0.8）mm×(1.0～2.5)μm。诺卡菌属按此方式形成孢子。

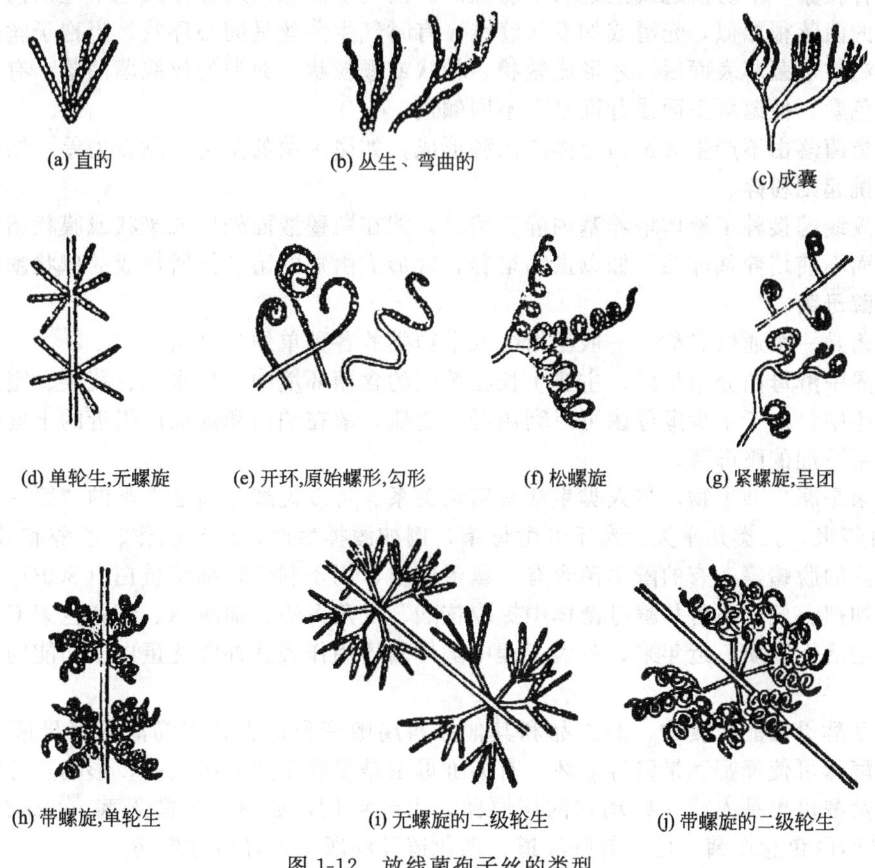

图 1-12　放线菌孢子丝的类型

(3) 有些放线菌首先在菌丝上形成孢子囊，在孢子囊内形成孢子，孢子囊成熟后破裂，释放出大量的孢囊孢子。孢子囊可在气生菌丝上形成，也可在营养菌丝上形成，或二者均可生成。游动放线菌属和链孢囊菌属均属此方式形成孢子。孢子囊可由孢子丝盘绕形成，有的由孢子囊柄顶端膨大形成。

(4) 小单孢菌属中多数种的孢子形成是在营养菌丝上作单轴分枝，基上再生出直而短(5～10μm) 的特殊分枝，分枝还可再分杈，每个枝杈顶端形成一个球形、椭圆形或长圆形孢子，它们聚集在一起，很像一串葡萄，这些孢子亦称分生孢子。

某些放线菌偶尔也产生厚壁孢子。

放线菌孢子具有较强的耐干燥能力，但不耐高温，60～65℃处理 10～15min 即失去生活能力。

放线菌也可借菌丝断裂的片断形成新的菌体，这种繁殖方式常见于液体培养基中。工业化发酵生产抗生素时，放线菌就以此方式大量繁殖。如果静置培养，培养物表面往往形成菌膜，膜上也可产生出孢子。

（三）放线菌的群体特征

放线菌的菌落由菌丝体组成。一般呈圆形、光平或有许多皱褶，光学显微镜下观察，菌落周围具辐射状菌丝。总的特征介于霉菌与细菌之间，因种类不同可分为两类。

一类是由产生大量分枝和气生菌丝的菌种所形成的菌落。链霉菌的菌落是这类型的代表。链霉菌菌丝较细，生长缓慢，分枝多而且相互缠绕，故形成的菌落质地致密、表面呈较紧密的绒状或坚实、干燥、多皱，菌落较小而不蔓延；营养菌丝长在培养基内，所以菌落与培养基结合较紧，不易挑起或挑起后不易破碎。当气生菌丝尚未分化成孢子丝以前，幼龄菌落与细菌的菌落很相似，光滑或如发状缠结，有时气生菌丝呈同心环状。当孢子丝产生大量孢子并布满整个菌落表面后，才形成絮状、粉状或颗粒状的典型的放线菌菌落。有些种类的孢子含有色素，使菌落正面或背面呈现不同颜色。

另一类菌落由不产生大量菌丝体的菌种形成，如诺卡菌的菌落，黏着力差，结构呈粉质状，用针挑起则粉碎。

若将放线菌接种于液体培养基内静置培养，能在瓶壁液面处形成斑状或膜状菌落，或沉降于瓶底而不使培养基浑浊；如以振荡培养，常形成由短的菌丝体所构成的球状颗粒。

三、酵母菌

酵母菌是一个通俗名称，一般泛指能发酵糖类的各种单细胞真菌。

自然界中酵母菌分布很广，主要生长在偏酸的含糖环境中，如水果、蔬菜、蜜饯的表面及果园土壤中。由于不少酵母菌可以利用烃类物质，故在油田和炼油厂附近的土壤中也可以分离到利用石油的酵母菌。

酵母菌是腐生型生物，与人类生活有密切关系。可以说酵母菌是人类的“第一家养微生物”。千百年来，人类几乎天天离不开酵母菌，例如酒类生产、面包制作、乙醇和甘油发酵、石油及油品的脱蜡等。有的酵母菌含有大量蛋白质，用于制作单细胞蛋白（SCP）作为饲料和食物添加剂。此外还可从酵母菌体中提取核酸、麦角甾醇、辅酶 A、细胞色素 C、维生素等多种生物活性物质。近年来，基因工程中酵母菌还用作表达外源性蛋白质功能的优良“工程菌”。

腐生型酵母菌能使食物、纺织品和其他原料腐败变质；少数耐高渗的酵母菌和鲁氏酵母、蜂蜜酵母可使蜂蜜和果酱等败坏；有的酵母菌是发酵工业的污染菌，影响发酵的产量和质量；少数酵母菌是人或一些动物的病原菌，引起疾病，如白假丝酵母菌（*Candida albicans*），又称白色念珠菌，可引起呼吸道、消化道及泌尿系统等多种疾病。

（一）酵母菌的形态和结构

1. 酵母菌的形态和大小

酵母菌是单细胞真核微生物。酵母菌细胞的形态通常有球形、卵圆形、腊肠形、椭圆形、柠檬形或藕节形等。比细菌的单细胞个体要大得多，一般宽 1～5μm，长 5～30μm。酵母菌无鞭毛，不能游动。

有的酵母菌进行一连串的芽殖后，子细胞和母细胞并不立即分离，连在一起形成藕节状的细胞串，称为假菌丝。

2. 酵母菌的细胞结构

酵母菌的细胞结构（图 1-13）与高等生物类似，有细胞壁、细胞膜、细胞核、细胞质及内含物，但没有高尔基体。

（1）细胞壁　厚约 25nm，结构坚韧，主要成分为“酵母纤维素”，呈三明治状——外层为甘露聚糖，内层为葡聚糖，中间夹着一层蛋白质（包括多种酶、如葡聚糖酶、甘露聚糖酶等）（图 1-14）。葡聚糖与细胞膜相邻是细胞壁的主要成分，葡聚糖是赋予细胞壁以机械强度的主要成分。在芽痕周围还有少量几丁质成分。

（2）细胞膜　主要成分是蛋白质（约占干重的 50%）、类脂（约占 40%）和少量糖类。细胞膜是由上下两层磷脂分子以及嵌杂在其间的甾醇和蛋白质分子所组成的。磷脂的亲水部分排在膜的外侧，疏水部分则排在膜的内侧。

酵母细胞膜上所含的各种甾醇中，尤以麦角甾醇居多。它经紫外线照射后，可形成维生素 D。据报道，发酵酵母所含的总甾醇量可达细胞干重的 22%，其中麦角甾醇达细胞干重的 9.66%。季氏毕赤酵母、酿酒酵母、卡尔斯伯酵母、小红酵母、戴氏酵母等也含有较多的麦角甾醇。

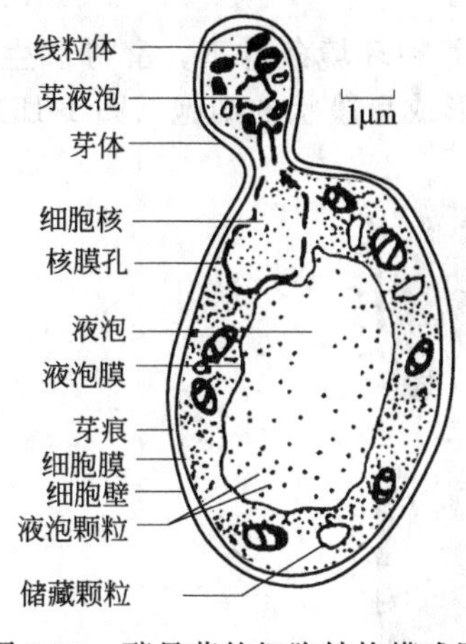

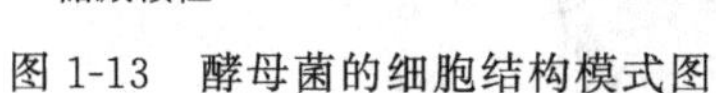
图 1-13 酵母菌的细胞结构模式图

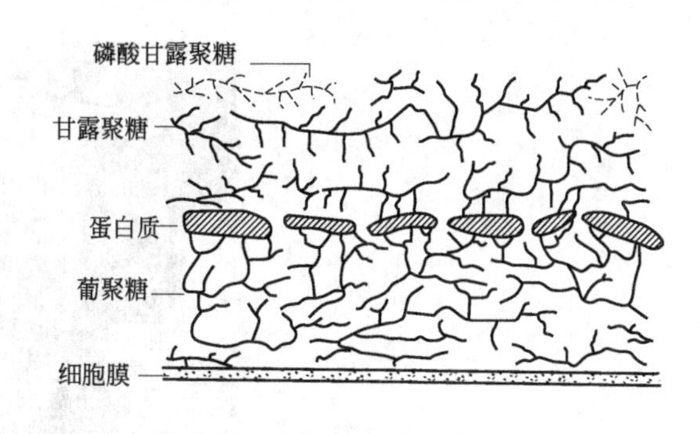

图 1-14 酵母菌细胞壁结构示意图

(3) 细胞核　酵母菌具有真核，由多孔核膜包裹。相差显微镜可观察细胞核，碱性品红或吉姆萨染色法对固定的酵母细胞进行染色，还可观察到核内的染色体（其数目因种而不同）。

酵母细胞核是其遗传信息的主要储存库。在酿酒酵母的核中存在着 17 条染色体。其基因序列已测出（1996），大小为 12.052Mb，有 6500 个基因，是第一个测出的真核生物基因组序列。

单倍体酵母细胞中 DNA 的分子质量为 1×10^{10}Da。比人细胞中 DNA 的分子质量低 100 倍，只比大肠杆菌大 10 倍，因此很难在显微镜下加以观察。

在酵母的线粒体、“2μm 质粒”及线状质粒中也含有 DNA。酵母线粒体 DNA 为一环状分子，分子量为 5.0×10^{7}Da，比高等动物的大 5 倍，约占细胞总 DNA 含量的 15%～23%，其复制可相对独立。2μm 质粒是 1967 年在酿酒酵母中发现的，为闭合环状超螺旋 DNA 分子，长约 2μm（6kb），每个细胞约含 60～100 个，占总 DNA 含量的 3%，可作为外源 DNA 片段载体，以组建“工程菌”等。

(4) 其他构造　在成熟的酵母菌细胞中，有一个大型的液泡，内含一些水解酶、聚磷酸、类脂、中间代谢物和金属离子等。液泡的功能可能是起着营养物和水解酶类的储藏库的作用，同时还有调节渗透压的功能。

有氧条件下，细胞内会形成许多杆状或球状的线粒体。大小为（0.3～0.5）μm×3.0μm，外面由双层膜包裹着。内膜经折叠后形成嵴，其上富含参与电子传递和氧化磷酸化的酶，在嵴的两侧均匀地分布着圆形或多面形的基粒。基质中含有三羧酸循环的酶系。在缺氧条件下只能形成无嵴的简单线粒体，说明线粒体的功能是进行氧化磷酸化。

(二) 酵母菌的繁殖

酵母菌的繁殖方式多样。繁殖方式在酵母菌鉴定中极为重要。通常分为无性繁殖和有性繁殖两类（表 1-5）。只进行无性繁殖的酵母菌称作假酵母；具有有性繁殖的酵母称作真酵母。

表 1-5 酵母菌的繁殖方式

繁殖类型	繁殖方式		特　点
无性繁殖	芽殖	单端芽殖,两端芽殖,多边芽殖	在成熟的酵母细胞上长出芽体,并生长发育形成新的个体
	裂殖		酵母细胞二等分裂
	无性孢子	掷孢子、厚垣孢子、节孢子、分生孢子	形成孢子
有性繁殖	有性孢子	子囊孢子	经体细胞融合形成子囊,子囊内的二倍体细胞核经减数分裂形成子囊孢子

1. 无性繁殖

（1）芽殖　酵母菌最常见的繁殖方式。在适宜的营养和环境条件下，酵母菌生长迅速。在细胞上长有芽体，而且在芽体上还可形成新的芽体，形成呈簇状的细胞（图 1-15）。

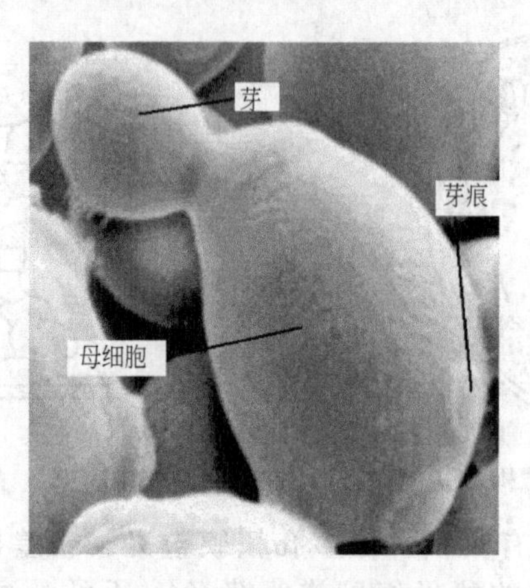

图 1-15　酵母菌的芽殖

芽体的形成过程：在母细胞形成芽体的部位，水解酶的作用使细胞壁变薄。大量新细胞物质——核物质（染色体）和细胞质等在芽体起始部位上堆积，使芽体逐步长大。当芽体达到最大体积时，它与母细胞相连部位形成了一块隔壁。隔壁的成分是由葡聚糖、甘露聚糖和几丁质构成的复合物。最后，母细胞与子细胞分离，母细胞上就留下芽痕，子细胞上留下蒂痕。根据母细胞表面芽痕数目，可确定母细胞曾产生过的芽体数，因而也可用于测定该细胞的年龄。

（2）裂殖　在裂殖酵母属（*Schizosaccharomyces*）中，当酵母细胞的径间出现横隔之后，就会横向裂开形成两个细胞（图 1-16），同时形成芽痕，然后逐渐在原细胞和新长出的细胞间留下一道环状的疤痕。伸长的母细胞和新生长的细胞随后又裂殖，长出新细胞，这种自我重复的过程，使得原细胞上新的痕圈不断叠加。

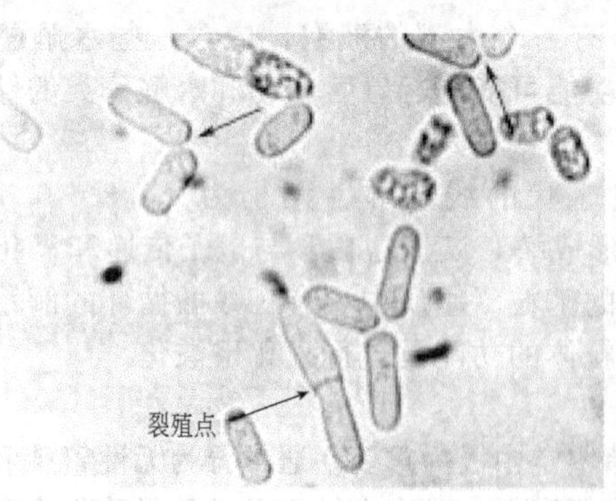

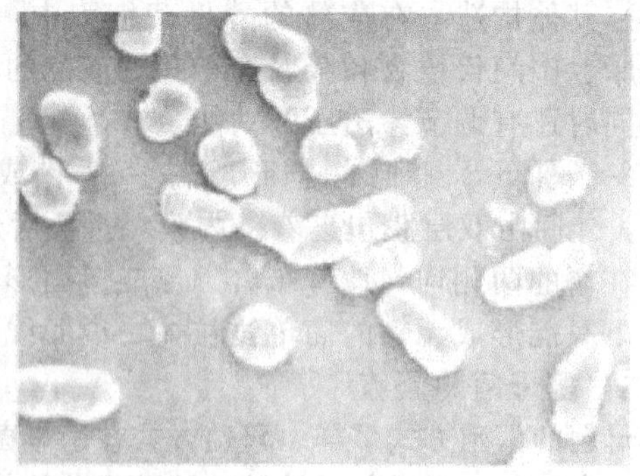

图 1-16　酵母菌裂殖示意图

（3）产生无性孢子　掷孢酵母属等少数酵母菌产生掷孢子，外形呈肾状，形成于卵圆形营养细胞上生出的小梗。孢子成熟后，通过一种特有的喷射机制将孢子射出。因此可用倒置培养皿培养掷孢酵母，射出的掷孢子在皿盖上形成模糊的菌落镜像。

有的酵母如白假丝酵母等还能在假菌丝的顶端产生厚垣孢子。

2. 有性繁殖

通过形成子囊和子囊孢子的方式进行有性繁殖。它包括质配和核配阶段及子囊孢子的形成阶段。

（1）质配和核配　酵母菌生长发育到一定阶段，分化出不同性别的两种细胞，邻近的两个性别不同的细胞各自伸出一根管状的原生质突起，随即相互接触、局部融合并形成一个通道，完成质配，形成异核体。随后两个核便在接合子中融合，形成二倍体核，完成核配。二倍体在融合管垂直方向上生出芽体，二倍体核移入芽内，芽体从融合管上脱落形成二倍体细胞。它们可进行多代营养生长繁殖，形成二倍体的细胞群。二倍体细胞大，生命力强，故发酵工业中多采用二倍体酵母细胞。

（2）子囊孢子的形成　通常当二倍体细胞移入营养贫乏的产孢培养基后，细胞便停止营养生长而进入繁殖阶段，营养细胞转变成子囊。囊内的核通过减数分裂，最终形成4个或8个子核，每个子核与其附近的原生质一起，在其表面形成一层孢子壁后就形成子囊孢子。

3. 酵母菌的生活史

生活史又称生命周期，指上一代生物个体经一系列生长、发育阶段而产生下一代个体的全部过程。不同酵母菌的生活史可分以下三类。

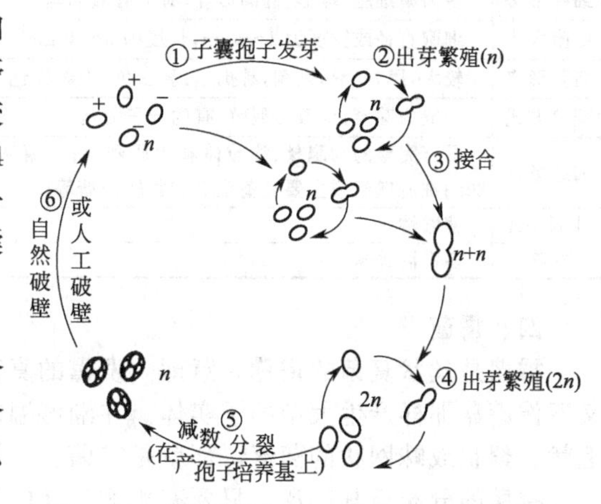

图 1-17　酿酒酵母（*S. cerevisiae*）的生活史

（1）营养体既可以单倍体（n）也可以二倍体（$2n$）形式存在，以酿酒酵母为代表（图 1-17）。

主要特点：①一般情况下都以营养体状态进行出芽繁殖；②营养体既可以单倍体形式存在，也能以二倍体形式存在；③在特定条件下进行有性繁殖。

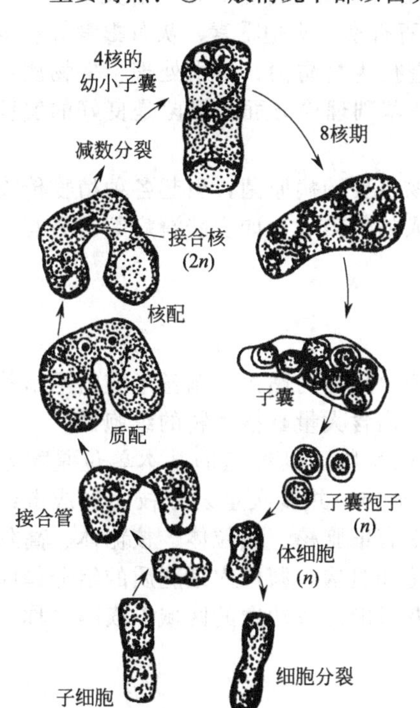

图 1-18　八孢裂殖酵母（*Schizosaccharomyces octosporus*）的生活史

（2）营养体只能以单倍体（n）形式存在（以八孢裂殖酵母为代表）（图 1-18）。

主要特点：①营养细胞为单倍体；②无性繁殖以裂殖方式进行；③二倍体细胞不能独立生活，此阶段很短。

（3）营养体只能以二倍体（$2n$）形式存在（以路德类酵母为代表）。

主要特点：①营养体为二倍体，不断进行芽殖，此阶段较长；②单倍体的子囊孢子在子囊内发生接合；③单倍体阶段仅以子囊孢子形式存在，故不能进行独立生活。

（三）酵母菌的菌落

酵母菌为单细胞微生物，细胞较粗短，细胞间充满着毛细管水，故它们在固体培养基表面形成的菌落也与细菌相仿：一般都湿润、较光滑、有一定的透明度、容易挑起、菌落质地均匀、正反面及边缘和中央部位的颜色都很均一。

但由于酵母菌的细胞比细菌的大，细胞内颗粒较明显、细胞间隙含水量相对较少以及不能运动，故反映在宏观上就产生了较大、较厚、外观较稠和、不透明的菌落。酵母菌菌落的颜色比较单调，多数都呈乳白色或矿烛色，少数为红色，个别为黑色。

凡不产生假菌丝的酵母菌，菌落更为隆起，边缘十分圆整。而产生大量假菌丝的酵母，菌落较平坦，表面和边缘较粗糙。酵母菌的菌落一般还会散发出一股悦人的酒香味。

酵母菌与细菌的细胞和菌落特征比较见表 1-6。

表 1-6　酵母菌与细菌的细胞和菌落特征

特　征	酵　母　菌	细　菌
细胞形态	多为单细胞,球形、椭圆形等,有的有假菌丝	单细胞,呈球形、杆状等
细胞大小	细胞直径或宽度为 1～5μm,长度为 5～30μm	细胞直径或宽度为 0.3～0.6μm
菌落形态	较大,厚,光滑,黏稠,易挑起,乳白色,少数红色	一般为易挑起的单细胞菌落,有各种颜色,表面特征各异
繁殖方式	一般为芽殖,少数为裂殖,有的产子囊孢子	一般为裂殖
细胞结构	具有完整的细胞核、线粒体和内质网等;核糖体为 80S;细胞壁组成主要是葡聚糖和甘露聚糖等	只有拟核,无线粒体、内质网等;核糖体为 70S;细胞壁主要成分是肽聚糖和脂多糖等
生长 pH	偏酸性	中性偏碱
气味	多带酒香味	一般有臭味

四、霉菌

霉菌是丝状真菌的俗称，意即“发霉的真菌”，它们往往能形成分枝繁茂的菌丝体，但又不像蘑菇那样产生大型的子实体。在潮湿温暖的地方，很多物品上长出一些肉眼可见的绒毛状、絮状或蛛网状的菌落，那就是霉菌。

霉菌的分布极其广泛，只要有机物存在的地方，就有它们的踪迹。在自然界中，霉菌担负着有机物分解的重要任务，它们把其他生物难以分解利用的数量巨大的复杂有机物彻底分解转化成为绿色植物可以重新利用的养料，促进了整个地球上生物圈的繁荣发展。

霉菌与工农业生产、医疗实践、环境保护和生物学基础理论研究等都有密切的关系，例如工业上的柠檬酸、葡萄糖酸、淀粉酶、蛋白酶等酶制剂，青霉素、头孢霉素、灰黄霉素等抗生素，核黄素等维生素，麦角碱等生物碱，以及利用霉菌进行生物防治、污水处理、生物测定等；在食品制造方面，如酱油的酿造和干酪的制造等；在基础理论方面，霉菌是良好的实验材料。

大量霉菌可引起工农业产品霉变；很多霉菌也是植物主要的病原菌，引起各种植物传染病，如马铃薯晚疫病、稻瘟病等；还有些可引起动物和人的传染病，如皮肤癣病等；另有少部分霉菌可产生毒性很强的真菌毒素，如黄曲霉毒素。

（一）霉菌细胞的形态和结构

1. 菌丝和菌丝体

霉菌是异养的真核生物，具有丝状或管状结构，单个分枝称为菌丝。菌丝形成的网络状结构称为菌丝体。菌丝由坚硬的含壳多糖的细胞壁包被，内含大量真核生物的细胞器。

霉菌是丝状的、无光合作用的、异养性营养的真核微生物。其细胞的基本单位是菌丝（图 1-19），这是一种管状细胞。菌丝通过顶端生长进行延伸，并多次重复分枝而形成微细的网络结构，称为菌丝体。在细胞膜包被的菌丝细胞质中有细胞核、线粒体、核糖体、高尔基体以及膜包被的囊泡。亚细胞结构由微管和内质网支持和组构。菌丝内细胞质的组分趋向于朝生长点的位置集中。菌丝较老的部位有大量液泡，并可能与较幼嫩的区域以横隔（称为隔膜）分开。

菌丝分有隔菌丝和无隔菌丝两种（图 1-20）。

（1）有隔菌丝　有隔菌丝中有横隔膜将菌丝分隔成多个细胞，在菌丝生长过程中细胞核的分裂伴随着细胞的分裂，每个细胞含有一至多个细胞核。横隔膜可以使相邻细胞之间的物质相互沟通。

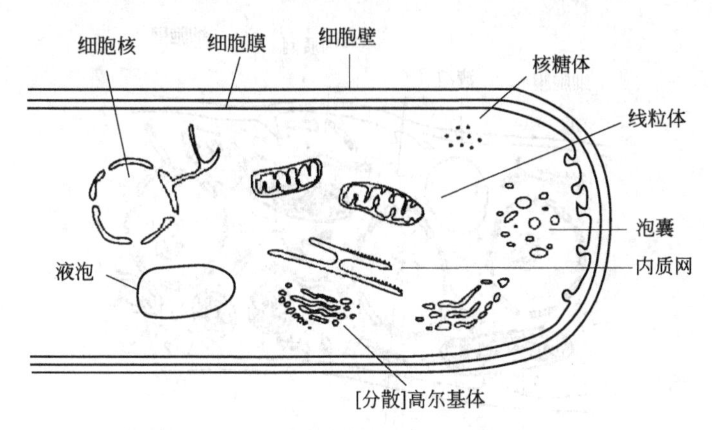

图 1-19 霉菌菌丝的结构

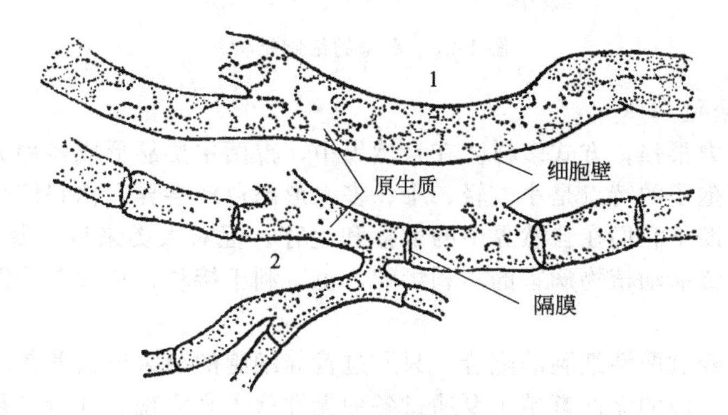

图 1-20 真菌菌丝

1—无隔菌丝；2—有隔菌丝

(2) 无隔菌丝 菌丝中无横隔膜，整个细胞是一个单细胞，菌丝内有许多细胞核，在生长过程中只有核的分裂和原生质量的增加，没有细胞数目的增多。

隔膜是横壁，形成于菌丝体内。低等真菌的生长并不随之形成隔膜，只有在菌丝体形成繁殖结构时才出现隔膜，而且这种隔膜是完全无孔的。在高等真菌中，菌丝体的生长伴随着不完全隔膜的形成。子囊菌纲的隔膜上有穿孔，并被内质网膜覆盖，以限制大的细胞器如细胞核从一个室游动到另一个室，这种结构称为陷孔隔膜。在双核的担子菌纲中，隔膜的形成与两个交配的核的分离是协同进行的，此双核状态是在形成锁状联合时形成的。这些隔膜与子囊形成中产囊丝钩的形成类似。

2. 霉菌的细胞结构

霉菌细胞由细胞壁、细胞膜、细胞质、细胞核、线粒体、核糖体、内质网及各种内含物（肝糖、脂肪滴、异染粒等）等组成（图 1-21）。

幼龄菌往往液泡小而少，老龄菌具有较大的液泡。

除少数低等水生霉菌的细胞壁含纤维素外，大部分霉菌的细胞壁主要由几丁质组成。几丁质是由数百个 N-乙酰葡萄糖胺分子以 β-1,4 糖苷键连接而成的。几丁质和纤维素分别构成高等和低等霉菌细胞壁的网状结构——微纤丝。微纤丝使细胞壁具有坚韧的机械性能。组成真菌细胞壁的另一类成分为无定型物质，主要是一些蛋白质、甘露聚糖和葡聚糖，它们填充于上述纤维状物质构成的网内或网外，充实细胞壁的结构。

霉菌的细胞膜、细胞核、线粒体、核糖体等结构与其他真核生物（如酵母菌）基本相同。

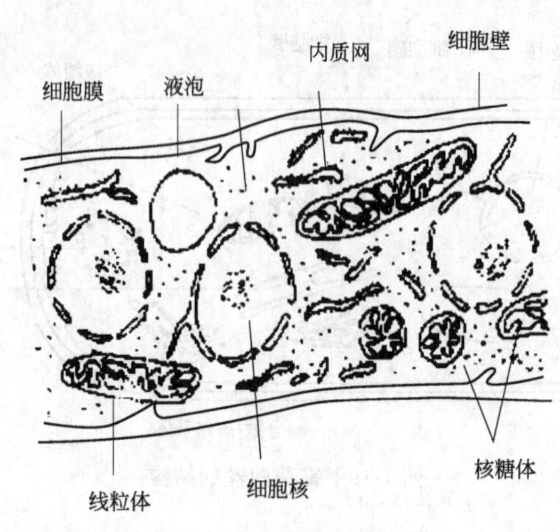

图 1-21 霉菌的细胞结构

（二）霉菌的繁殖

霉菌的繁殖能力很强，方式多样。在自然界中，霉菌主要靠形成各种无性孢子和有性孢子进行繁殖。霉菌孢子的特点是小、轻、干、多，形态色泽各异，休眠期长和具有较强的抗逆性。这些特点有助于它们在自然界中的散播和生存。但对人类来说，既有造成杂菌污染，工农业产品霉变和传播动植物病害的不利影响，也有利于接种、扩大培养以及菌种选育、鉴定和保藏的作用。

无性繁殖指不经过两性细胞的配合，只通过营养细胞的分裂或营养菌丝的分化而形成同种新个体的过程。霉菌的无性繁殖主要通过各种无性孢子来实现，其特点是分散、量大。无性孢子有分生孢子、厚垣孢子、孢囊孢子（有游动孢子和不动孢子）等。

有性繁殖指经过两个性细胞结合而产生新个体的过程。霉菌的有性繁殖复杂多变，但都包括可亲和性核的结合，这种可亲和性核的结合是通过能动或不能动的配子、配子囊、菌体之间的结合来实现。有性繁殖一般可以分为三个阶段：质配、核配、减数分裂形成有性孢子，各阶段的主要特点见表 1-7。有性孢子有卵孢子、接合孢子、子囊孢子等。

表 1-7 霉菌有性繁殖的三个阶段

阶段		染色体	特点
Ⅰ	质配	$n+n$	两个同形或异形的性细胞(配子、配子囊或菌体)接触并融合,细胞核不融合;融合后的细胞为双核的、单倍体细胞
Ⅱ	核配	$2n$	细胞核融合。融合细胞成为单核的、二倍体细胞,称为接合子
Ⅲ	减数分裂	n	接合子内的核发生减数分裂,形成单倍体的孢子

霉菌孢子的类型、主要特点和代表属见表 1-8。

表 1-8 霉菌孢子的类型、主要特点和代表属

孢子名称		染色体倍数	外形	数量	外或内生	其他特点	举例
无性孢子	游动孢子	n	圆、梨、肾形	多	内	有鞭毛,能游动	壶菌
	孢囊孢子	n	近圆形	多	内	水生型,有鞭毛	根霉、毛霉
	分生孢子	n	极其多样	极多	外	少数为多细胞	曲霉、青霉
	节孢子	n	柱形	多	外	各孢子同时形成	白地霉
	厚垣孢子	n	近圆形	少	外	在菌丝顶或中间形成	总状毛霉
有性孢子	卵孢子	$2n$	近圆形	1至几个	内	厚壁、休眠	德氏腐霉
	接合孢子	$2n$	近圆形	1	内	厚壁、休眠、大、深色	根霉、毛霉
	子囊孢子	n	多样	一般	外	长在各种子囊内	脉孢菌、红曲

（三）霉菌的群体特征

由于霉菌的菌丝较粗且长，因而霉菌的菌落较大，有的霉菌的菌丝蔓延，没有局限性，其菌落可扩展到整个培养皿，有的种则有一定的局限性，直径1～2cm或更小。菌落质地一般比放线菌疏松，外观干燥，不透明，呈现或紧或松的蛛网状、绒毛状或棉絮状；菌落与培养基的连接紧密，不易挑取；菌落正反面的颜色以及边缘与中心的颜色常不一致。

【技能训练】

技能一　普通光学显微镜的使用

一、技能目标

- 熟悉普通光学显微镜的构造原理及维护。
- 掌握低倍镜、高倍镜和油镜的使用方法。
- 会使用普通光学显微镜观察微生物标本。

二、用品准备

1. 仪器

显微镜。

2. 其他备品

青霉和曲霉菌标本片、香柏油、二甲苯、擦镜纸。

三、操作要领

1. 取镜

显微镜是精密光学仪器，使用时应特别小心。从镜箱中取出时，一手握镜臂，一手托镜座，放在实验台上。使用前首先要熟悉显微镜的结构和性能，检查各零部件是否完全合用，镜身有无尘土，镜头是否清洁，做好必要的清洁和调整工作。光学显微镜的构造见图1-22。

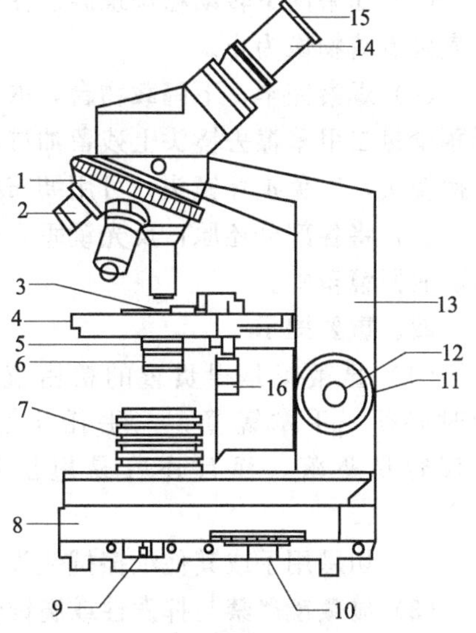

图1-22　光学显微镜的构造

1—物镜转换器；2—接物镜；3—游标卡尺；4—载物台；5—聚光器；6—彩虹光阑；7—光源；8—镜座；9—电源开关；10—光源滑动变阻器；11—粗调螺旋；12—微调螺旋；13—镜臂；14—镜筒；15—目镜；16—标本移动螺旋

2. 调节光源

（1）将低倍镜旋到镜筒下方，旋转粗调螺旋，使镜头和载物台的距离为0.5cm左右。

（2）上升聚光器，使之与载物台表面相距1mm左右。

（3）左眼看目镜调节反光镜镜面角度（在自然的光线下观察，一般用平面反光镜；若以灯光为光源，则一般用凹面反光镜）。开闭光圈，调节光线强弱，直至视野内得到最均匀、最适宜的照明为止。

一般染色标本油镜观察，光度宜强，可将光圈开大，聚光器上升到最高，反光镜调至最强；未染色标本，在低倍镜或高倍镜观察时，应适当地缩小光圈，下降聚光器，调节反光镜，使光度减弱，否则光线过强不易观察。

3. 低倍镜观察

低倍镜（10×）视野面广，焦点深度较深，易于发现目标，确定检查位置，故应先用低倍镜观察。操作步骤如下。

（1）先将标本玻片置于载物台上（注意标本朝上），并将标本部位处于物镜的正下方，转动粗调螺旋，上升载物台至物镜距标本约0.5cm处。

（2）左眼看目镜，同时逆时针方向慢慢旋转粗调螺旋使载物台缓慢下降，至视野内出现物像后，改用细调螺旋，上下微微转动，仔细调节焦距和照明，直至视野内获得清晰的物像，及时确定需进一步观察的部位。

（3）移动推动器，将所要观察的部位置于视野中心，准备换高倍镜观察。

4. 高倍镜观察

将高倍镜（40×）转至镜筒下方（在转换物镜时，要从侧面注视，以防低倍镜未对好焦距而造成镜头与玻片相撞），调节光圈和聚光器，使光线亮度适中，再仔细反复转动微调螺旋，调节焦距，获得清晰物像，再移动推动器选择最满意的镜检部位。将染色标本移至视野中央，待油镜观察。

5. 油镜观察

（1）用粗调螺旋提起镜筒，转动转换器将油镜转至镜筒正下方。在标本镜检部位滴上一滴香柏油。右手顺时针方向慢慢转动粗调螺旋，上升载物台，并及时从侧面注视使油镜浸入油中，直到几乎与标本接触时为止（注意切勿压到标本，以免压碎玻片，甚至损坏油镜头）。

（2）左眼看目镜，右手逆时针方向微微转动粗调螺旋，下降载物台（注意：此时只准下降载物台，不能向上调动），当视野中有模糊的标本物像时，改用细调螺旋，并移动标本直至标本物像清晰为止。

（3）如果向下转动粗调螺旋已使镜头离开油滴又尚未发现标本时，可重新按上述步骤操作直到看清物像为止。

（4）观察完毕，下降载物台，取下标本片。先用擦镜纸擦去镜头上的油，然后再用擦镜纸蘸少量二甲苯擦去镜头上残留油迹，最后再用擦镜纸擦去残留的二甲苯。切忌用手或其他纸擦镜头，以免损坏镜头，可用绸布擦净显微镜的金属部件。

（5）将各部分还原，反光镜垂直于镜座，将接物镜转成八字形，再向下旋。罩上镜套，然后放回镜箱中。

四、重要提示

（1）显微镜是很贵重的精密仪器，使用时要十分爱惜，各部件不要随意拆卸。搬动时必须一手拿镜臂，一手托住镜座，并保持镜身垂直，切不可一只手提起，这样不仅容易坠落，而且还容易甩出反光镜及目镜。在拿取过程中应避免震动，轻放台上。

（2）切忌用手或其他纸擦拭镜头，以免使镜头沾上污渍或产生划痕，影响观察。

（3）显微镜严禁与挥发性或腐蚀性药品放在一起，也不能放在潮湿的地方，显微镜放置的地方要干燥，以免镜片生霉；亦要避免灰尘，在箱外暂时放置不用时，要用纱布等盖住镜体。

（4）显微镜应避免阳光暴晒，并须远离热源。使用时如发现显微镜的操作不够灵活，则必有故障，不要擅自拆卸修理，应立即报告指导教师处理。

（5）实验完毕，各同学用的显微镜须经指导教师检查，方准离去。

五、作业要求

1. 绘出你在低倍镜、高倍镜下观察到的曲霉和青霉菌的形态，注明物镜放大倍数。

2. 怎样区分低倍镜、高倍镜和油镜，为什么用高倍镜和油镜时必须从低倍镜开始？
3. 如果在高倍镜下未找到你所要看的物像，应从哪些方面找原因？

技能二　革兰染色

一、技能目标

- 熟悉革兰染色的原理。
- 掌握细菌的革兰染色。

二、用品准备

1. 仪器

显微镜。

2. 药品

草酸铵结晶紫染色液、卢戈（Lugol）碘液、95%乙醇、0.5%番红染色液。

3. 其他备品

载玻片、香柏油、二甲苯、擦镜纸、吸水纸、染色缸、大肠杆菌（*Escherichia coli*）斜面菌种、枯草芽孢杆菌（*Bacillus subtilis*）斜面菌种、玻片搁架。

三、操作要领

1. 涂片

在一张载玻片上加两滴蒸馏水后，分别涂布枯草芽孢杆菌和大肠杆菌（注意涂片切不可过于浓厚）。

2. 固定

将制成的涂片干燥固定，固定时通过火焰1～2次即可，不可过热，以载玻片不烫手为宜。

3. 染色

（1）初染　将载玻片置于玻片搁架上，加草酸铵结晶紫染色液（加量以盖满菌膜为宜），染色1～2min。倾去染色液，用自来水小心地冲洗。

（2）媒染　滴加碘液，染1～2min，水洗。

（3）脱色　滴加95%乙醇，脱色20～25s立即水洗，以终止脱色。

（4）复染　滴加番红，染色3～5min，水洗。最后用吸水纸轻轻吸干。

4. 镜检

干燥后，置油镜下观察。被染成紫色者即为革兰阳性菌（G^+）；被染成红色者是革兰阴性菌（G^-）。

四、重要提示

（1）革兰染色成败的关键是脱色时间。如脱色过度，革兰阳性菌也可被脱色而被误认为是革兰阴性菌；如脱色时间过短，革兰阴性菌也会被认为是革兰阳性菌。脱色时间的长短还受涂片厚薄、脱色时玻片晃动的快慢及乙醇用量的多少等因素的影响，难以严格规定。一般可用已知革兰阳性菌和革兰阴性菌做练习，以掌握脱色时间。当要确证一个未知菌的革兰反应时，应同时做一张已知革兰阳性菌和阴性菌的混合涂片，以资对照。

（2）染色过程中勿使染色液干涸。用水冲洗后，应吸去玻片上的残水，以免染色液被稀释而影响染色效果。

（3）选用培养16～24h菌龄的细菌为宜。若菌龄太老，由于菌体死亡或自溶常使革兰阳性菌转呈阴性反应。

五、作业要求

1. 在你所做的革兰染色制片中，大肠杆菌和枯草芽孢杆菌各染成何色？它们是革兰阴性菌还是革兰阳性菌？

2. 做革兰染色涂片为什么不能过于浓厚？其染色成败的关键一步是什么？

3. 当你对一株未知菌进行革兰染色时，怎样能确证你的染色技术操作正确，结果可靠？

技能三　微生物大小的测定

一、技能目标

- 掌握目镜测微尺和镜台测微尺的构造及使用原理。
- 会测定微生物细胞的大小。

二、用品准备

1. 仪器

显微镜、目镜测微尺、镜台测微尺。

2. 其他备品

酵母菌培养物。

三、操作要领

1. 测微尺的构造

显微镜测微尺是由目镜测微尺和镜台测微尺组成，目镜测微尺是一块圆形玻璃片，其中有精确的等分刻度，在 5mm 刻度尺上分 50 份。目镜测微尺每格实际代表的长度随使用目镜和物镜的放大倍数而改变，因此在使用前必须用镜台测微尺进行标定。

镜台测微尺
0.01mm
A　B
(a) 镜台测微尺(A)及其中央部分的放大(B)

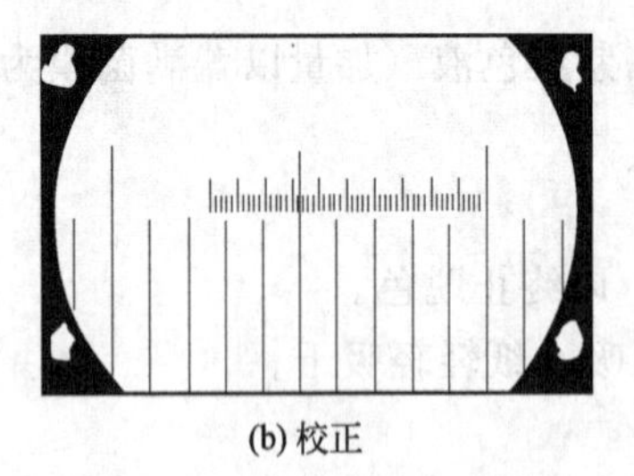

(b) 校正

图 1-23　目镜测微尺及校正

镜台测微尺为一专用中央有精确等分线的载玻片，一般将长为 1mm 的直线等分成 100 个小格，每格长 0.01mm 即 10μm，是专用于校正目镜测微尺每格长度的。

2. 目镜测微尺的校正

把目镜上的透镜旋下，将目镜测微尺的刻度朝下轻轻地装入目镜的隔板上，把镜台测微尺置于载物台上，使刻度面朝上。先用低倍镜观察，对准焦距，视野中看清镜台测微尺的刻度后，转动目镜，使目镜测微尺与镜台测微尺的刻度平行，移动推动器、使两尺重叠，再使两尺的“0”刻度完全重合（图 1-23）。定位后，仔细寻找两尺第二个完全重合的刻度。计数两重合刻度之间目镜测微尺的格数和镜台测微尺的格数。因为镜台测微尺的刻度每格长 10μm，所以由下列公式可以算出目镜测微尺每格所代表的长度：

$$目镜测微尺每格长度=\frac{两重合线间镜台测微尺格数\times10\mu m}{两重合线间目镜测微尺格数}$$

例如目镜测微尺 10 小格等于镜台测微尺 2 小格，已知镜台测微尺每小格为 10μm，则 2 小格的长度为 2×10μm＝20μm，那么相应地在目镜测微尺上每小格长度为：

$$\frac{2\times10\mu m}{10}=2\mu m$$

同法校正在高倍镜下目镜测微尺每小格所代表的长度。

3. 菌体大小的测定

将镜台测微尺取下，换上制作的酵母菌装片，先在低倍镜下找到目的物，然后在油镜下转动目镜测微尺，先量出酵母菌菌体的长和宽占目镜测微尺的格数（不足一格的部分估计到小数点后一位数），再以目镜测微尺每格的长度计算出菌体的长和宽，并详细记录于表中。

例如，目镜测微尺在这架显微镜下，每格相当于1.5μm，测量的结果，若菌体的平均长度相当于目镜测微尺的2格，则菌体长应为2×1.5μm=3.0μm。

一般测量菌体的大小要在同一个涂片上测定10～20个菌体，求出平均值，才能代表该菌的大小，而且一般是用对数生长期的菌体进行测定。

四、重要提示

（1）当更换不同放大倍数的目镜或物镜时，必须重新校正目镜测微尺每一格所代表的长度。

（2）镜台测微尺的玻片很薄，在标定油镜头时，要格外注意，以免压碎镜台测微尺或损坏镜头。

（3）标定目镜测微尺时要注意准确对正目镜测微尺与镜台测微尺的重合线。

五、作业要求

1. 目镜测微尺标定结果。

低倍镜下____倍目镜测微尺每格长度是______μm。

高倍镜下____倍目镜测微尺每格长度是______μm。

油镜下____倍目镜测微尺每格长度是______μm。

2. 菌体大小测定结果。

菌号	酵母菌的直径大小测定结果	
	目镜测微尺格数	实际直径/μm
1		
2		
3		
4		
5		
6		
7		
8		
9		
10		
均值		

【拓展学习】

其他类型的显微镜的使用

1. 暗视野显微镜

暗视野（或称暗场）显微镜是使用一种特殊的暗视野聚光镜或暗视野聚光器的特制显微镜。对普通光学显微镜做些改进，将原来的明视野聚光器，调换成一个特制的暗视野聚光器，就变成了暗视野显微镜。暗视野聚光器下部中央有黑色遮光板，这样从反光镜反射出的大部分光线，不能直接向上通向镜筒，仅有部分光线从遮光板的周围空隙斜射到载玻片上，所以从目镜往下看时，视野背景是暗的。而光线从聚光器斜射到载玻片上的细菌等微粒上，由于散射作用而发出亮光，反射到物镜内。故在强光照射下，可以在黑暗的视野中，看到发亮的菌体，菌体受光的侧面呈现边缘发亮的轮廓。暗视野显微镜适用于观察在明视野中由于反差过小而不易观察的折射率很强的物体，以及一些小于光学显微镜分辨极限的微小颗粒。在微生物学研究工作中，常用暗视野显微镜来观察活菌的运动或鞭毛等。

暗视野聚光镜有两种主要类型：一是折射型，只要在普通聚光镜放置滤光片的地方放上一个中心有光挡的小铁环（图 1-24）就成了一个暗视野聚光镜，甚至在一圆形玻璃片中央贴上一块圆形的黑纸也可获得暗视野的效果。另一类暗视野聚光镜是反射型，为各厂家所特制，有不同的类型（图 1-25）。

要使暗视野显微镜获得良好的效果，首先，不能有光线直射进入物镜，当用油镜时，因油镜的开口角度大，为避免直射光线进入，应选用有开口光圈的油镜；其次，要用强烈的光源，一般是使用强光源显微镜灯；再次，要求倾斜光线的焦点正好落在被检物上，这要对暗视野聚光镜进行中心调节和调焦，要求使用的载玻片不可太厚，通常为 1.0～1.2mm，盖玻片厚度不要超过 0.17mm。玻片应非常清洁，无油污，无划痕，以免反射光线；使用高倍镜时，聚光镜和载玻片间要加镜油。

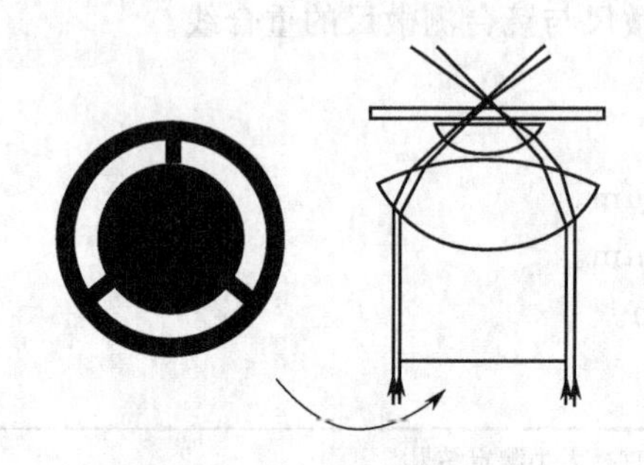

图 1-24 折射型暗视野聚光镜

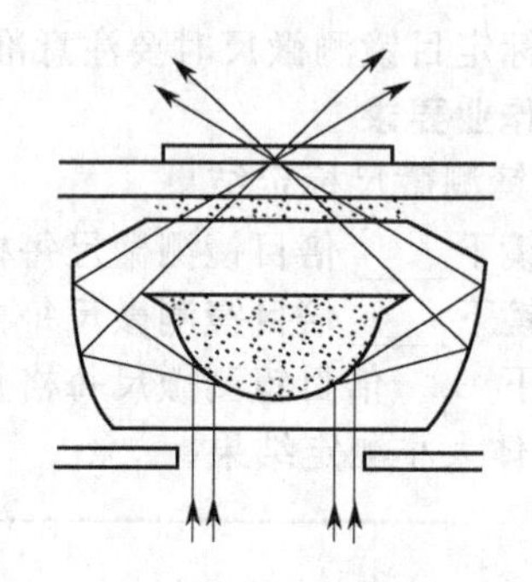

图 1-25 反射型暗视野聚光镜的光路

2. 相差显微镜

相差显微镜（或称相衬显微镜）由泽尔尼克于 1935 年发明，并因此获得 1953 年诺贝尔物理学奖。

相差显微镜具有两个其他显微镜所不具有的功能。

(1) 将直射的光（视野中背景光）与经物体衍射的光分开。

(2) 将大约一半的波长从相位中除去，使之不能发生相互作用，从而引起强度的变化。

由于活细胞多是无色透明的，光通过活细胞时，波长和振幅都不发生变化，在普通光学显微镜下，整个视野的亮度都是均匀的，所以我们不能分辨活细胞内的细微结构，而相差显微镜能克服这方面的缺点。利用相差显微镜观察活细胞是较好的方法。

相差显微镜的形状和成像原理和普通显微镜相似。不同的是相差显微镜有专用的相差聚光镜（内有环状光阑）和相差物镜（内装相板）及调节环状光阑和相板合轴的合轴调整望远镜（图 1-26）。

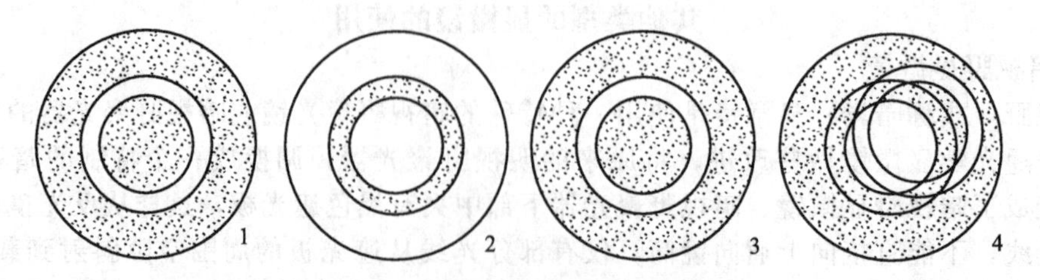

图 1-26 环状光阑和相板的合轴调整

1—相差聚光镜中的环状光阑；2—相差物镜中的相板；
3—环状光阑和相板调整合轴；4—环状光阑和相板调整不合轴

相差聚光镜和普通聚光镜不同的是前者装有一个转盘，内有大小不同的环状光阑，在边上刻有0、10、20、40、100等字样，“0”表示没有环状光阑，相当于普通聚光镜，其他数字表示环状光阑的不同大小，要和10×、20×、40×、100×相应的相差物镜配合使用。环状光阑是一透明的亮环，光线通过环状光阑形成一个圆筒状的光柱。

相差物镜上刻有“Ph”（phase的缩写）或一个红圈，或两者兼有作为标导。相差物镜和普通物镜相似，不同的是在物镜的内焦平面上装有一个相板，相板上有一层金属物质及一个暗环，不同放大倍数的相差物镜其暗环的大小不同。

相差显微镜利用环状光阑和相板，使通过反差很小的活细胞的光形成直射光和衍射光，直射光波相对地提前或延后π/2（即1/4波长），并发生干涉，使通过活细胞的光波由相位差变为振幅（亮度）差，活细胞的不同构造就表现出明暗差异，使人们能观察到活细胞的细微结构。

相差显微镜可分为正反差（标本比背景暗）和负反差（标本比背景明亮）两类。正反差特别适用于活细胞内部细微结构的观察。

3. 电子显微镜

电子显微镜的发展是20世纪应用物理学的一项重大成就。电子显微镜的光源不是可见光，而是波长极短的电子。在理论上，电子波的波长最短可达到0.005 nm，电子显微镜的分辨率可以达到纳米级（10^{-9}m）。所以电子显微镜的分辨能力要远高于光学显微镜（图1-27）。

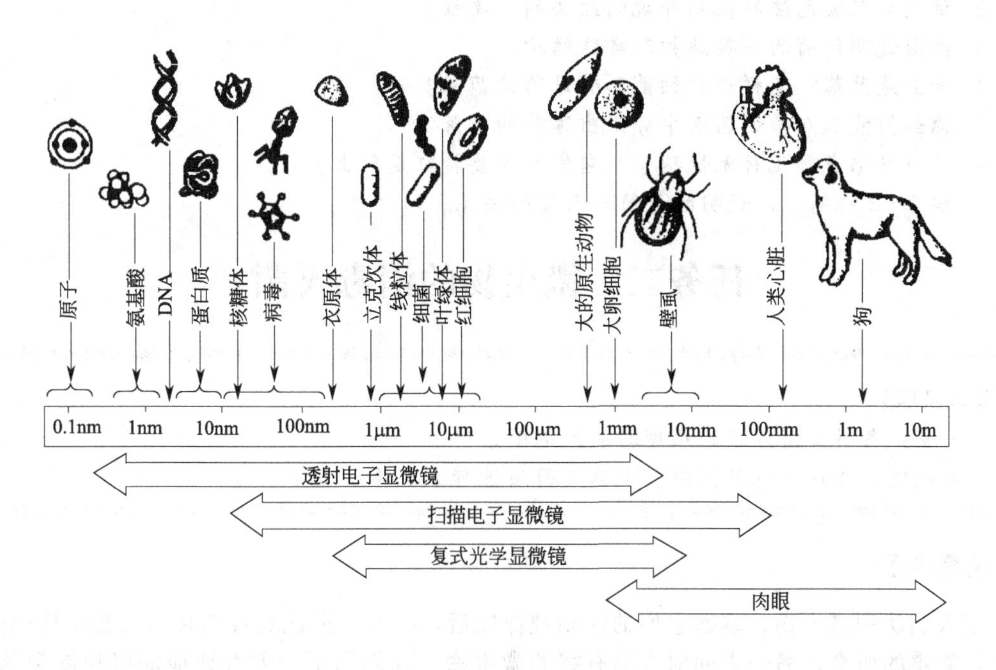

图1-27　显微镜的分辨率比较

电子显微镜是以电子波代替光学显微镜使用的光波，电磁场的功能类似于光学显微镜的透镜，整个操作系统在真空条件下进行。由于用来放大标本的电子束波长极短，当通过电场的电压为100kV时，波长仅为0.04mm，约比可见光波短10000倍，所以电镜分辨力较光学显微镜小得多，因而有非常大的放大率。通过它就可观察到更细微的物体和结构，在生命科学研究中已成为观察和描述细胞、组织、细菌和病毒等超微结构必不可少的工具。

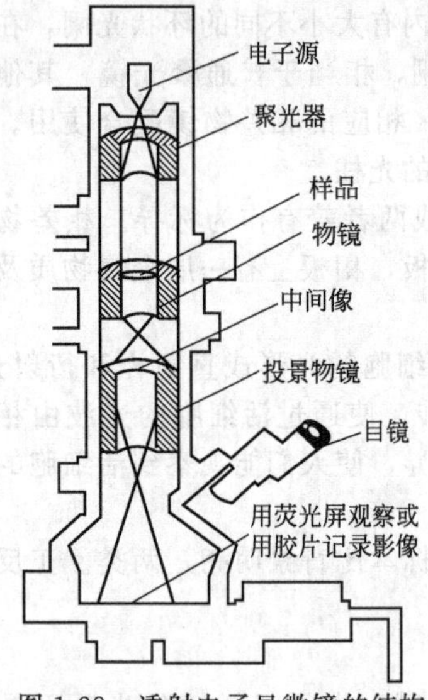

图 1-28 透射电子显微镜的结构

电子显微镜诞生于20世纪30年代。1931年德国科学家Knoll和Ruska研制出了世界上第一台透射电子显微镜。1939年Ruska等研制并生产出一系列商品电镜，其分辨力和放大倍数得到很大提高。70年代透射电镜的点分辨率已经优于0.3nm，而晶格分辨率可达0.1～0.2nm。目前，按性能不同，电镜种类可分透射电镜（图1-28）和扫描电镜两大类。透射电镜是由入射电子束穿过样品直接成像，加速电压一般为50～100kV，点分辨率为0.2～0.3nm，晶格分辨率为0.1～0.2nm，放大倍数可达80万倍。因电子透射力较弱，要求样品厚度较薄（50～100nm）。样品制备技术比较复杂，有超薄切片技术、负染法、投影法和冷冻复型法等。电子显微镜主要用于研究生物大分子结构、生物膜、动植物细胞、微生物细胞和病毒的超微结构。

【思考题】

1. 试图示革兰阳性菌和革兰阴性菌细胞壁的主要构造，并简要说明其异同。
2. 试述革兰染色法的机制并说明此法的重要性。
3. 画图说明细菌的一般结构和特殊结构。
4. 什么是菌落？怎样识别细菌和酵母菌的菌落？
5. 你如何能从众多的菌落中分辨出霉菌的菌落？
6. 霉菌可形成哪几种无性孢子？它们的主要特征是什么？
7. 举2～3个例子，说明酵母菌与人类的关系。

任务二 微生物的消毒灭菌

【学习目标】

- 熟知各种灭菌方法的原理与应用范围。
- 能使用高压蒸汽灭菌法、干热灭菌法进行微生物灭菌。

【理论前导】

当人们认识微生物，掌握它们的活动规律以后，一方面要让对我们有益的微生物充分得到生长繁殖的机会；另一方面对人类有害的微生物，我们则要千方百计地加以控制和杀灭。消毒灭菌就是介绍如何控制和杀灭有害微生物及其常用的方法。

（1）灭菌 灭菌是指采用任何一种方法，将物品的表面和内部的微生物及其各种芽孢、孢子全部杀死。经过灭菌以后的物品应该不存在具有生命力的微生物，否则就是灭菌不彻底。配制的培养基在使用之前，一定要进行彻底灭菌。只有这样，才能保证我们所需要的微生物能够很好地生长。

（2）消毒 消毒是指采用某种方法，仅杀灭物品上的病原微生物，起到保护人们健康的作用。这是一种不彻底的灭菌，因为在其上面还存在着具有生命力的非致病微生物。牛奶就是经过消毒之后供人饮用的。

(3) 无菌　无菌是没有具有生命力的微生物存在的意思。只有通过彻底灭菌，才能达到无菌要求。因此灭菌是指对物品的作用，而无菌则是描述物品的状态。灭菌是无菌的先决条件，无菌是灭菌后的结果。实验室中的无菌操作、食品工厂的无菌包装等都需要经过灭菌以后，使工作场所基本上处于无菌状态才行。

常见的消毒灭菌的方法有如下几种。

一、干热灭菌法

1. 火焰灭菌法

火焰灭菌法指直接利用火焰把微生物烧死，故又称焚烧灭菌法。采用此法灭菌既彻底又迅速，但只适用于金属制的接种工具、试管口及污染物品等的处理。常用的工具有酒精灯、煤气灯等。方法是将需灭菌的器具在火焰上来回通过几次（火焰温度可达 200℃以上），一切微生物的营养体和孢子可全部杀死，达到无菌程度。

2. 热空气灭菌法

热空气灭菌法即在电热恒温干燥箱中利用干热空气来灭菌。由于蛋白质在干燥无水的情况下不容易凝固，加上干热空气穿透力差，因而干热灭菌需要较高的温度和较长的时间。一般热空气灭菌要将灭菌物品放在 140～160℃的温度下保持 2～3h。

具体操作方法是：将待灭菌的物品用牛皮纸或旧报纸包好，放入电热恒温干燥箱中，关闭箱门，接通电源，升温，待箱内温度升到 140℃时开始计时，保持 3h（或 160℃保持 2h），达到恒温时间后切断电源，让其自然降温，待箱内温度下降到 60℃以下，取出物品使用或翌日待用。

干热灭菌只适于玻璃器皿及金属用具，对于培养基等含水分的物质、高温下易变形的塑料制品及乳胶制品，则不适合使用。灭菌结束后一定要自然降温至 60℃以下才能打开箱门，否则玻璃器皿会因温度急剧变化而破裂。此外，灭菌物品用纸包裹或带有棉塞时，必须控制温度不超过 170℃，否则容易燃烧。

二、湿热灭菌法

湿热灭菌法是最常用的灭菌方法，它不需要像干热灭菌那样高的温度。湿热灭菌的原理是使微生物的蛋白质变性，而蛋白质变性与含水量、温度等有关。含水量大时，蛋白质变性所需的温度低；反之，蛋白质变性所需的温度高。而且，湿热灭菌时产生的热蒸汽穿透力强，可以迅速引起菌体蛋白质变性。所以湿热灭菌比干热灭菌所需温度低，一般培养基（料）都采用湿热灭菌。湿热灭菌方法有以下几种。

1. 高压蒸汽灭菌法

高压蒸汽灭菌法的原理是根据水的沸点可随压力的增加而提高，当水在密闭的高压灭菌锅中煮沸时，其蒸汽不能逸出，致使压力增加，水的沸点温度也随之增加，加之蛋白质在湿热条件下容易变性。因此，高压蒸汽灭菌是利用高压蒸汽产生的高温，以及热蒸汽的穿透能力，达到灭菌的目的。高压蒸汽灭菌是效果最好、使用最广泛的灭菌方法。一般培养基、玻璃器皿、用具等，都可用此法灭菌。

在热蒸汽条件下，微生物及其芽孢或孢子在 120℃的高温下，经 20～30min 可全部被杀死。斜面试管培养基灭菌时在 121℃的温度下（0.1MPa），经 30min 即可达到灭菌目的。如灭菌体积较大的原种或栽培种培养基，热力不易穿透时，温度增高为 128℃（0.15MPa），灭菌 1.5～2h，即可达到灭菌的目的。

高压蒸汽灭菌器有手提式、立式、卧式等不同类型（图 1-29，图 1-30），但基本构造大致相同，主要有以下结构组成。

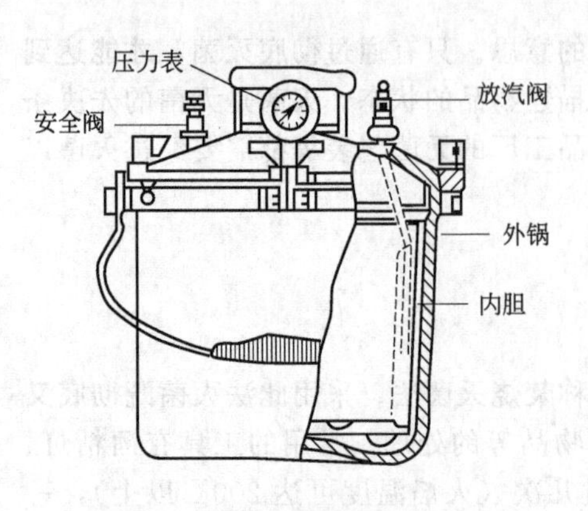

图 1-29 手提式高压灭菌锅

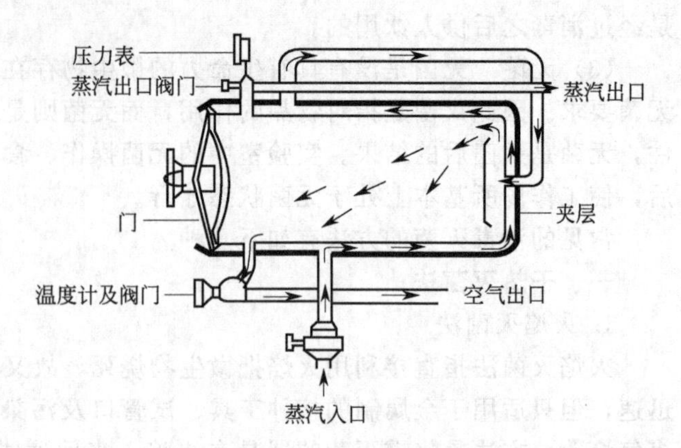

图 1-30 卧式高压灭菌锅

(1) 外锅　也称夹层，外层一般为石棉或玻璃棉的绝缘层，是装水产生蒸汽的装置。

(2) 内胆　也称灭菌室，是放置灭菌物品的空间。

(3) 压力表　显示灭菌器内蒸汽压力（单位：MPa）的值和相应的温度（单位：℃）。一般老式的压力表上有三种单位：公制压力单位（kgf/cm^2），英制压力单位（lbf/in^2）和温度单位（℃），现在的压力表上压力单位用 MPa 表示。

(4) 排气阀　下连排气管，用于排除锅内冷空气。原理是利用空气、冷凝水和蒸汽之间的温差控制开关，在灭菌过程中，可自动排出冷空气和冷凝水。

(5) 安全阀　也称保险阀，用可调节器弹簧控制活塞，超过额定压力即自动放气减压。通常调在额定压力之下，略高于使用压力。安全阀只能用于超压时安全报警，不能在保温保压时作自动减压装置使用。

(6) 热源　多以电热为主，在底部装有调控电热管，使用比较方便。

2. 常压蒸汽灭菌法

常压蒸汽灭菌是在常压下进行的湿热灭菌，因设备投资小，农村小型菌种厂多采用此法。常压蒸汽灭菌，在温度达到100℃以后，维持8～10h，方可达到灭菌要求。装有培养料的瓶（袋）入锅时，要直立排放，瓶（袋）之间留有适当空隙，利于湿热蒸汽流通和穿透入料内，提高灭菌效果。装锅后，将锅盖盖严实，不漏气，并立即点火升温。灭菌时，要掌握火候，起始用旺火，使锅内温度迅速升到100℃，以防微生物大量繁殖，使培养料变酸；然后要保持温度稳定，火力均匀，不能忽高忽低，影响灭菌效果；达到灭菌时间后，闷一夜第二天早晨待锅内温度降下来，才可打开蒸锅，趁热取出灭菌物品。灭菌时，当灭菌锅内水不足时，必须及时加入热水，切忌加入冷水。

3. 常压间歇灭菌法

常压间歇灭菌就是在常压锅内间断性消毒几次达到灭菌的目的。常压灭菌由于没有压力，水蒸气的温度不会超过100℃，只能杀灭微生物的营养体，不能杀死芽孢和孢子。采用间歇灭菌的方法，在蒸锅内将培养基在100℃条件下蒸3次，每次2h，第一次蒸后在锅内自然温度下培养24h，使未杀死的芽孢萌发为营养细胞，以便在第二次蒸时被杀死。第二次蒸后同样培养24h，使未杀死的芽孢萌发，再蒸第三次，经过3次蒸煮即可达到彻底灭菌的目的。间歇灭菌比常压蒸汽灭菌的灭菌效果好，但比较费事。

三、过滤除菌

过滤除菌是用物理阻留的方法将液体或空气中的细菌除去，以达到无菌的目的。所用的器具是含有微小孔径的滤菌器。主要用于血清、毒素、抗生素等不耐热生物制品及空气的除菌。

常用的滤菌器有薄膜滤菌器（0.45μm和0.22μm孔径）、陶瓷滤菌器、石棉滤菌器（即Seitz滤菌器）、烧结玻璃滤菌器等。

用最大孔径不超过1nm的过滤器可得到无菌滤液，常用于对热不稳定的物质的除菌。空气或其他气体也可通过棉花或超细纤维膜达到除菌的目的。

四、紫外线杀菌

紫外线杀菌是利用紫外线照射物体，使物体表面的微生物细胞内的核蛋白分子构造发生变化而引起死亡。由于紫外线穿透性差，一般情况下紫外线照射主要用作食品工厂车间、设备、包装材料的表面以及水的杀菌。另外紫外线照射也可以结合其他一些强氧化剂如臭氧、过氧化氢等来进行杀菌。近年来紫外线用于透明液体的杀菌获得进展，紫外线照射在果蔬汁中的应用也引起了重视。

1. 紫外线的特性

(1) 波长　根据紫外线自身波长的不同可将其分为长波段（320～400nm）、中波段（275～320nm）和短波段（180～275nm）。其中，处于240～280nm波段的紫外线杀菌力较强，而杀菌力最强的波长为250～265nm，多以253.7nm作为紫外线杀菌的波长。

(2) 传播性质　紫外线进行直线传播，其强度与距离的平方成比例减弱，可被不同的表面反射，穿透力弱。

2. 紫外线杀菌的原理

当微生物被紫外线照射时，其细胞的部分氨基酸和核酸吸收紫外线，产生光化学作用，引起细胞内成分，特别是核酸、原浆蛋白、酶的化学变化，使细胞质变性，同时空气受紫外线照射后产生微量臭氧，二者共同杀菌，从而导致微生物死亡。但经紫外线照射的微生物，如果立即暴露于可见光下，受损伤的DNA可以被修复，这种作用称为光复活作用。所以，用紫外线处理时，只有当它引起的损伤比恢复力能大时，才能使微生物死亡。

紫外线是接种室、培养室和手术室进行空气灭菌的常用工具。市售紫外灯有30W、20W和15W等多种规格。灭菌常选用30W，菌种诱变多选用15W紫外灯。紫外灯的有效作用距离为1.5～2.0m，以1m内效果最好。使用前应搞好被照射区域的卫生，照射30min即可。有些经照射受损害的菌体若再暴露于可见光中，会发生光复活。为了避免光复活现象的出现，应在黑暗中保持30min。

紫外线的杀菌效果与菌种及其生理状态有关。有些微生物具有抗紫外线辐射的作用，如带色素的细菌，原因是多数色素可以吸收紫外线，降低了辐射对敏感核物质的照射量。二倍体和多倍体比单倍体细胞抗紫外线能力强；孢子比营养体的抗性强；干燥细胞比湿性细胞的抗性强。紫外线对病毒的灭活效果较好。

紫外线杀菌属于纯物理消毒方法，具有简单便捷、广谱高效、无二次污染、便于管理和实现自动化等优点。随着各种新型设计的紫外线灯管的推出，紫外线杀菌的应用范围也在不断扩大。

3. 紫外线杀菌灯的应用

(1) 每一种微生物都有其特定的紫外线杀灭、死亡剂量标准，其剂量是照射强度与照射时间的乘积（杀菌剂量＝照射强度×照射时间/$K=I\times t$），即紫外线的照射剂量取决于紫外线的强度大小以及照射时间的长短，高强度短时间与低强度长时间的照射效果是相同的。

(2) 石英灯管使用一段时间后会逐渐老化，紫外线照射强度会发生衰退，为达到彻底消毒的效果，应定期检测石英灯的照射强度，发现强度不够时应立即更换。

(3) 紫外线只能沿直线传播，穿透能力弱，任何纸片、铅玻璃、塑料都会大幅降低其照射强度。因此消毒时应尽量使消毒部位充分暴露于紫外线下，定期擦拭灯管，以免影响紫外线的穿透率及照射强度。

(4) 紫外线对人体的皮肤能产生很大的伤害，不要在有人的场所使用紫外灯，更不要用眼睛直视点亮的灯管。由于短波紫外线不能透过普通玻璃，所以戴眼镜可避免眼睛受伤害。

(5) 在有人员活动的场所，一般不能使用紫外灯，因为臭氧会促进人体的血红蛋白凝固，造成人体供氧不足，出现头晕、恶心的感觉，影响身体健康，特别在臭氧浓度大于0.3mg/m^{2}时，将会对人体造成严重的伤害。

(6) 低压放电灯中的紫蓝色光芒为汞蒸气压，虽然汞蒸气压的强度与紫外线的强度有关联，但是并不直接代表紫外线的强度。这也就是说，紫外线的强度无法用肉眼来判定。

(7) 灯具加反光罩可以保证紫外线能量的集中，另外可以避免给工作人员造成损伤。反光罩一定要用对253.7nm的紫外线吸收少反射多的材料制作，表面氧化抛光处理过的铝对短波紫外线的反射系数最大，所以一般紫外线灯具的反光系统均用铝材制成。

4. 紫外线杀菌的特点

(1) 优点　操作简便，价格比其他杀菌系统低。

(2) 缺点　①只能用于透明液体、薄膜的表面系统杀菌；②紫外线必须穿透进入产品，接触到要杀灭的微生物体上，且需施与足够的能量。

五、药物杀菌

1. 甲醛

一般为40%的水溶液，即福尔马林。有强烈的刺激臭味，它能使微生物的蛋白质变性。对细菌和病毒具有强烈的杀伤作用。它常用于熏蒸接种室、接种箱和培养室。每立方米空间的用量为8～10mL。用法是将甲醛溶液放入一容器内，加热使甲醛气体挥发；或用2份甲醛溶液加1份高锰酸钾混合在一起，利用产生的热量使其挥发。甲醛气体对人的皮肤和黏膜组织有刺激损害作用，操作后应迅速离开消毒现场。熏蒸后，若气味过浓影响操作时，可在室内喷洒少量浓氨水，以除去剩余的甲醛气体。

2. 硫黄

硫黄呈淡黄色结晶或粉末，易燃。燃烧发出蓝色光，产生二氧化硫（SO_2），对杂菌有较强的杀伤能力。若增加空气湿度，二氧化硫和水结合为亚硫酸，能显著增强杀菌效果。常用于熏蒸接种室、培养室。每立方米空间用15g左右为宜。

3. 高锰酸钾

高锰酸钾俗称灰锰氧，紫色针状结晶，可溶于水，是一种强氧化剂。0.1%的高锰酸钾溶液就有杀菌作用，常用于器具表面消毒。它可使微生物的蛋白质和氨基酸氧化，从而抑制微生物的生长，达到灭菌的目的。溶液配制后不宜久放，应随配随用。另外，高锰酸钾常用来与甲醛混合，产生甲醛气体熏蒸消毒接种箱（室）。

4. 酒精

酒精学名为乙醇，能使细菌蛋白质脱水变性，致使细菌死亡。75%酒精的杀菌作用最强。用于皮肤、器皿或子实体表面消毒，可使微生物蛋白质凝固，细胞破坏。本品易燃，易挥发，应密封保存。

5. 石炭酸

石炭酸又称苯酚，白色结晶，在空气中氧化成粉红色，见光变深红色，有特殊气味和腐蚀性。能损害微生物的细胞膜，使蛋白质变性或沉淀。石炭酸一般用3%～5%的水溶液，用于环境和器皿消毒。使用时因其刺激性很强，对皮肤有腐蚀作用，应加以注意。

6. 来苏儿

来苏儿含50%煤酚皂，消毒能力比石炭酸强4倍。用50%来苏儿40mL，加水960mL，配成2%来苏儿溶液，可用于手的消毒（浸泡2min即可）和接种室、培养室的消毒。

7. 漂白粉

漂白粉是次氯酸钙、氯化钙和氢氧化钙的混合物，灰白色粉末或颗粒，有氯气臭味，易溶于水，在水中分解成次亚氯酸，渗入菌体内，使蛋白质变性，导致微生物死亡。漂白粉对细菌的繁殖体、芽孢、病毒、酵母菌及霉菌等均有杀菌作用。用法：可配成2%～3%的水溶液，洗刷接种室的墙壁、培养架及用具。漂白粉水溶液杀菌的持续时间短，应随用随配。

8. 新洁尔灭

新洁尔灭是一种具有消毒作用的表面活性剂，使用浓度为0.25%溶液（用原液5%新洁尔灭50mL，加水950mL）。常用于器具和皮肤消毒，亦可用于接种箱（室）、培养室内喷雾消毒。对人、畜的毒性较小。因不宜久存，故应随配随用。

9. 升汞

升汞即氯化汞，白色结晶粉末，易溶于水，杀菌力强。对人、畜的毒性很大，易被皮肤黏膜吸收，操作人员应避免长期接触。配制方法：取升汞1g，溶于25mL浓盐酸中，再加水至1000mL，配成0.1%升汞水溶液，用于接种箱（室）和菌种分离材料的表面消毒。升汞属重金属盐类，不能用作铁器之类的表面消毒，以免沉淀失效。

10. 过氧乙酸

过氧乙酸又名过氧醋酸，具有酸和氧化剂的特点，通过破坏微生物的蛋白质基础分子结构而杀灭菌体。过氧乙酸的气体和溶液都有很强的杀菌作用。0.2%浓度用于浸泡或涂擦消毒，2%浓度用于喷洒消毒。

药物杀菌其药味大，不能自然排出，需要空调长时间置换通风，从而增加了能耗，同时也存在二次污染的问题，剩余的药物直接进入大气，造成对周围环境的污染。如甲醛熏蒸，操作麻烦，熏蒸时间长，有二次污染物，对人体有一定的危害。做一次甲醛熏蒸8h，残留物附着在洁净的墙壁上和设备的表面，需要擦除。在消毒后的几天内，其悬浮粒子数会增加，而且要求风管为不锈钢管，这也增加了一次性投资费用。

【技能训练】

技能一　干热灭菌

一、技能目标

- 了解干热灭菌的原理，会熟练操作干热灭菌技术。
- 掌握在操作过程中的注意事项。

二、用品准备

1. 仪器

电烘箱。

2. 其他备品

培养皿、试管、吸管。

三、操作要领

1. 装入待灭菌物品

将包装好的待灭菌物品（培养皿、试管、吸管等）放入电烘箱内。物品不要摆得太挤，一般不能超过总容量的2/3，灭菌物之间应稍留有间隙，以免妨碍热空气流通，影响温度的均匀上升。同时，灭菌物品也不要与电烘箱内壁的铁板接触，因为铁板温度一般高于箱内空气温度（温度计指示温度），触及则易烘焦着火。

2. 升温

关好电烘箱门，插上电源插头，拨动开关，旋动恒温调节器至红灯亮，让温度逐渐上升。如果红灯熄灭、绿灯亮，表示箱内已停止加温，此时如果还未达到所需的160～170℃的温度，则需转动调节器使红灯再亮，如此反复调节，直至达到所需温度。

升温或灭菌物有水分需要迅速蒸发时，可旋转调气阀（位于电烘箱顶部或背面），打开通气孔，排除箱内冷空气和水汽，待温度升至所需温度后，将通气孔关闭，使箱内温度一致。

3. 恒温

当温度升到160～170℃时，凭恒温调节器的自动控制，保持此温度2h。

灭菌温度以控制在165℃维持2h为宜。超过170℃，包装纸即变黄；超过180℃，纸或棉花等就会烤焦甚至燃烧，酿成意外事故。如因不慎或其他原因电烘箱内发生烤焦或燃烧事故时，应立即关闭电源，将通气孔关闭，待其自然降温至60℃以下时才能打开箱门进行处理，切勿在未切断电源前打开箱门。

4. 降温

切断电源，自然降温。

5. 开箱取物

待电烘箱内温度降到60℃以下后，打开箱门，取出灭菌物品。注意电烘箱内温度未降到60℃以前，切勿自行打开箱门，以免玻璃器皿炸裂。

灭菌后的物品，使用时再从包装内取出。

四、重要提示

（1）物品不要摆放太挤，以免妨碍空气流通。

（2）灭菌物品不要接触电烘箱内壁的铁板，以防包装纸烤焦起火。

（3）灭菌时人不能离开。

（4）灭菌结束后不能忘记关掉电源。

（5）待温度降到60℃以下再打开，否则冷热空气交替，玻璃器皿容易炸裂或发生烫伤事故。

（6）温度不能超过180℃，否则，包器皿的纸或棉花就会烧焦，甚至引起燃烧。

五、作业要求

1. 试述干热灭菌法的类型与其适用范围？

2. 简述利用电烘箱进行物品灭菌的操作步骤？

3. 谈谈你完成任务的体会，你认为操作过程中应注意哪些安全事项？

技能二　高压蒸汽灭菌

一、技能目标

- 掌握高压蒸汽灭菌的原理、使用范围、注意事项。
- 熟悉高压蒸汽灭菌器的构造，掌握高压蒸汽灭菌方法。

二、用品准备

1. 仪器

高压蒸汽灭菌器。

2. 其他备品

待灭菌的培养基、培养皿、吸管、长棍条、包装纸、脱脂棉、开水。

三、操作要领（以手提式灭菌器为例）

1. 加水

加适量开水（立式灭菌器有水位线，应在中间水位线以上），水量过少易将灭菌器烧干，引起爆炸。

2. 装锅

将待灭菌的物品放入内胆，勿过满，以利蒸汽流通，盖上锅盖后，对角线旋紧盖上的螺旋。

3. 加热排气

启动热源加热，同时打开排气阀，待排气阀冒出大量热气并持续约2～5min，确保冷空气完全排尽后，再将其关闭。也可不打开排气阀，待压力升至190～290kPa（0.2～0.3kg/cm^2）时，打开排气阀排气降压到零，重复该过程2～3次，也可使冷空气排尽。

4. 升压保压

冷空气排尽后，关闭排气阀，继续加热，使高压灭菌器内的温度和压力逐渐上升至所需的温度和压力后开始计时，并不断调节热源，使压力保持稳定，直至所需灭菌时间为止。不同物品应采用不同的压力和灭菌时间，培养基一般在103kPa（1kg/cm^2）压力下，维持30min左右。

5. 降压出锅

达到灭菌时间后，立即停止加热，压力自然下降至零时，先将锅盖打开5～10cm的缝或将锅盖抬高1～2cm，让热气徐徐冒出，并利用锅中余热烘干棉塞及包装纸，然后取出灭菌物品。

若灭菌的培养基需摆成斜面，可在温度降至约45～60℃时，把试管斜置于长棍条上，以斜面长度约占管长的1/2为宜。若气温较低，可在试管上覆盖毛巾等物品，以防降温太快使试管中形成过多的冷凝水，不利于菌种成活。

6. 灭菌效果的检验

将已灭完菌的培养基以无菌操作倒入无菌培养皿中制成平板，于32～37℃条件下倒置培养2～3d，若有杂菌生长，表明灭菌不彻底，应重新灭菌。

7. 保养

取出灭菌物品后，应立即倒出外锅中的水，保持内壁及内锅干燥，延长锅盖上密封圈的使用寿命。

四、重要提示

(1) 凡被灭菌的物品，在灭菌过程中应能直接接触饱和水蒸气，才能灭菌完全。密闭的干燥容器不宜用本法灭菌，因为容器内只能受到短时间（例如121℃，20min）的干热，达不到灭菌效果。

(2) 灭菌器内摆放的物品不能过满，以便蒸汽流动畅通；包装不宜过大，装量过大的培养基，在一般规定的压力与时间内灭菌不彻底。

(3) 当灭菌时，灭菌器内冷空气务必排尽，否则，压力表上所示的压力为热蒸汽和冷空气的混合压力，致使表压虽达到规定值，但温度相差很大，影响灭菌效果。

(4) 在灭菌时，加压或者放气减压，均应使压力缓慢上升或下降，以免瓶塞陷落、冲出或玻璃瓶爆破。

(5) 凡在灭菌器的压力尚未降至“0”位以前，严禁开盖，以免发生事故。

五、作业要求

1. 如何检验培养基的灭菌效果？
2. 使用高压蒸汽灭菌器时应注意哪些问题？
3. 高压蒸汽灭菌时为什么要把冷空气排尽？灭菌后为什么不能骤然降压？

技能三　紫外杀菌

一、技能目标

- 了解紫外杀菌的原理、使用范围、注意事项。
- 掌握紫外杀菌的方法。

二、用品准备

1. 仪器

紫外灯箱、无菌平皿、1mL无菌吸管、玻璃刮铲、无菌镊子、接种环。

2. 药品

牛肉膏蛋白胨琼脂培养基、培养24～48h的金黄色葡萄球菌（*Staphylococcus aureus*）、黏质沙雷菌（*Serratia marcescens*）。

3. 其他备品

无菌水、灭菌五角星形图案纸（牛皮纸或黑纸）。

三、操作要领

1. 制平板

取无菌平皿6套，将已熔化并冷却至50℃左右的牛肉膏蛋白胨琼脂培养基按无菌操作法倒入平皿中，使冷凝成平板。

2. 菌悬液制备

取无菌水2支，以无菌操作法分别取金黄色葡萄球菌和黏质沙雷菌各2环，接入无菌水中充分摇匀，制成菌悬液。

3. 接种

将已倒入培养基的平皿分为2组，每组3个，一组接种金黄色葡萄球菌，一组接种黏质沙雷菌，用无菌吸管吸取已制好的菌悬液各0.1mL，分别接种于2组平板上，用无菌玻璃刮铲布均涂匀，随即用无菌镊子夹取无菌图案纸一张，小心放在接种好的平皿中央（图1-31）。

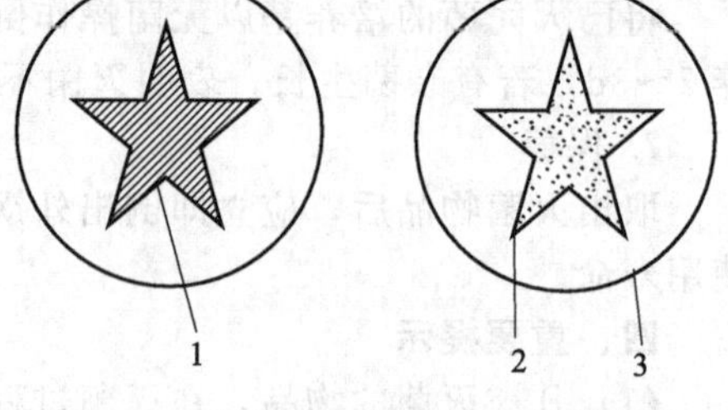

图1-31　紫外线对微生物生长的影响
1—图案纸；2—细菌生长区；3—无菌生长区

4. 分组

将接种的6个平皿分为3组，每组1个金黄色葡萄球菌，1个黏质沙雷菌。

5. 紫外线处理

将紫外灯先开灯预热2～3min。再将上述平皿置于紫外灯下，打开皿盖，在30cm距离处照射。一组照射1min，1组照射5min，1组照射10min，小心地取下图案纸，盖上皿盖。用黑布或厚纸遮盖，送入培养室内。

6. 培养

将平皿于28～30℃温度下培养48h。

四、重要提示

(1) 用玻璃刮铲涂布菌悬液，要涂布均匀。

(2) 紫外线处理完后，要及时用黑布或厚纸遮盖，以免光复活。

(3) 图案纸要大小一致，灭菌后使用。

(4) 操作过程注意无菌性。

五、作业要求

取出平皿观察并分析平板上细菌生长的状况，并绘图表示。

技能四　药 物 杀 菌

一、技能目标

- 了解药物杀菌的原理、使用范围、注意事项。
- 会使用药物杀菌所需的化学药剂，掌握药物杀菌方法。

二、用品准备

1. 仪器

无菌平皿、1mL 无菌吸管、玻璃刮铲、无菌镊子、接种环。

2. 药品

牛肉膏蛋白胨琼脂培养基、培养 24～48h 的金黄色葡萄球菌（*Staphylococcus aureus*）、大肠杆菌（*Escherichia. coli*）、枯草芽孢杆菌（*Bacillus subtilis*）、1g/L 氯化汞、200μg/L 链霉素、200μg/L 青霉素、0.5%石炭酸、4%石炭酸、95%酒精、75%酒精、0.01%新洁尔灭、0.1%新洁尔灭。

3. 其他备品

无菌水、直径 0.6cm 的无菌圆形滤纸片。

三、操作要领

1. 制平板

取无菌平皿 3 套，将已熔化并冷却至 50℃左右的牛肉膏蛋白胨琼脂培养基按无菌操作法倒入平皿中，使冷凝成平板。

2. 制备菌悬液

取无菌水 3 支，用接种环分别取大肠杆菌、金黄色葡萄球菌和枯草芽孢杆菌各 1～2 环，接入无菌水中，充分混匀，制成菌悬液。

3. 接种

用无菌吸管分别吸取已制好的菌悬液 0.1 mL 接种于平板上，用无菌玻璃刮铲涂匀。注意做好标记。

4. 浸药

将灭菌滤纸片浸入供试药剂中。

5. 加药剂

用无菌镊子夹取浸药滤纸片（注意把药液沥干），分别平铺于同一含菌平板上，注意药剂之间勿互相沾染（图 1-32）。并在平皿背面做好标记。

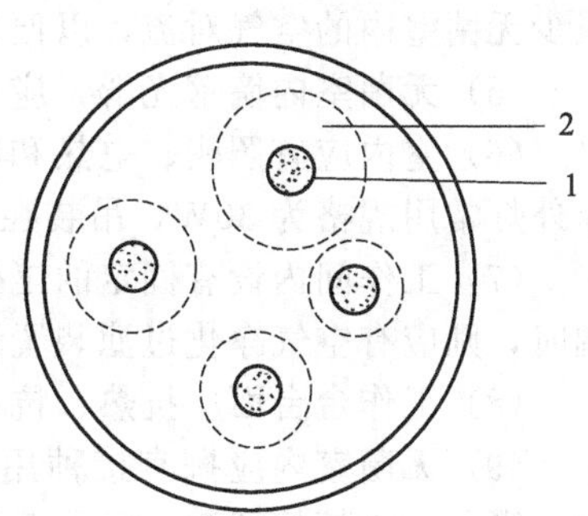

图 1-32　药剂抑菌试验

1—滤纸片；2—抑菌圈

6. 培养

将平皿置于 28℃下培养 48～72h 后观察结果。

四、重要提示

(1) 用玻璃刮铲涂布菌悬液，要涂布均匀。

(2) 用无菌镊子夹取浸药滤纸片（注意把药液沥干），分别平铺于同一含菌平板上，注意药剂之间勿互相沾染。

(3) 滤纸片要大小一致，灭菌后使用。

(4) 操作过程注意无菌性。

(5) 在平皿背面做好标记。

五、作业要求

取出培养平皿，观察滤纸片周围有无抑菌圈产生，并测量抑菌圈的大小。将测量结果填入表 1-9 中。

表 1-9　化学药剂对细菌的抑制效果　　单位：mm

细菌	化学药剂								
	95%酒精	75%酒精	4%石炭酸	0.5%石炭酸	0.1%新洁尔灭	0.01%新洁尔灭	1g/L 氯化汞	200μg/L 链霉素	200μg/L 青霉素
大肠杆菌									
金黄色葡萄球菌									
枯草芽孢杆菌									

【拓展学习】

无菌室的消毒处理及超净工作台的使用

一、无菌室的消毒处理

在微生物试验中，一般小规模的接种操作使用无菌接种箱或超净工作台，工作量大时使用无菌室接种，要求严格的在无菌室内再结合使用超净工作台。

1. 无菌室的结构

无菌室通过空气的净化和空间的消毒为微生物检验提供一个相对无菌的工作环境。

无菌室通常包括缓冲间和工作间两大部分，应具备下列基本条件。

(1) 为了便于无菌处理，无菌室的面积和容积不宜过大，以适宜操作为准，一般可为 $9\sim12m^2$，按每个操作人员占用面积不少于 $3m^2$ 设置为适宜。

(2) 无菌室要求严密、避光，隔板以采用玻璃为佳。无菌室应有良好的通风条件，为了在使用后排湿通风，应在顶部设立百叶排气窗。窗口加密封盖板，可以启闭，也可在窗口用数层纱布和棉花蒙罩。无菌室侧面底部应设进气孔，最好能通入过滤的无菌空气。

(3) 无菌室设里外两间。较小的外间为缓冲间，以提高隔离效果。缓冲间与工作间二者的比例可为1∶2，高度2.5m左右。

(4) 无菌室应安装推拉门，以减少空气流动。必要时，在向外一侧的玻璃隔板上安装一个 $0.5\sim0.7m^2$ 双层的小型玻璃橱窗，便于内外传递物品，橱窗要密封，尽量减少进出无菌室的次数，以防外界的微生物进入。工作间的内门与缓冲间的门力求迂回，避免直接相通，减少无菌室内的空气对流，以便保持工作间的无菌条件。

(5) 无菌室内墙壁光滑，应尽量避免死角，以便于洗刷消毒。

(6) 室内应有照明、电热和动力用的电源。里外两间均应安装日光灯和紫外线杀菌灯。紫外灯常用规格为30W，吊装在经常工作位置的上方，距地面高度2.0～2.2m。

(7) 工作间内设有固定的工作台、空气过滤装置及通风装置。在无菌间内如需要安装空调时，则应有空气净化过滤装置，以便在进行微生物操作时切实达到无尘、无菌。

(8) 工作台台面应抗热、抗腐蚀，便于清洗消毒。可采用橡胶板或塑料板铺盖台面。

(9) 无菌室内应搁有接种用的常用器具，如酒精灯、接种环、接种针、不锈钢刀、剪刀、镊子、酒精棉球瓶、记号笔等。

2. 无菌室的使用要求

(1) 无关人员未经批准不得随便进入无菌室。

(2) 室内设备简单，不得存放与试验无关的物品。将所用的试验器材和用品一次性全部放入无菌室（如同时放入培养基，则需用牛皮纸遮盖）。应尽量避免在操作过程中进出无菌室或传递物品。操作前先打开紫外灯照射30min，关闭紫外灯30min后再开始工作。

(3) 进入无菌室工作之前需修剪指甲。进入缓冲间后，应该换好工作服、鞋、帽，戴上口罩，将手用消毒液清洁后，再进入工作间。严格按无菌操作法进行操作。无菌室应保持密封、防尘、清洁、干燥，操作时尽量避免走动。

(4) 配备专用开瓶器、金属勺、镊子、剪刀、接种针、接种环；配备盛放3%来苏儿溶液或5%石炭酸溶液的玻璃缸，内浸纱布数块；备有75%酒精棉球，用于样品表面消毒及意外污染消毒。所有药品器材均为无菌室专用，一般不得带出无菌室，作为其他用处。

(5) 工作后应将台面收拾干净，所有物品使用后立即放回原处。取出培养物品及废物桶，用5%石炭酸喷雾，再打开紫外灯照30min。

3. 无菌室消毒处理常用方法

(1) 紫外线杀菌　无菌室在使用前，应首先搞好清洁卫生，再打开紫外灯，照射20～

30min，就基本可以使室内空气、墙壁和物体表面上无菌了。为了确保无菌室经常保持无菌状态，可定期打开紫外灯进行照射杀菌，最好每隔1～2d照射一次。

使用紫外灯应注意的事项如下。

① 紫外灯每次开启30min左右就可以了，时间过长，紫外灯管易损坏，且产生过多的臭氧，对工作人员不利。

② 经过长时间使用后，紫外灯的杀菌效率会逐渐降低，所以隔一定时间后要对紫外灯的杀菌能力进行实际测定，以决定照射的时间或更换新的紫外灯。

③ 紫外线对物质的穿透力很小，即使普通玻璃也不能通过，因此紫外线只能用于空气及物体表面的灭菌。

④ 紫外线对眼结膜及视神经有损伤作用，对皮肤有刺激作用，所以开着紫外灯的房间人不要进入，更不能在紫外灯下工作，以免受到损伤。

(2) 喷洒石炭酸　常用3%～5%的石炭酸溶液来进行空气的喷雾消毒。喷洒时，用手推喷雾器在房间内由上而下、由里至外顺序进行喷雾，最后退出房间，关门，作用几个小时就可使用了。需要注意的是石炭酸对皮肤有强烈的毒害作用，使用时不要接触皮肤。喷洒石炭酸可与紫外线杀菌结合使用，这样可增加其杀菌效果。

(3) 熏蒸　主要采用甲醛熏蒸消毒法。先将室内打扫干净，打开进气孔和排气窗通风干燥后，重新关闭，进行熏蒸灭菌。

① 加热熏蒸　常用的灭菌药剂为含37%～40%甲醛的水溶液，按6～10mL/m^3的标准计算用量，取出后，盛在小铁筒内，用铁架支好，在酒精灯内注入适量酒精（估计能蒸干甲醛溶液所需的量，不要超过太多）。将室内各种物品准备妥当后，点燃酒精灯，关闭门窗，任甲醛溶液煮沸挥发。酒精灯最好能在甲醛溶液蒸完后即自行熄灭。

② 氧化熏蒸　称取高锰酸钾（甲醛用量的1/2）于一瓷碗或玻璃容器内，再量取定量的甲醛溶液。室内准备妥当后，把甲醛溶液倒在盛有高锰酸钾的器皿内，立即关门。几秒钟后，甲醛溶液即沸腾而挥发。高锰酸钾是一种强氧化剂，当它与一部分甲醛溶液作用时，由氧化作用产生的热可使其余的甲醛溶液挥发为气体。

甲醛熏蒸后关门密闭应保持12h以上。甲醛对人的眼、鼻有强烈的刺激作用，在相当时间内不能入室工作。为减弱甲醛对人的刺激作用，在使用无菌室前1～2h在一搪瓷盘内加入与所用甲醛溶液等量的氨水，迅速放入室内，使其挥发中和甲醛，同时敞开门窗以放出剩余的刺激性气体。

4. 无菌室无菌程度的测定

为了检验无菌室灭菌的效果以及在操作过程中空气污染的程度，需要定期在无菌室内进行空气中杂菌的检验。一般采用平板法在两个时间进行：一是在灭菌后使用前；二是在操作完毕后。

(1) 取牛肉膏蛋白胨平板和马铃薯蔗糖平板，启开皿盖暴露于无菌室内15min后，盖好皿盖。在无菌室不同地方取样，共做3套。另有一套不打开的作对照。

(2) 将培养皿倒置于37℃培养24h后，观察菌落情况，统计菌落数。

(3) 如果每个皿内菌落不超过4个，则可以认为无菌程度良好，如果长出的杂菌多为霉菌时，表明室内湿度过大，应先通风干燥，再重新进行灭菌；如杂菌以细菌为主时，可采用乳酸熏蒸，效果较好。

二、超净台的使用

超净工作台作为代替无菌室的一种设备，具有占地面积小、使用简单方便、无菌效果可靠、无消毒剂对人体的危害、可移动等优点，现在已被广泛采用。

超净工作台是一种局部层流装置，它由工作台、过滤器、风机、静压箱和支撑体等组成。其工作原理是借助箱内鼓风机将外界空气强行通过一组过滤器，净化的无菌空气连续不断地进入操作台面，并且超净工作台内设有紫外线杀菌灯，可对环境进行杀菌，保证了超净工作台面的正压无菌状态，能在局部造成高洁度的工作环境。

1. 超净工作台的操作方法

（1）使用前将所用物品事先放入超净台内，再将无菌风及紫外灯开启，对工作区域进行照射杀菌，30min 后便可以使用了。

（2）使用时，先关闭紫外灯，但无菌风不能关闭，打开照明灯。

（3）用酒精棉或白纱布将台面及双手擦拭干净，再进行有关的操作。在使用超净台的过程中，所有的操作尽量要连续进行，减少染菌的机会。

（4）操作区为层流区，因此物品的放置不应妨碍气流正常流动，工作人员应尽量避免能引起扰乱气流的动作，如对着台面说话、咳嗽等，以免造成人身污染。

（5）工作完毕后将台面清理干净，取出培养物品及废物，再次用酒精棉擦拭台面，再打开紫外灯照射 30min 后，关闭无菌风，放下防尘帘，切断电源后方可离开。

2. 超净工作台的维护

（1）放置超净工作台的房间要求清洁无尘，应远离有震动及噪声大的地方，以防止震动对它的影响。

（2）超净工作台用三相四线 380V 电源，通电后检查风机转向是否正确，风机转向不对，则风速很小，将电源输入线调整即可。

（3）每 3～6 个月用仪器检查超净工作台性能有无变化，测试整机风速时，采用热球式风速仪（QDF-2 型）。如操作区风速低于 0.2m/s，应对初、中、高三级过滤器逐级做清洗除尘。

【思考题】

1. 湿热灭菌与干热灭菌有何不同？
2. 灭菌前为什么要进行包扎？
3. 微生物常用的杀菌药物有哪些？
4. 常用的紫外杀菌技术有什么优缺点？
5. 过滤除菌适用于哪些范围？

任务三　微生物培养基的制备

【学习目标】

- 熟悉培养基的种类及不同培养基的用途。
- 熟悉培养基的配制原则、要求和注意事项。
- 会配制牛肉膏蛋白胨培养基、马铃薯葡萄糖琼脂（PDA）培养基、高盐察氏培养基。

【理论前导】

一、培养基的营养

培养基是人工配制的、适合微生物生长繁殖或产生代谢产物的营养基质。无论是以微生物为材料的研究，还是利用微生物生产生物制品，都必须进行培养基的配制，它是微生物学研究和微生物发酵生产的基础。

培养基中应含满足微生物生长发育的水分、碳源、氮源、生长因子、磷、硫、钠、钙、镁、钾、铁及各种微量元素。

此外，培养基还应具有适宜的酸碱度（pH 值）、一定的缓冲能力、一定的氧化还原电位以及合适的渗透压。自然环境中微生物能生长，说明其基质符合它的生长需要，并不是所有的微生物在任何条件下都能生长。

人工培养是为了迅速、大量地繁殖微生物，如发酵工程。配制培养基时要注意各种营养成分的比例，如碳源、氮源、生长因子等。

二、培养基的种类

培养基种类繁多，根据其成分、物理状态和用途可将培养基分成多种类型。

（一）按成分不同划分

1. 天然培养基

这类培养基含有化学成分还不清楚或化学成分不恒定的天然有机物，也称非化学限定培养基。牛肉膏蛋白胨培养基和麦芽汁培养基就属于此类。

常用的天然有机营养物质包括牛肉浸膏、蛋白胨、酵母浸膏（表 1-10）、豆芽汁、玉米粉、土壤浸液、麸皮、牛奶、血清、稻草浸汁、羽毛浸汁、胡萝卜汁、椰子汁等，嗜粪微生物可以利用粪水作为营养物质。天然培养基成本较低，除在实验室经常使用外，也适于用进行工业上大规模的微生物发酵生产。

表 1-10　牛肉浸膏、蛋白胨及酵母浸膏的来源及主要成分

营养物质	来　源	主要成分
牛肉浸膏	瘦牛肉组织浸出汁浓缩而成的膏状物质	富含水溶性糖类、有机氮化合物、维生素、盐等
蛋白胨	将肉、酪素或明胶用酸或蛋白酶水解后干燥而成	富含有机氮化合物、也含有一些维生素和糖类
酵母浸膏	酵母细胞的水溶性提取物浓缩而成的膏状物质	富含 B 族维生素，也含有有机氮化合物和糖类

2. 合成培养基

合成培养基是由化学成分完全了解的物质配制而成的培养基，也称化学限定培养基，高氏一号培养基和察氏培养基就属于此种类型。配制合成培养基时重复性强，但与天然培养基相比其成本较高，微生物在其中生长速度较慢，一般适于在实验室用来进行有关微生物营养需求、代谢、分类鉴定、生物量测定、菌种选育及遗传分析等方面的研究工作。

3. 半合成培养基

半合成培养基以天然有机物作为碳、氮等主要营养源，用化学试剂补充无机盐配制而成的培养基称为半合成培养基。这种培养基能充分满足微生物的营养要求，大多数微生物都能良好生长，所以在生产实践和实验室中使用最多，如实验室常用的马铃薯蔗糖培养基等。

（二）根据物理状态划分

根据培养基中凝固剂的有无及含量的多少，可将培养基划分为固体培养基、半固体培养基和液体培养基三种类型。

1. 固体培养基

在液体培养基中加入一定量的凝固剂，使其成为固体状态即为固体培养基。理想的凝固剂应具备以下条件：①不被所培养的微生物分解利用；②在微生物生长的温度范围内保持固体状态。在培养嗜热细菌时，由于高温容易引起培养基液化，通常通过在培养基中适当增加凝固剂来解决这一问题；③凝固剂凝固点温度不能太低，否则将不利于微生物的生长；④凝固剂对所培养的微生物无毒害作用；⑤凝固剂在灭菌过程中不会被破坏；⑥透明度好，黏着力强；⑦配制方便且价格低廉。常用的凝固剂有琼脂、明胶和硅胶。表 1-11 列出琼脂和明胶的一些主要特征。

对绝大多数微生物而言，琼脂是最理想的凝固剂，琼脂是从藻类（海产石花菜）中提取的一种高度分支的复杂多糖；明胶是由胶原蛋白制备而成，是最早用来作为凝固剂的物质，但由于其凝固点太低，而且某些细菌和许多真菌产生的非特异性胞外蛋白酶以及梭菌产生的特异性胶原酶都能液化明胶，目前已较少作为凝固剂；硅胶是由无机的硅酸钠（Na_2SO_3）及硅酸钾（K_2SiO_3）被盐酸及硫酸中和时凝聚而成的胶体，它不含有机物，适合配制用于分离和培养自养型微生物的培养基。

表 1-11　琼脂与明胶主要特征比较

内　容	琼　脂	明　胶
常用浓度/%	1.5～2.0	5～12
熔点/℃	96	25
凝固点/℃	40	20
pH	微酸	酸性
灰分/%	16	14～15
氧化钙/%	1.15	0
氧化镁/%	0.77	0
氮/%	0.4	18.3
微生物利用能力	绝大多数微生物不能利用	许多微生物能利用

除在液体培养基中加入凝固剂制备的固体培养基外，一些由天然固体基质制成的培养基也属于固体培养基。例如，由马铃薯块、胡萝卜条、小米、麸皮及米糠等制成的固体状态的培养基就属于此类。又如生产酒的酒曲，生产食用菌的棉子壳培养基。

在实验室中，固体培养基一般是加入平皿或试管中，制成培养微生物的平板或斜面。固体培养基为微生物提供一个营养表面，单个微生物细胞在这个营养表面进行生长繁殖，可以形成单个菌落。固体培养基常用来进行微生物的分离、鉴定、活菌计数及菌种保藏等。

2. 半固体培养基

半固体培养基中凝固剂的含量比固体培养基少，培养基中琼脂的含量一般为0.2%～0.7%。半固体培养基常用来观察微生物的运动特征、分类鉴定及噬菌体效价滴定等。

3. 液体培养基

液体培养基中未加任何凝固剂。在用液体培养基培养微生物时，通过振荡或搅拌可以增加培养基的通气量，同时使营养物质分布均匀。液体培养基常用于大规模工业生产以及在实验室进行微生物的基础理论和应用方面的研究。

（三）按用途划分

1. 基础培养基

尽管不同微生物的营养需求各不相同，但大多数微生物所需的基本营养物质是相同的。基础培养基是含有一般微生物生长繁殖所需的基本营养物质的培养基。牛肉膏蛋白胨培养基是最常用的基础培养基。基础培养基也可以作为一些特殊培养基的基础成分，再根据某种微生物的特殊营养需求，在基础培养基中加入所需营养物质。

2. 加富培养基

加富培养基也称营养培养基，即在基础培养基中加入某些特殊营养物质制成的一类营养丰富的培养基，这些特殊营养物质包括血液、血清、酵母浸膏、动植物组织液等。加富培养基一般用来培养营养要求比较苛刻的异养型微生物，如培养百日咳博德特菌，需要含有血液的加富培养基。加富培养基还可以用来富集和分离某种微生物，这是因为加富培养基含有某种微生物所需的特殊营养物质，该种微生物在这种培养基中较其他微生物生长速度快，并逐渐富集而占优势，逐步淘汰其他微生物，从而达到分离该种微生物的目的。从某种意义上讲，加富培养基类似于选择培养基，两者区别在于，加富培养基是用来增加所要分离的微生物的数量，使其形成生长优势，从而分离到该种微生物；选择培养基则一般是抑制不需要的微生物的生长，使所需要的微生物增殖，从而达到分离所需微生物的目的。

3. 鉴别培养基

鉴别培养基是用于鉴别不同类型微生物的培养基。在培养基中加入某种特殊的化学物质，当某种微生物在培养基中生长后就能产生某种代谢产物，而这种代谢产物可以与培养基中的特殊化学物质发生特定的化学反应，产生明显的特征性变化，根据这种特征性变化，可将该种微生物与其他微生物区分开来。鉴别培养基主要用于微生物的快速分类鉴定，以及分离和筛选产生某种代谢产物的微生物菌种。常用的一些鉴别培养基参见表1-12。

表 1-12　常用的鉴别培养基

培养基名称	加入化学物质	微生物代谢产物	培养基特征性变化	主要用途
酪素培养基	酪素	胞外蛋白酶	蛋白水解圈	鉴别产蛋白酶菌株
明胶培养基	明胶	胞外蛋白酶	明胶液化	鉴别产蛋白酶菌株
油脂培养基	食用油、土温中性红指示剂	胞外脂肪酶	由淡红色变成深红色	鉴别产脂肪酶菌株
淀粉培养基	可溶性淀粉	胞外淀粉酶	淀粉水解圈	鉴别产淀粉酶菌株
H_2S试验培养基	醋酸铅	H_2S	产生黑色沉淀	鉴别产H_2S菌株
糖发酵培养基	溴甲酚紫	乳酸、醋酸、丙酸等	由紫色变成黄色	鉴别肠道细菌
远藤培养基	碱性复红、亚硫酸钠	酸、乙醛	带金属光泽深红色菌落	鉴别水中大肠菌群
伊红美蓝培养基(EMB)	伊红、美蓝	酸	带金属光泽深紫色菌落	鉴别水中大肠菌群

4. 选择培养基

选择培养基是用来将某种或某类微生物从混杂的微生物群体中分离出来的培养基。根据不同种类微生物的特殊营养需求或对某种化学物质的敏感性不同，在培养基中加入相应的特殊营养物质或化学物质，抑制不需要的微生物的生长，有利于所需微生物的生长。

一种类型的选择培养基是依据某些微生物的特殊营养需求设计的。例如，利用以纤维素或石蜡油作为唯一碳源的选择培养基，可以从混杂的微生物群体中分离出能分解纤维素或石蜡油的微生物；利用以蛋白质作为唯一氮源的选择培养基，可以分离产胞外蛋白酶的微生物；缺乏氮源的选择培养基可用来分离固氮微生物。另一类选择培养基是在培养基中加入某种化学物质，这种化学物质没有营养作用，对所需分离的微生物无害，但可以抑制或杀死其他微生物。例如，在培养基中加入数滴10%的酚可以抑制细菌和霉菌的生长，从而从混杂的微生物群体中分离出放线菌；在培养基中加入亚硫酸铵，可以抑制革兰阳性菌和绝大多数革兰阴性菌的生长，而革兰阴性的伤寒沙门菌可以在这种培养基上生长；在培养基中加入染料亮绿或结晶紫，可以抑制革兰阳性菌的生长，从而达到分离革兰阴性菌的目的；在培养基中加入青霉素、四环素或链霉素，可以抑制细菌和放线菌的生长，而将酵母菌和霉菌分离出来。现代基因克隆技术中也常用选择培养基，在筛选含有重组质粒的基因工程菌株过程中，利用质粒上具有的对某种（些）抗生素的抗性选择标记，在培养基中加入相应抗生素，就能比较方便地淘汰非重组菌株，以减少筛选目标菌株的工作量。

5. 其他

除上述四种主要类型外，培养基按用途划分还有很多种，比如，分析培养基常用来分析某些化学物质（抗生素、维生素）的浓度，还可用来分析微生物的营养需求；还原性培养基专门用来培养厌氧型微生物；组织培养物培养基含有动、植物细胞，用来培养病毒、衣原体、立克次体及某些螺旋体等专性活细胞寄生的微生物。尽管如此，有些病毒和立克次体目前还不能利用人工培养基来培养，需要接种在动植物体内或动植物组织中才能增殖。常用的培养病毒与立克次体的动物有小白鼠、家鼠和豚鼠。鸡胚也是培养某些病毒与立克次体的良好营养基质，鸡瘟病毒、牛痘病毒、天花病毒、狂犬病毒等十几种病毒也可用鸡胚培养。

三、培养基配制的原则

（一）选择适宜的营养物质

总体而言，所有微生物生长繁殖均需要培养基含有碳源、氮源、无机盐、生长因子、水及能源，但由于微生物营养类型复杂，不同微生物对营养物质的需求是不一样的，因此首先要根据不同微生物的营养需求配制针对性强的培养基。自养型微生物能用简单的无机物合成自身需要的糖类、脂类、蛋白质、核酸、维生素等复杂的有机物，因此培养自养型微生物的培养基完全可以（或应该）由简单的无机物组成。例如，培养化能自养型的氧化硫硫杆菌的培养基组成。在该培养基配制过程中并未专门加入其他碳源物质，而是依靠空气中和溶于水中的 CO_2 为氧化硫硫杆菌提供碳源。

就微生物的主要类型而言，有细菌、放线菌、酵母菌、霉菌、原生动物、藻类及病毒之分，培养它们所需的培养基各不相同。在实验室中常用牛肉膏蛋白胨培养基（或简称普通肉汤培养基）培养细菌，用高氏一号培养基培养放线菌，培养酵母菌一般用麦芽汁培养基，培养霉菌则一般用察氏培养基。

（二）营养物质的浓度及配比合适

培养基中营养物质的浓度合适时微生物才能生长良好，营养物质浓度过低时不能满足微生物正常生长所需，浓度过高时则可能对微生物生长起抑制作用。例如高浓度糖类物质、无机盐、重金属离子等不仅不能维持和促进微生物的生长，反而起到抑菌或杀菌作用。另外，培养基中各营养物质之间的浓度配比也直接影响微生物的生长繁殖和（或）代谢产物的形成和积累，其中碳氮比（C/N）的影响较大。严格地讲，碳氮比指培养基中碳元素与氮元素物质的量的比值，有时也指培养基中还原糖与粗蛋白之比。例如，在利用微生物发酵生产谷氨酸的过程中，培养基的碳氮比为 4∶1 时，菌体大量繁殖，谷氨酸积累少；当培养基的碳氮比为 3∶1 时，菌体繁殖受到抑制，谷氨酸产量则大量增加。再如，在抗生素发酵生产过程中，可以通过控制培养基中速效氮（或碳）源与迟效氮（或碳）源之间的比例来协调菌体生长与抗生素的合成。

（三）控制 pH 条件

培养基的 pH 必须控制在一定的范围内，以满足不同类型微生物的生长繁殖或产生代谢产物的需要。各类微生物生长繁殖或产生代谢产物的最适 pH 条件各不相同。一般来讲，细菌与放线菌适于在 pH7.0～7.5 的范围内生长，酵母菌和霉菌通常在 pH4.5～6.0 的范围内生长。值得注意的是，在微生物生长繁殖和代谢过程中，由于营养物质被分解利用和代谢产物的形成与积累，会导致培养基 pH 发生变化。若不对培养基 pH 条件进行控制，往往导致微生物生长速度下降或（和）代谢产物产量下降。因此，为了维持培养基 pH 的相对恒定，通常在培养基中加入 pH 缓冲剂，常用的缓冲剂是磷酸一氢盐和磷酸二氢盐（如 KH_2PO_4 和 K_2HPO_4）组成的混合物。K_2HPO_4 溶液呈碱性，KH_2PO_4 溶液呈酸性，两种物质的等量混合溶液的 pH 为 6.8。当培养基中酸性物质积累导致 H^+ 浓度增加时，H^+ 与弱碱性盐结合形成弱酸性化合物，培养基 pH 不会过度降低；如果培养基中 OH^- 浓度增加，OH^- 则与弱酸性盐结合形成弱碱性化合物，培养基 pH 也不会过度升高。

但 KH_2PO_4 和 K_2HPO_4 缓冲系统只能在一定的 pH 范围（pH6.4～7.2）内起调节作用。有些微生物，如乳酸菌能大量产酸，上述缓冲系统就难以起到缓冲作用，此时可在培养基中添加难溶的碳酸盐（如 $CaCO_3$）来进行调节，$CaCO_3$ 难溶于水，不会使培养基 pH 过度升高，但它可以不断中和微生物产生的酸，同时释放出 CO_2，将培养基 pH 控制在一定范围内。

在培养基中还存在一些天然的缓冲系统，如氨基酸、肽、蛋白质都属于两性电解质，也可起到缓冲剂的作用。

（四）控制氧化还原电位

不同类型的微生物生长对氧化还原电位（Φ）的要求不一样，一般好氧微生物在 Φ 值为+0.1V 以上时可正常生长，一般以+0.3～+0.4V 为宜。厌氧微生物只能在 Φ 值低于+0.1V 条件下生长。兼性厌氧微生物在 Φ 值为+0.1V 以上时进行好氧呼吸，在+0.1V 以下时进行发酵。Φ 值与氧分压和 pH 有关，也受某些微生物代谢产物的影响。在 pH 相对稳定的条件下，可通过增加通气量（如振荡培养、搅拌）提高培养基的氧分压，或加入氧化剂，从而增加 Φ 值；在培养基中加入抗坏血酸、硫化氢、半胱氨酸、谷胱甘肽、二硫苏糖醇等还原性物质可降低 Φ 值。

（五）原料来源的选择

在配制培养基时应尽量利用廉价且易于获得的原料作为培养基成分，特别是在发酵工业中，培养基用量很大，利用低成本的原料更能体现出其经济价值。例如，在微生物单细胞蛋白的工业生产过程中，常常利用糖蜜（制糖工业中含有蔗糖的废液）、乳清（乳制品工业中含有乳糖的废液）、豆制品工业废液及黑废液（造纸工业中含有戊糖和己糖的亚硫酸纸浆）等作为培养基的原料。再如，工业上的甲烷发酵主要利用废水、废渣作为原料，而在我国农村，已推广利用人畜粪便及禾草为原料发酵生产甲烷作为燃料。另外，大量的农副产品或制品，如麸皮、米糠、玉米浆、酵母浸膏、酒糟、豆饼、花生饼、蛋白胨等都是常用的发酵工业原料。

（六）灭菌处理

要获得微生物纯培养，必须避免杂菌污染，因此要对所用器材及工作场所进行消毒与灭菌。对培养基而言，更是要进行严格的灭菌。培养基一般采取高压蒸汽灭菌，一般培养基在0.1MPa，121.3℃条件下维持15～30min 可达到灭菌目的。在高压蒸汽灭菌过程中，长时间高温会使某些不耐热的物质遭到破坏，如使糖类物质形成氨基糖、焦糖，因此含糖培养基常在0.05MPa，112.6℃条件下维持15～30min 进行灭菌。某些对糖类要求较高的培养基，可先将糖进行过滤除菌或间歇灭菌，再与其他已灭菌的成分混合。长时间高温还会引起磷酸盐、碳酸盐与某些阳离子（特别是钙、镁、铁离子）结合形成难溶性复合物而产生沉淀，因此，在配制用于观察和定量测定微生物生长状况的合成培养基时，常需在培养基中加入少量螯合剂，避免培养基中产生沉淀，常用的螯合剂为乙二胺四乙酸（EDTA）；还可以将含钙、镁、铁等离子的成分与磷酸盐、碳酸盐分别进行灭菌，然后再混合，避免形成沉淀。高压蒸汽灭菌后，培养基 pH 会发生改变（一般使 pH 降低），可根据所培养微生物的要求，在培养基灭菌前后加以调整。

在配制培养基的过程中，泡沫的存在对灭菌处理极不利，因为泡沫中的空气形成隔热层，使泡沫中的微生物难以被杀死。因而有时需要在培养基中加入消泡沫剂以减少泡沫的产生，或适当提高灭菌温度。

四、培养基配制的方法

配制培养基有两种方法可以选择，一是购买培养基中所有化学药品，按照需要自己配制；二是购买商品化的混合好的培养基基本成分粉剂，如牛肉膏、蛋白胨等。

自己配制可以节约费用，但浪费时间、人力，且有时由于药品的质量问题，给实验带来麻烦。就目前国内的情况看，大部分还是自己配制。培养基的一般配制过程分为按比例称取配方中的原料、溶解、调 pH、分装、灭菌等几步，在本任务的技能训练中详细说明了常见培养基的制备过程，在此不再重复介绍。

【技能训练】

技能一　牛肉膏蛋白胨培养基的制备

一、技能目标

- 熟悉牛肉膏蛋白胨培养基的配制原理。
- 掌握牛肉膏蛋白胨培养基的配制方法和步骤。

二、用品准备

1. 仪器

天平、电炉、灭菌锅。

2. 药品

牛肉膏 3g、蛋白胨 10g、氯化钠 5g 、琼脂 20g、5%NaOH、5%HCl。

3. 其他备品

蒸馏水、培养皿、吸管、玻璃棒、纱布、棉花、量筒、三角瓶、烧杯、试管、线绳、牛皮纸、pH 试纸等。

三、操作要领

1. 称量药品

根据培养基配方（牛肉膏 3g、蛋白胨 10g、氯化钠 5g、琼脂 20g）依次准确称取各种药品，放入适当大小的烧杯中。蛋白胨极易吸潮，故称量时要迅速。

2. 溶解

用量筒取一定量（约占总量的 2/3）蒸馏水倒入烧杯中，在放有石棉网的电炉上小火加热，并用玻璃棒搅拌，以防糊底烧焦，若发生焦化现象，培养基应重新制备。同时要特别小心控制火力，以防液体溢出。待各种药品完全溶解后，停止加热。

3. 调节 pH 值

根据培养基对 pH 值的要求（pH 7.0～7.2），用 5%NaOH 或 5%HCl 溶液调至所需 pH 值。测定 pH 值可用 pH 试纸或酸度计等。pH 调整后，还应将培养基煮沸数分钟，以利于培养基沉淀物的析出。

4. 定容

补加水至所需体积。

5. 过滤分装（本实验无需过滤）。

如图 1-33 所示，分装量一般以试管高度的 1/3 为宜；分装三角瓶，其分装量以不超过三角瓶容积的 2/3 为宜。

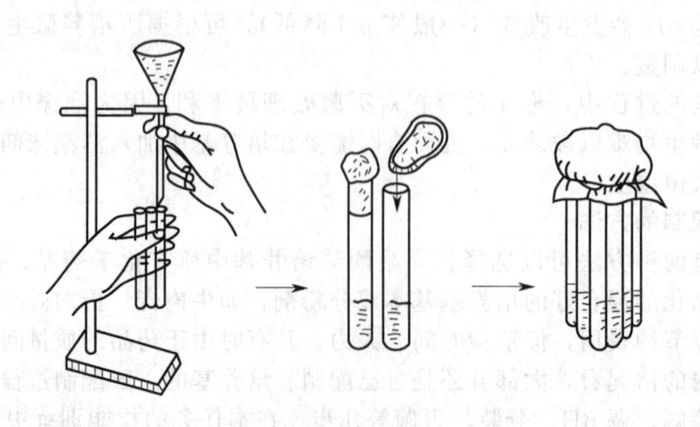

图 1-33　培养基的试管分装、加塞、包扎

6. 加塞

培养基分装完毕后，在试管口或三角烧瓶口上塞上棉塞，以阻止外界微生物进入培养基内而造成污染，并保证有良好的通气性能（棉塞制作方法附本实验后面）。

7. 包扎标记

加塞后，将全部试管用麻绳捆扎好，再在棉塞外包一层牛皮纸，以防止灭菌时冷凝水润湿棉塞，其外再用一道麻绳扎好。用记号笔注明培养基名称、组别、日期。三角烧瓶加塞后，外包牛皮纸，用麻绳以活结形式扎好，使用时容易解开，同样用记号笔注明培养基名称、组别、日期。

8. 灭菌

将装有培养基的试管放入灭菌锅的铁丝筐内，上面盖上牛皮纸或聚丙烯塑料薄膜，包扎好，以防棉塞受潮。在121℃时，灭菌20min，再打开全部锅盖，取出试管。

9. 在斜面上摆放试管

如图1-34所示，将取出的试管冷却到50～60℃后，放到用木架或木条摆成一定角度的斜面上，使小试管斜面长2cm，大试管（18mm×200mm）斜面长6cm左右。待完全凝固后，收取备用。

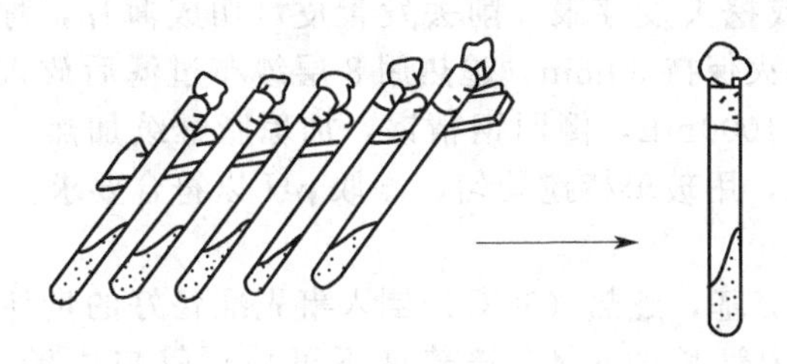

图1-34 摆斜面

10. 灭菌效果检查

随机取3管斜面，放在28℃下进行空白培养5～7d后，检查斜面上有无细菌和霉菌菌落。如果发现有杂菌，说明灭菌不彻底，要重新灭菌。

附：棉塞的制作方法

棉塞的作用有二：一是防止杂菌污染；二是保证通气良好。因此，棉塞质量的优劣对实验的结果有很大的影响。正确的棉塞要求形状、大小、松紧与试管口（或三角烧瓶口）完全适合，过紧则妨碍空气流通，操作不便；过松则达不到滤菌的目的。加塞时，应使棉塞长度的1/3在试管口外，2/3在试管口内。有条件的实验室已使用塑料试管帽、金属试管帽、硅胶泡沫塞替代棉塞，此处介绍棉塞的制作，以备不时之需。

此外，在微生物实验和科研中，常要用通气塞。所谓通气塞，就是几层纱布（一般为8层）相互重叠而成，或是在两层纱布间均匀铺一层棉花而成。这种通气塞通常加在装有液体培养基的三角烧瓶口上。经接种后，放在摇床上进行振荡培养，以获得良好通气，促使菌体的生长或发酵。

四、重要提示

(1) 熔化琼脂补足水分时水需预热。

(2) 熔化琼脂时注意控制火力不要使培养基溢出或烧焦。

五、作业要求

1. 棉塞有何作用？制作标准有哪些？

2. 在配制培养基的操作过程中应注意些什么问题？

3. 培养基配好后，为什么必须立即灭菌？

技能二　PDA 培养基的制备

一、技能目标

- 熟悉 PDA 培养基的配制原理。
- 掌握 PDA 培养基的配制。

二、用品准备

1. 仪器

天平、电炉、灭菌锅。

2. 药品

马铃薯 200g、葡萄糖 20g、琼脂 15～20g、水 1000mL。

3. 其他备品

pH 试纸、培养皿、吸管、玻璃棒、纱布、棉花、量筒、三角瓶、烧杯、试管、线绳、牛皮纸等。

三、操作要领

1. 选薯制备

按照配方（去皮马铃薯 200g、葡萄糖 20g、琼脂 15～20g、水 1000mL、pH 7.0～7.2）选择优质马铃薯，去皮或挖去发芽眼，削去发青皮，切成薄片，称取 200g，置于钢精锅，加水 1000mL，煮沸后小火保持 30min，趁热用 8 层纱布过滤后放入有 1000mL 刻度的量杯（或量筒）中，补充水到 1000mL，倒回钢精锅，加琼脂继续加热，待琼脂熔化后，再加葡萄糖，再补水至 1000mL，用玻璃棒搅均匀，测取 pH 以符合要求。

2. 分装

将配制好的 PDA 培养基，趁热（60℃）倒入事先准备好的量杯或玻璃漏斗，分装入试管。每支试管装培养基为管长的 1/4，培养液不可贴附管口内壁，如有黏附物必须揩拭干净。

3. 做棉塞

取适量棉花做成较紧实的棉塞，塞入试管 2cm 左右，外留 1cm，紧贴试管内壁，松紧度以用手指提起棉塞而不脱掉为宜，光、圆、不起皱，而后将试管放入铁丝筐内。

4. 灭菌

将装有培养基的试管放入灭菌锅的铁丝筐内，上面盖上牛皮纸或聚丙烯塑料薄膜，包扎好，以防棉塞受潮。在 121℃时，灭菌 20min，再打开全部锅盖，取出试管。

5. 在斜面上摆放试管

将取出的试管冷却到 50～60℃后，放到用木架或木条摆成一定角度的斜面上，小试管斜面长 2cm，大试管（18mm×200mm）斜面长 6cm 左右。待完全凝固后，收取备用。

6. 灭菌效果检查

随机取 3 管斜面，放在 28℃下进行空白培养 5～7d 后，检查斜面上有无细菌和霉菌菌落。如果发现有杂菌，说明灭菌不彻底，要重新灭菌。

四、重要提示

分装时注意不要使培养基沾染在管口或瓶口，以免浸湿棉塞，引起污染。

五、作业要求

1. PDA 培养基属于哪类培养基？
2. 配制 PDA 培养基时为什么最后放入葡萄糖？

技能三　高盐察氏培养基的制备

一、技能目标

- 熟悉高盐察氏培养基的配制原理。

● 掌握高盐察氏培养基的制备。

二、用品准备

1. 仪器

天平、电炉、灭菌锅。

2. 药品

硝酸钠 2g、磷酸二氢钾 1g、硫酸镁 0.5g 、氯化钾 0.5g、硫酸亚铁 0.01g、氯化钠 60g、蔗糖 30g、琼脂 20g、蒸馏水 1000mL、5%NaOH 或 5%HCl。

3. 其他备品

蒸馏水、pH 试纸、培养皿、吸管、玻璃棒、纱布、棉花、量筒、三角瓶、烧杯、试管、线绳、牛皮纸等。

三、操作要领

1. 称量药品

根据培养基配方，依次准确称取硝酸钠 2g、磷酸二氢钾 1g、硫酸镁 0.5g、氯化钾 0.5g、硫酸亚铁 0.01g、氯化钠 60g、蔗糖 30g，放入适当大小的烧杯中，琼脂不要加入。

2. 溶解

用量筒取一定量（约占总量的 1/2）蒸馏水倒入烧杯中，在放有石棉网的电炉上小火加热，并用玻璃棒搅拌，以防液体溢出。待各种药品完全溶解后，停止加热，补足水分。

3. 熔化琼脂

固体或半固体培养基需加入一定量琼脂。琼脂加入后，置电炉上一边搅拌一边加热，直至琼脂完全熔化后才能停止搅拌，并补足水分。

4. 调节 pH 值

根据培养基对 pH 值的要求（pH 7.0～7.2），用 5%NaOH 或 5%HCl 溶液调至所需 pH 值。测定 pH 值可用 pH 试纸或酸度计等。

5. 分装

一般以试管高度的 1/3 为宜；分装三角瓶，其分装量不超过三角瓶容积的 2/3。.

6. 加塞

培养基分装完毕后，在试管口或三角烧瓶口上塞上棉塞，以阻止外界微生物进入培养基内而造成污染，并保证有良好的通气性能。

7. 包扎

加塞后，将全部试管用麻绳捆扎好，再在棉塞外包一层牛皮纸，以防止灭菌时冷凝水润湿棉塞，其外再用一道麻绳扎好。用记号笔注明培养基名称、组别、日期。三角烧瓶加塞后，外包牛皮纸，用麻绳以活结形式扎好，使用时容易解开，同样用记号笔注明培养基名称、组别、日期。

8. 灭菌

将装有培养基的试管放入灭菌锅的铁丝筐内，上面盖上牛皮纸或聚丙烯塑料薄膜，包扎好，以防棉塞受潮。在 115℃时，灭菌 30min，再打开全部锅盖，取出试管。

9. 在斜面上摆放试管

将取出的试管冷却到 50～60℃后，放到用木架或木条摆成一定角度的斜面上，小试管斜面长 2cm，大试管（18mm×200mm）斜面长 6cm 左右。待完全凝固后，收取备用。

四、重要提示

（1）称量药品要精确。

（2）分装时注意不要使培养基沾染在管口或瓶口，以免浸湿棉塞，引起污染。

五、作业要求

1. 在配制培养基的操作过程中应注意些什么问题？

2. 培养基配好后，为什么必须立即灭菌？

3. 分离粮食中的霉菌，可用高盐察氏培养基吗？

【拓展学习】

微生物的营养物质

微生物个体大多为单细胞，了解其细胞的化学组成是研究微生物营养代谢的基础。

一、微生物细胞的化学组成

微生物细胞平均含水分80%左右，其余20%左右为干物质。在干物质中有蛋白质、核酸、碳水化合物、脂肪和无机盐类等（表1-13），这些干物质是由碳、氢、氧、氮、磷、硫、钾、钙、镁、铁等主要化学元素组成，其中碳、氢、氧、氮是组成有机物质的四大元素，大约占干物质的90%～97%（表1-14）。其余的3%～10%是无机盐类，除上述磷、硫、钾、钙、镁、铁外，还有一些含量极微的铜、锌、锰、硼、钴、碘、镍、钒等微量元素。

表1-13 微生物细胞中主要物质的含量 单位：%

微生物种类	细胞主要物质含量		干物质组成				
	水分	干物质总量	蛋白质	核酸	碳水化合物	脂肪	无机盐类
细菌	75～85	15～25	50～80	10～20	12～28	5～20	1.4～14
酵母菌	70～80	20～30	32～75	6～8	27～63	2～15	3. 8～7
霉菌	85～90	10～15	14～52	1	7～40	4～40	6～12

表1-14 微生物细胞中碳、氢、氧、氮占干物质的比例 单位：%

微生物种类	C	N	H	O
细菌	50	15	8	20
酵母	49. 8	12. 4	6.7	31.1
霉菌	47.9	5. 2	6.7	40.2

分析微生物细胞的化学成分，发现微生物细胞与其他生物细胞的化学组成并没有本质上的差异。这也就决定了微生物与动植物及人类在摄取营养物质时存在着“营养上的统一性”，即在元素水平上具有一致性，都需要20种左右。但具体到营养物质的种类，微生物的“食物谱”要比人、动物或植物广得多。从简单的无机物到比较复杂的有机物，都能作为微生物的营养物质。目前来看，自然界中还没有微生物不能分解或利用的无机物和有机物，至今人类已发现或合成的700多万种含碳有机物均能被微生物利用。

二、微生物的营养物质及其生理功能

微生物生长所需要的营养物质主要是以有机物和无机物的形式提供的，小部分由气体物质供给。微生物的营养物质按其在机体中的生理作用可区分为：碳源、氮源、无机盐、生长因子和水五大类。

1. 碳源

在微生物生长过程中为微生物提供碳素来源的物质称为碳源。

从简单的无机含碳化合物如CO_2和碳酸盐到各种各样的天然有机化合物都可以作为微生物的碳源，但不同的微生物利用含碳物质具有选择性，利用能力也有差异（见表1-15）。

碳源的生理作用主要有：碳源物质通过复杂的化学变化来构成微生物自身的细胞物质和代谢产物；同时多数碳源物质在细胞内生化反应过程中还能为机体提供维持生命活动的能量。但有些以CO_2为唯一或主要碳源的微生物生长所需的能源则不是来自CO_2。

表 1-15　微生物利用的碳源物质

种类	碳源物质	备注
糖	葡萄糖、果糖、麦芽糖、蔗糖、淀粉、半乳糖、乳糖、甘露糖、纤维二糖、纤维素、半纤维素、甲壳素、木质素等	单糖优于双糖，己糖优于戊糖，淀粉优于纤维素，纯多糖优于杂多糖
有机酸	糖酸、乳酸、柠檬酸、延胡索酸、低级脂肪酸、高级脂肪酸、氨基酸等	与糖类比效果较差，有机酸较难进入细胞，进入细胞后会导致pH下降。当环境中缺乏碳源物质时，氨基酸可被微生物作为碳源利用
醇	乙醇	在低浓度条件下被某些酵母菌和醋酸菌利用
脂	脂肪、磷脂	主要利用脂肪，在特定条件下将磷脂分解为甘油和脂肪酸而加以利用
烃	天然气、石油、石油馏分、石蜡油等	利用烃的微生物细胞表面有一种由糖脂组成的特殊吸收系统，可将难溶的烃充分乳化后吸收利用
CO_2	CO_2	为自养型微生物所利用
碳酸盐	$NaHCO_3$、$CaCO_3$、白垩等	为自养型微生物所利用
其他	芳香族化合物、氰化物	利用这些物质的微生物在环境保护方面有重要作用
	蛋白质、肽、核酸等	当环境中缺乏碳源物质时，可被微生物作为碳源而降解利用

2. 氮源

凡是可以被微生物用来构成细胞物质的或代谢产物中氮素来源的营养物质通称为氮源物质。

能被微生物所利用的氮源物质有蛋白质及其各类降解产物、铵盐、硝酸盐、亚硝酸盐、分子氮、嘌呤、嘧啶、脲、酰胺、氰化物（见表 1-16）。

表 1-16　微生物利用的氮源物质

种类	氮源物质	备注
蛋白质类	蛋白质及其不同程度降解产物（胨、肽、氨基酸等）	大分子蛋白质难进入细胞，一些真菌和少数细菌能分泌胞外蛋白酶，将大分子蛋白质降解利用，而多数细菌只能利用相对分子量较小的降解产物
氨及铵盐	NH_3、$(NH_4)_2SO_4$等	容易被微生物吸收利用
硝酸盐	KNO_3等	容易被微生物吸收利用
分子氮	N_2	固氮微生物可利用，但当环境中有化合态氮源时，固氮微生物就失去固氮能力
其他	嘌呤、嘧啶、脲、胺、酰胺、氰化物	大肠杆菌不能以嘧啶作为唯一氮源，在氮限量的葡萄糖培养基上生长时，可通过诱导作用先合成分解嘧啶的酶，然后再分解并利用，嘧啶可不同程度地被微生物作为氮源加以利用

氮源物质常被微生物用来合成细胞中含氮物质，少数情况下可作能源物质，如某些厌氧微生物在厌氧条件下可利用某些氨基酸作为能源。

微生物对氮源的利用具有选择性，如玉米浆相对于豆饼粉，NH_4^+ 相对于 NO_3^- 为速效氮源。铵盐作为氮源时会导致培养基 pH 值下降，称为生理酸性盐，而以硝酸盐作为氮源时，培养基 pH 值会升高，称为生理碱性盐。

3. 无机盐

无机盐是微生物生长必不可少的一类营养物质，它们在机体中的生理功能主要是作为酶活性中心的组成部分、维持生物大分子和细胞结构的稳定性、调节并维持细胞的渗透压平衡、控制细胞的氧化还原电位和作为某些微生物生长的能源物质等（表 1-17）。

微生物生长所需的无机盐一般有磷酸盐、硫酸盐、氯化物以及含有钠、钾、钙、镁、铁等金属元素的化合物。

在微生物的生长过程中还需要一些微量元素，微量元素是指那些在微生物生长过程中起重要作用，而机体对这些元素的需要量极其微小的元素，通常需要量在 10^{-8}～10^{-6} mol/L（培养基中含量）。

表 1-17 无机盐及其生理功能

元素	化合物形式(常用)	生理功能
磷	KH_2PO_4,K_2HPO_4	核酸、核蛋白、磷脂、辅酶及ATP等高能分子的成分，作为缓冲系统调节培养基pH
硫	$(NH_4)_2SO_4$,$MgSO_4$	含硫氨基酸(半胱氨酸、甲硫氨酸等)、维生素的成分，谷胱甘肽可调节胞内氧化还原电位
镁	$MgSO_4$	己糖磷酸化酶、异柠檬酸脱氢酶、核酸聚合酶等活性中心的组分，叶绿素和细菌叶绿素的成分
钙	$CaCl_2$,$Ca(NO_3)_2$	某些酶的辅因子，维持酶(如蛋白酶)的稳定性，芽孢和某些孢子形成所需，建立细菌感受态所需
钠	NaCl	细胞运输系统组分，维持细胞渗透压，维持某些酶的稳定性
钾	KH_2PO_4,K_2HPO_4	某些酶的辅因子，维持细胞渗透压，某些嗜盐细菌核糖体的稳定因子
铁	$FeSO_4$	细胞色素及某些酶的组分，某些铁细菌的能源物质，合成叶绿素、白喉毒素所需

如果微生物在生长过程中缺乏微量元素，会导致细胞生理活性降低甚至停止生长。由于不同微生物对营养物质的需求不尽相同，微量元素这个概念也是相对的。微量元素通常混杂在天然有机营养物、无机化学试剂、自来水、蒸馏水、普通玻璃器皿中，如果没有特殊原因，在配制培养基时没有必要另外加入微量元素。值得注意的是，许多微量元素是重金属，如果它们过量，就会对机体产生毒害作用，而且单独一种微量元素过量产生的毒害作用更大，因此有必要将培养基中微量元素的量控制在正常范围内，并注意各种微量元素之间保持恰当比例。

4. 生长因子

生长因子通常指那些微生物生长所必需而且需要量很小，但微生物自身不能合成或合成量不足以满足机体生长需要的有机化合物。

根据生长因子的化学结构和它们在机体中的生理功能的不同，可将生长因子分为维生素、氨基酸与嘌呤和嘧啶三大类（表 1-18）。维生素在机体中所起的作用主要是作为酶的辅基或辅酶参与新陈代谢；有些微生物自身缺乏合成某些氨基酸的能力，因此必须在培养基中补充这些氨基酸或含有这些氨基酸的小分子肽类物质，微生物才能正常生长；嘌呤与嘧啶作为生长因子在微生物机体内的作用主要是作为酶的辅基或辅酶，以及用来合成核苷、核苷酸和核酸。

表 1-18 维生素及其在代谢中的作用

化合物	代谢中的作用
对氨基苯甲酸	四氢叶酸的前体，一碳单位转移的辅酶
生物素	催化羧化反应酶的辅酶
辅酶 M	甲烷形成中的辅酶
叶酸	四氢叶酸包括在一碳单位转移辅酶中
泛酸	辅酶 A 的前体
硫辛酸	丙酮酸脱氢酶复合物的辅基
尼克酸	NAD、NADP 的前体，它们是许多脱氢酶的辅酶
吡哆醇(B_6)	参与氨基酸和酮酶的转化
核黄素(B_2)	黄素单磷酸(FMN)和 FAD 的前体，它们是黄素蛋白的辅基
钴胺素(B_{12})	辅酶 B_{12} 包括在重排反应里(为谷氨酸变位酶)
硫胺素(B_1)	硫胺素焦磷酸脱羧酶、转醛醇酶和转酮醇酶的辅基
维生素 K	甲基酮类的前体，起电子载体作用(如延胡索酸还原酶)
氧肟酸	促进铁的溶解性和向细胞中的转移

5. 水

水是微生物生长所必不可少的。水在细胞中的生理功能主要有：①起到溶剂与运输介质的作用，营养物质的吸收与代谢产物的分泌必须以水为介质才能完成；②参与细胞内一系列化学反应；③维持蛋白质、核酸等生物大分子稳定的天然构象；④因为水的比热容高，是热的良好导体，能有效地吸收代谢过程中产生的热并及时地将热迅速散发出体外，从而有效地控制细胞内温度的变化；⑤保持充足的水分是细胞维持自身正常形态的重要因素；⑥微生物通过水合作用与脱水作用控制由多亚基组成的结构，如酶、微管、鞭毛及病毒颗粒的组装与解离。

微生物生长的环境中水的有效性常以水活度值（A_w）表示，水活度值是指在一定的温度和压力条件下，溶液的蒸汽压力与同样条件下纯水蒸气压力之比，即$A_w = P_w / P_{0w}$，式中P_w代表溶液蒸气压力，P_{0w}代表纯水蒸气压力。纯水A_w为1.00，溶液中溶质越多，A_w越小。微生物一般在A_w为0.60～0.99的条件下生长。A_w过低时，微生物生长的迟缓期延长，比生长速率和总生长量减少。微生物不同，其生长的最适A_w不同。一般而言，细菌生长最适A_w较酵母菌和霉菌高，而嗜盐微生物生长最适A_w则较低。

三、能源物质

为微生物的生命活动提供最初能量来源的物质称为能源物质，微生物的能源物质分为化学物质和辐射能两类。微生物的能源谱如下。

能源谱
- 化学物质（化能营养型）
  - 有机物：化能异养型微生物的能源（同碳源）
  - 无机物：化能自养型微生物的能源（不同于碳源）
- 辐射能（光能营养型）：光能自养和光能异养微生物的能源

化能自养型微生物的能源独特，都是一些还原态的无机物质，如NH_4^+、NO_2^-、S、H_2S、H_2、Fe^{2+}等。能利用这种能源的微生物都是一些原核生物，包括亚硝酸细菌、硝酸细菌、硫化细菌、硫细菌、氢细菌和铁细菌等。

在能源中，某些营养物质可同时兼有几种营养要素功能。例如光辐射能是单功能营养物（能源）；还原态的NH_4^+是双功能营养物（能源和氮源）；而氨基酸是三功能的营养物（碳源、能源和氮源）。

【思考题】

1. 简述固体培养基的配制和灭菌方法。
2. 培养基的种类有哪些？
3. 培养基的配制原则是什么？
4. 微生物细胞的化学组成和营养需求有哪些？它们各有什么生理功能？
5. 微生物划分营养类型的依据是什么？简述微生物的四大营养类型。

任务四　微生物的接种

【学习目标】

- 掌握微生物的几种接种技术。
- 建立无菌操作的概念，养成无菌操作习惯。

【理论前导】

接种是在无菌条件下，利用相应的接种工具将微生物纯种移接到已灭菌且适合其生长繁殖的培养基中获得没有杂菌污染的单纯菌落的过程。微生物的分离、培养、纯化或鉴定以及有关微生物的形态观察和生理研究都必须进行接种，所以它是微生物研究与生产中的一个重要环节和最基本的操作技术之一。

接种前要进行接种前的准备工作，如清扫无菌室，将菌种、培养基、酒精灯、接种工具等实验器材和用品等一次性全部拿到无菌室并摆放整齐，等待灭菌。操作人员接种前双手洗净消毒，进入缓冲室，穿戴无菌工作服（口罩、鞋、帽子等），然后进入无菌室。

一、无菌室或无菌条件

无菌室使用前用紫外灯照射30min。超净工作台提前打开紫外灯，30min后关闭，并提前10～20min启动风机。

二、接种工具

实验室常用的接种工具有接种环、接种钩、接种针等（图1-35）。实际工作中应根据菌种及培养目的不同选用合适的工具。

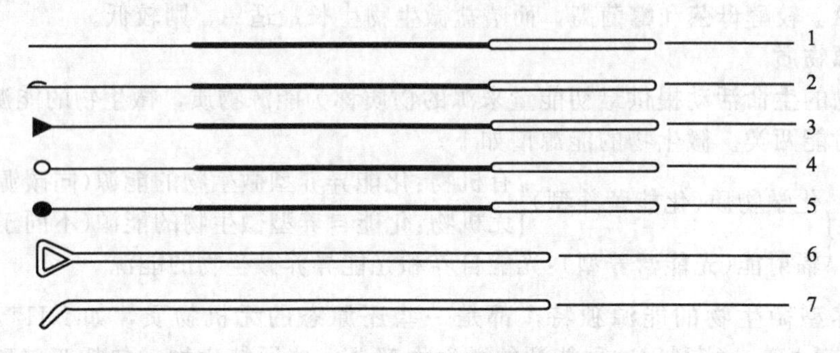

图1-35 接种和分离工具

1—接种针；2—接种钩；3—接种铲；4— 接种环；5— 接种圈；6—玻璃涂棒正面；7—玻璃涂棒侧面

三、接种方法

接种方法主要有斜面接种、液体接种、固体接种、穿刺接种等，如图1-36所示。

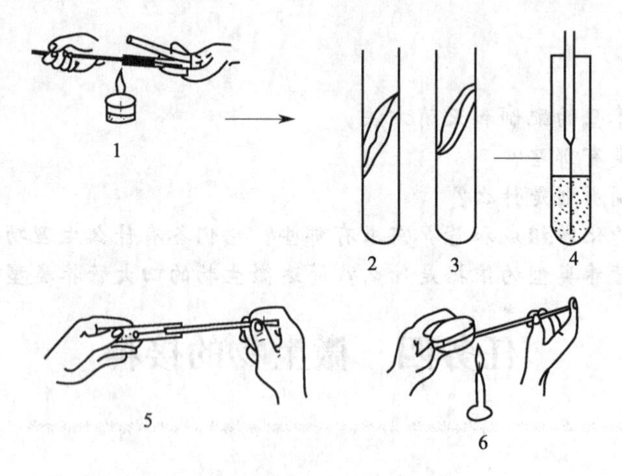

图1-36 接种方法操作示意图

1—斜面接种；2—斜面蜿蜒划线；3—斜面直线划线；4—穿刺接种；5—液体接种；6—移液管接种

1. 斜面接种

斜面接种也称为划线接种，是将少量待接菌种移至试管斜面培养基上，并在培养基上做来回直线或曲线运动的一种方法。主要用于接种纯菌，使其增殖后用以菌种鉴定或保存。

2. 液体接种

液体接种指用移液管、滴管或接种环等工具，将菌液移接到液体培养基中的方法。从固体培养基上将菌体洗下，倒入液体培养基中；或者从液体培养基中将培养菌体用移液管移接至另一液体培养基内；或从液体培养基中将菌体移接到固体培养基上，均称之为液体接种。多用于单糖发酵实验，增菌液进行增菌培养，也可用纯培养菌接种液体培养基进行生化试验。

3. 固体接种

固体接种指用菌液或固体种子接种固体料的一种方法。主要用于固体发酵生产。

4. 穿刺接种

穿刺接种指用接种针蘸取少量待接菌种，垂直刺入固体或半固体培养基的底部，再按原路抽出接种针的方法。此法多用于半固体、醋酸铅、三糖铁琼脂与明胶培养基的接种，常用于保藏厌氧菌种或微生物的动力观察。

【技能训练】

技能 微生物斜面接种

一、技能目标

- 通过进行斜面接种训练，学会斜面接种技术。
- 建立无菌操作的概念，掌握无菌操作的基本环节。

二、用品准备

1. 仪器

无菌室或超净工作台、水浴锅、恒温培养箱等。

2. 药品

75%酒精、5%石炭酸、3%来苏儿、大肠杆菌、金黄色葡萄球菌。

3. 其他备品

普通琼脂斜面培养基、酒精灯、接种工具、无菌镊子、无菌吸管、无菌培养皿、记号笔、棉球等。

三、操作要领

1. 贴标签

接种前在试管上贴上标签，注明菌名、接种日期、接种人姓名等，贴在距试管口约2～3cm的位置（若用记号笔标记，则不需要标签）。

2. 点燃酒精灯

酒精灯火焰周围是无菌区域，无菌操作要在此范围内进行，离火焰越远，污染的可能性越大。

3. 接种

用接种环将少许菌种移接到贴好标签的试管斜面上。操作必须按无菌操作法进行。操作如图1-37。

（1）手持试管，灼烧接种环　将菌种和待接斜面的两支试管用大拇指和其他四指握在左手中，使中指位于两试管之间部位。斜面面向操作者，并使它们位于水平位置。右手拿接种环（如握钢笔一样），在火焰上将环端灼烧灭菌，然后将有可能伸入试管的其余部分均灼烧灭菌，重复灼烧2～3次。

（2）拔取管塞　先用右手松动棉塞或塑料管盖，再用右手的无名指、小指和手掌边取下菌种管和待接试管的管塞。

（3）灼烧试管口　让试管口缓缓过火灭菌2～3次（切勿烧得过烫）。

（4）取菌　将灼烧过的接种环伸入菌种管，先使环接触没有长菌的培养基部分，使其冷却。然后轻轻蘸取少量菌体或孢子，将接种环移出菌种管，注意不要使接种环的部分碰到管壁，取出后不可使带菌接种环通过火焰。

（5）接种　在火焰旁迅速将沾有菌种的接种环伸入另一支待接斜面试管。从斜面培养基的底部向上部作“Z”形来回密集划线，切勿划破培养基。有时也可用接种针仅在斜面培

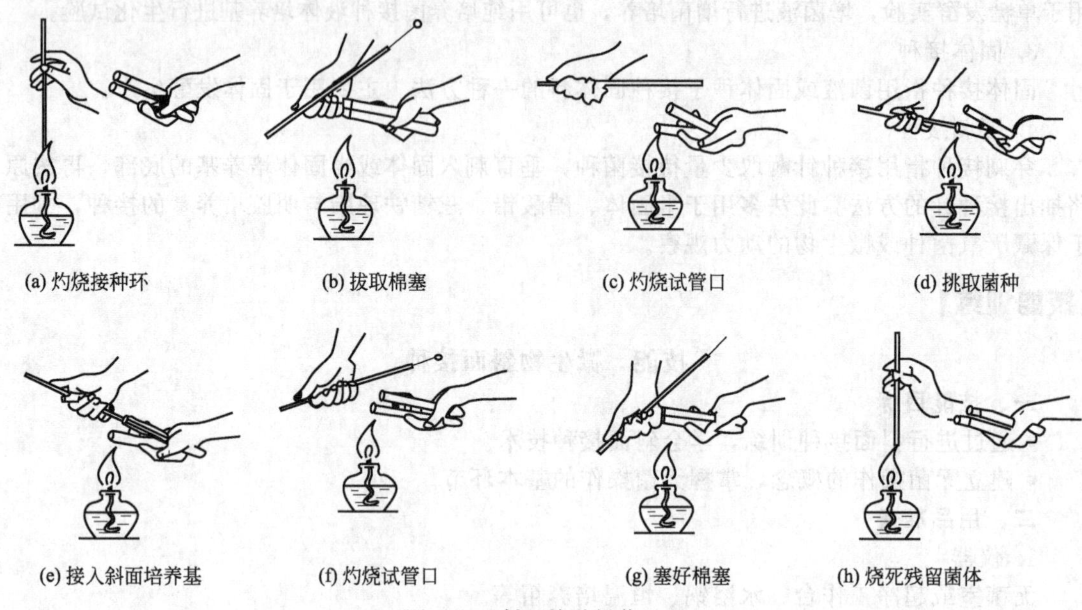

图 1-37 斜面接种操作过程

养基的中央拉一条直线作斜面接种，直线接种可观察不同菌种的生长特点。

(6) 灼烧试管口，塞管塞　取出接种环，灼烧试管口，并在火焰旁将管塞旋上。塞棉塞时，不要用试管去迎棉塞，以免试管在移动时纳入不洁空气。

(7) 将接种环灼烧灭菌，放下接种环，再将试管塞旋紧。

(8) 将接种环上的残菌杀灭。

四、重要提示

(1) 火焰对接种环进行灼烧灭菌时，镍铬丝部分（环和丝）必须烧红，以达到灭菌目的，然后将除手柄部分的金属杆全用火焰灼烧一遍，尤其是接镍铬丝的螺口部分，要彻底灼烧以免灭菌不彻底。

(2) 接种环应通过火焰抽出，避免引入杂菌。

五、作业要求

1. 如何确定培养基上某单个菌落是否为纯培养？
2. 写出斜面接种的方法及注意事项。
3. 如何在接种中贯彻无菌操作的原则？

【拓展学习】

微生物培养方法

微生物培养的目的各有不同，有的是以大量增殖微生物菌体为目标，有的是希望在微生物生长的同时，实现目标代谢产物大量积累。由于培养目标的不同，在培养方法上也就存在许多差别。从不同的角度划分，培养方法可分为不同的类别。

一、根据培养基物理状态分

1. 固体培养

固体培养是将菌种接种到疏松且富有营养的固体培养基中，在适宜的条件下进行微生物培养的方法。固体培养在微生物鉴定、计数、纯化和保藏等方面发挥着重要作用。一些丝状真菌可以进行生产规模的固体发酵。

实验室中常用的固体培养方法是利用试管斜面、培养皿平板、较大型的克氏扁瓶等，采取划线接种、涂布接种、混浇接种等方法接种，培养物直接放入培养箱中恒温培养。固体培养方法适用于好氧和兼性好氧微生物的培养。

在生产实践中，好氧真菌的固体培养方法常常是将接种后的固体基质薄薄地摊铺在容器的表面，既可使菌体获得充足的氧气，又可将生产过程中产生的热量及时释放。固体培养使用的基本培养基原料是小麦麸皮等。灭菌后待冷却至合适温度便可接种。固体培养基的含水量一般控制在40%～80%之间。

2. 液体培养

液体培养是将微生物接种在液体培养基中进行培养的方法。在实验中，通过液体培养可以使微生物迅速繁殖，获得大量的培养物，在一定条件下，还是微生物选择增菌的有效方法。

由于大多数发酵微生物是好氧性的，并且微生物只能利用溶解氧。如何保证在培养液中有较高的溶解氧浓度非常重要。一般可通过增加液体与氧的接触面积或提高氧分压来提高溶解氧速率。

(1) 在实验室中，进行好氧液体培养的常用方法有4种。

① 试管液体培养　此法通气效果一般较差，适用于培养兼性好氧微生物以及进行微生物的各种生理生化试验。

② 浅层液体培养　是在三角瓶中装入浅层培养液。该方法一般也仅适用于兼性好氧微生物的培养。通气量对微生物的生长速度和生长量有很大影响。通气量与装液量及棉塞通气程度有关。

③ 摇瓶培养　是在三角瓶内设置挡板或添加玻璃珠等，将其放在摇床上以一定速度保温振荡培养。摇床有振荡式和往复式两类。该方法在实验室内常被广泛用于微生物的生理生化试验、发酵和菌种筛选等，也常在发酵工业中用于种子培养。

④ 台式发酵罐　实验室用的发酵罐体积一般为几升至几十升。常配有控制各种条件的自动装置和自动记录装置。因结构与生产用的大型发酵罐接近，因此，它是实验室模拟生产实践的主要试验工具。

(2) 在生产实践中，常用的液体发酵方法有两种。

① 浅盘培养　容器中盛装浅层液体静立培养，没有通气搅拌设备，靠液体表面与空气接触进行氧气交换，是最原始的液体培养形式。其缺点是劳动强度大，生产效率低，易污染。

② 发酵罐深层培养　此种方法的主体设备是发酵罐。利用发酵罐为微生物提供丰富的营养和良好的环境条件，并能防止杂菌污染。该法生产效率高，易于控制，产品质量稳定。缺点是设备复杂，投资较大。

二、根据培养基投料方式分

1. 分批培养

分批培养又称为密闭式培养，是在一个独立密闭的系统中，一次性加入培养基对微生物进行接种培养，并一次性收获的培养方式。分批培养过程中，由于营养物质的消耗及有害代谢产物的积累，必然会限制微生物的旺盛生长。

2. 连续培养

连续培养又称开放式培养。在微生物的整个培养期间，以一定的速度连续加入新的培养基，又以同样的速度流出培养物，保持培养系统中的细胞数量和营养状态的恒定，使微生物连续生长的方法。其优点是高效、经济，产品质量稳定；缺点是菌种易退化、易污染杂菌、营养物的利用率低。按控制方式连续培养又分为2种。

(1) 恒浊法　根据培养器内微生物的生长密度，利用光电控制系统控制培养液的流速，以获得菌体密度高、生长速度恒定的连续培养方式。此法的培养装置称为恒浊器。

在培养中，培养液没有限制因子，通过不断调节流速，使培养液保持恒定浊度来保证菌体以较高的速率生长。目前发酵工业上，多种微生物菌体都是利用此法进行连续发酵生产。

（2）恒化法　是使培养液流速保持不变，通过控制培养液中生长限制因子的浓度来控制微生物生长繁殖与代谢速度的连续培养方式。此法的培养装置称为恒化器。

在一定范围内，微生物的生长与营养物质的浓度成正比。当某种营养物质的浓度较低时，则会抑制微生物的生长。恒化培养过程中，就是将某一种必需营养物质的浓度控制在较低浓度，使其成为微生物生长的限制因子来影响微生物的生长速率，同时通过恒定流速不断得到补充，使新鲜培养基的流速与微生物的生长速率处于相平衡状态。此法主要用于实验室科学研究中。自然状态下，微生物一般处于低浓度营养物质下，生长比较慢，恒化培养与其相似。因此，此法尤其适用于与生长速率相关的各种理论研究和自然条件下微生物生态体系的模拟实验。

恒浊法与恒化法的比较见表 1-19。

表 1-19　恒浊法与恒化法的比较

培养装置	控制对象	培养基	培养基流速	生长速率	产物	应用范围
恒浊法	菌体密度	无限制性生长因子	不恒定	最高速率	大量菌体与菌体相平等的代谢产物	生产为主
恒化法	培养基流速	有限制性生长因子	恒定	低于最高速率	不同生长速率的菌体	实验室为主

三、根据培养时是否需要氧气分

1. 好氧培养

好氧培养也称好气培养，即微生物在培养时，需要有氧气加入，否则不能生长良好。在实验室中，斜面培养是通过棉花塞从外界获得无菌的空气；三角烧瓶液体培养多数是通过摇床振荡，使外界的空气源源不断地进入瓶中。

2. 厌氧培养

厌氧培养也称厌气培养。微生物在培养时，不需要氧气参加。在厌氧微生物的培养过程中，关键的一点是要除去培养基中的氧气。一般可采用以下 4 种方法。

（1）降低培养基中的氧化还原电位　常将还原剂如谷胱甘肽、巯基乙酸盐等，加入到培养基中，便可达到目的。有的将一些动物的死的或活的组织如牛心、羊脑加入到培养基中，也可达到目的。

（2）化合去氧　可采用多方法。如用焦性没食子酸吸收氧气、用磷吸收氧气、用好氧菌与厌氧菌混合培养吸收氧气、用植物组织如发芽的种子吸收氧气、用产生氢气与氧化合的方法除氧等。

（3）隔绝阻氧　深层液体培养、用石蜡油封存、半固体穿刺培养。

（4）替代驱氧　用二氧化碳驱代氧气、用氮气驱代氧气、用真空驱代氧气、用氢气驱代氧气、用混合气体驱代氧气。

四、其他培养方法

1. 双菌或多菌培养

在微生物研究及现代发酵工业中，常以纯种培养为主，而传统的固态白酒和酱油的发酵都是多菌培养发酵的结果。许多产品的发酵是纯菌株无法实现的，只有混合菌株才能完成。所以采用混合菌培养有可能获得新型的或优质的产品。混合菌培养有时比纯菌培养更快、更有效、更简便。但是不可否认，混合菌培养的反应机制比较复杂。

2. 同步培养

同步培养是一种能使群体中不同步的细胞转变成能同时进行生长或分裂的群体细胞的培

养过程。其产物常被用来研究在单个细胞上难以研究的生理与遗传特性和作为工业发酵的种子。同步培养的具体方法有2种。

(1) 诱导法　是通过控制环境条件，诱导微生物同步生长的方法，最常用的是温度控制。如先将微生物放在低于最适生长温度条件下一段时间，然后再将培养温度升至最适温度，则易使菌体同时分裂。

(2) 选择法　是通过机械法选出大小相同的菌体加以培养而得到同步生长的方法。常用过滤法或梯度离心法进行筛选菌体，取同样大小的菌体进行培养。

诱导法是在非正常条件下迫使菌体同步分裂，会干扰菌体的正常代谢；选择法则不影响菌体的正常代谢。但无论采用哪种方法，每次处理后的微生物最多只能维持1～3代的生长，其后的培养中很快会丧失同步性。

3. 高密度细胞培养法

高密度细胞培养法是指在液体培养中细胞含量超过常规培养10倍以上的发酵技术。因其生物量高，代谢物的产量也大为提高。因此，此法可大幅度提高生产效率，并提高产物的分离和提取效率。

【思考题】

1. 什么是接种，为什么要进行接种？
2. 接种工具有哪些？适用范围是什么？
3. 常用的接种方法有哪些？

任务五　微生物的分离纯化

【学习目标】

- 熟悉无菌操作技术的原则。
- 能进行无菌操作。
- 掌握倒平板技术。
- 会分离纯化微生物。

【理论前导】

微生物由于个体微小，在绝大多数情况下都是利用群体来研究其属性，微生物的物种(菌株)一般也是以群体的形式进行繁衍、保存。在微生物学中，在人为规定的条件下培养、繁殖得到的微生物群体称为培养物(culture)，而只有一种微生物的培养物称为纯培养物(pure culture)。由于在通常情况下纯培养物能较好地被研究、利用和重复结果，因此把特定的微生物从自然界混杂存在的状态中分离、纯化出来的纯培养技术是进行微生物学研究的基础。

一、无菌技术

微生物通常是肉眼看不到的微小生物，而且无处不在。因此，在微生物的研究及应用中，不仅需要通过分离纯化技术从混杂的天然微生物群中分离出特定的微生物，而且还必须随时注意保持微生物纯培养物的“纯洁”，防止其他微生物的混入。在分离、转接及培养纯培养物时防止其被其他微生物污染的技术被称为无菌技术。它是保证微生物学研究正常进行的关键。

在微生物的分离和培养过程中，必须使用无菌操作技术。所谓无菌操作技术，就是在分离、接种、移植等各个操作环节中，必须保证在操作过程中杜绝外界环境中的杂菌进入培养的容器或系统内，避免污染培养物。它是微生物学的基本技术。简单地说就是在无菌环境中进行的操作，为保证获得纯净的培养物，需要考虑各种因素的影响。无菌操作技术广泛应用于微生物、组织培养及基因工程等领域。

（一）无菌操作的要点

（1）杀死规定作业系统（如试管、三角瓶和培养皿）中的一切微生物，使作业系统变成无菌。

（2）在作业系统与外界的联系之间隔绝一切微生物穿过（如用火焰封闭三角瓶和试管等的开口，用棉花过滤空气、用滤器过滤水等）。

（3）在无菌室、超净工作台或空气流动较小的清洁环境中，进行接种或其他不可避免的敞开作业，防止不需要的微生物侵入作业系统。

（二）无菌操作原则

（1）在执行无菌操作时，必须明确物品的无菌区和非无菌区。

（2）执行无菌操作前，先戴帽子、口罩，洗手，并将手擦干，注意空气和环境清洁。

（3）夹取无菌物品时，必须使用无菌持物钳。

（4）进行无菌操作时，凡未经消毒的手、臂均不可直接接触无菌物品或超过无菌区取物。

（5）无菌物品必须保存在无菌包或灭菌容器内，不可暴露在空气中过久。无菌物与非无菌物应分别放置。无菌包一经打开即不能视为绝对无菌，应尽早使用。凡已取出的无菌物品虽未使用也不可再放回无菌容器内。

（6）无菌包应按消毒日期顺序放置在固定的柜橱内，并保持清洁干燥，与非灭菌包分开放置，并经常检查无菌包或容器是否过期，其中用物是否适量。

（7）无菌盐水及酒精、新洁尔灭棉球罐每周消毒一次，容器内敷料如干棉球、纱布块等，不可装得过满，以免取用时碰在容器外面被污染。

（三）无菌操作技术及注意事项

1. 培养基灭菌

培养基可以加到器皿中后一起灭菌，也可在单独灭菌后加到无菌的器具中。最常用的灭菌方法是高压蒸汽灭菌，将培养基放在高压锅中，排净冷空气后，在121℃灭菌20～30min。它可以杀灭所有的微生物，包括最耐热的某些微生物的休眠体，保证培养基处于无菌状态，同时可以基本保持培养基的营养成分不被破坏。

2. 创造无菌接种环境

无菌操作必须在无菌条件下进行。常见的无菌场所有超净工作台、接种箱和接种室。在进行操作前需将灭菌后的培养基以及接种用的酒精灯、工具等，放到接种场所，然后采用物理或化学方法进行环境处理。

（1）超净工作台　在无菌操作过程中，最重要的是要保持工作区的无菌、清洁。因此，在操作前20～30min要先启动超净台和紫外灯，并打开风机吹20～30min，将台面上含有杂菌的空气排除，保持台面处于无菌状态。操作前用75%的酒精棉球擦拭台面消毒。

（2）接种箱　操作前按照每立方米空间用10～14mL甲醛和5～10g高锰酸钾进行混合熏蒸，熏蒸时间不少于30min。或用市售气雾消毒剂进行熏蒸，每立方米空间用4～5g。接种箱中如有紫外灯时同时打开。

（3）接种室　灭菌方法同接种箱。为避免药害，接种前可以喷洒甲醛用量1/2的氨水来中和残留的甲醛。

3. 手消毒

先用肥皂水洗手，再用75%的酒精棉球擦拭手表面。

4. 微生物培养的常用器具灭菌

(1) 工具灭菌　点燃酒精灯，将接种工具在酒精灯外焰上充分灼烧，杀死工具表面附着的杂菌。工具灭菌后不得再接触台面。

(2) 器皿的灭菌　试管、玻璃烧瓶、平皿等是最为常用的培养微生物的器具，在使用前必须先行灭菌，使容器中不含任何生物。将玻璃器具中的培养皿、培养瓶、试管、吸管等洗净烘干，为了防止杂菌，特别是空气中的杂菌污染，试管及玻璃烧瓶都需采用适宜的塞子塞口，通常采用棉花塞，也可采用各种金属、塑料及硅胶帽，它们只可让空气通过，而空气中的其他微生物不能通过。吸管用一洁净纸包好并把吸管尾端塞上棉花，装入干净的铝盒或铁盒中；平皿正反两平面板互扣，于120℃的干燥箱中干燥灭菌2h，取出备用。

5. 无菌操作

用接种环或接种针分离微生物，或在无菌条件下把微生物由一个培养器皿转接到另一个培养容器进行培养，是微生物学研究中最常用的基本操作。由于打开器皿就可能引起器皿内部被环境中的其他微生物污染，因此微生物实验的所有操作均应在无菌条件下进行，其要点是在火焰附近进行熟练的无菌操作，或在无菌箱或操作室内等无菌的环境下进行操作。用以挑取和转接微生物材料的接种环及接种针，一般采用易于迅速加热和冷却的镍铬合金等金属制备，使用时用火焰灼烧灭菌。而移植液体培养物可采用无菌吸管或移液枪。在操作时，严禁喧哗，严禁用手直接拿无菌物品，如瓶塞等，而必须用消毒的止血钳、镊子等。培养瓶应在超净台内操作，并且在开启和加盖瓶塞时需反复用酒精灯烧灼。对于吸管应先用手拿后1/3处，戴上胶皮乳头，并用酒精灯烧烤之后再吸液体。

以转管为例：

左手拿一支母种和一支空白斜面培养基，右手拿灭菌后的接种钩，将两个棉塞同时拔掉，夹在右手的无名指和小拇指、小拇指和手掌之间，不可将棉塞放到台面上。拔掉棉塞后，试管口要在酒精灯火焰上方3～5cm处，利用火焰封口，然后用接种钩切取少量菌种，迅速通过酒精灯火焰，接种到空白培养基斜面上，塞好棉塞（图1-38）。

6. 培养

将接种后的菌种放到适宜的环境条件下培养。培养环境要注意消毒，防止培养过程中杂菌侵染菌种。

7. 检查

培养过程中要经常检查菌落生长情况，发现有杂菌污染的菌种要及时挑出。

在进行微生物分离纯化以及其他无菌操作时，要有责任心，培养自己的无菌意识，加强训练，提高熟练程度，降低污染率。

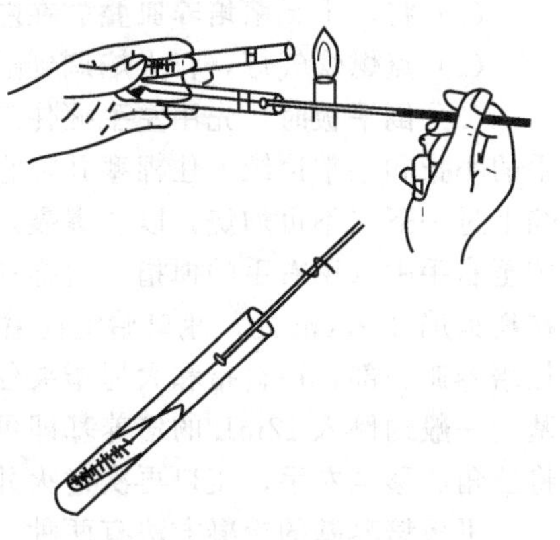

图1-38　斜面接种

二、用固体培养基分离纯培养

单个微生物在适宜的固体培养基表面或内部生长、繁殖到一定程度可以形成肉眼可见的、有一定形态结构的子细胞生长群体，称为菌落。当固体培养基表面众多菌落连成一片时，便成为菌苔。不同微生物在特定培养基上生长形成的菌落或菌苔一般都具有稳定的特征，可以成为对该微生物进行分类、鉴定的重要依据。大多数细菌、酵母菌以及许多真菌和单细胞藻类能在固体培养基上形成孤立的菌落，采用适宜的平板分离法很容易得到纯培养。

所谓平板，即培养平板的简称，它是指固体培养基倒入无菌平皿，冷却凝固后，盛放固体培养基的平皿。该方法包括将单个微生物分离和固定在固体培养基表面或里面。固体培养基是用琼脂或其他凝胶物质固化的培养基，每个孤立的活微生物体生长、繁殖形成菌落，形成的菌落便于移植。最常用的分离、培养微生物的固体培养基是琼脂固体培养基平板。

（一）稀释倒平板法

先将待分离的材料用无菌水作一系列的稀释（如 1∶10、1∶100、1∶1000、1∶10000等），然后分别取不同稀释液少许，与已熔化并冷却至 50℃左右的琼脂培养基混合，摇匀后，倾入灭过菌的培养皿中，待琼脂凝固后，制成可能含菌的琼脂平板，保温培养一定时间即可出现菌落。如果稀释得当，在平板表面或琼脂培养基中就可出现分散的单个菌落，这个菌落可能就是由一个细菌细胞繁殖形成的。随后挑取该单个菌落，重复以上操作数次，便可得到纯培养（图 1-39）。

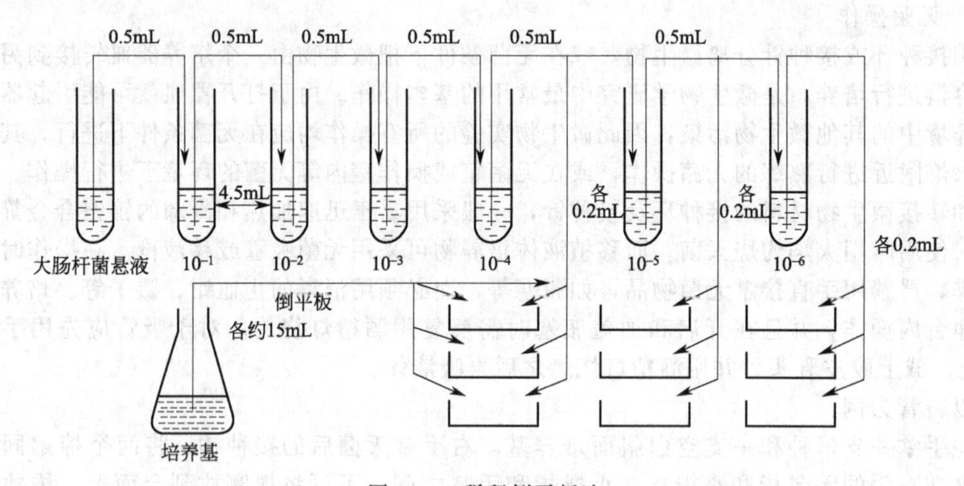

图 1-39 稀释倒平板法

1. 持皿法

（1）将若干无菌培养皿叠放在左侧，便于拿取。

（2）点燃煤气灯，将火焰调到适中（空气不要太大，以免气流过急）。

（3）倒平板时，先用左手握住三角瓶的底部，倾斜三角瓶，用右手旋松棉塞，然后用右手的小指和手掌边缘夹住棉塞并将它拔出（切勿将棉塞放在桌面上），随之将瓶口周缘在火焰上过一下（不可灼烧，以防爆裂），以杀死可能沾在瓶口外的杂菌。然后将三角瓶从左手传至右手中（用右手的拇指、食指和中指拿住三角瓶的底部），在这操作过程中瓶口应保持在离火焰 2～3cm 处，瓶口始终向着火焰。左手拿起一套培养皿，用中指、无名指和小指托住培养皿底部，用食指和大拇指夹住皿盖并开启一缝，恰好能让三角瓶伸入，随后倒出培养基。一般约倒入 12mL 的培养基即可铺满整个皿底。盖上皿盖，置水平位置等凝固。然后再将三角瓶移至左手，瓶口再次过火并塞紧棉塞（图 1-40）。

平板培养基的冷凝方法有两种，一种是将平板一个个摊开在桌面上冷凝，另一方法是将几个平板叠在一起冷凝。前者冷凝速度较快，在室温较高时采用；而后者冷凝速度较慢，可在室温较低时采用，其优点是形成冷凝水少，尤其适用于平板划线等的需要。

2. 叠皿法

此法步骤与持皿法基本相同。不同点是左手不必持培养皿，而是将培养皿叠放在煤气灯的左侧并靠近火焰，用右手拿住三角瓶的底部，左手的掌背对着瓶口，用小指与无名指夹住瓶塞，将其拔出，随即使瓶口过火，同时用左手开启最上面的皿盖，倒入培养基，盖上皿盖即移至水平位置待凝固。再依次倒下面的平板。在操作过程中，瓶口应向着火焰保持倾斜状，以防空气中微生物的污染（图 1-41）。

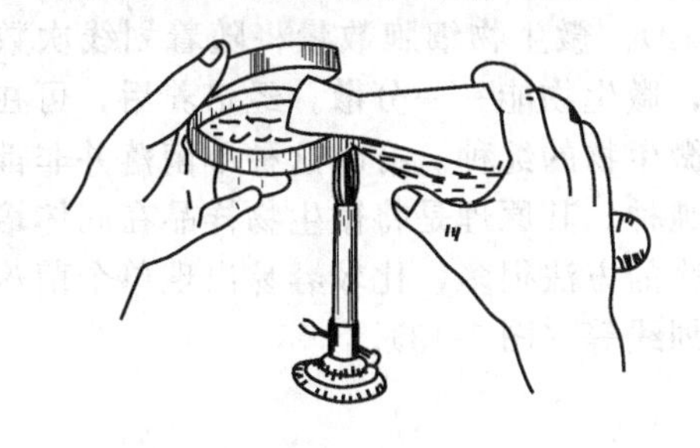

图 1-40　持皿法

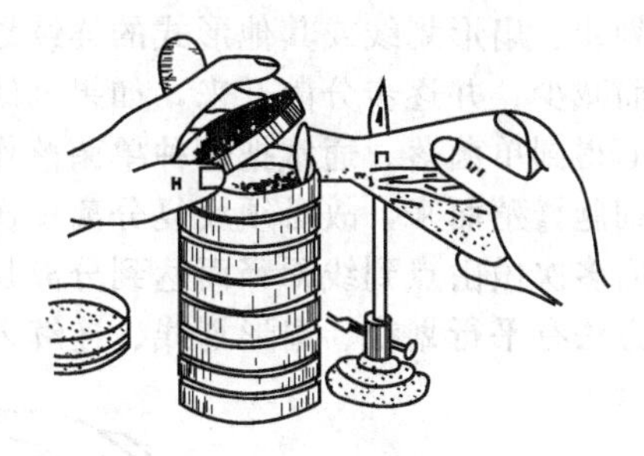

图 1-41　叠皿法

3. 稀释倒平板法的特点

优点是菌落分布较为均匀，对微生物计数结果相对准确，吸收量为 1mL，较方便。缺点是不能观察菌落特征，操作相对麻烦，不适合好氧和对热敏感的细菌培养，热敏感菌有时易被烫死，而严格好氧菌也可能因被固定在培养基中生长受到影响。一般用于菌落总数的计数。

（二）涂布平板法

由于将含菌材料先加到还较烫的培养基中再倒平板易造成某些热敏感菌的死亡，而且采用稀释倒平板法也会使一些严格好氧菌因被固定在琼脂中间缺乏氧气而影响其生长，因此在微生物学研究中更常用的纯种分离方法是涂布平板法。其做法是先将已熔化的培养基倒入无菌平皿，制成无菌平板，冷却凝固后，将一定量的某一稀释度的样品悬液滴加在平板表面，再用无菌玻璃涂棒将菌液均匀分散至整个平板表面，经培养后挑取单个菌落。

1. 涂布平板法的特点

优点是可以计数，可以观察菌落特征，操作相对简单，是较常使用的常规方法；缺点是吸收量较少，平板干燥效果不好，容易蔓延，有时会因涂布不均匀使某些部位的菌落不能分开，进行微生物计数时需对稀释和涂布过程的操作特别注意，否则不易得到准确的结果，一般用于平板培养基的回收率计数。

2. 注意事项

涂布平板法培养后培养基上会出现一层薄膜状，其原因有以下几方面。

（1）是否有污染，涂棒是否消毒。

（2）稀释适当，过浓会呈膜状。

（3）培养基表面的冷凝水较多。

（4）接种稀释液量，浓度高时少接种，浓度低时最多可接种 1mL。其中关键因素是前两个因素。

3. 稀释倒平板法与涂布平板法的区别

（1）稀释倒平板法一次倒平板数量较多，因为一瓶培养基有几十或者上百毫升，能倒 6 块直径 9cm 的平板；涂布平板法随便涂板多少块都行，比稀释倒平板法有优势。

（2）稀释倒平板法由于部分微生物分布于培养基内部，缺乏气体，所以能分离得到兼性厌氧微生物、好氧微生物和厌氧微生物；涂布平板法由于微生物只能生长在表面，所以能分离得到兼性厌氧微生物和好氧微生物，不能分离得到厌氧微生物。

（3）稀释倒平板法由于有的细菌可能不耐热，而有时候每个人的经验有偏差，温度稍高的时候就把菌液加进去，可能有微生物死亡；涂布平板法没有这个顾虑。

（三）平板划线分离法

平板划线分离法是指用接种环以无菌操作蘸取少许待分离的材料，在无菌平板表面进行平行划线、扇形划线或其他形式的连续划线（图 1-42）。微生物细胞数量将随着划线次数的增加而减少，并逐步分散开来，如果划线适宜的话，微生物能一一分散，经培养后，可在平板表面得到单菌落。通常把这种单菌落作为待分离微生物的纯种。有时这种单菌落并非都由单个细胞繁殖而来，故必须反复分离多次才可得到纯种。其原理是将微生物样品在固体培养基表面多次做由点到线稀释而达到分离目的的。划线的方法很多，比较容易出现单个菌落的划线方法有平行划线、扇形划线、连续划线和方格划线等（图 1-43）。

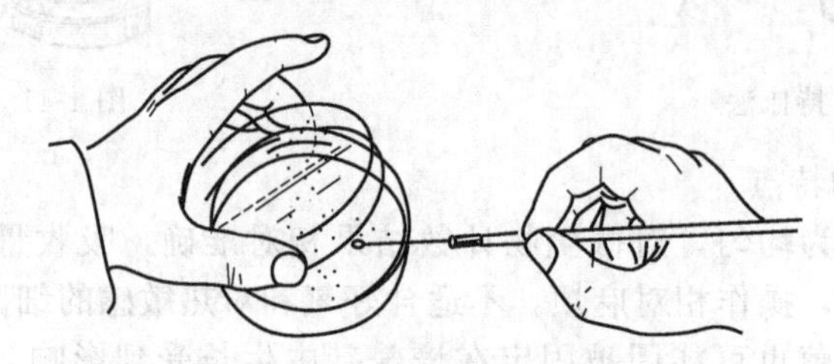

图 1-42　平板划线分离法

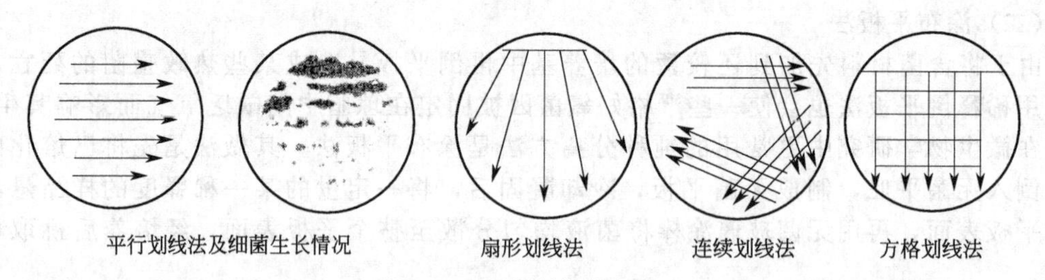

图 1-43　平板划线的方法

常用的平板划线分离法有以下两种分类。

1. 连续划线法

此法主要用于杂菌不多的样本。用接种环取标本少许，于平板 1/5 处密集涂布，然后来回作曲线连续划线接种，线与线间有一定距离，划满平板为止。

2. 分区划线法

本法适用于杂菌量较多的样本。先将标本均匀涂布于平板表面边缘一小区（第一区）内，约占平板 1/5 面积，再在二、三……区依次连续划线。每划完一个区，均将接种环灭菌一次。每一区的划线均接触上一区的接种线 1～2 次，使菌量逐渐减少，以获得单个菌落。

3. 划线操作

(1) 右手持接种环于酒精灯上烧灼灭菌，待冷。

(2) 无菌操作取混合菌液　用灭菌的接种环取菌液一环。

(3) 左手持平皿，用拇指、食指及中指将皿盖打开一侧（角度大小以能顺利划线为宜，但以角度小为佳，以免空气中细菌污染培养基）。

(4) 将已取被检材料的接种环伸入平皿，并涂于培养基一侧，然后自涂抹处成 30°～40°角，以腕力在平板表面轻轻地分区划线。

(5) 划线完毕，烧灼接种环，将培养皿盖好，用记号笔在培养皿底部注明被检材料及日期，倒置 37℃温箱中，培养 18～24h 观察结果。凡是分离菌应在划线上生长，否则为污染菌。

4. 平板划线法的特点

优点是可以观察菌落特征，操作简单，多用于对已有纯培养的确认和再次分离；缺点是不能计数，一般用于菌种的分离。

以上三种方法可用于所有能在固体培养基表面形成菌落的微生物的纯培养。并且，通过选用适当的选择平板及培养条件，可直接分离各种具有特定生理特征的微生物。与厌氧罐或厌氧手套箱技术结合，这三种方法也可用于获得各种厌氧菌的纯培养。

（四）稀释摇管法

用固体培养基分离严格厌氧菌有它特殊的地方。如果该微生物暴露于空气中不立即死亡，可以采用通常的方法制备平板，然后置放在封闭的容器中培养，容器中的氧气可采用化学、物理或生物的方法清除。对于那些对氧气更为敏感的厌氧性微生物，纯培养的分离则可采用稀释摇管法进行，它是稀释倒平板法的一种变通形式。先将一系列盛放无菌琼脂培养基的试管加热使琼脂熔化后冷却并保持在50℃左右，将待分离的材料用这些试管进行梯度稀释，试管迅速摇动均匀，冷凝后，在琼脂柱表面倾倒一层灭菌液体石蜡和固体石蜡的混合物，将培养基和空气隔开。培养后，菌落形成在琼脂柱的中间。进行单菌落的挑取和移植，需先用一只灭菌针将液体石蜡——石蜡盖取出，再用一只毛细管插入琼脂和管壁之间，吹入无菌无氧气体，将琼脂柱吸出，置放在培养皿中，用无菌刀将琼脂柱切成薄片进行观察和菌落的移植。稀释摇管法主要用于在缺乏专业的厌氧操作设备的情况下对严格厌氧菌进行分离和观察。

【技能训练】

技能一 微生物稀释倒平板分离

一、技能目标

- 掌握倒平板技术，熟悉系列稀释原理。
- 掌握稀释倒平板法分离微生物的操作方法。

二、用品准备

1. 仪器

摇床、天平、高压灭菌锅、恒温培养箱、电热套。

2. 药品

牛肉膏蛋白胨琼脂培养基、1mol/L HCl、1mol/L NaOH、无菌水。

3. 其他备品

酒精灯、三角瓶、刻度试管、吸管、培养皿、接种针、培养基分装器、量筒、pH试纸、玻璃棒、记号笔、纱布、试管等。

三、操作要领

1. 培养基的熔化

牛肉膏蛋白胨琼脂培养基放入水浴中加热至熔化。

2. 梯度稀释

准确称取待分离土样或食品样品10g，放入装有90mL无菌水的三角瓶中，用手或置摇床上振荡20min，使微生物细胞分散，静置15min，即成10^{-1}稀释液；再用1mL无菌吸管，吸取10^{-1}稀释液1mL（图1-44），移入装有9mL无菌水的试管中，吹吸几次，让菌液混合均匀，即成10^{-2}稀释液；再换一支无

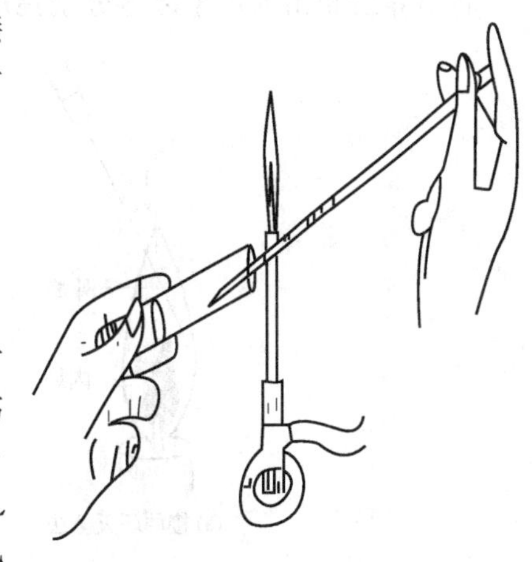

图1-44 用吸管吸取菌液

菌吸管吸取 10^{-2}稀释液 1mL，移入装有 9mL 无菌水的试管中，吹吸几次，即成 10^{-3}稀释液。以此类推，连续稀释，制成 10^{-4}、10^{-5}、10^{-6}系列稀释菌液（图 1-45）。

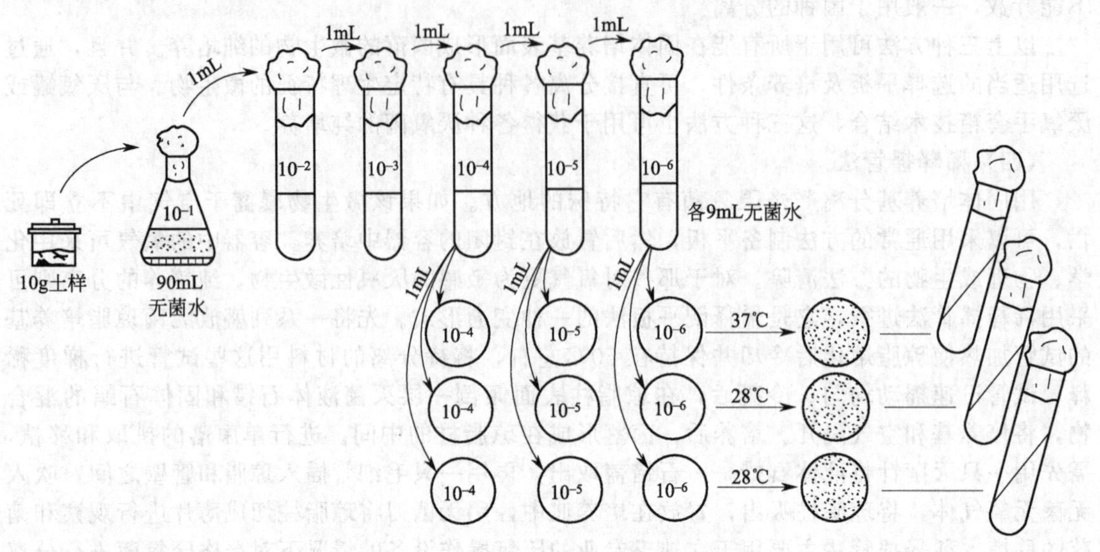

图 1-45　从土壤中分离微生物的操作过程

3. 倒混菌平板

将无菌培养皿编上 10^{-4}、10^{-5}、10^{-6}号码，每一号码设三个重复，用 1mL 无菌吸管按无菌操作要求吸 10^{-6}稀释液各 1mL，分别放入编号 10^{-6}的三个培养皿中。同法吸取 10^{-5}稀释液各 1mL，分别放入编号 10^{-5}的三个培养皿中。再吸取 10^{-4}稀释液各 1mL，分别放入编号 10^{-4}的三个培养皿中。然后在 9 个培养皿中分别倒入 15mL 已熔化并且冷却至 45℃左右的牛肉膏蛋白胨琼脂培养基，加盖后轻轻摇动培养皿，使培养基均匀分布，平置于桌面上，待凝固后即成平板，整个操作过程应严格按照无菌操作。

4. 保温培养

待平板完全冷凝后，将平板倒置于 28℃或 37℃的恒温培养箱中培养 24～48h，即可出现菌落。如稀释得当，在平板表面或琼脂培养基中就可出现分散的单个菌落，这些菌落有可能就是由一个细菌细胞繁殖形成的。

5. 挑取单个菌落

将培养后长出的单个菌落分别挑取接种到牛肉膏蛋白胨培养基的斜面上（图 1-46），然

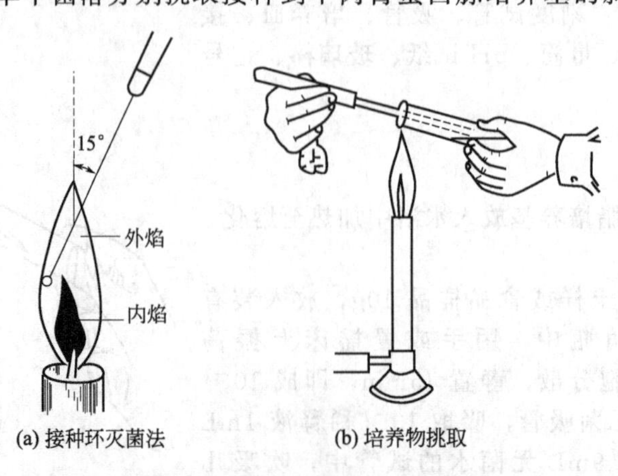

图 1-46　菌落的挑取

后置于37℃恒温箱中培养，待菌苔长出后，检查菌苔是否单纯，也可用显微镜涂片染色检查是否是单一的微生物，若有其他杂菌混杂，就可再一次进行分离纯化，直至获得纯培养。

四、重要提示

（1）全过程要在无菌条件下进行。

（2）接种环使用前在酒精灯上灼烧至红热。

（3）在梯度稀释时，每配置一个浓度梯度，要更换一次吸管。

五、作业要求

1. 辨别你所做实验的平板培养长出的菌落各属于哪个类群？简述它们的菌落特征。

2. 在进行梯度稀释时，为什么要对吸管吹吸几次？

技能二 微生物涂布平板分离

一、技能目标

- 掌握倒平板技术，熟悉系列稀释原理。
- 能运用涂布平板法分离微生物。

二、用品准备

1. 仪器

摇床、天平、高压灭菌锅、恒温培养箱。

2. 药品

牛肉膏、蛋白胨、琼脂、可溶性淀粉、葡萄糖、10%酚、1%孟加拉红、1%链霉素（用前无菌加入）、NaCl、KNO_3、$K_2HPO_4 \cdot 3H_2O$、$MgSO_4 \cdot 7H_2O$、$FeSO_4 \cdot 7H_2O$、KH_2PO_4、1mol/L HCl、1mol/L NaOH、无菌水。

3. 其他备品

三角瓶、刻度试管、吸管、培养皿、接种针、培养基分装器、量筒、pH试纸、玻璃棒、记号笔、纱布、试管等。

三、操作要领

1. 培养基的制备

（1）牛肉膏蛋白胨琼脂培养基的制备。

（2）高氏一号培养基的制备。

（3）马丁培养基的制备。

将制好的培养基装入三角瓶中，包扎、灭菌、冷却，备用。

2. 倒平板

将牛肉膏蛋白胨琼脂培养基、高氏一号培养基、马丁培养基加热熔化，待冷却至55～60℃时，高氏一号培养基中加入10%酚数滴，马丁培养基中加入链霉素（终浓度为30μg/mL），混合均匀后分别倒平板，每种培养基倒三皿。

倒平板的方法为右手持盛培养基的试管或三角瓶置火焰旁边，用左手将试管塞或瓶塞轻轻地拨出，放到右手的手指与手掌边缘处夹住（如果试管或三角瓶内的培养基一次用完，棉塞则可不必夹在手中），试管口或瓶口保持对着火焰；然后左手拿培养皿并将皿盖在火焰附近打开一缝，迅速倒入培养基约15mL，加盖后轻轻摇动培养皿，使培养基均匀分布在培养皿底部，然后平置于桌面上，待凝固后即为平板。也可将培养皿放在火焰附近的桌面上用左手的食指和中指夹住管塞并打开培养皿，再注入培养基，搅匀后制成平板。最好是将制好的培养皿放到室温2～3d，或在37℃下培养24h，检查无菌落及皿盖无冷凝水时再使用。

3. 制备样品稀释液

准确称取待分离土样或食品样品10g，放入装有90mL无菌水的三角瓶中，用手或置摇床上振荡20min，使微生物细胞分散，静置15min，即成10^{-1}稀释液；再用1mL无菌吸管，吸取10^{-1}稀释液1mL，移入装有9mL无菌水的试管中，吹吸几次，让菌液混合均匀，即成10^{-2}稀释液；再换一支无菌吸管吸取10^{-2}稀释液1mL，移入装有9mL无菌水的试管中，吹吸几次，即成10^{-3}稀释液。以此类推，连续稀释，制成10^{-1}、10^{-2}、10^{-3}、10^{-4}、10^{-5}、10^{-6}系列稀释菌液。

4. 涂布分离

将上述每种培养基的三个平板底面分别用记号笔写上10^{-4}、10^{-5}和10^{-6}三种稀释度，然后用无菌吸管分别由10^{-4}、10^{-5}和10^{-6}三种样品稀释液中各吸取0.2mL对号放入已写好稀释度的平板中，用无菌玻璃涂棒涂布，右手拿无菌涂棒平放在平板培养基表面上，将菌悬液先沿同心圆方向轻轻地向外扩展，使之分布均匀。室温下静置5～10min，使菌液浸入培养基（图1-47）。

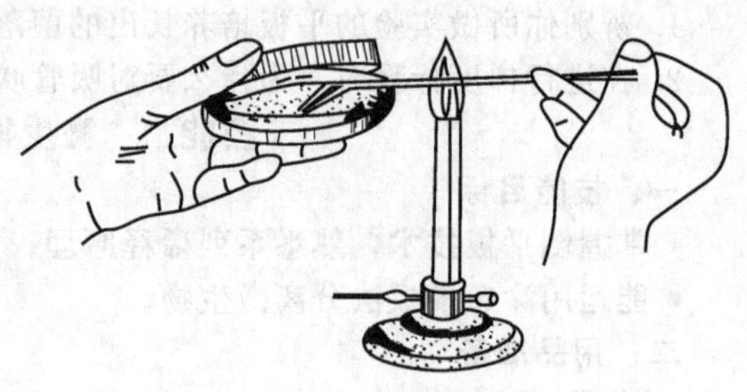

图1-47 涂布平板分离操作

5. 培养

将培养后长出的单个菌落分别挑取少许细胞接种到上述三种培养基斜面上，分别置于28℃和37℃培养。高氏一号培养基平板和马丁培养基平板倒置于28℃培养3～5d，牛肉膏蛋白胨培养基平板倒置于37℃培养2～3d。

6. 挑取单个菌落

经过培养，待菌苔长出后，检查其特征是否一致，同时将细胞图片染色后，用显微镜检查是否为单一的微生物，若发现有杂菌，需再一次进行分离、纯化，直到获得纯培养物。

四、重要提示

(1) 菌液要全部滴上，如吸管尖端有剩余，可将吸管在培养基表面轻轻地按一下即可。

(2) 涂布时，先按一条线轻轻地来回推动，使菌液分布均匀，然后再按其垂直方向来回推动，平板边缘可弧线推动。

(3) 整个操作要进行无菌操作。

五、作业要求

1. 为什么要在高氏一号培养基中加入酚，在马丁培养基中加入链霉素？如果用牛肉膏蛋白胨琼脂培养基分离一种对青霉素有抗性的细菌，你认为应该如何做？

2. 在涂布平板时要注意什么？

技能三 微生物平板划线分离

一、技能目标

- 掌握倒平板技术，熟悉系列稀释原理。
- 能运用平板划线法分离微生物。

二、用品准备

1. 仪器

摇床、天平、高压灭菌锅、恒温培养箱。

2. 药品

大肠杆菌和枯草芽孢杆菌混合菌悬液、牛肉膏蛋白胨琼脂培养基等。

3. 其他备品

三角瓶、刻度试管、吸管、培养皿、接种针、培养基分装器、量筒、pH试纸、玻璃棒、记号笔、纱布、试管、水浴锅、接种环等。

三、操作要领

1. 熔化培养基

牛肉膏蛋白胨琼脂培养基放入水浴中加热至熔化。

2. 倒平板

待培养基冷却至50℃左右，按无菌操作法倒2只平板（每皿约15mL），平置，待凝固，并用记号笔标明培养基名称、样品编号和实验日期。

倒平板时右手持盛培养基的试管或三角瓶置火焰旁边，用左手将试管塞或瓶塞轻轻地拔出，试管或瓶口保持对着火焰；然后用右手手掌边缘或小指与无名指夹住管（瓶）塞（也可将试管塞或瓶塞放在左手边缘或小指与无名指之间夹住。如果试管内或三角瓶内的培养基一次用完，管塞或瓶塞则不必夹在手中）。左手拿培养皿并将皿盖在火焰附近打开一缝，迅速倒入培养基约15mL，加盖后轻轻摇动培养皿，使培养基均匀分布在培养皿底部，然后平置于桌面上，待凝固后即为平板。

3. 划线

在近火焰处，左手拿皿底，右手拿接种环，挑取上述10^{-1}的土壤悬液一环在平板上划线，使之稀释（图1-48），形成单个菌落。划线的方法很多，但无论采用哪种方法，其目的都是通过划线将样品在平板上进行稀释，使之形成单个菌落。先介绍三种划线方法。

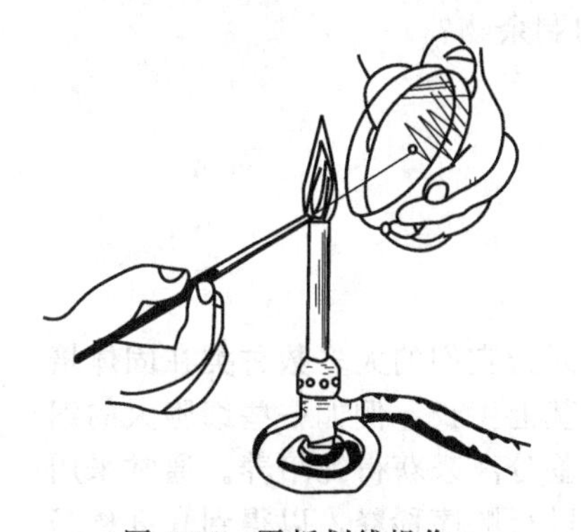
图1-48 平板划线操作

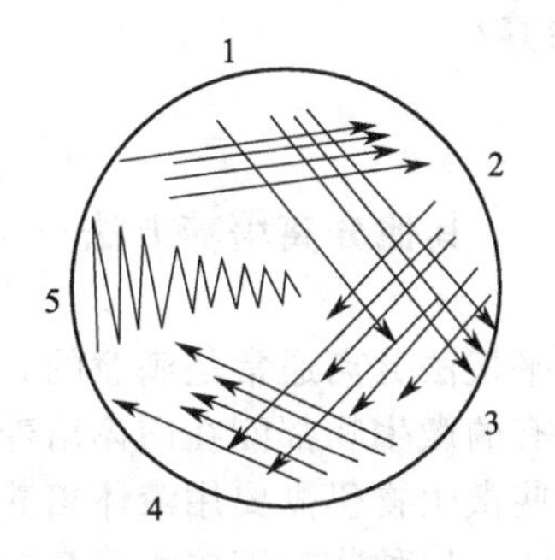

图1-49 交叉法划线

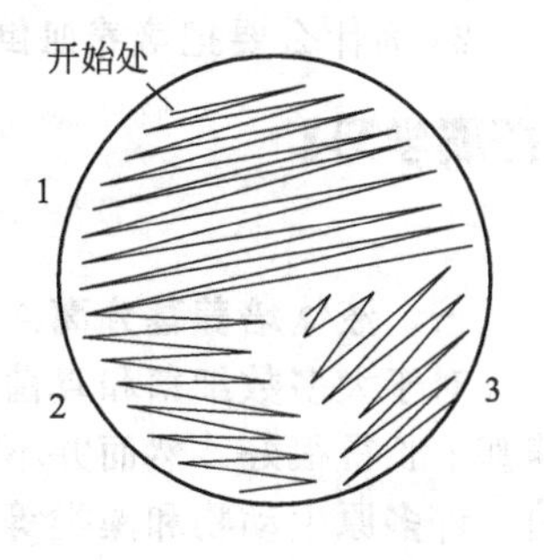

图1-50 连续法划线

（1）四格法

① 作分区标记 在皿底将整个平板划分成A、B、C、D四个面积不等的区域。各区之间的交角应为120°左右（平板转动一定角度约60°），以便充分利用整个平板的面积，而且采用这种分区法可使D区与A区划出的线条相平行，并可避免此两区线条相接触。

② 划线操作 a. 挑取含菌样品选用平整、圆滑的接种环，按无菌操作法挑取少量菌种。b. 划A区将平板倒置于酒精灯旁，左手拿出皿底并尽量使平板垂直于桌面，有培养基一面向着煤气灯（酒精灯）（这时皿盖朝上，仍留在煤气灯旁），右手拿接种环先在A区划3～4条连续的平行线（线条多少应依挑菌量的多少而定）。划完A区后应立即烧掉环上的残菌，以免因菌过多而影响后面各区的分离效果。在烧接种环时，左手持皿底并将其覆盖在皿盖上方（不要放入皿盖内），以防止杂菌的污染。c. 划其他区将烧去残菌后的接种环在平板培养基边缘冷却一下，并使B区转到上方，接种环通过A区（菌源区）将菌带到B区，随即划数条致密的平行线。再从B区作C区的划线。最后经C区作D区的划线，D区的线条应与A区平行，但划D区时切勿重新接触A区、B区，以免将该两区中浓密的菌液带到D区，影响单菌落的形成。随即将皿底放入皿盖中。烧去接种环上的残菌。

（2）交叉法 用接种环以无菌操作挑取样品悬液一环，先在培养基的一端第一次平行划线3～4次，烧掉接种环上的剩余物，转动培养皿，以交叉原划线的方法进行第二次划线，再烧掉接种环上的剩余物，以此类推，做第3～5次的划线。划线完毕后，盖上培养皿盖，倒置于培养箱中培养（图1-49）。

（3）连续法　将挑有样品的接种环在平板培养基上做连续划线，直至培养基上画满线条，盖上培养皿盖，倒置于培养箱中培养（图1-50）。

4. 恒温培养

将划线平板倒置，于37℃（或28℃）培养，24h后观察。

5. 挑菌落

同稀释涂布平板法，一直到分离的微生物认为纯化为止。

6. 结果判定

所做平板划线法是否较好地得到了单菌落，如果不是，请分析其原因并重做。

四、重要提示

（1）整个操作要在无菌条件下进行。

（2）接种环使用前在酒精灯上灼烧至红热。

（3）蘸取少量菌液，先在培养皿上划一条，不要转动接种环。

五、作业要求

1. 划线分离的交叉法中，为什么每次要烧掉接种环上的剩余物？

2. 为什么要把培养皿倒置培养？

【拓展学习】

其他分离培养方法

一、液体培养基分离纯培养

对于大多数细菌和真菌，用平板法分离通常是满意的，因为它们的大多数种类在固体培养基上长得很好。然而并不是所有的微生物都能在固体培养基上生长，例如一些细胞大的细菌、许多原生动物和藻类等，这些微生物仍需要用液体培养基分离来获得纯培养。通常采用的液体培养基分离纯化法是稀释法。接种物在液体培养基中进行顺序稀释，以得到高度稀释的效果，使一支试管中分配不到一个微生物。如果经稀释后的大多数试管中没有微生物生长，那么有微生物生长的试管得到的培养物可能就是纯培养物。如果经稀释后的试管中有微生物生长的比例提高了，得到纯培养物的概率就会急剧下降。因此，采用稀释法进行液体分离，必须在同一个稀释度的许多平行试管中，大多数（一般应超过95%）表现为不生长。液体培养基分离纯培养的特点是工作量大，是否获得纯培养需依靠统计学的推测。主要应用于不能或不易在固体培养基上生长的微生物进行纯培养分离或数量统计。

二、单细胞（单孢子）分离

稀释法有一个重要缺点，它只能分离出混杂微生物群体中占数量优势的种类，而在自然界，很多微生物在混杂群体中都是少数。这时，可以采取显微分离法从混杂群体中直接分离单个细胞或单个个体进行培养以获得纯培养，称为单细胞（或单孢子）分离法。单细胞分离法的难度与细胞或个体的大小成反比，较大的微生物如藻类、原生动物较容易，个体很小的细菌则较难。

对于较大的微生物，可采用毛细管提取单个个体，并在大量的灭菌培养基中转移清洗几次，除去较小微生物的污染。这项操作可在低倍显微镜，如解剖显微镜下进行。对于个体相对较小的微生物，需采用显微操作仪，在显微镜下进行。目前，市场上有售的显微操作仪种类很多，一般是通过机械、空气或油压传动装置来减小手的动作幅度，在显微镜下用毛细管或显微针、钩、环等挑取单个微生物细胞或孢子以获得纯培养。在没有显微操作仪时，也可采用一些变通的方法在显微镜下进行单细胞分离，例如将经适当稀释后的样品制备成小液滴在显微镜下观察，选取只含一个细胞的液体来进行纯培养物的分离。单细胞分离法对操作技术有比较高的要求，多限于高度专业化的科学研究。

单细胞（单孢子）分离法的特点是分离过程直观、可靠，但对仪器和操作技术要求较高，多限于高度专业化的科学研究。而挑取的微生物单细胞或孢子需经固体或液体培养基培养后才能获得其纯培养物。可以应用于从样品中直接分离所需的微生物细胞或孢子，获得其纯培养物。

三、选择培养分离

没有一种培养基或一种培养条件能够满足自然界中一切生物生长的要求，在一定程度上所有的培养基都是选择性的。在一种培养基上接种多种微生物，只有能生长的才生长，其他的则被抑制。如果某种微生物的生长需要是已知的，也可以设计一套特定环境使之特别适合这种微生物的生长，因而能够从自然界混杂的微生物群体中把这种微生物选择培养出来，尽管在混杂的微生物群体中这种微生物可能只占少数。这种通过选择培养进行微生物纯培养分离的技术称为选择培养分离，是十分重要的，特别对于从自然界中分离、寻找有用的微生物。在自然界中，除了极特殊的情况外，在大多数场合下微生物群落是由多种微生物组成的，因此，要从中分离出所需的特定微生物是十分困难的，尤其当某一种微生物所存在的数量与其他微生物相比非常少时，单采用一般的平板稀释方法几乎是不可能分离到该种微生物的。例如，若某处土壤中的微生物数量在 10^8 个时，必须稀释到 10^{-6} 才有可能在平板上分离到单菌落，而如果所需的微生物的数量仅为 $10^2 \sim 10^3$，显然不可能在一般通用的平板上得到该微生物的单菌落。要分离这种微生物，必须根据该微生物的特点，包括营养、生理、生长条件等，采用选择培养分离的方法。或抑制使大多数微生物不能生长，或造成有利于该菌生长的环境，经过一定时间培养后使该菌在群落中的数量上升，再通过平板稀释等方法对它进行纯培养分离。

1. 利用选择培养基进行直接分离

如透明圈法（乳酸菌、菊粉酶、蛋白酶等），马丁培养基，伊红美蓝琼脂培养基。例如从土壤中筛选产蛋白酶菌株时，可以在培养基中添加牛奶或酪素制备培养基平板，微生物生长时若产生蛋白酶则会水解牛奶或酪素，在平板上形成透明的蛋白质水解圈。通过菌株培养时产生的蛋白质水解圈对产酶菌株进行筛选，可以减少工作量，将那些大量的非产蛋白酶菌株淘汰；再如，要分离高温菌，可在高温条件进行培养；要分离某种抗生素抗性菌株，可在加有抗生素的平板上进行分离；有些微生物如螺旋体、黏细菌、蓝细菌等能在琼脂平板表面或里面滑行，可以利用它们的滑动特点进行分离纯化，因为滑行能使它们自已和其他不能移动的微生物分开。可将微生物群落点种到平板上，让微生物滑行，从滑行前沿挑取接种物接种，反复进行，得到纯培养物。

2. 富集培养

富集培养主要是指利用不同微生物间生命活动特点的不同，制订特定的环境条件，使仅适应于该条件的微生物旺盛生长，从而使其在群落中的数量大大增加，人们能够更容易地从自然界中分离到所需的特定微生物。富集条件可根据所需分离的微生物的特点从物理、化学、生物及综合多个方面进行选择，如温度、pH、紫外线、高压、光照、氧气、营养等许多方面。

例如，采用富集方法从土壤中分离能降解酚类化合物对羟基苯甲酸的微生物的实验过程。首先配制以对羟基苯甲酸为唯一碳源的液体培养基并分装于烧瓶中，灭菌后将少量的土壤样品接种于该液体培养基中，培养一定时间，原来透明的培养液会变得浑浊，说明已有大量微生物生长。取少量上述培养液转移至新鲜培养液中重新培养，该过程经数次重复后能利用对羟基苯甲酸的微生物的比例在培养物中将大大提高，将培养液涂布于以对羟基苯甲酸为唯一碳源的琼脂平板，得到的微生物菌落中的大部分都是能降解对羟基苯甲酸的微生物。挑取一部分单菌落分别接种到含有及缺乏对羟基苯甲酸的液体培养基中进行培养，其中大部分在含有对羟基苯甲酸的培养基中生长，而在没有对羟基苯甲酸的培养基中表现为没有生长，说明通过该富集程序的确得到了欲分离的目标微生物。通过富集培养使原本在自然环境中占少数的微生物的数量大大提高后，可以再通过稀释倒平板或平板划线等操作得到纯培养物。

富集培养是微生物学家最强有力的技术手段之一。营养和生理条件的几乎无穷尽的组合形式可应用于从自然界选择出特定微生物的需要。富集培养方法提供了按照意愿从自然界分离出特定已知微生物种类的有力手段，只要掌握这种微生物的特殊要求就行。富集培养法也可用来分离培养出由科学家设计的特定环境中能生长的微生物，尽管我们并不知道什么微生物能在这种特定的环境中生长。

富集培养的特点是一般不能直接获得微生物的纯培养物，在通过富集培养使原本在自然环境中占少数的微生物的数量大大提高后，再通过平板法进行相应微生物纯培养物的分离和检测。

富集培养应用于：(1) 根据某种微生物的特殊生长要求，按照意愿从自然界中对这种微生物进行有针对性的有效分离；(2) 分离培养出由科学家设计的特定环境中能生长的微生物，尽管我们并不知道什么微生物能在这种特定的环境中生长。

四、二元培养物

二元培养物分离的目的通常是要得到纯培养物。然而，在有些情况下这是做不到的或是很难做到的。但可用二元培养物作为纯培养物的替代物。只有一种微生物的培养物称为纯培养物，含有两种以上微生物的培养物称为混合培养物，而如果培养物中只含有两种微生物，而且是有意识地保持二者之间的特定关系的培养物称为二元培养物。例如二元培养物是保存病毒的最有效途径，因为病毒是细胞生物的严格的细胞内寄生物。有一些具有细胞的微生物也是严格的其他生物的细胞内寄生物，或有特殊的共生关系。对于这些生物，二元培养物是在实验室控制条件下可能达到的最接近于纯培养的培养方法。

在自然环境中，猎食细小微生物的原生动物也很容易用二元培养法在实验室培养，培养物由原生动物和它猎食的微生物二者组成。例如，纤毛虫、变形虫和黏菌。对这些生物，二者的关系可能并不是严格的。这些生物中有些能够纯培养，但是其营养要求往往极端复杂，制备纯培养的培养基很困难、很费事。

【思考题】

1. 什么是无菌操作？无菌操作的规程是什么？
2. 无菌操作的要点是什么？
3. 如何进行倒平板？倒平板时应注意什么？
4. 平板划线分离的方法有哪些？划线时应注意什么？
5. 平板培养基的冷凝方法有哪几种？各自有什么特点？
6. 什么是稀释摇管法？如何利用稀释摇管法分离微生物？
7. 什么是单细胞分离？单细胞分离有什么特点？
8. 如何利用透明圈法分离微生物？
9. 试述采用富集方法从土壤中分离能降解酚类化合物对羟基苯甲酸的微生物的实验过程。
10. 试比较稀释倒平板法、涂布平板法、平板划线法和稀释摇管法四种方法的异同，并说明各种方法适合于哪些微生物的分离。

任务六　微生物的计数

【学习目标】
- 熟悉微生物计数的方法及其原理。
- 掌握微生物计数的方法。
- 熟悉各种计数方法的应用范围。

【理论前导】

一个微生物细胞在合适的外界条件下，不断地吸收营养物质，并按自己的代谢方式进行新陈代谢。如果同化作用的速度超过了异化作用，则其原生质的总量（重量、体积、大小）就不断增加，于是出现了个体的生长现象。如果这是一种平衡生长，即各细胞组分是按恰当的比例增长，则达到一定程度后就会发生繁殖，从而引起个体数目的增加，这时，原有的个体就会发展成一个群体。

随着群体中各个个体的进一步生长，就引起了这一群体的生长，这可以其体积、重量、密度或浓度作指标来衡量。微生物的生长繁殖情况可作为研究其各种生理生化和遗传等问题的重要指标，同时，微生物在生产实践上的各种应用或是对致病、霉腐微生物的防治都和它们的生长繁殖或生长抑制紧密相关。所以有必要介绍一下微生物生长情况的检测方法。既然生长意味着原生质含量的增加，所以测定的方法也都直接或间接地以此为根据，而测定繁殖则都要建立在计数这一基础上。本文重点介绍微生物计数的方法及这些方法的原理、应用范围和技术要点。

一、直接计数法（计数板）

1. 概念

直接计数法是将小量待测样品的悬浮液置于一种特别的具有确定面积和容积的载玻片上（又称计菌器），于显微镜下直接计数的一种简便、快速、直观的方法。

目前国内外常用的计菌器有：血细胞计数板、Peteroff-Hauser 计菌器以及 Hawksley 计菌器等。它们都可用于酵母、细菌、霉菌孢子等悬液的计数，基本原理相同。后两种计菌器由于盖上盖玻片后，总容积为 $0.02mm^3$，而且盖玻片和载玻片之间的距离只有 0.02mm，因此可用油镜对细菌等较小的细胞进行观察和计数。除了用这些计菌器外，还有在显微镜下直接观察涂片面积与视野面积之比的估算法，此法一般用于牛乳的细菌学检查。显微镜直接计数法的优点是直观、快速、操作简单。但此法的缺点是所测得的结果通常是死菌体和活菌体的总和。目前已有一些方法可以克服这一缺点，如结合活菌染色微室培养（短时间）以及加细胞分裂抑制剂等方法来达到只计数活菌体的目的。

2. 基本原理

用血细胞计数板在显微镜下直接计数是一种常用的微生物计数方法。该计数板是一块特制的载玻片，其上由四条槽构成三个平台；中间较宽的平台又被一短横槽隔成两半，每一边的平台上各列有一个方格网，计数时用其一即可（图 1-51）。每个方格网共分为九个大方格，中间的大方格即为计数室。计数室的刻度一般有两种规格：一种是一个大方格分成 25 个中方格，而每个中方格又分成 16 个小方格；另一种是一个大方格分成 16 个中方格，而每个中方格又分成 25 个小方格（图 1-52）。但无论是哪一种规格的计数板，每一个大方格中的

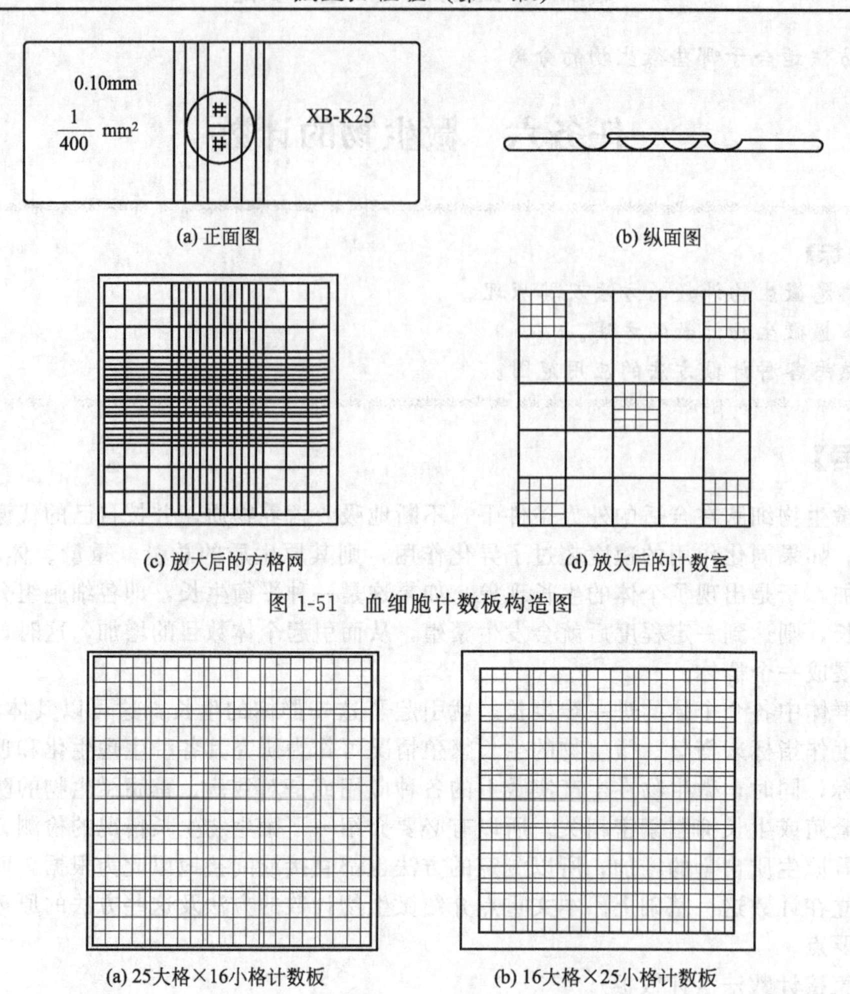

(a) 正面图　(b) 纵面图

(c) 放大后的方格网　(d) 放大后的计数室

图 1-51　血细胞计数板构造图

(a) 25大格×16小格计数板　(b) 16大格×25小格计数板

图 1-52　两种不同刻度的计数板

小方格都是 400 个。每一个大方格边长为 1mm，则每一个大方格的面积为 $1mm^2$，盖上盖玻片后，盖玻片与载玻片之间的高度为 0.1mm，所以计数室的容积为 $0.1mm^3$（0.0001mL）。

计数时，通常数五个中方格的总菌数，然后求得每个中方格的平均值，再乘上 25 或 16，就得出一个大方格中的总菌数，然后再换算成 1mL 菌液中的总菌数。

设五个中方格中的总菌数为 A，菌液稀释倍数为 B，如果是 25 个中方格的计数板，则

$$1\text{mL 菌液中的总菌数} = A/5 \times 25 \times 10000 \times B = 50000A \times B\ (\text{个})$$

同理，如果是 16 个中方格的计数板，则

$$1\text{mL 菌液中的总菌数} = A/5 \times 16 \times 10000 \times B = 32000A \times B\ (\text{个})$$

二、稀释平板计数法

1. 原理

稀释平板计数法是根据微生物在固体培养基上形成单个菌落，即是由一个单细胞繁殖而成这一培养特征设计的计数方法，即一个菌落代表一个单细胞。计数时，首先将待测样品制成均匀的系列稀释液，尽量使样品中的微生物细胞分散开，使呈单个细胞存在（否则一个菌落就不只是代表一个细胞），再取一定稀释度、一定量的稀释液接种到平板中，使其均匀分布于平板中的培养基内。经培养后，由单个细胞生长繁殖形成菌落，统计菌落数目，即可计算出样品中的含菌数。此法所计算的含菌数是培养基上长出来的菌落数，故又称活菌计数。

一般用于某些成品检测（如杀虫菌剂等）、生物制品检验、土壤含菌量测定及食品、水源的污染程度的检验。

2. 菌落总数的计数和报告

（1）选择菌落数在30～300个之间的平皿，以平均菌落数乘其稀释倍数报告。

（2）若有两种稀释度的平均菌落数均在30～300个之间，则应按两者菌落数之比值决定，当比值小于或等于2，取两者的平均数；若大于2，取其较少的菌落数。

（3）若所有稀释度的平均菌落数均不在30～300个之间，如均大于300，则取最高稀释度的平均菌落数乘以稀释倍数报告之。如均小于30，则以最低稀释度的平均菌落数乘以稀释倍数报告之。如菌落数有的大于300，有的又小于30，但均不在30～300之间，则应以最接近300或30的平均菌落数乘以稀释倍数报告之。如所有稀释度均无菌落生长，则应按小于1乘以最低稀释倍数报告。如：最低稀释度（倍数）为1∶100，则报告其菌落数小于100。最终换算成菌落数（个）/100g（鲜重）。

（4）不同稀释度的菌落数应与稀释倍数成反比（同一稀释度的两个平板的菌落数应基本接近），即稀释倍数愈高菌落数愈少，稀释倍数愈低菌落数愈多。如出现逆反现象，则应视为检验中的差错（有的食品有时可能出现逆反现象，如酸性饮料等），不应作为检样计数报告的依据。

（5）当平板上有链状菌落生长时，如呈链状生长的菌落之间无任何明显界限，则应作为一个菌落计；如存在有几条不同来源的链，则每条链均应按一个菌落计算。不要把链上生长的每一个菌落分开计数。如有片状菌落生长，该平板一般不宜采用。但如片状菌落不到平板的一半，而另一半又分布均匀，则可以半个平板的菌落数乘2代表全平板的菌落数。

（6）当计数平板内的菌落数过多（即所有稀释度均大于300时），但分布很均匀，可取平板的1/2或1/4计数，再乘以相应稀释倍数作为该平板的菌落数。

三、最大可能数计数法

1915年，McCrady首次发表了用最大可能数计数法（most probable number，MPN）来估算细菌浓度，这是一种应用概率理论来估算细菌浓度的方法。目前，我国仍普遍将MPN法用于大肠菌群，如大肠杆菌等的检测。

1. 概念

最大可能数计数法又称稀释培养计数，是利用待测微生物的特殊生理功能的选择性来摆脱其他微生物类群的干扰，并通过该生理功能的表现来判断该类群微生物的存在和丰度。

2. 适用范围

本法适用于测定在一个混杂的微生物群中虽不占优势，但却具有特殊生理功能的类群，其特点是利用待测微生物的特殊生理功能的选择性来摆脱其他微生物类群的干扰，并通过该生理功能的表现来判断该群微生物的存在及丰度。本法特别适合于测定土壤微生物中的特定生理群（如氨化细菌、硝化细菌、纤维素分解菌、固氮菌、硫化细菌和反硫化细菌等，见表1-20）的数量和检测污水、牛奶及其他食品中特殊微生物类群（如大肠菌群）的数量。缺点是只适于进行特殊生理类群的测定，结果也较粗放，只有在因某种原因不能使用稀释平板计数法时才采用。

3. 原理

MPN计数是将待测样品作一系列稀释，一直稀释到将少量（如1mL）的稀释液接种到新鲜培养基中没有或极少出现微生物的生长繁殖。根据没有生长的最低稀释度与出现生长的最高稀释度，采用“最大可能数”理论，可以计算出样品单位体积中细菌数的近似值。具体地说，菌液经多次10倍稀释后，一定量菌液中细菌可以极少或无菌，然后每个稀释度取3～5次重复接种于适宜的液体培养基中。培养后，将有菌液生长的最后3个稀释度（即临界级数）中出现细菌生长的管数作为数量指标，以最大或然数表（表1-21）上查出近似值，再乘以数量指标第一位数的稀释倍数，即为原菌液中的含菌数。

如某一细菌在稀释法中的生长情况见表1-22。

根据以上结果，在接种10^{-3}～10^{-5}稀释液的试管中5个重复都有生长，在接种10^{-6}稀释液的试管中有4个重复生长，在接种10^{-7}稀释液的试管中只有1个生长，而接种10^{-8}稀释液的试管全无生长。由此可得出其数量指标为“541”，查最大或然数表得近似值17，然后乘以第一位数的稀释倍数（10^{-5}的稀释倍数为100000）。那么，1mL原菌液中的活菌数＝17×100000＝$1.7×10^6$，即每毫升原菌液含活菌数为1700000个。

在确定数量指标时，不管重复次数如何，都是3位数字，第一位数字必须是所有试管都生长微生物的某一稀释度的培养试管，后两位数字依次为以下两个稀释度的生长管数，如果再往下的稀释仍有生长管数，则可将此数加到前面相邻的第三位数上即可。

如某一微生物生理群稀释培养记录见表1-23。

以上情况，可将最后一个数字加到前一个数字上，即数量指标为“433”，查表得近似值为30，则每毫升原菌液中含活菌$3.0×10^3$个。按照重复次数的不同，最大或然数表又分为三管最大或然数表、四管最大或然数表和五管最大或然数表。在实践中，通常以5管重复为一个组，故这里仅列出5次重复测数统计表。只要知道了数量指标，就可查知近似值。

4. 注意事项

应用MPN计数，应注意两点，一是菌液稀释度的选择要合适，其原则是最低稀释度的所有重复都应有菌生长，而最高稀释度的所有重复无菌生长。对土壤样品而言，分析每个生理群的微生物需5～7个连续稀释液分别接种，微生物类群不同，其起始稀释度不同。二是每个接种稀释度必须有重复，重复次数可根据需要和条件而定，一般2～5个重复，个别也

表1-20 几种主要微生物生理群MPN计数法一览表

微生物生理群	培养基	常用稀释度	常用重复次数	培养时间/d	主要检查方法
氨化细菌	蛋白胨氨化培养基	10^{-6}～10^{-9}	4	7	根据培养液加奈氏试剂后是否出现棕色或褐色，确定是否产生氨
亚硝酸细菌	铵盐培养基	10^{-2}～10^{-7}	3	14	根据培养液加格里斯试剂Ⅰ及Ⅱ的反应，出现绛红色证明有NO^{2-}生成；或在培养中加锌碘淀粉试剂及体积比值为20%的H_2SO_4，若出现蓝色，证明有NO^{3-}生成
硝酸细菌	亚硝酸盐培养基	10^{-2}～10^{-6}	3	14	根据培养液加入浓硫酸及二苯胺试剂后，是否出现蓝色，确定是否有NO_3^-生成
反硝化细菌	反硝化细菌培养基	10^{-4}～10^{-8}	3	14	根据杜氏小管有无气体，确定有无N_2生成；利用格里斯试剂Ⅰ及Ⅱ、二苯胺试剂、浓硫酸检测有无NO_2^-生成及有无NH_3存在，判断反硝化作用进行情况
好气性自生固氮菌	阿须贝无氮培养基	10^{-2}～10^{-6}	3	7～14	根据培养液表面与滤纸接触处有无褐色或黏液状菌膜生成，判断有无好气性自生固氮菌生长
好气性纤维素分解菌	赫奇逊噬纤维培养基	10^{-1}～10^{-5}	3	14	根据各试管中滤纸条上有无黄色或橘黄色菌斑出现及滤纸断裂状况，确定有无好气性纤维素分解细菌的生长
厌气性纤维素分解菌	嫌气性纤维素分解菌培养基	10^{-1}～10^{-5}	3	1～21	根据各试管中滤纸条上有无穿洞、破裂、完全分解情况，确定有无厌气性纤维素分解细菌的生长
硫化细菌	硫化细菌培养基	10^{-2}～0^{-8}	3	21～23	在每管培养液中加入10g/L的$BaCl_2$溶液2滴，如有白色沉淀出现，则证明有硫化细菌活动
反硫化细菌	斯塔克反硫化细菌培养基	10^{-2}～10^{-7}	3	21～30	根据培养液试管底部、管壁有无黑色沉淀出现，判断有无反硫化的细菌活动

表 1-21 5次重复测数统计表

数量指标			近似值	数量指标			近似值
10^0	10^{-1}	10^{-2}		10^0	10^{-1}	10^{-2}	
0	1	0	0.18	5	0	0	2.3
1	0	0	0.20	5	0	1	3.1
1	1	0	0.40	5	1	0	3.3
0	0	0	0.45	5	1	1	4.6
0	0	1	0.68	5	2	0	4.9
0	1	0	0.68	5	2	1	7.0
0	2	0	0.93	5	2	2	9.5
3	0	0	0.78	5	3	0	7.9
3	0	1	1.1	5	3	1	11.0
3	1	0	1.1	5	3	2	14.0
3	2	0	1.4	5	4	0	13.0
4	0	0	1.3	5	4	1	17.0
4	0	1	1.7	5	4	2	22.0
4	1	0	1.7	5	4	3	28.0
4	1	1	2.1	5	5	0	24.0
4	2	0	2.2	5	5	1	35.0
4	2	1	2.6	5	5	2	54.0
4	3	0	2.7	5	5	3	92.0
4	3	3	30.0	5	5	4	160.0

表 1-22 某一细菌在稀释法中的生长情况

稀释度	10^{-3}	10^{-4}	10^{-5}	10^{-6}	10^{-7}	10^{-8}
重复数	5	5	5	5	5	5
出现生长的管数	5	5	5	4	1	0

表 1-23 某一细菌在稀释法中的生长情况

稀释度	10^{-1}	10^{-2}	10^{-3}	10^{-4}	10^{-5}	10^{-6}
重复数	4	4	4	4	4	4
出现生长的管数	4	4	3	2	1	0

有采用2个重复的，但重复次数越多，误差就会越小，相对地说结果就会越正确。不同的重复次数应按其相应的最大或然数表计算结果。

若要求出土样中每克干土所含的活菌数，则要将前述两例中所得的每毫升菌数除以干土在土样中所占的质量分数（烘干后的土样质量/原始土样的质量）。

四、比浊法

1. 原理

比浊法是用浊度计或比色计测定培养液中微生物的数量。某一波长的光线通过浑浊的液体后，其光强度会被削弱，入射光与透过光强度值比与样品液的浊度和液体的厚度相关。

$$\lg \frac{I_t}{I_0} = -Kcd$$

式中 I_t——透过光的强度；

I_0——入射光的强度；

K——吸光度；

c——样品液的浊度；

d——液层厚度；

I_t/I_0——透光度；

$\lg\frac{I_t}{I_0}$——消光系数。

如果样品液的厚度一致，则OD值与样品的浊度相关。根据此原理可以通过测定样品中的OD值来代表培养液的浊度即微生物量，也可同时做平板计数法对比一定浊度所含的活菌数来制作曲线。本法用于测定微生物的总量，特别是菌体分散良好的非丝状单细胞微生物的测定。

2. 技术要点

(1) 在制作工作曲线和样品时，应尽可能保持操作条件一致，以保证悬浮质点大小和形状的均匀性，以及生成稳定的胶态悬浮体。反应物的浓度、加入的顺序和速度、介质的酸度、温度、放置时间等对悬浮质点的大小和均匀性都有影响。必要时可加入一些表面活性剂或其他保护胶体以防止悬浮物迅速沉降。

(2) 如测量的悬浮物样品具有颜色，则应选择最小吸收的波长作入射光束。比浊法的优点是简便、迅速，可以连续测定，适合于自动控制。但是，由于光密度或透光度除了受菌体浓度影响之外，还受细胞大小、形态、培养液成分以及所采用的光波长等因素的影响。因此，对于不同微生物的菌悬液进行比浊法计数应采用相同的菌株和培养条件制作标准曲线。光波的选择通常在400～700nm之间，具体到某种微生物采用多少还需要经过最大吸收波长以及稳定性试验来确定。另外，颜色太深的样品或在样品中含有其他干扰物质的悬液不适合用此法进行测定。

(3) 该法适合于分析浑浊度较大的样品，光束通过样品后，透射光强度应有显著减弱。I_0与I_t相差较大，则测量误差较小。

五、浓缩法

本法适用于检测微生物数量很少的水和空气等样品。测定时先让定量的水或空气通过特殊的微生物收集装置（如微孔滤膜等），富集其中的微生物，然后将收集的微生物洗脱后按上述方法测数，再换算成原来水或空气中微生物的数量。

【技能训练】

技能一　血细胞计数板计数

一、技能目标

- 了解血细胞计数板的构造、计数原理和计数方法。
- 掌握显微镜下直接计数的技能。
- 会使用血细胞计数板进行微生物计数。

二、用品准备

1. 仪器

显微镜、血细胞计数板。

2. 药品

酿酒酵母（*Saccharomyces cerevisiae*）斜面菌体或培养液。

3. 其他备品

盖玻片（22mm×22mm）、吸水纸、计数器、滴管、擦镜纸。

三、操作要领

1. 菌悬液制备

用无菌生理盐水将酿酒酵母菌制成浓度适当的菌悬液，使每小格内有 5～10 个菌体为宜。

2. 镜检计数室

在加样前，先对计数板的计数室进行镜检。若有污物可用蘸 95%乙醇的棉球擦拭干净，吹干后才能进行计数。

3. 加样品

将清洁干燥的血细胞计数板盖上盖玻片，再用无菌的毛细滴管吸取摇匀的酿酒酵母菌悬液由盖玻片边缘滴一小滴，让菌液沿缝隙靠毛细渗透作用自动进入计数室，一般计数室均能充满菌液。菌液不能太多，也不能有气泡产生。

4. 显微镜计数

加样后静置 5min，待菌液不再流动，将血细胞计数板置于显微镜载物台上，先用低倍镜找到计数室所在位置，然后换成高倍镜进行计数。调节显微镜光线的强弱适当，对于用反光镜采光的显微镜还要注意光线不要偏向一边，否则视野中不易看清楚计数室方格线，或只见竖线或只见横线。

在计数前若发现菌液太浓或太稀，需重新调节稀释度后再做片观察。一般样品稀释度要求每小格内约有 5～10 个菌体为宜。每个计数室选 5 个中格（可选 4 个角和中央的一个中格）中的菌体进行计数。位于格线上的菌体一般只数上方和右边线上的。如遇酵母出芽，芽体大小达到母细胞的一半时，即作为两个菌体计数。计数一个样品要从两个计数室中计得的平均数值来计算样品的含菌量。

5. 清洗血细胞计数板

使用完毕后，将血细胞计数板在水龙头下用水冲洗干净，切勿用硬物洗刷，洗完后自行晾干或用吹风机吹干。镜检，观察每小格内是否有残留菌体或其他沉淀物。若不干净，则必须重复洗涤至干净为止。

四、重要提示

(1) 取样时先要摇匀菌液；加样时计数室不可有气泡产生。

(2) 在计数前若发现菌液太浓或太稀，需重新调节稀释度后再计数。

(3) 血细胞计数板清洗时切勿用硬物洗刷。

五、作业要求

1. 将实验结果填入下表中。其中 A 表示 5 个方格中的总菌数，B 表示菌液稀释倍数。

计数次数	每个中方格菌数					A	B	二室平均值	菌数/mL
	1	2	3	4	5				
第一室									
第二室									

2. 某单位要检测啤酒中活酵母的存活率，请设计 1～2 种可行的检测方法。

技能二　稀释平板法计数

一、技能目标

- 熟悉稀释平板计数法的基本原理。
- 掌握稀释平板计数法。

二、用品准备

1. 仪器

恒温培养箱。

2. 药品

大肠杆菌菌悬液、牛肉膏蛋白胨培养基。

3. 其他备品

1mL 无菌吸管、无菌平皿、盛有 4.5mL 无菌水的试管、试管架等。

三、操作要领

1. 编号

取无菌平皿 9 套，分别用记号笔标明 10^{-4}、10^{-5}、10^{-6}（稀释度）各 3 套。另取 6 支盛有 4.5mL 无菌水的试管，排列在试管架上，依次标记 10^{-1}、10^{-2}、10^{-3}、10^{-4}、10^{-5}、10^{-6}。

2. 稀释

用 1mL 无菌吸管吸取 1mL 已充分混匀的大肠杆菌菌悬液（待测样品），精确地放 0.5mL 至 10^{-1} 的试管中，此即为 10 倍稀释。将多余的菌液放回原菌液中。注意吸管尖端不要碰到液面，以免吹出时试管内液体外溢。将 10^{-1} 试管置试管振荡器上振荡，使菌液充分混匀。另取一支 1mL 吸管插入 10^{-1} 试管中来回吹吸菌悬液三次，进一步将菌体分散、混匀。吹吸菌液时不要太猛太快，吸时吸管伸入管底，吹时离开液面，以免将吸管中的过滤棉花浸湿或使试管内液体外溢。

用此吸管吸取 10^{-1} 菌液 1mL，精确地放 0.5mL 至 10^{-2} 试管中，此即为 100 倍稀释。其余依此类推分别制成 10^{-3}、10^{-4}、10^{-5}、10^{-6} 稀释液。

注意：放菌液时吸管尖不要碰到液面，即每一支吸管只能接触一个稀释度的菌悬液，否则稀释不精确，结果误差较大。

3. 取样

用 3 支 1mL 无菌吸管分别吸取 10^{-4}、10^{-5} 和 10^{-6} 的稀释菌悬液各 1mL，对号放入编好号的无菌平皿中，每个平皿放 0.2mL。

不要用 1mL 吸管每次只靠吸管尖部吸 0.2mL 稀释菌悬液放入平皿内，这样容易加大同一稀释度几个重复平板间的操作误差。

4. 倒平板

尽快向上述盛有不同稀释度菌液的平皿中倒入熔化后冷却至 45℃左右的牛肉膏蛋白胨培养基约 15mL/皿，置水平位置，迅速旋动平皿，使培养基与菌液混合均匀，而又不使培养基溅出平皿或溅到平皿盖上。

由于细菌易吸附到玻璃器皿表面，所以菌液加入到培养皿后，应尽快倒入熔化并已冷却至 45℃左右的培养基，立即摇匀，否则细菌将不易分散或长成的菌落连在一起，影响计数。

待培养基凝固后，将平板倒置于 37℃恒温培养箱中培养。

5. 计数

培养 48h 后，取出培养平板，算出同一稀释度三个平板上的菌落平均数，并按下列公式进行计算。

$$每毫升菌液中活菌总数=同一稀释度三次重复的平均菌落数\times稀释倍数\times 5$$

一般选择每个平板上长有 30～300 个菌落的稀释度计算每毫升的含菌量较为合适。同一稀释度的三个重复对照的菌落数不应相差很大，否则表示试验不精确。实际工作中同一稀释度重复对照平板不能少于三个，这样便于数据统计，减少误差。由 10^{-4}、10^{-5}、10^{-6} 三个稀释度计算出的每毫升菌液中菌落形成单位数也不应相差太大。

稀释平板计数法所选择倒平板的稀释度是很重要的。一般以三个连续稀释度中的第二个稀释度倒平板培养后所出现的平均菌落数在 50 个左右为好，否则要适当增加或减少稀释度加以调整。

稀释平板计数法的操作除上述倾注倒平板的方式以外，还可以用涂布平板的方式进行。

二者操作基本相同，所不同的是后者先将牛肉膏蛋白胨培养基熔化后倒平板，待凝固后编号，并于37℃左右的温箱中烘烤30min，或在超净工作台上适当吹干，然后用无菌吸管吸取稀释好的菌液对号接种于不同稀释度编号的平板上，并尽快用无菌玻璃涂棒将菌液在平板上涂布均匀，平放于实验台上20～30min，使菌液渗入培养基表层内，然后倒置37℃的恒温箱中培养24～48h。

涂布平板用的菌悬液量一般以0.1mL较为适宜，如果菌液过少不易涂布开，过多则在涂布完后或在培养时菌液仍会在平板表面流动，不易形成单菌落。

四、重要提示

（1）注意吸管尖端不要碰到液面，以免吹出时试管内液体外溢。

（2）吹吸菌液时不要太猛太快，吸时吸管伸入管底，吹时离开液面。

（3）不要用1mL吸管每次只靠吸管尖部吸0.2mL稀释菌液放入平皿内，这样容易加大同一稀释度几个重复平板间的操作误差。

五、作业要求

1. 将实验结果填入下表中。

稀释度	10^{-4}				10^{-5}				10^{-6}			
菌落数	1	2	3	平均	1	2	3	平均	1	2	3	平均
每毫升总活菌数												

2. 为什么熔化后的培养基要冷却至45℃左右才能倒平板？

3. 要使平板菌落计数准确，需要掌握哪几个关键？为什么？

4. 试比较稀释平板计数法和显微镜下直接计数法的优缺点及应用。

【拓展学习】

微生物的其他计数方法

一、染色计数法

为了弥补一些微生物在油镜下不易观察计数，而直接用血细胞计数法又无法区分死细胞和活细胞的不足，人们发明了染色计数法。借助不同的染料对菌体进行适当的染色，可以更方便地在显微镜下进行活菌计数。如酵母活细胞计数可用美蓝染色液，染色后在显微镜下观察，活细胞为无色，而死细胞为蓝色。

二、比例计数法

将已知颗粒（如霉菌孢子或红细胞）浓度的液体与一待测细胞浓度的菌液按一定比例均匀混合，在显微镜视野中数出各自的数目，即可得未知菌液的细胞浓度。这种计数方法比较粗放。并且需要配制已知颗粒浓度的悬液作标准。

三、试剂纸法

在平板计数法的基础上，发展了小型商品化产品以供快速计数用。形式有小型厚滤纸片，琼脂片等。在滤纸和琼脂片中吸有合适的培养基，其中加入活性指示剂2，3，5-氯化三苯基四氮唑（TTC，无色）。待蘸取测试菌液后置密封包装袋中培养。短期培养后在滤纸上出现一定密度的玫瑰色微小菌落与标准纸色板上图谱比较即可估算出样品的含菌量。试剂纸法计数快捷准确，相比而言避免了平板计数法的人为操作误差。

四、生理指标法

微生物的生长伴随着一系列的生理指标发生变化，例如酸碱度、发酵液中的含氮量、含糖量、产气量等，与生长量相平行的生理指标很多，它们可作为生长测定的相对值。

五、膜过滤法

用特殊的滤膜过滤一定体积的含菌样品，经吖啶橙染色，在紫外显微镜下观察细胞的荧光，活细胞会发橙色荧光，而死细胞则发绿色荧光。

【思考题】

1. 如何利用血细胞计数板对微生物进行计数?

2. 试说明用血细胞计数板计数的误差主要来自哪些方面，应如何尽量减少误差，力求准确?

3. 利用血细胞计数板对微生物进行计数时应注意哪些问题?

4. 稀释平板计数法中如何计数和报告菌落总数?

5. 当你的平板上长出的菌落不是均匀分散的而是集中在一起时，你认为问题出在哪里?

6. 用稀释倒平板法和涂布平板法计数，其平板上长出的菌落有何不同? 为什么要培养较长时间（48h）后观察结果?

7. 什么是最大可能数计数法? 它的适用范围是什么?

8. 最大可能数计数法的原理是什么?

9. 比浊法计数的原理是什么?

10. 比浊法计数的技术要点是什么?

任务七　微生物菌种保藏

【学习目标】

- 熟悉各种菌种保藏技术的原理。
- 掌握常见菌种保藏方法。
- 熟悉各种菌种保藏方法的适用范围。

【理论前导】

微生物菌种是宝贵的生物资源，对微生物学研究和微生物资源开发与利用具有非常重要的价值，因此菌种保藏是一项重要的微生物学基础工作，其基本任务是对已经获得的纯种微生物菌种进行收集、整理、鉴定、评价、保存和供应等工作。随着科技的进步和经济的发展，对微生物菌种资源的利用正在不断地扩大，菌种保藏工作便显得更加重要。

通过分离纯化得到的微生物纯培养物，还必须通过各种保藏技术使其在一定时间内不死亡，不会被其他微生物污染，不会因发生变异而丢失重要的生物学性状，否则就无法真正保证微生物研究和应用工作的顺利进行。所以世界各国对微生物菌种的保藏都很重视，许多国家都成立了专门的菌种保藏机构，例如，中国微生物菌种保藏委员会（CCCCM），中国典型培养物保藏中心（CCTCC），美国典型菌种保藏中心（ATCC），美国的北部地区研究实验室（NRRL），荷兰的霉菌中心保藏所（CBS），英国的国家典型菌种保藏中心（NCTC）以及日本的大阪发酵研究所（IFO）等。国际微生物学联合会（IAMS）还专门设立了世界菌种保藏联合会（WFGC），用计算机储存世界上各保藏机构提供的菌种数据资料，可以通过国际互联网查询和索取，进行微生物菌种的交流、研究和使用。

一、菌种保藏的目的

（1）在较长时间内保持菌种的生活能力。

(2) 保持菌种在遗传、形态和生理上的稳定性，使菌种既有科学研究的价值，又有工业价值的特征。

(3) 保持菌种的纯度，使其免受其他微生物（包括病毒）的侵染。

二、菌种保藏的原理

生物的生长一般都需要一定的水分、适宜的温度和合适的营养，微生物也不例外。菌种保藏就是根据菌种特性及保藏目的的不同，给微生物菌株以特定的条件，使其存活而得以延续。

菌种保藏的原理是利用培养基或宿主对微生物菌株进行连续移种，或改变其所处的环境条件（如干燥、低温、缺氧、避光、缺乏营养等），令菌株的代谢水平降低，乃至完全停止，达到半休眠或完全休眠的状态，从而在一定时间内得到保存，有的可保藏几十年或更长时间。在需要时再通过提供适宜的生长条件使保藏物恢复活力。

三、菌种保藏的方法

采用低温、干燥、饥饿、缺氧等手段可以降低微生物的生物代谢能力。菌种保藏的方法虽多，但都是根据这 4 个因素确定的。下列方法可根据实验室具体条件和微生物的特性灵活选用。

（一）斜面低温保藏法

斜面低温保藏法亦称传代培养保藏法，是指将菌种接种于一定的斜面培养基中，在最适条件下培养，待生长好后，于 4～6℃下进行保存并间隔一定时间进行移植培养的菌种保藏方法。

斜面低温保藏法与培养物的直接使用密切相关，是进行微生物保藏的基本方法。常用琼脂斜面培养基。采用斜面低温保藏法保藏微生物应注意针对不同的菌种而选择使用适宜的培养基，并在规定的时间内进行移种，以免由于菌株接种后不生长或超过时间不能接活，丧失微生物菌种。在琼脂斜面上保藏微生物的时间因菌种的不同而有较大差异，有些可保存数年，而有些仅数周。如丝状真菌、放线菌以及有芽孢的细菌间隔 4～6 个月转接 1 次；酵母菌 2 个月转接 1 次；细菌最好每月转接 1 次。一般来说，通过降低培养物的代谢或防止培养基干燥，可延长传代保藏的保存时间。例如在菌株生长良好后，改用橡皮塞封口或在培养基表面覆盖液体石蜡，并放置低温保存；将一些菌的菌苔直接刮入蒸馏水或其他缓冲液后，密封置 4℃保存，也可以大大提高某些菌的保藏时间及保藏效果，这种方法有时也被称为悬液保藏法。

由于菌种进行长期传代十分烦琐，容易污染，特别是会由于菌株的自发突变而导致菌种衰退，使菌株的形态、生理特性、代谢物的产量等发生变化，因此，在一般情况下，在实验室里除了采用传代法对常用的菌种进行保存外，还必须根据条件采用其他方法，特别是对那些需要长期保存的菌种更是如此。

1. 培养基选择

保藏细菌时多用牛肉膏蛋白胨培养基；保藏放线菌时多用高氏一号培养基；保藏丝状真菌时多用 PDA 培养基或完全培养基（葡萄糖 20g，蛋白胨 2g，酵母膏 2g，硫酸镁 0.5g，磷酸二氢钾 0.46g，磷酸氢二钾 1g，维生素 B_1 0.5mg，琼脂 20g，蒸馏水 1000mL）。一般来说，菌种保藏适于用营养较为瘠薄的培养基，因为这样可以降低微生物的代谢，从而延长每次转接之间的间隔时间。

2. 斜面长度

用于保藏菌种的培养基斜面要求适当短些，这样培养基厚一点，培养基中水分蒸发较少，可以保藏更长的时间。一般斜面长度占试管总长的 1/3。

3. 培养物要有重复

这是防止菌种丧失的最有效的方法。一般每个菌株至少保藏3管。

4. 环境湿度

要防止冰箱中空气湿度过高而导致棉塞发霉。

5. 特殊菌种

对于某些对低温特别敏感的菌种，只能在较高的温度下保藏。如草菇菌种最好在10～15℃下保藏。

此法为实验室和工厂菌种室常用的保藏法，优点是操作简单，使用方便，不需特殊设备。缺点是容易变异。因为培养基的物理、化学特性不是严格恒定的，致使微生物的代谢改变，而影响了微生物的性状，并且需要屡次传代。若其菌种是经常使用，而条件不变，可应用此法。

（二）液体石蜡保藏法

液体石蜡保藏法亦称矿物油保藏法，是定期移植保藏法的辅助方法，是指将菌种接种在适宜的斜面培养基上，在适宜的条件下培养至菌种长出健壮菌落后注入灭菌的液体石蜡，使其覆盖整个斜面，再直立放置在低温（4～6℃）干燥处进行保存的菌种保藏方法。在液体石蜡覆盖下，菌种的生物代谢受到抑制，细胞老化被推迟。此方法可阻止氧气进入，使好氧菌不能继续生长，也可防止因培养基的水分蒸发而引起的菌体死亡，达到延长菌种保藏时间的目的。

1. 适用范围

本方法适用于不能分解液体石蜡的酵母菌、某些细菌（如芽孢杆菌属、醋酸杆菌属等）和某些丝状真菌（如青霉属、曲霉属等）。

2. 液体石蜡保藏技术

(1) 将液体石蜡（中性，密度0.8～0.9g/cm^3）装入三角瓶中，装量不超过三角瓶总体积的1/3，塞上棉塞，用牛皮纸包好，置于0.1MPa的高压灭菌锅中灭菌30min取出，置于40℃恒温箱蒸发水分，石蜡油变为透明状，经无菌检查后备用。

(2) 将需要保藏的菌种，在最适宜的斜面培养基中培养，使得到健壮的菌体或成熟的孢子。

(3) 无菌条件下将灭菌的液体石蜡注入刚培养好的斜面培养物上，其用量高出斜面顶部1cm左右，使菌体与空气隔绝。

(4) 将试管直立，置低温或室温下保存（有的微生物在室温下比冰箱中保存的时间还要长）。

(5) 恢复培养，挑取少量菌体转接在适宜的新鲜培养基上，生长繁殖后，再重新转接一次。

液体石蜡一方面可防止培养基的水分蒸发，另一方面可阻止氧气进入。这样菌种就不会因干燥而死亡，也不会因为好氧菌的生长而污染，从而延长了菌种保藏的时间。

3. 技术要求

(1) 应选用优质化学纯液体石蜡。

(2) 液体石蜡易燃，在对液体石蜡保藏菌种进行操作时注意防止火灾。

(3) 保藏场所应保持干燥，防止棉塞污染，可以用消毒过的橡皮塞换掉棉塞。

(4) 移接后灼烧接种钩（环）时培养物容易与残存石蜡一起飞溅，要特别注意安全。

(5) 保藏期间应定期检查，如培养基露出液面，应及时补充灭菌的液体石蜡。

此法实用而且效果好，保藏丝状真菌、放线菌和有芽孢的细菌2年以上不会死亡；酵母菌也可以保藏1～2年；一般无芽孢的细菌也可保藏1年以上。此法的优点是制作简单，不需特殊设备，而且不需经常转接。缺点是必须直立放置，所占空间较大，同时携带也不方便。转接后由于菌体表面带有石蜡，所以第1次转接后往往生长较差，需进行第2次转接。

（三）滤纸保藏法

将微生物的孢子吸附在滤纸上，干燥后进行保藏的方法，称为滤纸保藏法。

滤纸保藏需使用保护剂来制备细胞悬液，以防止因冷冻或水分不断升华对细胞造成的损害。保护性溶质可通过氢和离子键对水和细胞所产生的亲和力来稳定细胞成分的构型。保护剂有牛乳、血清、糖类、甘油、二甲基亚砜等。

丝状真菌、酵母菌、放线菌、细菌均可采用此法保藏，可保藏2年以上。辛登于1932年在滤纸上保藏的双孢菇孢子，到1968年检查时，仍有活力。

1. 滤纸条的准备

将滤纸剪成0.5cm×1.2cm的小条，装入0.6cm×8cm的安瓿管中，每管1～2张，塞上棉塞，于121.3℃灭菌30min，备用。

2. 菌种的培养

将需要保存的菌种，在适宜的斜面培养基上培养，使充分生长。

3. 保护剂的制备

配制20%脱脂牛乳，装在三角瓶和试管中，112℃灭菌25min。降温后，随机抽样分别置于28℃、37℃培养24h，然后各取0.2mL涂布在肉汤平板上进行无菌检查，确认无菌后才可使用，其余的保护剂置于4℃冰箱中存放待用。

4. 菌悬液制备

取灭菌脱脂牛乳1～2mL滴加在灭菌培养皿或试管内，取数环菌苔在牛乳内混匀，制成浓悬液。

5. 样品分装

用灭菌镊子自安瓿管取滤纸条浸入菌悬液内，使其吸饱，再放回至安瓿管中，塞上棉塞。

6. 干燥

将安瓿管放入内有五氧化二磷（或无水氯化钙）作吸水剂的干燥器中，用真空泵抽气至完全干燥。

7. 熔封与保存

将棉花塞入管内，用火焰熔封，置于4℃或室温存放。

8. 取用安瓿管

需要使用菌种复活培养时，取存放的安瓿管用锉刀或砂轮从上端打开，也可将安瓿管口在火焰上烧热，滴一滴冷水在烧热的部位，使玻璃破裂，再用镊子敲掉口端的玻璃，待安瓿管开启后，用无菌镊子取出滤纸，放入液体培养基中培养或加入少许无菌水用无菌吸管吹打几次，使干燥物溶解后吸出，转入适当的培养基中置温箱中培养。

此法较液氮冷冻保藏法、冷冻干燥保藏法简便易行，不需特殊设备。

（四）沙土保藏法

沙土保藏法是载体保藏法的一种。将培养好的微生物细胞或孢子用无菌水制成悬浮液，注入灭菌的沙土管中混合均匀，或将成熟孢子刮下接种于灭菌的沙土管中，使微生物细胞或孢子吸附在沙土载体上，将管中水分抽干后，熔封管口或置干燥器中于低温（4～6℃）或室温进行保藏的菌种保藏方法。

1. 适用范围

本方法适用于产孢类放线菌、芽孢杆菌、曲霉属、青霉属以及少数酵母如隐球酵母和红酵母等。不适用于病原性真菌的保藏，特别是不适于以菌丝发育为主的真菌的保藏。

2. 原理

干燥条件下微生物菌种代谢活动减缓，繁殖速度受到抑制。此方法可减少菌株突变，延长存活时间。

3. 沙土管制备

将河沙用60目过筛，弃去大颗粒及杂质，再用80目过筛，去掉细沙。用吸铁石吸去铁质，放入容器中用10%盐酸浸泡2～4h。如河沙中有机物较多，可用20%盐酸浸泡，24h后倒去盐酸，用水洗泡数次至中性，将沙子烘干或晒干。另取瘦红土100目过筛，水洗至中性，烘干，按沙∶土＝2∶1混合。把混匀的沙土分装入安瓿管或10mm×100mm小试管中，高度为1cm左右，每管分装1g左右。塞好棉塞，0.1MPa灭菌30min，或常压间歇灭菌3次，每天每次1h。灭菌后每10支沙土管抽出1管，分别加营养肉汁、麦芽汁、豆芽汁等培养基，30℃培养40h检查是否有微生物生长，若有则再灭菌，再检查，直至培养检查后无微生物生长方可使用。

4. 制备菌悬液

向培养好的斜面培养物中注入3～5mL无菌水，洗下细胞、孢子或刮下菌苔，制成菌悬液。

5. 分装样品

用无菌吸管吸取菌悬液，均匀滴入沙土管中，每管0.2～0.5mL，使沙土湿润，用接种针拌匀，注明标记。放线菌和霉菌可直接挑取孢子拌入沙土管中。

6. 干燥

将装有菌悬液的沙土管放入干燥器内，干燥器底部盛有干燥剂，用真空泵抽去安瓿管中水分后火焰封口（也可用橡皮塞或棉塞塞住试管口）。

7. 纯培养检查

从做好的沙土管中，按10∶1比例抽查。无菌条件下用接种环取出少量沙土粒，接种于适宜的固体培养基上，培养后观察其生长情况和有无杂菌生长。如出现杂菌或菌落数很少或根本不长，则需进一步抽样检查。

8. 保藏

将纯培养检查合格的沙土管用火焰熔封管口。制好的沙土管存放于低温（4～15℃）干燥处，半年检查一次活力及杂菌情况。也可将纯培养检查合格的沙土管直接用牛皮纸或塑料纸包好，置干燥器内保存。用此方法保藏时间为2～10年不等。

9. 复活

复活时在无菌条件下打开沙土管，取部分沙土粒于适宜的斜面培养基上，长出菌落后再转接一次；也可取沙土粒于适宜的液体培养基中，增殖培养后再转接斜面培养基培养。

（五）液氮冷冻保藏法

液氮超低温保藏技术是将菌种保藏在－196℃的液态氮，或在－150℃的氮气中的长期保藏方法，它的原理是利用微生物在－130℃以下新陈代谢趋于停止而有效地保藏微生物。

1. 适用范围

各类微生物。

2. 安瓿管或冻存管的准备

用圆底硼硅玻璃制品的安瓿管，或螺旋口的塑料冻存管。要求既能经受121℃高温灭菌又能在－196℃下长期存放。注意玻璃管不能有裂纹，容量为2mL。将冻存管或安瓿管清洗干净，121℃下高压灭菌15～20min，备用。

3. 保护剂的准备

保护剂的种类要根据微生物类别选择。配制保护剂时，应注意其浓度，一般采用10%～20%甘油，121℃高温灭菌30min。使用前需进行无菌检查。

4. 微生物保藏物的准备

微生物不同的生理状态对存活率有影响，一般使用静止期或成熟期培养物。分装时注意应在无菌条件下操作。

菌种的准备可采用下列几种方法。

(1) 刮取培养物斜面上的孢子或菌体，与保护剂混匀后加入冻存管内。

(2) 接种液体培养基，振荡培养后取菌悬液与保护剂混合分装于冻存管内。

(3) 将培养物在平皿培养，形成菌落后，用无菌打孔器从平板上切取一些大小均匀的小块真菌（直径约 5～10mm），最好取菌落边缘的菌块，与保护剂混匀后加入冻存管内。

(4) 在小安瓿管中装 1.2～2mL 的琼脂培养基，接种菌种，培养 2～10d 后，加入保护剂，待保藏。

5. 预冻

预冻时一般冷冻速度控制在以每分钟下降 1℃为好，使样品冻结到－35℃。目前常用的有三种控温方法。

(1) 程序控温降温法　应用电子计算机程序控制降温装置，可以稳定连续地降温，能很好地控制降温速率。

(2) 分段降温法　将菌体在不同温级的冰箱或液氮罐口分段降温冷却，或悬挂于冰的气雾中逐渐降温。一般采用二步控温，将安瓿管或冻存管，先放到－20～－40℃冰箱中 1～2h，然后取出放入液氮罐中快速冷冻。这样冷冻速率大约每分钟下降 1～1.5℃。

(3) 耐低温的微生物可以直接放入气相或液相氮中。

6. 保藏

将安瓿管或塑料冻存管置于液氮罐中保藏。一般气相中温度为－150℃，液相中温度为－196℃。

7. 保藏周期

一般 10 年以上。

8. 复苏方法

使用样品时，戴上棉手套，从液氮罐中取出安瓿管或塑料冻存管，应立即放置在 38～40℃水浴中快速复苏并适当摇动，直到内部结冰全部溶解为止，一般约需 50～100s。开启安瓿管或塑料冻存管，将内容物移至适宜的培养基上进行培养。

9. 存活性测定

可以用以下方法进行监测：

(1) 染色法　取解冻融化的菌悬液，按细菌、真菌死活细胞染色法，通过显微镜观察细胞存活和死亡的比例，计算出存活率。

(2) 活菌计数法　分别将预冻前和解冻融化的菌悬液按 10 倍稀释法涂布培养后，根据二者每毫升活菌数计算存活率，如下述公式。

存活率＝保藏后每毫升活菌数/保藏前每毫升活菌数×100％

10. 液氮保藏应注意事项

(1) 防止冻伤，操作注意安全，戴面罩及皮手套。

(2) 塑料冻存管一定要拧紧螺母。

(3) 运送液氮时一定要用专用特制的容器，绝不可用密闭容器存放或运输液氮，切勿使用保温瓶存放液氮。

(4) 注意存放液氮容器的室内通风，防止过量氮气使人窒息。

(5) 防止安瓿管或塑料冻存管破裂爆炸，如液氮渗入管内，当从液氮容器取出时，液态氮体积膨胀约 680 倍，爆炸力很大，要特别小心。

（6）注意观察液氮容器中液氮的残存量，定期补充液氮。

（六）冷冻干燥保藏法

将微生物冷冻，在减压下利用升华作用除去水分，使细胞的生理活动趋于停止，从而长期维持生活状态。

1. 冷冻干燥法适用范围

适用于大多数细菌、放线菌、病毒、噬菌体、立克次体、霉菌和酵母等的保藏，但不适于霉菌的菌丝型、菇类、藻类和原虫等。

2. 安瓿管准备

安瓿管材料以中性玻璃为宜。清洗安瓿管时，先用2%盐酸浸泡过夜，自来水冲洗干净后，用蒸馏水浸泡至pH中性，干燥后，贴上标签，标上菌号及时间，加入脱脂棉塞后，121℃下高压灭菌15～20min，备用。

3. 保护剂的选择和准备

保护剂种类要根据微生物类别选择。配制保护剂时，应注意其浓度及pH值，以及灭菌方法。如血清，可用过滤除菌；牛奶要先脱脂，用离心方法去除上层油脂，一般在100℃间歇煮沸2～3次，每次10～30min，备用。进行厌氧菌保存时，保护剂使用前应在100℃的沸水中煮沸15min左右，脱气后放入冷水中急冷，除掉保护剂中的溶解氧。

4. 冻干样品的准备

在最适宜的培养条件下将菌种培养至静止期或成熟期，进行纯度检查后，与保护剂混合均匀，分装。微生物培养物浓度以细胞或孢子不少于10^8～10^{10}/mL为宜。采用较长的毛细滴管，直接滴入安瓿管底部，注意不要溅污上部管壁，每管分装量约0.1～0.2mL，若是球形安瓿管，装量为半个球部。若是液体培养的微生物，应离心去除培养基，然后将培养物与保护剂混匀，再分装于安瓿管中。分装安瓿管时间尽量要短，最好在1～2h时内分装完毕并预冻。分装时应注意在无菌条件下操作。

5. 预冻

一般预冻2h以上，温度达到－20～－35℃左右。

6. 冷冻干燥

采用冷冻干燥机进行冷冻干燥。将预冻后的样品安瓿管置于冷冻干燥机的干燥箱内，开始冷冻干燥，时间一般为8～20h。

终止干燥时间应根据下列情况判断。

（1）安瓿管内冻干物呈酥块状或松散片状。

（2）真空度接近空载时的最高值。

（3）样品温度与管外温度接近。

（4）选用1～2支对照管，其水分与菌悬液同量，视为干燥完结。

（5）选用一个安瓿管，装1%～2%氯化钴，如变深蓝色，可视为干燥完结。

冷冻干燥完毕后，取出样品安瓿管置于干燥器内，备用。

7. 真空封口及真空检验

将安瓿管颈部用强火焰拉细，然后采用真空泵抽真空，在真空条件下将安瓿管颈部加热熔封。熔封后的干燥管可采用高频电火花真空测定仪测定真空度。

8. 保藏

安瓿管应低温避光保藏。

9. 质量检查

冷冻干燥后抽取若干支安瓿管进行各项指标检查，如存活率、生产能力、形态变异、杂菌污染等。

10. 复苏方法

(1) 先用70%酒精棉花擦拭安瓿管上部。

(2) 将安瓿管顶部烧热。

(3) 用无菌棉签蘸冷水，在顶部擦一圈，顶部出现裂纹，用锉刀或镊子颈部轻叩一下，敲下已开裂的安瓿管的顶端。

(4) 用无菌水或培养液溶解菌块，使用无菌吸管移入新鲜培养基上，进行适温培养。

11. 保藏周期

不同微生物复苏周期不同，一般10年左右。

此法为菌种保藏方法中最有效的方法之一，对一般生命力强的微生物及其孢子都适用，即使对一些很难保存的致病菌，如脑膜炎球菌与淋病双球菌等亦能保存。此法适用于菌种的长期保存，一般可保存数年至几十年。缺点是设备和操作都比较复杂。

由于微生物的多样性，不同的微生物往往对不同的保藏方法有不同的适应性。迄今为止，尚没有一种方法能被证明对所有的微生物均适宜。因此，在具体选择保藏方法时必须对被保藏菌株的特性、保藏物的使用特点及现有条件等进行综合考虑。对于一些比较重要的微生物菌株，则要尽可能多的采用各种不同的手段进行保藏，以免因某种方法的失败而导致菌种的丧失。

附：冷冻干燥保藏法中常用的保护剂

(1) 脱脂奶10%～20%。

(2) 脱脂奶粉10g，谷氨酸钠1g，加蒸馏水至100mL。

(3) 脱脂奶粉3g，蔗糖12g，谷氨酸钠1g，加蒸馏水至100mL。

(4) 马血清（不稀释）过滤除菌。

(5) 葡萄糖30g，溶于400mL马血清中，过滤除菌。

(6) 马血清100mL加内旋环乙醇5g。

(7) 谷氨酸钠3g，核糖醇1.5g，加0.1mol/L磷酸缓冲液（pH7.0）至100mL。

(8) 谷氨酸钠3g，核糖醇1.5g，胱氨酸0.1g，加0.1mol/L磷酸缓冲液（pH7.0）至100mL。

(9) 谷氨酸钠3g，乳糖5g，聚乙烯基吡咯烷酮（polyvinylpyrrolidone，PVP）6g，加0.1mol/L磷酸缓冲液（pH7.0）至100mL。

其中，脱脂奶粉对细菌、酵母菌和丝状真菌都适用。

附：低温保护剂

(1) 甘油　使用浓度为10%～20%。

(2) 二甲基亚砜（DMSO）　使用浓度为5%或10%。

(3) 甲醇　配成5%过滤除菌备用。

(4) 羟乙基淀粉（HES）　使用浓度为5%。

(5) PVP　使用浓度为5%。

(6) 葡萄糖　使用浓度为5%。

【技能训练】

技能　微生物菌种的斜面低温保藏

一、技能目标

- 熟悉菌种保藏的原理。
- 可熟练进行微生物的斜面低温保藏。

二、用品准备

1. 仪器

冷冻真空干燥装置。

2. 药品

细菌、酵母菌、放线菌和霉菌斜面菌、牛肉膏蛋白胨培养基斜面（培养细菌）、麦芽汁培养基斜面（培养酵母菌）、高氏一号培养基斜面（培养放线菌）、马铃薯蔗糖培养基斜面（培养丝状真菌）、无菌水、液体石蜡、P_2O_5、脱脂奶粉、10%HCl、干冰、95%乙醇、食盐、河沙、瘦黄土（有机物含量少的黄土）。

3. 其他备品

无菌试管、无菌吸管（1mL及5mL）、无菌滴管、接种环、40目及100目筛子、干燥器、安瓿管、冰箱、酒精喷灯、三角烧瓶（250mL）。

三、操作要领

1. 前期准备

（1）器皿准备　培养基制备过程中所用的一些玻璃器皿，如三角瓶、试管、培养皿、烧杯、吸管等，根据不同情况洗涤、干燥、包装、灭菌后使用。

（2）溶解培养基配料　先在烧杯中放适量水，按培养基配方称取各项材料，依次将缓冲化合物、主要元素、微量元素、维生素等材料加入水中溶解，最后加足水量。

（3）调pH值　配料溶解后将培养基冷却至室温，根据要求加稀酸或稀碱调pH值。加酸或碱液时要缓慢、少量、多次搅拌，防止局部过碱或过酸而导致测量不准确和营养成分被破坏。

（4）加凝固剂　配制固体培养基时需加凝固剂，如琼脂、明胶等。将凝固剂加入液体培养基中，加热并不断搅拌至熔解，再补足所蒸发水分。

（5）过滤分装　在两层纱布中间夹入脱脂棉，将配好的培养基趁热过滤并分装，斜面培养基不宜超过试管高度的1/4。分装过程中勿使培养基沾污管口，以免弄湿棉塞造成污染。

（6）包扎标记　将试管加棉塞，外面包扎一层牛皮纸或铝箔并注明培养基名称及配制日期。

（7）灭菌　根据要求将培养基灭菌。灭菌后摆放斜面时，斜面长度不超过试管管长的1/2为宜。

（8）无菌检查　将灭菌的培养基放入培养箱中作无菌检验。

2. 接种

（1）斜面接种包括以下几种。

① 点接　把菌种点接在斜面中部偏下方处。适用于扩散型生长及绒毛状气生菌丝类霉菌（如毛霉、根霉等）。

② 中央划线　从斜面中部自下而上划一直线。适用于细菌和酵母菌等。

③ 稀波状蜿蜒划线法　从斜面底部自下而上划“之”字形线。适用于易扩散的细菌，也适用于部分真菌。

④ 密波状蜿蜒划线法　从斜面底部自下而上划密“之”字形线。能充分利用斜面获得大量菌体细胞，适用于细菌和酵母菌等。

（2）穿刺接种　用接种针从原菌种斜面上挑取少量菌苔，从柱状培养基中心自上而下刺入，直到接近管底（勿直接穿到管底），然后沿原穿刺途径慢慢抽出接种针。适用于细菌和酵母菌等。

（3）液体接种　挑取少量固体斜面菌种或用无菌滴管吸取原菌液接种于新鲜液体培养

基中。

3. 贴标签

取各种无菌斜面试管数支，将注有菌株名称和接种日期的标签贴上，贴在试管斜面的正上方，距试管口 2～3cm 处。

4. 培养

将接种后的培养基放入培养箱中，在适宜的条件下培养至细胞稳定期或得到成熟孢子。细菌 37℃恒温培养 18～24h，酵母菌于 28～30℃培养 36～60h，放线菌和丝状真菌置于 28℃培养 4～7d。

5. 保藏

(1) 保藏温度和时间　斜面长好后，可直接放入 4℃冰箱保藏。为防止棉塞受潮长杂菌，管口棉花应用牛皮纸包扎，或换上无菌胶塞，亦可用熔化的固体石蜡熔封棉塞或胶塞。

保藏时间依微生物种类而不同，酵母菌、霉菌、放线菌及有芽孢的细菌可保存 2～6 个月，移种一次；而不产芽孢的细菌最好每月移种一次。对于某些菌种，如芽裂酵母、阿舒假囊酵母、棉病囊霉等，需 1～3 个月移植一次。此法的缺点是容易变异，污染杂菌的机会较多。

(2) 保藏湿度　用相对湿度表示，通常为 50%～70%。测量仪表采用毛发湿度计或干湿球湿度计。

6. 移植培养

将培养物转接到另一新鲜培养基中，再在适宜条件下培养。

7. 菌种复壮

菌种如有退化，应将退化的菌种引入原来的生活环境中令其生长繁殖，通过纯种分离、在宿主体内生长等方法进行复壮。

四、重要提示

(1) 不同菌种应根据要求选择合适的培养基。

(2) 接种时要求无菌操作，避免染菌。

(3) 保藏期间要定期检查菌种存放的房间、冷库、冰箱等的温度、湿度，各试管的棉塞有无污染现象，如发现异常应取出该管，重新移植培养后补上空缺。

(4) 大量菌种同时移植时，各菌株的菌号、所用培养基要进行核对，避免发生错误。

(5) 每次移植培养后，应与原保藏菌株和菌株的登记卡片逐个对照，检查无误后再存放。

(6) 斜面菌种应保藏相继三代培养物以便对照，防止因意外和污染造成损失。

五、作业要求

1. 如何防止菌种管棉塞受潮和杂菌污染？
2. 根据你自己的实验，谈谈 1～2 种菌种保藏方法的利弊。

【拓展学习】

其他的菌种保藏方法

一、悬液保藏法

悬液法的基本原理是将微生物悬浮于不含养分的溶液如蒸馏水、0.25mol/L 磷酸缓冲液（pH6.5）或生理盐水中保藏。适用于丝状真菌、酵母菌及细菌中的肠道菌科。大部分能保藏 1 年或更长。此法的关键是要用密封性能好的螺旋口试管或一般试管加橡皮塞以防止水分的蒸发。保藏在 4℃、10℃或室温（18～20℃）。

二、穿刺保藏法

此法是斜面保藏的一种改进方法，常用于保藏各种好氧性细菌。方法是将培养基制成软琼脂（琼脂含量为斜面的1/2，一般为1%），盛入1.2cm×10cm的小试管或螺旋口小试管内，高度为试管的1/3。121℃高压灭菌后不制成斜面，用针形接种针将菌种穿刺接入培养基的1/2处。培养后的微生物在穿刺处及琼脂表面均可生长，然后覆盖以2～3mm的无菌液体石蜡。液体石蜡必须高压灭菌2次。这样的小管可在冰箱中保存以减少微生物的代谢作用，而且保藏效果较斜面为好。但发现液体石蜡减少应及时补充。穿刺法及液体石蜡覆盖法都很简便，但保藏期却因微生物种类不同而有很大的差异，真菌有的可保藏达10年之久，对一些形成孢子能力很差的丝状真菌，液体石蜡覆盖法行之有效。而另一些菌种如固氮菌、分枝杆菌、沙门菌、毛霉等却不适宜。此外，从液体石蜡覆盖层下移种时，接种针在火焰上烧灼时菌体会随着液蜡四溅，如果培养物是病原菌时，应予注意。第一代的培养物会有液蜡的残迹和复壮问题，第二代才适于实验用。

三、土壤保存法

土壤保存法主要用于能形成孢子或孢囊的微生物菌种的保藏。方法是在灭菌的土壤中加入菌液，立即在室温下进行干燥或使菌体繁殖后再干燥，然后冷藏或在室温下密封保存。保存用的土壤原则上以肥沃的耕土为宜，土壤需风干、粉碎、过筛和灭菌。

使微生物在土壤中繁殖后进行干燥保存的方法是：取适量土壤（5g）置于塞有棉塞的试管中，加水或加入充分稀释的液体培养基（以含水量为土壤最大持水量的60%为宜），然后高压灭菌。再将需保存的微生物进行大量接种，培养至菌丝能用肉眼确认的程度为止，移入干燥器中经短时间干燥或风干后密封，冷藏或室温保存。

四、硅胶保存法

硅胶保存法是以6～16目的无色硅胶代替沙子，干热灭菌后，加入菌液。加菌液时，由于硅胶的吸附热常使温度升高，因而需设法加以冷却。

五、磁珠保存法

磁珠保存法是将菌液浸入素烧磁珠（或多孔玻璃珠）后再进行干燥保存的一种方法。在螺旋口试管中装入1/2管高的硅胶（或无水$CaSO_4$），上铺玻璃棉，再放上10～20粒磁珠，经干热灭菌后，接入菌悬液，最后冷藏、室温保藏或减压干燥后密封保藏。本法对酵母菌很有效，特别适用于根瘤菌，可保存长达两年半时间。

六、麸皮保存法

在麸皮内加入60%的水，经灭菌后接种培养，最后干燥保藏。

【思考题】

1. 什么是菌种保藏？菌种保藏的目的是什么？
2. 菌种保藏的原理是什么？
3. 什么是斜面低温保藏法？斜面低温保藏法有什么特点？
4. 为什么利用斜面低温保藏法保藏菌种隔一段时间就要移种一次？
5. 什么是液体石蜡保藏法？液体石蜡保藏法的技术要求是什么？
6. 什么是滤纸保藏法？用滤纸保藏菌种为什么要添加保护剂？
7. 什么是沙土保藏法？其适用范围是什么？
8. 液氮保藏有哪些注意事项？
9. 经液氮保藏后的菌种如何测定其存活率？
10. 什么是冷冻干燥保藏法？它的适用范围是什么？

任务八 微生物生理生化鉴定

【学习目标】

- 了解常见生理生化反应原理。
- 掌握常见生理生化反应操作。

【理论前导】

不同微生物所具有的基本生理生化特征不尽相同，这些生理生化特征可以作为微生物鉴定的重要依据（表 1-24）。由于微生物具有独特的酶系，决定了其对不同基质的分解能力也不同，产生的代谢产物也存在差异，将 pH、显色剂、产气等的变化作为代谢产物的标示特征，可以鉴定出微生物对各种特定基质的代谢作用及其代谢产物（表 1-25），最终来推测、鉴别微生物的种属，这一技术手段称为微生物的生理生化鉴定技术。

表 1-24 常用于微生物鉴定的生理特征

特　征	不同类群的区别
营养类型	光能自养、光能异氧、化能自养、化能异氧及兼性营养型
对氮源的利用能力	对蛋白质、蛋白胨、氨基酸、含氮无机物、N_2 等的利用
对碳源的利用能力	对各种单糖、双糖以及醇类、有机酸等的利用
对生长因子的需要	对特殊维生素、氨基酸、X 因子、V 因子等的依赖性
需氧性	好氧、微好氧、厌氧及兼性厌氧
对温度的适应性	最适、最低、最高生长温度及致死温度
对 pH 的适应性	在一定 pH 条件下的生长能力及生长的 pH 范围
对渗透压的适应性	对盐浓度的耐受性或嗜盐性
对抗生素及抑菌剂的敏感性	对抗生素、氰化钾、胆汁、弧菌抑制剂或某些染料的敏感性
代谢产物	各种特征性代谢产物
与宿主关系	共生、寄生、致病性等

表 1-25 常见微生物生理生化试验

营养基质种类	试验种类	营养基质种类	试验种类
糖醇类代谢试验	氧化-发酵试验（OF 试验）	氨基酸和蛋白质代谢试验	靛基质（吲哚）试验
	甲基红试验（MR 试验）		硫化氢试验
	V-P 试验		尿素酶试验
	ONPG 试验		明胶液化试验
	七叶苷水解试验		苯丙氨酸脱羧酶试验
	淀粉水解试验		氨基酸脱羧酶试验
	甘油复红试验		精氨酸双水解酶试验
	石蕊牛乳试验		肉渣消化试验

续表

营养基质种类	试验种类	营养基质种类	试验种类
有机酸盐和铵盐利用试验	柠檬酸盐利用试验	毒性酶类试验	链激酶试验
	丙二酸盐利用试验		卵磷脂酶试验
	马尿酸钠水解试验		DNA 酶试验
	乙酸盐利用试验	其他试验	胆盐溶菌试验
	唯一碳源试验		CAMP 试验
	生长因子试验		杆菌肽抑菌试验
呼吸酶类试验	过氧化氢酶试验		Optochin 敏感试验
	氧化酶试验		新生霉素抑菌试验
	硝酸盐还原试验		呋喃唑酮抑菌试验
毒性酶类试验	血浆凝固酶试验		O/129 抑菌试验
	磷酸酶试验		

【技能训练】

技能一　糖、醇、糖苷类碳源的分解试验

一、技能目标

- 了解微生物对糖、醇、糖苷类碳源分解的基本原理、使用范围。
- 掌握糖、醇、糖苷类碳源的分解试验的操作及结果判定。

二、用品准备

1. 仪器

恒温培养箱、超净工作台。

2. 药品和材料

休和利夫森二氏培养基、芽孢杆菌培养基、乳酸菌培养基、大肠杆菌菌种、产气肠杆菌菌种。

3. 其他备品

试管、杜氏小管、标签、记号笔、平皿、接种环等。

三、操作要领

1. 接种与培养

无菌条件下分别接种大肠杆菌和产气肠杆菌于糖发酵培养基中，置37℃恒温箱培养 24h，另外保留一支不接种的培养基做对照。

2. 观察

培养 1d、3d、5d 后观察，如指示剂变黄，表示产酸，为阳性，不变或变蓝（紫）则为阴性；倒立的杜氏小管中如有气泡，上浮，表示代谢产气（图 1-53）。

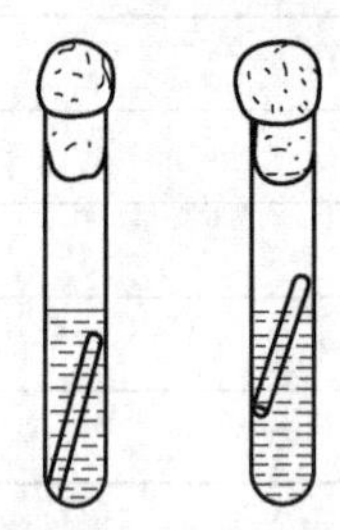

(a) 未产气　(b) 产气

图 1-53　糖、醇、糖苷类碳源的分解试验产气观察

3. 记录结果

产酸又产气的用“⊙”表示，只产酸的用“＋”表示，不产酸不产气的用“－”表示。

四、重要提示

(1) 在操作过程中需要创造无菌环境。

(2) 糖发酵管需要在发酵试验开始前制备好，并且要灭菌处理。在灭菌过程中，由于会

产生培养基沸腾，待灭菌后要观察杜氏小管中是否有气泡，如果存在，不能使用。

(3) 制备糖发酵时，通常不能直接将杜氏小管倒置于大试管内。因为杜氏小管口径小，液体培养基不能顺利流入杜氏小管中，因此需要提前使用注射器或移液枪将培养基注入杜氏小管中。

(4) 在将杜氏小管放入大试管过程中，速度不能太快，要先将杜氏小管放入管口处，然后轻轻抬起管口，让杜氏小管缓缓滑入培养基中，如果速度过快容易产生气泡。

五、作业要求

通过查阅资料，说明本实验的实验原理是什么。

技能二　甲基红（MR）试验

一、技能目标

- 了解甲基红（MR）试验的原理。
- 掌握甲基红（MR）试验操作技术。

二、用品准备

1. 仪器

恒温培养箱、超净工作台。

2. 药品和材料

试验培养基 [蛋白胨 5g，葡萄糖 5g，K_2HPO_4（或 NaCl）5g，水 1000mL，pH7.0～7.2]、甲基红指示剂（甲基红 0.02g、95%乙醇 60mL、蒸馏水 40mL）、大肠杆菌、产气肠杆菌。

3. 其他备品

平皿、接种环、酒精灯。

三、操作要领

1. 接种与培养

分别接种大肠杆菌和产气肠杆菌于装有葡萄糖蛋白胨培养液的试管中，置于 37℃恒温箱培养 24h。

2. 结果观察

取出培养好的试管，沿管壁加入甲基红指示剂 3～4 滴，观察是否变色。若培养液由原来的橘黄色变为红色，则为阳性反应。

四、重要提示

(1) 配制甲基红指示剂时要先将甲基红溶于乙醇，然后再加入蒸馏水。

(2) 不要过多滴加指示剂，以免出现假阳性反应。

五、作业要求

查阅资料，了解甲基红（MR）试验的基本原理是什么。

技能三　乙酰甲基甲醇（V-P）试验

一、技能目标

- 了解乙酰甲基甲醇（V-P）试验的原理。
- 掌握乙酰甲基甲醇（V-P）试验操作技术。

二、用品准备

1. 仪器

恒温培养箱、超净工作台。

2. 药品和材料

试验培养基 [蛋白胨 5g，葡萄糖 5g，K_2HPO_4（或 NaCl）5g，水 1000mL，pH7.0～7.2]、40%KOH（或 NaOH）、肌酸、5% α-萘酚溶液（α-萘酚 5g，溶于 100mL 无水乙醇

中）、大肠杆菌、产气肠杆菌。

3. 其他备品

平皿、接种环、酒精灯。

三、操作要领

1. 接种与培养

分别接种大肠杆菌和产气肠杆菌于装有葡萄糖蛋白胨培养液的试管中，置于37℃恒温箱培养24h。

2. 结果观察

取出培养好的试管，在培养基中加入40% KOH溶液10～20滴，再加入等量的α-萘酚溶液，拔去棉塞，用力振荡，再放入37℃恒温培养箱中保温15～30min（或在沸水浴中加热1-2min）。如培养液出现红色，为V-P正反应。

取一定量的培养液加入等量的40%KOH溶液，再加入0.5～1mg的肌酸，猛烈振荡，2～10min内有红色出现即为V-P正反应。

四、重要提示

加入肌酸后，一定要反复振摇，尽量保证充分溶氧。

五、作业要求

查阅资料，了解乙酰甲基甲醇（V-P）试验基本原理是什么。

技能四 吲哚试验

一、技能目标

- 了解吲哚试验的原理。
- 掌握吲哚试验试验操作技术。

二、用品准备

1. 仪器

恒温培养箱、超净工作台。

2. 药品和材料

蛋白胨水培养基（1%胰蛋白胨水溶液，pH7.2～7.6，装1/3～1/4试管高度，115℃灭菌30min）、吲哚试剂（对二甲基苯甲醛3.0g、戊醇75mL、浓盐酸25mL）、乙醚、大肠杆菌、产气肠杆菌。

3. 其他备品

接种环、酒精灯。

三、操作要领

1. 接种

将大肠杆菌、产气肠杆菌分别接种于蛋白胨水培养基中。

2. 培养

将接种好的试管放37℃恒温培养箱内恒温培养24h。

3. 结果观察

在培养液中加入乙醚约1mL（使呈明显乙醚层），充分振荡，静置片刻，待乙醚层浮于培养液上面时，沿管壁慢慢加入吲哚试剂10滴。如有吲哚存在，则乙醚层呈现玫瑰红色。

四、重要提示

（1）加入吲哚试剂后，不许摇动，以免破坏乙醚层，使得红色不明显。

（2）最好使用胰蛋白胨，可以产生较多的色氨酸，提高阳性率。

五、作业要求

查阅资料，了解吲哚试验基本原理是什么。

技能五　淀粉水解试验

一、技能目标

- 了解细菌淀粉水解试验基本原理。
- 掌握细菌淀粉水解试验的操作技术。
- 巩固点接法接种技术。

二、用品准备

1. 仪器

恒温培养箱、超净工作台。

2. 药品和材料

淀粉培养基（牛肉膏蛋白胨培养基加0.2%的可溶性淀粉）、大肠杆菌、枯草杆菌、卢戈碘液。

3. 其他备品

试管、三角瓶、记号笔、标签、平皿、接种环、酒精灯等。

三、操作要领

1. 准备淀粉培养基平板

将熔化后冷却至50℃左右的淀粉培养基倒入无菌平皿中，待凝固后制成平板。

2. 接种

用接种环取少量的待测菌点接在培养基表面，每个平板可以同时接种两个不同的菌种（其中一种应是枯草杆菌做对照菌）。

3. 培养

将接种后的平皿置于28℃恒温箱培养24h。

4. 检测

取出平板，打开平皿盖，滴加少量的碘液于平板上，轻轻旋转，使碘液均匀铺满整个平板。菌落周围如出现无色透明圈，则说明淀粉已经被水解，表示该细菌具有分解淀粉的能力。可以用透明圈大小说明测试菌株水解淀粉能力的强弱。

5. 记录结果

绘图表示两菌的实验结果。

四、重要提示

（1）注意严格的无菌操作。

（2）涉及的微生物实验垃圾应该采用无害化处理。

五、作业要求

（1）查阅资料，了解本实验的实验原理是什么。

（2）微生物实验室的实验垃圾主要有哪些？应该采用何种有效方法进行处理？

技能六　果胶分解试验

一、技能目标

- 了解果胶分解试验的试验原理。
- 掌握细菌果胶的分解试验操作技术。

二、用品准备

1. 仪器

恒温培养箱、超净工作台。

2. 药品和材料

试验培养基（酵母膏 5g，$CaCl_2 \cdot 2H_2O$ 0.5g，聚果胶酸钠 10g，琼脂 8g，蒸馏水 1000mL），NaOH（1mol/L）9mL，0.2%溴百里酚蓝溶液 12.5mL，胡萝卜欧文菌、枯草杆菌。

3. 其他备品

无菌平皿、接种环、酒精灯、三角瓶等。

三、操作要领

1. 培养基配制

按照配方配制实验培养基。0.1MPa 灭菌 5min，倒平板备用。

2. 接种

每个平板点种 2 个（或多个）菌株。

3. 培养

28℃倒置培养 2～4d。

4. 结果观察

在菌落周围的培养基有下凹者为阳性；不下凹者为阴性。

四、重要提示

（1）为了湿润果胶酸盐应充分搅拌，在沸水中加热，尽可能溶解各成分。

（2）每个三角瓶分装 100mL，121℃高压灭菌不超过 5min。

五、作业要求

（1）请思考可否用别的方法分离筛选土壤中的果胶分解菌？

（2）本实验的灭菌时间为何不超过 5min？

技能七　油脂水解试验

一、技能目标

- 了解油脂水解试验原理。
- 掌握油脂水解试验操作技术。

二、用品准备

1. 仪器

恒温培养箱、超净工作台。

2. 药品和材料

油脂培养基（牛肉膏蛋白胨培养基加花生油 100mL、0.6%中性红水溶液 1mL）、金黄色葡萄球菌、枯草杆菌。

3. 其他备品

平皿、接种环、酒精灯。

三、操作要领

1. 倒平板

将装有油脂培养基的三角瓶置于沸水浴中熔化，取出并充分振荡（使油脂均匀分布），再倾入无菌平皿中，待凝固成平板。

2. 划线接种

划线接种于同一平皿的两边（其中一种是金黄色葡萄球菌作为对照菌）。置于 37℃恒温箱培养 24h。

3. 结果观察

取出后观察平板底层长菌处，如出现红色斑点，说明脂肪被水解了，即为阳性反应。

四、重要提示

（1）两种菌的接种区域不能接触，以免影响实验结果。

（2）注意划线接种操作的规范性，避免交叉污染或划破培养基。

五、作业要求

（1）查阅资料，了解油脂水解试验原理。

（2）查阅资料，说明果胶在食品工业中有哪些的用途。

技能八　石蕊牛乳试验

一、技能目标

- 了解石蕊牛乳试验原理。
- 掌握石蕊牛乳试验操作技术。

二、用品准备

1. 仪器

恒温培养箱、超净工作台。

2. 药品和材料

石蕊牛乳试验培养基：①牛乳脱脂：用新鲜牛乳反复加热，除去脂肪，每次加热20～30min，冷却后除去脂肪，在最后一次冷却后，用吸管从底层吸出牛乳，弃去上层脂肪，调pH为中性。②1%～2%石蕊液制备：石蕊颗粒8g、40%乙醇300mL混合过滤。滴加0.1mol/L HCl溶液，搅拌，使溶液呈紫红色。③将配好的石蕊牛乳在108℃温度下灭菌30min，备用。黏乳产碱杆菌、铜绿假单胞菌。

3. 其他备品

接种环、酒精灯。

三、操作要领

1. 接种

将黏乳产碱杆菌和铜绿假单胞菌接种入石蕊牛乳培养基中。

2. 培养

将接种后的试管于37℃恒温培养7d，另外保留一支不接种的石蕊牛乳培养基作为对照。

3. 结果观察

取出培养物，以不接种任何细菌的试管为对照，观察接种不同细菌生长后的变化情况。

培养基变化	黏乳产碱杆菌	铜绿假单胞菌
产酸及酸凝固		
产碱及碱凝固		
胨化		

四、重要提示

（1）在配制石蕊液时，应当分2次溶解石蕊，并过滤，将2次的滤液合并。在溶解时要加热1min。

（2）石蕊牛乳的灭菌条件为108℃温度下灭菌30min，不能温度太高。

五、作业要求

（1）查阅资料，了解石蕊牛乳试验的原理。

（2）石蕊牛乳的灭菌温度为什么是108℃，而不是121℃？

技能九　微生物生化反应快速鉴定试验（纸片法）

一、技能目标

- 了解微生物生化反应快速鉴定试验（纸片法）原理。

● 掌握微生物生化反应快速鉴定试验（纸片法）操作技术。

二、用品准备

1. 仪器

电子天平、恒温培养箱、超净工作台、水浴锅。

2. 药品和材料

牛肉膏蛋白胨培养基、0.85%无菌生理盐水、1mol/L NaOH、0.4%酚红指示剂、产气肠杆菌、普通变形杆菌、大肠杆菌。

3. 其他备品

试纸片（含葡萄糖、乳糖、麦芽糖、蔗糖、尿素的滤纸，可长期保存和使用）、烧杯、量筒、培养皿、无菌吸管、镊子、接种环等。

试纸片的制法：

① 用乙醇分别配制苏丹红（红）、姜黄素（黄）、醇溶性苯胺蓝（蓝）和苏丹黑（黑）的饱和溶液，再以1：5的比例将醇溶性苯胺蓝和姜黄素混合配成绿色溶液。

② 将上述各色溶液分别倒入干净瓷盘中，将剪成条状的新华一号滤纸浸入溶液内，浸透染色，然后拿出干燥成带色试纸。

③ 配制浓度为20%的葡萄糖、乳糖、麦芽糖、蔗糖的水溶液，10%尿素水溶液。

④ 将上述各种溶液分别倒入干净的瓷盘中，按下列顺序分别浸泡带色试纸：红色试纸浸泡葡萄糖液、黄色试纸浸泡乳糖液、蓝色试纸浸泡麦芽糖液、黑色试纸浸泡蔗糖液、绿色试纸浸泡尿素液。

⑤ 浸好之后，拿出干燥，即成各种带色试纸。

⑥ 用6mm打孔器打成圆形纸片，放入小瓶内，置室温避光保存备用。

三、操作要领

1. 制备菌液

用5mL无菌吸管吸取2mL无菌生理盐水，分别移入待测菌种斜面上，用无菌接种环将菌苔刮下，搅散，摇匀后制成菌液。

2. 编号

对培养皿分别编号，其中1号作为空白对照。

3. 倒平板

用1mL无菌吸管分别吸取1mL菌液到相应的培养皿中，同时倒入已熔化的牛肉膏蛋白胨琼脂培养基于培养皿中，立即摇匀，放置凝固。空白对照不放菌液，直接倒入培养基。

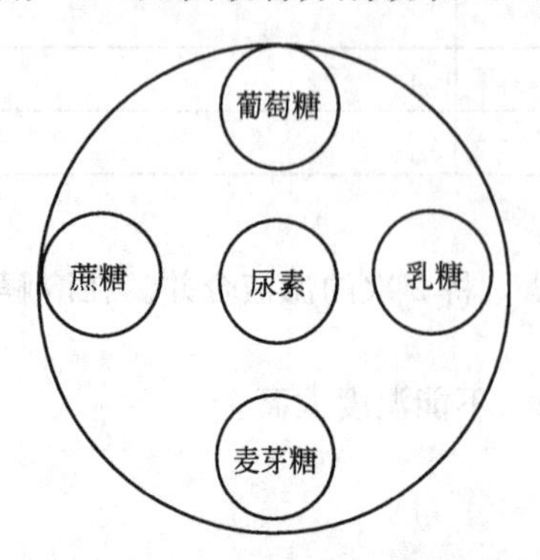

图1-54 试纸排列示意图

4. 放置试纸片

平板凝固后，用镊子将试纸片按顺序置于平板培养基表面（见图1-54）。

5. 培养和观察

倒置于37℃培养2.5h后开始观察，一般3～4h即有明显结果。特别注意要在2.5～4h期间及时连续地进行观察，否则培养时间过长，现象不明显。

(1) 糖的利用 若某一试纸片周围出现黄色，表示利用该糖产酸；如果在黄色圈内又有气泡或裂隙出现，即表示产气；无任何变化者表示不利用该糖。

(2) 尿素分解 尿素试纸片周围出现紫红色者为阳性反应。

6. 结果报告

项目	葡萄糖		乳糖		麦芽糖		蔗糖		尿素	
产气肠杆菌	颜色	结果	颜色	结果	颜色	结果	颜色	结果	颜色	结果
大肠杆菌										
普通变形杆菌										
空白对照										

四、重要提示

(1) 本实验要注意观察结果的时机，必须在 2.5h 后进行连续观察，否则会出现假阳性反应。

(2) 试验结果与菌液的浓度有关，浓度越大，结果越明显，因此在试验前，要配制浓度适宜的菌液。

五、作业要求

(1) 试比较常规法与试纸法的优缺点。

(2) 为什么该实验的结果要及时连续地进行观察？

【拓展学习】

微生物的代谢

代谢是细胞内发生的各种化学反应的总称，它主要由分解代谢和合成代谢两个过程组成。分解代谢是指微生物将大分子物质降解成小分子物质，并在这个过程中产生能量。一般可将分解代谢分为三个阶段：第一阶段是将蛋白质、多糖及脂类等大分子营养物质降解成氨基酸、单糖及脂肪酸等小分子物质；第二阶段是将第一阶段产物进一步降解成更为简单的乙酰辅酶 A、丙酮酸以及能进入三羧酸循环的某些中间产物，在这个阶段会产生一些 ATP、NADH 及 $FADH_2$；第三阶段是通过三羧酸循环将第二阶段产物完全降解生成 CO_2，并产生 ATP、NADH 及 $FADH_2$。第二和第三阶段产生的 ATP、NADH 及 $FADH_2$ 通过电子传递链被氧化，产生大量的 ATP。合成代谢是指细胞利用简单的小分子物质合成复杂大分子的过程，在这个过程中要消耗能量。合成代谢所利用的小分子物质来源于分解代谢过程中产生的中间产物或环境中的小分子营养物质。

在代谢过程中，微生物通过分解代谢产生化学能，光合微生物还可将光能转换成化学能，这些能量除用于合成代谢外，还可用于微生物的运动和运输，另有部分能量以热或光的形式释放到环境中去。无论是分解代谢还是合成代谢，代谢途径都是由一系列连续的酶促反应构成的，前一步反应的产物是后续反应的底物。细胞通过各种方式有效地调节相关的酶促反应，来保证整个代谢途径的协调性与完整性，从而使微生物的生命活动得以正常进行。某些微生物在代谢过程中除了产生其生命活动所必需的初级代谢产物和能量外，还会产生一些次级代谢产物，这些次级代谢产物除了有利于这些微生物的生存外，还与人类的生产与生活密切相关，也是微生物学的一个重要研究领域。

一、微生物产能代谢

分解代谢实际上是物质在生物体内经过一系列连续的氧化还原反应，逐步分解并释放能量的过程，这个过程也称为生物氧化，是一个产能代谢过程。在生物氧化过程中释放的能量可被微生物直接利用，也可通过能量转换储存在高能化合物（如 ATP）中，以便逐步被利用，还有部分能量以热的形式被释放到环境中。不同类型微生物进行生物氧化所利用的物质是不同的，异养微生物利用有机物，自养微生物则利用无机物，通过生物氧化来进行产能代谢。

（一）异养微生物的生物氧化

异养微生物将有机物氧化，根据氧化还原反应中电子受体的不同，可将微生物细胞内发生的生物氧化反应分成发酵和呼吸两种类型，而呼吸又可分为有氧呼吸和厌氧呼吸两种方式。

1. 发酵

发酵是指微生物细胞将有机物氧化释放的电子直接交给底物本身未完全氧化的某种中间产物，同时释放能量并产生各种不同的代谢产物。在发酵条件下有机化合物只是部分地被氧化，因此只释放出一小部分的能量。发酵过程的氧化是与有机物的还原偶联在一起的。被还原的有机物来自于初始发酵的分解代谢，即不需要外界提供电子受体。

发酵的种类有很多，可发酵的底物有碳水化合物、有机酸、氨基酸等，其中以微生物发酵葡萄糖最为重要。生物体内葡萄糖被降解成丙酮酸的过程称为糖酵解，主要分为四种途径：EMP 途径、HMP 途径、ED 途径、磷酸解酮酶途径。

某些肠杆菌，如埃希菌属、沙门菌属和志贺菌属中的一些菌，能够利用葡萄糖进行混合酸发酵。先通过 EMP 途径将葡萄糖分解为丙酮酸，然后由不同的酶系将丙酮酸转化成不同的产物，如乳酸、乙酸、甲酸、乙醇、CO_2 和氢气，还有一部分磷酸烯醇式丙酮酸用于生成琥珀酸；而肠杆菌、欧文菌属中的一些细菌，能将丙酮酸转变成乙酰乳酸，乙酰乳酸经一系列反应生成丁二醇。由于这类肠道菌还具有丙酮酸-甲酸裂解酶、乳酸脱氢酶等，所以其终产物还有甲酸、乳酸、乙醇等。

2. 呼吸

葡萄糖分子在没有外源电子受体时的代谢过程中，底物中所具有的能量只有一小部分被释放出来，并合成少量 ATP。造成这种现象的原因有两个，一是底物的碳原子只被部分氧化，二是初始电子供体和最终电子受体的还原电势相差不大。然而，如果有氧或其他外源电子受体存在时，底物分子可被完全氧化为 CO_2，且在此过程中可合成的 ATP 的量大大多于发酵过程。微生物在降解底物的过程中，将释放出的电子交给 $NAD(P)^+$、FAD 或 FMN 等电子载体，再经电子传递系统传给外源电子受体，从而生成水或其他还原型产物并释放出能量的过程，称为呼吸作用。其中，以分子氧作为最终电子受体的称为有氧呼吸，以氧化型化合物作为最终电子受体的称为无氧呼吸。呼吸作用与发酵作用的根本区别在于：电子载体不是将电子直接传递给底物降解的中间产物，而是交给电子传递系统，逐步释放出能量后再交给最终电子受体。

许多不能被发酵的有机化合物能够通过呼吸作用而被分解，这是因为在营呼吸作用的生物的电子传递系统中发生了 NADH 的再氧化和 ATP 的生成，因此只要生物体内有一种能将电子从该化合物转移给 NAD^+ 的酶存在，而且该化合物的氧化水平低于 CO_2 即可。能通过呼吸作用分解的有机物包括某些碳氢化合物、脂肪酸和许多醇类。但某些人造化合物对于微生物的呼吸作用具显著抗性，可在环境中积累，造成有害的生态影响。

（二）自养微生物的生物氧化

一些微生物可以从氧化无机物获得能量，同化合成细胞物质，这类细菌称为化能自养微生物。它们在无机能源氧化过程中通过氧化磷酸化产生 ATP。

1. 氨的氧化

NH_3 同亚硝酸（NO_2^-）是可以用作能源的最普通的无机氮化合物，能被硝化细菌所氧化。硝化细菌可分为两个亚群：亚硝化细菌和硝化细菌。氨氧化为硝酸的过程可分为两个阶段，先由亚硝化细菌将氨氧化为亚硝酸，再由硝化细菌将亚硝氧化为硝酸。由氨氧化为硝酸是通过这两类细菌依次进行的。硝化细菌都是一些专性好氧的革兰阳性细菌，以分子氧为最终电子受体，且大多数是专性无机营养型。它们的细胞都具有复杂的膜内褶结构，这有利于增加细胞的代谢能力。硝化细菌无芽孢，多数为二分裂殖，生长缓慢，平均代时在 10h 以上，分布非常广泛。

2. 硫的氧化

硫杆菌能够利用一种或多种还原态或部分还原态的硫化合物（包括硫化物、元素硫、硫代硫酸盐、多硫酸盐和亚硫酸盐）作能源。H_2S 首先被氧化成元素硫，随之被硫氧化酶和细胞色素系统氧化成亚硫酸盐，放出的电子在传递过程中可以偶联产生 4 个 ATP。亚硫酸盐的氧化可分为两条途径，一是直接氧化成 SO_4^{2-} 的途径，由亚硫酸盐-细胞色素 c 还原酶和末端细胞色素系统催化，产生 1 个 ATP；二是经磷酸腺苷硫酸的氧化途径，每氧化 1 分子 SO_4^{2-} 产生 2.5 个 ATP。

3. 铁的氧化

从亚铁到高铁状态的铁的氧化，对于少数细菌来说也是一种产能反应，但这种氧化中只有少量的能量可以被利用。亚铁的氧化仅在嗜酸性的氧化亚铁硫杆菌（*Thiobacillus ferrooxidans*）中进行了较为详细的研究。在低 pH 环境中这种菌能利用亚铁放出的能量生长。在该菌的呼吸链中发现了一种含铜蛋白质（rusticyanin），它与几种细胞色素 c 和一种细胞色素 a_1 氧化酶构成电子传递链。虽然电子传递过程中的放能部位和放出有效能的多少还有待研究，但已知在电子传递到氧的过程中细胞质内有质子消耗，从而驱动 ATP 的合成。

4. 氢的氧化

氢细菌都是一些呈革兰阴性的兼性化能自养菌。它们能利用分子氢氧化产生的能量同化 CO_2，也能利用其他有机物生长。氢细菌的细胞膜上有泛醌、维生素 K_2 及细胞色素等呼吸链组分。在该菌中，电子直接从氢传递给电子传递系统，电子在呼吸链传递过程中产生 ATP。在多数氢细菌中有两种与氢的氧化有关的酶。一种是位于壁膜间隙或结合在细胞质膜上的不需 NAD^+ 的颗粒状氧化酶，该酶在氧化氢并通过电子传递系统传递电子的过程中，可驱动质子的跨膜运输，形成跨膜质子梯度，为 ATP 的合成提供动力；另一种是可溶性氢化酶，它能催化氢的氧化而使 NAD^+ 还原的反应，所生成的 NADH 主要用于 CO_2 的还原。

（三）能量转换

在产能代谢过程中，微生物可通过底物水平磷酸化和氧化磷酸化将某种物质氧化而释放的能量储存于 ATP 等高能分子中；对光合微生物而言，则可通过光合磷酸化将光能转变为化学能储存于 ATP 中。

二、微生物的合成代谢

微生物利用能量代谢所产生的能量、中间产物以及从外界吸收的小分子，合成复杂的细胞物质的过程称为合成代谢。合成代谢所需要的能量由 ATP 和质子动力提供。糖类、氨基酸、脂肪酸、嘌呤、嘧啶等主要的细胞成分的合成反应的生化途径中，合成代谢和分解代谢虽有共同的中间代谢物参加，例如，由分解代谢而产生的丙酮酸、乙酰辅酶 A、草酰乙酸和三磷酸甘油醛等化合物可作为生物合成反应的起始物，但在生物合成途径中，一个分子的生物合成化学途径与它的分解代谢途径通常是不同的。其中可能有相同的步骤，但导向一个分子合成的途径与从该分子开始的降解途径间至少有一个酶促反应步骤是不同的。另外，需能的生物合成途径与产能的 ATP 分解反应相偶联，因而生物合成方向是不可逆的。其次，调节生物合成的反应与相应的分解代谢途径的调节机制无关，因为控制分解代谢途径速率的调节酶并不参与生物合成途径。生物合成途径主要是被它们的末端产物的浓度所调节。

1. 糖类的合成

微生物在生长过程中，除了有分解糖类的能量代谢外，不断地从简单化合物合成糖类，以构成细胞生长所需要的单糖、多糖等。单糖在微生物中很少以游离形式存在，一般以多糖或多聚体的形式，或是以少量的糖磷酸酯和糖核苷酸形式存在。单糖和多糖的合成对自养和异养微生物的生命活动十分重要。

2. 氨基酸的合成

在蛋白质中通常存在着21种氨基酸。对于那些不能从环境中获得几种或全部现成氨基酸的生物，就必须从另外的来源去合成它们。在氨基酸合成中，主要包含着两个方面的问题：各氨基酸碳骨架的合成以及氨基的结合。合成氨基酸的碳骨架来自糖代谢产生的中间产物。氨有以下几种来源，一是直接从外界环境获得；二是通过体内含氮化合物的分解得到；三是通过固氮作用合成；四是由硝酸还原作用合成。另外，在合成含硫氨基酸时还需要硫的供给。大多数微生物可从环境中吸收硫酸盐作为硫的供体，但由于硫酸盐中的硫是高度氧化状态的，而存在于氨基酸中的硫是还原状态的，所以无机硫要经过一系列的还原反应才能用于含硫氨基酸的合成。

3. 核苷酸的合成

核苷酸是核酸的基本结构单位，它是由碱基、戊糖、磷酸所组成。根据碱基成分可把核苷酸分为嘌呤核苷酸和嘧啶核苷酸。

（1）嘌呤核苷酸的生物合成　嘌呤环几乎是一个原子接着一个原子地合成。它的碳和氮来自氨基酸、CO_2和甲酸。它们逐步地添加到核糖磷酸这一起始物质上。微生物合成嘌呤核苷酸有两种方式。

一种方式是由各种小分子化合物，全新合成次黄嘌呤核苷酸（IMP），然后再转化为其他嘌呤核苷酸。次黄嘌呤核苷酸是在5-磷酸核酮糖的基础上合成的。第二种方式是由自由碱基或核苷组成相应的嘌呤核苷酸。有的微生物无全新合成嘌呤核苷酸的能力，就以这种方式合成嘌呤核苷酸。这是一种补救途径，以便更经济地利用已有成分。

（2）嘧啶核苷酸的合成　微生物合成嘧啶核苷酸也有两种方式：一种方式是由小分子化合物全新合成尿嘧啶核苷酸，然后再转化为其他嘧啶核苷酸；另一种方式是以完整的嘧啶或嘧啶核苷分子组成嘧啶核苷酸。

（3）脱氧核苷酸的合成　脱氧核苷酸是由核苷酸糖基第2位碳上的—OH还原为H而成，是一个耗能的过程。在不同微生物中，脱氧过程在不同的水平上进行。如在大肠杆菌中，这一过程在核糖核苷二磷酸水平上进行；而在赖氏乳酸菌中，这一过程在核糖核苷三磷酸上进行。DNA中的胸腺嘧啶脱氧核苷酸是在尿嘧啶脱氧核糖核苷二磷酸形成后，脱去磷酸，再经甲基化生成的。

三、微生物酶活性调节

酶活性调节是指一定数量的酶通过其分子构象或分子结构的改变来调节其催化反应的速率。这种调节方式可以使微生物细胞对环境变化作出迅速地反应。酶活性调节受多种因素影响，底物的性质和浓度、环境因子、其他酶的存在都有可能激活或控制酶的活性。酶活性调节的方式主要有两种：变构调节和酶分子的修饰调节。

1. 变构调节

在某些重要的生化反应中，反应产物的积累往往会抑制催化这个反应的酶的活性，这是由于反应产物与酶的结合抑制了底物与酶活性中心的结合。在一个由多步反应组成的代谢途径中，末端产物通常会反馈抑制该途径的第一个酶，这种酶通常被称为变构酶。例如，合成异亮氨酸的第一个酶是苏氨酸脱氨酶，这种酶被其末端产物异亮氨酸反馈抑制。变构酶通常是某一代谢途径的第一个酶或是催化某一关键反应的酶。细菌细胞内的酵解和三羧酸循环的调控也是通过反馈抑制进行的。

2. 修饰调节

修饰调节是通过共价调节酶来实现的。共价调节酶通过修饰酶催化其多肽链上某些基团进行可逆的共价修饰，使之处于活性和非活性的互变状态，从而导致调节酶的活化或抑制，以控制代谢的速度和方向。

修饰调节是体内重要的调节方式，有许多处于分支代谢途径对代谢流量起调节作用的关键酶属于共价调节酶。

四、微生物次级代谢与次级代谢产物

一般将微生物从外界吸收各种营养物质，通过分解代谢和合成代谢，生成维持生命活动的物质和能量的过程，称为初级代谢。次级代谢是相对于初级代谢而提出的一个概念。一般认为，次级代谢是指微生物在一定的生长时期，以初级代谢产物为前体，合成一些对微生物的生命活动无明确功能的物质的过程。这一过程的产物即为次级代谢产物。有人把超出生理需求的过量初级代谢产物也看作是次级代谢产物。次级代谢产物大多是分子结构比较复杂的化合物。根据其作用，可将其分为抗生素、激素、生物碱、毒素及维生素等类型。

次级代谢与初级代谢关系密切，初级代谢的关键性中间产物往往是次级代谢的前体，比如糖降解过程中的乙酰 CoA 是合成四环素、红霉素的前体。次级代谢一般在菌体对数生长后期或稳定期间进行，但会受到环境条件的影响；某些催化次级代谢的酶的专一性不高；次级代谢产物的合成因菌株不同而异，但与分类地位无关；质粒与次级代谢的关系密切，控制着多种抗生素的合成。次级代谢不像初级代谢那样有明确的生理功能，因为次级代谢途径即使被阻断，也不会影响菌体生长繁殖。次级代谢产物通常都是限定在某些特定微生物中生成，因此它们没有一般性的生理功能，也不是生物体生长繁殖的必需物质，虽然对它们本身可能是重要的。关于次级代谢的生理功能，目前尚无一致的看法。

【思考题】

1. 请举例说明微生物的生理生化反应特点与微生物代谢的关系。
2. 查阅资料，总结微生物生理生化鉴定在微生物检测工作的重要性。

任务九　微生物血清学鉴定

【学习目标】

- 了解血清学反应的基本原理。
- 了解免疫学的有关基本概念。
- 掌握直接凝集反应和沉淀反应的操作技术。

【理论前导】

微生物血清学鉴定技术是基于免疫学基础而开发的实验技术，抗原与抗体的特异性结合既会在微生物体内发生，亦可以在微生物体外进行。体外进行的抗原抗体反应在一定条件下作用，可出现肉眼可见的沉淀、凝集现象，习惯上称作血清学反应。血清学反应不仅应用于微生物种类的鉴定方面，更多的是与免疫医学相结合，进行微生物的临床诊断和治疗。目前常规的血清学反应类型主要分为凝集试验、沉淀试验和补体结合试验。

一、凝集试验

某些微生物颗粒性抗原的悬液与含有相应的特异性抗体的血清混合，在一定条件下，抗原与抗体结合，凝集在一起，形成肉眼可见的凝集物，这种现象称为凝集（图 1-55），或直接凝集。凝集中的抗原称为凝集原，抗体称为凝集素。凝集反应是早期建立起来的四个古典的血清学方法（凝集反应、沉淀反应、补体结合反应和中和反应）之一，在微生物学和传染病诊断中有广泛的应用。按操作方法，分为试管法、玻板法、玻片法和微量法等。

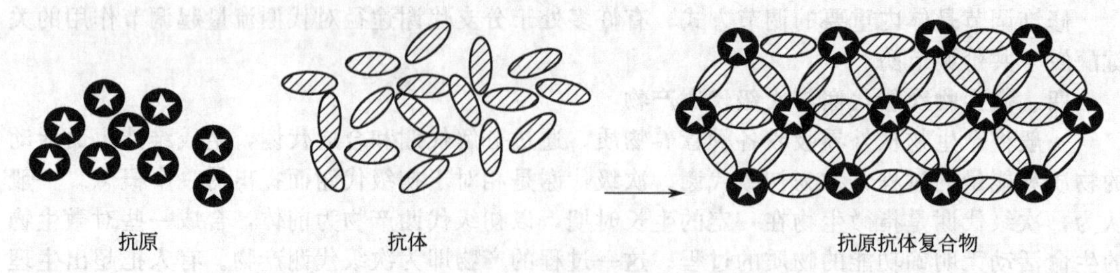

图 1-55 凝集试验示意图

（一）直接凝集试验

直接凝集试验，指颗粒性抗原与相应抗体直接结合，在电解质的参与下凝聚成团块的现象。按操作方法可分为平板凝集试验和试管凝集试验。

1. 平板凝集试验

平板凝集试验（图 1-56）是一种定性试验，可在玻板或载玻片上进行。将含有已知抗体的诊断血清与待检菌悬液各一滴在玻片上混合均匀，数分钟后，如出现颗粒状或絮状凝集，即为阳性反应。反之，也可用已知的诊断抗原悬液检测待检血清中有无相应的抗体。此法简便快速，适用于新分离细菌的鉴定、分型和抗体的定性检测。如大肠杆菌和沙门菌等的鉴定，布氏杆菌病、鸡白痢、禽伤寒和败血霉形体病的检疫，亦可用于血型的鉴定等。

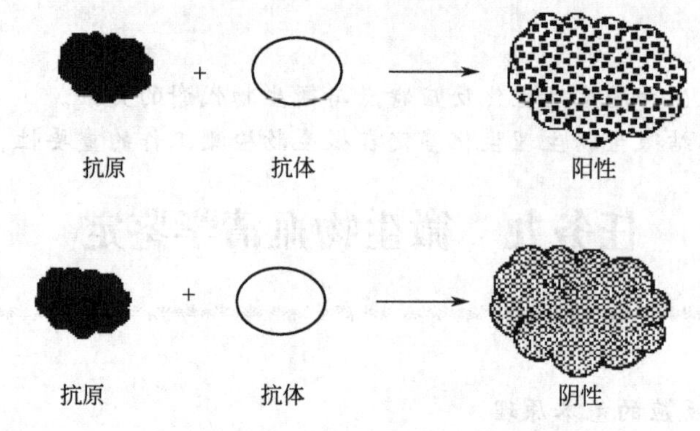

图 1-56 平板凝集试验示意图

2. 试管凝集试验

试管凝集试验是一种定性和定量试验，可在小试管中进行。操作时将待检血清用生理盐水或其他稀释液作倍比稀释，然后每管加入等量抗原，混匀，37℃水浴或放入恒温箱中数小时，观察液体澄清度及沉淀物，根据不同凝集程度记录结果。以出现 50%以上凝集的血清最高稀释倍数为该血清的凝集价，也称效价或滴度。本试验主要用于检测待检血清中是否存在相应的抗体及其效价，如布氏杆菌病的诊断与检疫。

（二）间接凝集试验

间接凝集试验是将可溶性抗原（或抗体）先吸附于与免疫无关的小颗粒的表面，再与相应的抗体（或抗原）结合，在有电解质存在的适宜条件下，可出现肉眼可见的凝集现象（图 1-57）。用于吸附抗原（或抗体）的颗粒称为载体。常用的载体有动物红细胞、聚苯乙烯乳胶、硅酸铝、活性炭和葡萄球菌 A 蛋白等。抗原多为可溶性蛋白质，如细菌、立克次体和病毒的可溶性抗原、寄生虫的浸出液、动物的可溶性物质、各种组织器官的浸出液、激素等，亦可为某些细菌的可溶性多糖。吸附抗原（或抗体）后的颗粒称为致敏颗粒。

间接凝集试验根据载体的不同，可分为间接血凝试验、乳胶凝集试验、协同凝集试验和炭粉凝集试验等。

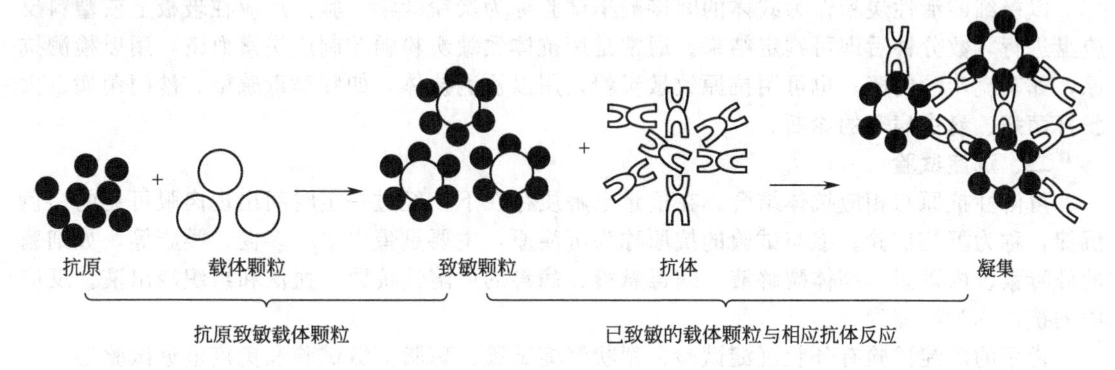

图 1-57　间接凝集反应原理示意图

1. 间接血凝试验

以红细胞为载体的间接凝集试验称为间接血凝试验（图 1-58）。吸附抗原的红细胞称为致敏红细胞。致敏红细胞与相应抗体结合后能出现红细胞凝集现象。用已知抗原吸附于红细胞上检测未知抗体称为正向间接血凝试验，用已知抗体吸附于红细胞上鉴定未知抗原称为反向间接血凝试验。常用的红细胞有绵羊、家兔、鸡及人的 O 型红细胞。由于红细胞几乎能吸附任何抗原，而且红细胞是否凝集容易观察，因此，利用红细胞作载体进行的间接凝集试验已广泛应用于血清学诊断的各个方面，如多种病毒性传染病、霉形体病、衣原体病、弓形体病等的诊断和检疫。

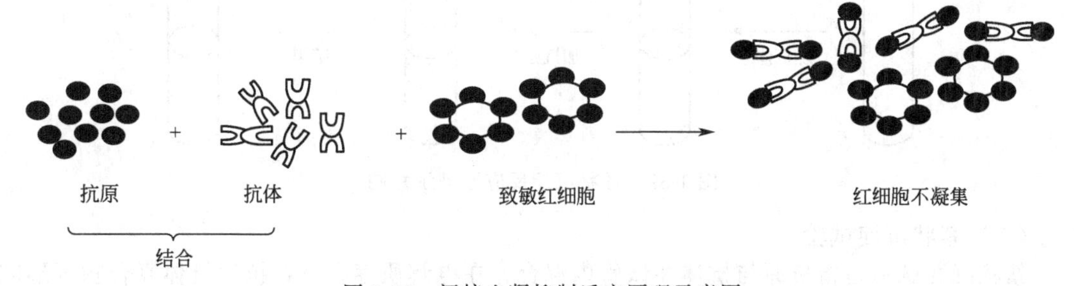

图 1-58　间接血凝抑制反应原理示意图

间接血凝抑制试验：抗体与游离抗原结合后就不能凝集抗原致敏的红细胞，从而使红细胞凝集现象受到抑制，这一试验称为间接血凝抑制试验。通常是用抗原致敏的红细胞和已知抗血清检测未知抗原或测定抗原的血凝抑制价。血凝抑制价即抑制血凝的抗原最高稀释倍数。

2. 乳胶凝集试验

以乳胶颗粒作为载体的间接凝集试验称为乳胶凝集试验。该试验既可检测相应的抗体也可鉴定未知的抗原，而且方法简便、快速，在临床诊断中广泛应用于伪狂犬病、流行性乙型脑炎、钩端螺旋体病、猪细小病毒病、猪传染性萎缩性鼻炎、禽衣原体病、山羊传染性胸膜肺炎、囊虫病等的诊断。

3. 协同凝集试验

葡萄球菌 A 蛋白是大多数金黄色葡萄球菌的特异性表面抗原，能与多种哺乳动物 IgG 分子的 Fc 片段相结合，结合后的 IgG 仍保持其抗体活性。当这种覆盖着特异性抗体的葡萄球菌与相应抗原结合时，可以相互连接引起协同凝集反应，在玻板上数分钟内即可判定结果。目前已广泛应用于快速鉴定细菌、霉形体和病毒等。

4. 炭粉凝集试验

以极细的活性炭粉作为载体的间接凝集试验称为炭粉凝集试验。反应在玻板上或塑料反应盘进行，数分钟后即可判定结果。通常是用抗体致敏炭粉颗粒制成炭素血清，用以检测抗原，如马流产沙门菌；也可用抗原致敏炭粉，用以检测抗体，如腺病毒感染、沙门菌病、大肠杆菌病、囊虫病等的诊断。

二、沉淀试验

可溶性抗原与相应抗体结合，在适量电解质存在下，经过一定时间出现肉眼可见的白色沉淀，称为沉淀试验。参与试验的抗原称为沉淀原，主要是蛋白质、多糖、类脂等，如细菌的外毒素、内毒素、菌体裂解液、病毒悬液、病毒的可溶性抗原、血清和组织浸出液。反应中的抗体称为沉淀素。

常用的沉淀试验有环状沉淀试验、絮状沉淀试验、琼脂扩散试验和免疫电泳试验等。

（一）环状沉淀试验

环状沉淀试验是一种快速检测溶液中的可溶性抗原或抗体的方法（图 1-59）。即将可溶性抗原叠加在小口径试管中的抗体表面，数分钟后在抗原抗体相接触的界面出现白色环状沉淀带，即为阳性反应。本法主要用于抗原的定性试验，如炭疽病的诊断（Ascoli 氏试验）、链球菌的血清型鉴定和血迹鉴定等。

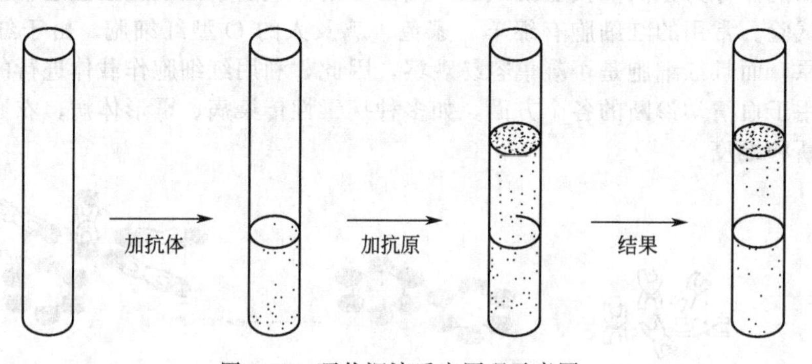

图 1-59　环状沉淀反应原理示意图

（二）絮状沉淀试验

絮状沉淀试验是指抗原与抗体在试管内混合，在电解质存在下，抗原抗体复合物可形成絮状物。当比例最适时，出现反应最快和絮状物最多。本法常用于毒素、类毒素和抗毒素的定量测定。

（三）琼脂扩散试验

琼脂扩散试验简称琼扩，抗原抗体在含有电解质的琼脂凝胶中扩散，当两者在比例适当处相遇时，即发生沉淀反应，出现肉眼可见的沉淀带。琼脂扩散试验有单向单扩散、单向双扩散、双向单扩散和双向双扩散 4 种类型。最常用的是双向双扩散。

1. 单向单扩散

单向单扩散，即在冷至 45℃左右质量分数为 0.5%～1.0%的琼脂中加入一定量的已知抗体，混匀后加入小试管中，凝固后将待检抗原加于其上，置密闭湿盒内，于 37℃温箱或室温扩散数小时，抗原在含抗体的琼脂凝胶中扩散，在比例最适处出现沉淀带。此沉淀带的位置随着抗原的扩散而向下移动，直至稳定。抗原浓度越大，则沉淀带的距离也越大，因此可用于抗原定量。

2. 单向双扩散

单向双扩散在小试管内进行。先将含有抗体的琼脂加于管底，中间加一层不含抗体的同样浓度的琼脂，凝固后加待检抗原，置密闭湿盒内，于 37℃温箱或室温扩散数日。抗原抗体在中间层相向扩散，在比例最适处形成沉淀带。此法主要用于复杂抗原的分析，目前较少应用。

3. 双向单扩散

双向单扩散，即在冷至45℃左右质量分数为2%的琼脂中加入一定量的已知抗体，制成厚2～3mm的琼脂凝胶板，在板上打孔，孔径3mm，孔距10～15mm，于孔内滴加抗原后，置密闭湿盒内，37℃温箱或室温进行扩散。抗原在孔内向四周辐射扩散，与琼脂凝胶中的抗体接触形成白色沉淀环，环的大小与抗原浓度呈正比。本法可用于抗原的定量和传染病的诊断，如马立克病的诊断。

4. 双向双扩散

双向双扩散，即用质量分数为1%的琼脂制成厚2～3mm的凝胶板，在板上按规定图形、孔径和孔距打圆孔，于相应孔内滴加抗原、阳性血清和待检血清，放于密闭湿盒内，置37℃温箱或室温扩散数日，观察结果。

（四）免疫电泳试验

免疫电泳技术是将琼脂双扩散与琼脂电泳技术两种方法结合起来的一种血清学检测技术。临床上应用比较广泛的有对流免疫电泳和火箭免疫电泳。

三、补体结合试验

补体结合试验是应用可溶性抗原如蛋白质、多糖类、脂质、病毒等，与相应抗体结合后，其抗原抗体复合物可以结合补体。但这一反应肉眼看不到，只有在加入一个指示系统即溶血系统的情况下才能判定。参与反应的抗体主要是IgG和IgM。

补体结合试验有溶菌和溶血两大系统，含抗原、抗体、补体、溶血素和红细胞5种成分。补体没有特异性，能与任何一组抗原抗体复合物结合，如果与细菌及相应抗体形成的复合物结合，就会出现溶菌反应；而与红细胞及溶血素形成的致敏红细胞结合，就会出现溶血反应。试验时，首先将抗原、待检血清和补体按一定比例混匀后，保温一定时间，然后再加入红细胞和溶血素，作用一定时间后，观察结果。不溶血为补体结合试验阳性，表示待检血清中有相应的抗体，抗原抗体复合物结合了补体，加入溶血系统后，由于无补体参加，所以不溶血。溶血则为补体结合试验阴性，说明待检血清中无相应的抗体，补体未被抗原抗体复合物结合，当加入溶血系统后，补体与溶血系统复合物结合而出现溶血反应。

【技能训练】

技能一　载玻片凝集反应

一、技能目标

- 了解载玻片凝集反应的基本原理。
- 掌握载玻片凝集反应的操作技术。

二、用品准备

1. 仪器

超净工作台。

2. 药品

大肠杆菌琼脂斜面培养物、大肠杆菌抗血清、生理盐水。

3. 其他备品

载玻片、接种环、平皿、滤纸。

三、操作要领

1. 取一洁净载玻片，用记号笔划两个1～1.5cm的圆圈。

2. 取1∶5或1∶10诊断血清接种环置于玻片左侧圈内，在右侧圈内放一接种环生理盐水作为对照。

3. 用接种环取待鉴定的新鲜细菌少许，分别研磨乳化于诊断血清及生理盐水内使之均匀混浊。旋转摇动玻片数次，约 1～3min 后观察结果。

4. 对照生理盐水加菌液呈均匀混浊状；如抗血清加菌液也呈均匀混浊状，则为阴性，说明该未知菌不属于此抗血清的相应菌株；如出现颗粒状或絮状凝集，并且凝集块周围变清，则为阳性。

四、重要提示

若反应不明显，可放培养皿中（皿内放入湿滤纸，以保持一定湿度）37℃保湿 30min 后观察结果。亦可将载玻片放置在显微镜下，凝集块明显可见。

五、作业要求

查阅有关资料，说明凝集试验方法的基本原理，比较它们的异同点。

技能二　试管凝集试验

一、技能目标

- 了解试管凝集试验的基本原理。
- 掌握试管凝集试验的操作技术。

二、用品准备

1. 仪器

超净工作台。

2. 药品

伤寒杆菌鞭毛抗原（H）、伤寒杆菌菌体抗原（O）、甲型副伤寒杆菌鞭毛抗原（A）、肖氏沙门菌鞭毛抗原（B）、动物血清、生理盐水。

3. 其他备品

试管、接种环、平皿、滤纸。

三、操作要领

1. 于试管架上放 4 排小试管，每排 8 支。

2. 稀释待检血清：取一中试管，加生理盐水 3.8mL 和待检血清 0.2mL，充分混匀，此时血清稀释度为 1∶20，吸此血清 2mL 分别加入每排的第 1 管中，每管 0.5mL。此时中试管内剩余稀释血清 2mL，再加入生理盐水 2mL，使之稀释成 1∶40。再加入每排的第 2 管中，每管 0.5mL。以此类推，将中试管内剩余血清依次作倍比稀释，并依次将稀释血清加至每排第 3 至 7 管中，则每排各管的血清稀释度为 1∶20，1∶40，1∶80，1∶160，1∶320，1∶640，1∶1280。每排第 8 管不加血清，只加 0.5mL 生理盐水作为对照。

3. 加入菌液：由第 8 管开始向前加入诊断菌液：

第一排各管加入伤寒沙门菌（H）菌液 0.5mL。

第二排各管加入伤寒沙门菌（O）菌液 0.5mL。

第三排各管加入甲型副伤寒沙门菌（A）菌液 0.5mL。

第四排各管加入肖氏沙门菌（B）菌液 0.5mL。

此时各管的血清稀释度又各增加一倍，依次为 1∶40，1∶80，1∶160，1∶320，1∶640，1∶1280，1∶2560，每管总量 1.0mL。

4. 振荡混匀，置 37℃温箱中 18～24h，取出观察并记录结果。

5. 凝集程度以“＋”多少表示。

＋＋＋＋：上层液澄清，细菌全部凝集沉淀于管底。

＋＋＋：上层液基本透明，细菌大部分（75％）凝集沉淀于管底。

＋＋：上层液半透明，管底有明显（50％）凝集物。

＋：上层液混浊，管底仅有少量凝集物。

一：不凝集，液体呈乳状与对照管相同。

效价判定：能使定量抗原呈“＋＋”凝集的血清最高稀释度为该血清的凝集效价。

判定下表试管凝集试验的结果。

管号 抗原	1	2	3	4	5	6	7	8	效价判定
	1∶40	1∶80	1∶160	1∶320	1∶640	1∶1280	1∶2560	对照	
伤寒杆菌 O	＋＋＋	＋＋＋	＋＋	＋	－	－	－	－	1∶160
伤寒杆菌 H	＋＋＋＋	＋＋＋	＋＋＋	＋＋	＋＋	＋	－	－	1∶640
甲型副伤杆菌 A	＋＋	＋	－	－	－	－	－	－	1∶40
肖氏沙门菌 B	＋	＋	－	－	－	－	－	－	<1∶40

四、重要提示

观察结果时，先不要摇动试管，观察试管内上清液和管底细菌凝集的特点，然后轻摇试管使凝集物从管底升起，按液体的清浊、凝集块的大小记录凝集程度。另外，观察结果时要先看阴性对照管，阴性对照管不凝时方可观察实验管，否则可能是菌液自凝引起的假阳性，需更换诊断菌液重新检测。

五、作业要求

查阅有关资料，比较载玻片凝集试验和试管凝集试验的异同。

技能三　沉淀试验

一、技能目标

- 了解沉淀试验的基本原理。
- 掌握沉淀试验的操作技术。

二、用品准备

1. 仪器

超净工作台。

2. 药品

待检细菌抗原液——用酶或盐酸提取的炭疽杆菌特异性抗原液、抗炭疽杆菌免疫血清。

3. 其他备品

正常兔血清、毛细管。

三、操作要领

1. 取毛细管［75mm×(1.04～1.24)mm］2 支于支架上，标明 1 号、2 号。

2. 用毛细吸管吸取免疫血清加于 1 号管约 1/3 高度，加正常血清于 2 号管 1/3 高度。

3. 用毛细吸管沿管壁徐徐叠加于 1 号、2 号管血清上层等体积的待检抗原液，使成一明显界面（切勿使两者混合，也不能有气泡）。

4. 置室温 15～30min 观察结果。

5. 反应等级：观察抗原抗体液面交界处。

＋＋＋＋：白色沉淀充盈毛细管。

＋＋＋：白色沉淀充盈大部分毛细管。

＋＋：出现肉眼易见的白色沉淀环。

＋：于放大镜下可见细小白色团块。

一：未见白色沉淀环。

6. 结果判定

阳性：1 号管“＋＋”以上，2 号管无白色沉淀。

阴性：1号、2号管均无白色沉淀。

四、作业要求

查阅有关资料，是否存在其他的沉淀试验方法，如果有，比较它们的异同点？

【拓展学习】

现代微生物免疫学技术

一、免疫标记技术

某些小分子物质结合到抗原或抗体上，不影响抗原抗体反应但使之更容易观察，从而提高检测的灵敏度，称为免疫标记技术。与抗原或抗体结合的小分子物质称为标记剂。近年免疫标记技术发展很快，各类物质被试用作标记物，其中以荧光素、放射性同位素和酶标记最为成熟，合称三大标记技术。

（一）免疫荧光技术

免疫荧光技术是一种将免疫反应的特异性与荧光标记分子的可见性结合起来的方法，因常用荧光物质标记抗体，又称荧光抗体法。在一定条件下，用化学方法将荧光物质（荧光素）与抗体结合，但不影响抗体与抗原结合的活性，与相应抗原结合后，在荧光显微镜下观察抗原的存在与部位，可定位，亦可用荧光计定量。常用荧光素有异硫氰酸荧光黄、罗丹明等。由于本法可在亚细胞水平上直接观察鉴定抗原，除用于疾病的快速诊断外，也广泛用于各类生物学研究。

（二）放射免疫测定

放射免疫测定是一种以放射线同位素作为标记物，将同位素分析的灵敏性和抗原抗体反应的特异性这两大特点结合起来的测定技术。又分为放射免疫分析法和放射免疫测定自显影法。放射免疫技术灵敏度极高，能测得10^{-12}～10^{-9}g的含量，广泛用于激素、核酸、病毒抗原、肿瘤抗原等微量物质测定。但需特殊仪器及防护措施，并受同位素半衰期的限制。

（三）免疫酶技术

免疫酶技术的原理是利用酶与抗原或抗体结合后，既不改变抗原或抗体的免疫学反应特异性，也不影响酶本身的活性，在特异抗原抗体反应后，在相应而合适的酶底物作用下，产生可见的不溶性有色产物。常用的为辣根过氧化物酶，其次有碱性磷酸酶等。免疫酶技术可用于组织切片、细胞培养标本等组织细胞抗原的定性定位；也可用于可溶性抗原或抗体的测定，称酶联免疫吸附测定（ELISA）。ELISA方法是将可溶性抗体或抗原吸附到聚苯乙烯等固相载体上，再进行免疫酶反应，用分光光度计比色以定性或定量，是目前应用最广泛的生物学技术之一。

（四）生物素-亲和素系统

生物素是一种维生素H，亲和素是一种存在于卵清中的碱性糖蛋白，一个亲和素分子可与4个生物素分子稳定结合。亲和素与生物素都可与蛋白质（包括抗原、抗体、酶等）、荧光素等分子结合而不影响后者的生物活性，是理想的标记剂。一个抗体分子可偶联数十个生物素或亲和素分子，而亲和素或生物素分子又可与酶或荧光素结合，从而组成一个生物放大系统，显著提高检测的灵敏度。常用的有亲和素-生物素标记法、亲和素-生物素桥法和亲和素-生物素-过氧化物酶复合物法。

此外，还有发光免疫技术、金免疫技术等许多新的发展。

二、免疫电子显微镜技术

免疫电子显微镜技术是将血清学标记技术与电子显微镜相结合，在免疫反应高度特异、敏感、快速、简便的基础上，用电子显微镜进行超微结构水平研究的一项技术。其基本原理是用电子致密物质标记抗体。然后与含有相应抗原的生物标本反应，在电镜下观察到电子致密物质，从而准确地显示抗原所在位置，是一种在超微结构水平上的抗原定位方法。

三、免疫印迹

免疫印迹是在用于DNA分析的DNA印迹技术基础上发展起来的蛋白质检测技术。其原理是将SDS-PAGE电泳的高分辨率与免疫反应的高度特异性相结合。待测样品经SDS-PAGE电泳分离后，转移到固相介质如醋酸纤维膜上，然后用标记抗体揭示特异抗原的存在。本方法广泛用于蛋白质样品分析研究。

【思考题】

1. 查阅有关资料，自学微生物传染性方面的知识。
2. 查阅有关资料，自学免疫学有关的基础理论。
3. 结合其他的微生物检测技术，思考如何对微生物进行精确鉴定。

模块二　食品微生物检测

任务一　食品微生物样品的采集与制备

【学习目标】

- 熟悉食品样品的采集方法和数量。
- 能根据食品的状态选用适宜的制备方法。

【理论前导】

现代食品必须具备三个基本要求，即安全性、营养性和感官要求。“民以食为天，食以安为先”突出了食品安全的重要性，因此对食品进行微生物学检验至关重要，是食品监测必不可少的重要组成部分。这就要求检验人员在求实的精神下，科学地进行被检对象的采样、样品送检、检样处理、检验以及报告。在整个过程中，不得掺杂检验人员的丝毫主观臆想和工作上的马虎，要有章可依地进行检验和报告。本任务重点介绍食品微生物检验流程和食品样品的采集与制备。

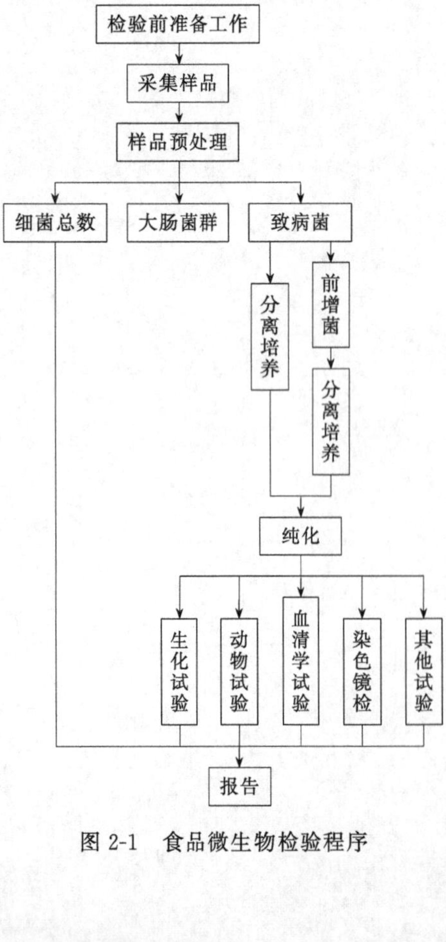

一、食品微生物检验流程

食品微生物检验的一般程序可按照图 2-1 进行。

图 2-1　食品微生物检验程序

二、食品检样的取样方案

常见食品的取样方案如表 2-1 所示。

三、食品微生物样品采集

采样及样品处理也是食品微生物检验工作中最重要的组成部分。实验室收到的检样具有代表性、均匀性及其适时性决定了检验结果的准确性。通过设计科学的取样方案及采取正确的样品制备方法，可以做到以小见大，即根据一小份样品的检验结果去说明一大批食品的质量或一起食物中毒事件的性质。因此，用于分析的样品的代表性最为关键，即样品的数量、大小和性质可对结果判定产生重大影响。要保证样品的代表性，首先要有一套科学的抽样方案，检验目的不同，采样方案也不同。检验目的一般有判定一批食品合格与否；查找食物中毒病原微生物；鉴定畜禽产品中是否含有人畜共患病的病原体等。其次使用正确的抽样技术，最常用随机抽样的方式，即在生产过程中，在不同时间内随机抽取一定数量的少量样品予以混合，保证不同部位被抽取的可能性是均等的。

不同形态、种类的食品，其采样的数量是不一

表 2-1 我国的食品取样方案

检样种类	采样数量	备注
进口粮油	粮:按三层五点采样法进行(表、中、下三层) 油:重点采取表层及底层油	每增加 10000t,增加 1 个混样
肉及肉制品	生肉:取屠宰后两腿侧肌或背最长肌,100g/只 脏器:根据检验目的而定 光禽:每份样品 1 只 熟肉:酱卤制品、肴肉及灌肠取样应不少于 200g,烧烤制品应取样 $50cm^2$ 熟禽:每份样品 1 只 肉松:每份样品 200g 香肚:每份样品 1 个	要在容器的不同部位采取
乳及乳制品	生乳:1 瓶 奶酪:1 个 消毒乳:1 瓶 奶粉:1 袋或 1 瓶,大包装 200g 奶油:1 包,大包装 200g 酸奶:1 瓶或 1 罐 炼乳:1 瓶或 1 听 淡炼乳:1 罐	每批样品按千分之一采样,不足千件者抽一件
蛋品	全蛋粉:每件 200g 巴氏消毒全蛋粉:每件 200g 蛋黄粉:每件 200g 蛋白粉:每件 200g	一日或一班生产为一批,检验沙门菌按 5%抽样,但每批不少于 3 个检样;测菌落总数、大肠菌群,每批按装听过程前、中、后流动取样 3 次,每次取样 50g,每批合为一个样品
	冰全蛋:每件 200g 冰蛋黄:每件 200g 冰蛋白:每件 200g	在装听时流动采样,检验沙门菌,每 250kg 取样一件
	巴氏消毒全蛋:每件 200g	检验沙门菌,每 500kg 取样一件;测菌落总数、大肠菌群,每批按装听过程前、中、后取样 3 次,每次 50g
水产品	鱼:1 条 虾:200g 蟹:2 只 贝壳类:按检验目的而定 鱼松:1 袋	不足 200g 者加量
罐头	可采用下列方法之一 1. 按杀菌锅抽样 ①低酸性食品罐头杀菌冷却后抽样 2 罐,3kg 以上大罐每锅抽样 1 罐 ②酸性食品罐头每锅抽 1 罐,一般一个班的产品组成一个检验批,各锅的样罐组成一个检验组,每批每个品种取样基数不得少于 3 罐 2. 按生产班(批)次抽样 ①取样数为 1/6000,尾数超过 2000 者增取 1 罐,每班(批)每个品种不得少于 3 罐 ②某些产品班产量较大,则以 30000 罐为基准,其取样数为 1/6000;超过 30000 罐以上的按 1/20000;尾数超过 4000 者增取 1 罐 ③个别产品量较小,同品种、同规格可合并班次为一批取样,但合并班次总数不超过 5000 罐,每个班次取样数不得少于 3 罐	产品如按锅堆放,在遇到由于杀菌操作不当引起问题时,也可以按锅处理
冰冻饮品	冰棍、雪糕:每批不得少于 3 件,每件不得少于 3 只 冰淇淋:原装 4 杯为 1 件,散装 200g 为一件 食用冰块:500g 为 1 件	班产量 20 万只以下者,一班为一批;20 万只以上者以工作台为一批
软饮料	碳酸饮料及果汁饮料:原装 2 瓶为一件,散装 500mL 散装饮料:500mL 为一件 固体饮料:原装 1 袋	每批 3 件,每件 2 瓶
调味品	酱油、醋、酱等:原装 1 瓶,散装 500mL 味精:1 袋 袋装调味料:1 袋	
冷食菜、豆制品	采取 200g	不足 200g 者加量
酒类	采取 2 瓶为一件,散装 500mL	

样的，应根据样品的性质进行合理选择。样品种类可分为大样、中样和小样。大样指一整批食品，中样是指由整批大样的各个部分采取的混合样品。一般，每批样品的抽样数量不得少于5件。对于需要检验沙门菌的食品，抽样数量应适当增加，最低不少于8件。小样指直接进行分析的检样，定型包装和散装食品采样量一般为25g。

在采样过程中，最好对整批产品的单位包装编号及对所抽样品进行及时、准确地标记，应注明样品名称、采样地点、采样日期、样品批号、采样方法、采样数量、检验项目及采样人。标记应牢固，具防水性，字迹不会被擦掉或脱色。并在样品的抽样、保存、运输过程中防止食品中原有微生物的数量和生长能力发生变化，要防止一切外来污染。因此采样和样品制备时也必须严格无菌操作。抽样工具如整套不锈钢勺子、镊子、剪刀等应当彻底灭菌，一件采样用具只能用于一个样品等，以防止交叉污染。

具体检验样品的采集与制备如下。

（一）生产用具检样的采集

设备、容器的微生物检验属于食品微生物检验的范围。在食品的生产过程中，原辅材料经过清洗、紫外线照射、蒸煮、烘烤、超高温杀菌等杀菌工艺后，微生物含量急剧下降或达到商业无菌状态。但是，这些经过高温制作的食品在冷却、输送、灌装、封口、包装过程中，往往会被设备、容器等生产用具中的微生物二次污染。因此，除保持空气的清洁度和生产人员的个人卫生外，与食品直接接触的各种生产用具保持清洁卫生和无菌是防止和减少成品二次污染的关键。目前，各大食品厂一般以就地清洗系统（cleaning in place，CIP）作为防范措施。但为了确保食品生产设备的卫生安全，对生产设备和容器也需进行微生物学检测，以便监督生产，防止或减少食品成品的污染、保障每批产品的卫生质量。生产用具的采集与制备方法一般有冲洗法和表面擦拭法。

1. 冲洗法

对一般容器和设备，可用一定量无菌生理盐水反复冲洗与食品接触的表面，然后用倾注法检查此冲洗液中的活菌总数，必要时进行大肠菌群或致病菌项目的检验。而大型设备，可以用循环水通过设备，采集定量的冲洗水，用滤膜法进行微生物检测。

2. 表面擦拭法

设备表面的微生物检验也常用表面擦拭法进行取样。

（1）刷子擦洗法　用无菌刷子在无菌溶液中蘸湿，反复刷洗设备表面200～400cm^2的面积，然后把刷子放入盛有225mL无菌生理盐水的容器中充分洗涤，将此含菌液进行微生物检验。

（2）海绵擦拭法　用无菌镊子或戴橡皮手套拿取体积为4cm×4cm×4cm的无菌海绵或无菌脱脂棉球，浸蘸无菌生理盐水，反复擦洗设备表面100～200cm^2，然后将带菌棉球或海绵放入225mL无菌生理盐水中，进行充分洗涤，将此含菌液进行微生物检验。

（二）食品检样的采样方法

应根据不同的样品种类和检验目的，选择适宜的采样方法。

1. 不同类型的食品样品的采样方法

不同类型的样品应选择不同的采样工具和方法，能采取最小包装的食品如袋装、瓶装或罐装食品，应采用完整的未开封的样品；必须拆包装取样的，应按照无菌操作进行。如果样品量较大，还需用无菌采样器。

（1）液体样品的采样　应通过振摇将样品充分混匀，在无菌操作条件下开启包装，用100mL无菌注射器抽取，放入无菌容器。

（2）半固体样品的采样　通过无菌操作开启包装，用灭菌勺子从几个不同部位挖取样品，放入无菌容器。

(3) 固体样品的采样　大块整体食品应用无菌刀具和镊子从不同部位取样，应兼顾表面和内部，注意样品的代表性；小块大包装食品应从不同部位的小块上切取样品，放入无菌容器。样品是固体粉末，应边取样边混合。

(4) 冷冻食品的采样　大包装小块冷冻食品的采样按小块个体采取；大块冷冻食品可以用无菌刀从不同部位削取样品或用无菌小手锯从冷冻食品上锯取样品，也可以用无菌钻头钻取碎样品，放入无菌容器。

注：固体样品或冷冻食品取样还应注意检样目的，若需检验食品污染情况，可取表层样品；若需检验其品质情况，应再取深部样品。

2. 生产车间环境检验的采样方法

(1) 车间用水　如果检验的是自来水样，则从车间各水龙头上采集冷却水；如果是汤料，则用 100mL 无菌注射器分别从车间生产容器的不同部位抽取。

(2) 车间台面、用具及加工人员手的卫生监测　用孔径为 $5cm^2$ 的无菌采样板及无菌棉棒分别擦拭表面，共取 $25cm^2$ 面积进行检验。

(3) 车间空气采样　将 5 个直径 90mm 的普通营养琼脂平板分别置于车间的四角和中部，打开平皿盖 5min，然后盖上平板送检。

3. 食物中毒微生物检验的采样方法

当怀疑发生食物中毒时，应及时收集可疑中毒源食品或餐具，同时收集病人的呕吐物、粪便或血液等。

4. 人畜共患病病原微生物检验的采样方法

当怀疑某一动物产品可能带有人畜共患病病原体时，应结合畜禽传染病学的基础知识，采取病原体最集中、最易检出的组织或体液送实验室检验。

四、食品检样的预处理

由于食品检样种类繁多、成分复杂，要根据食品种类的不同性状和特点，采取相应的预处理方法，制备成稀释液才能进行相关项目的检验。样品处理应在无菌室内进行，若是冷冻样品，必须事先在原容器中解冻，解冻温度为 2～5℃不超过 18h 或 45℃不超过 15min。接种量为 25g (mL)，采用 10 倍稀释法进行样品稀释。

预处理方法中以均质法效果最好。其优点表现在：①使微生物从食品颗粒上脱离，在液体中分布均匀；②食品中营养物质可以更多地释放到液体中，有利于微生物的生长。在选择制备方法时要合理地选择最佳的方式，如黏度不超过牛乳的非黏性食品、黏性液体食品和不易混合的检样最好放在均质器中加入稀释液进行均质，以保证均匀性；而能与水混合的检样则可采用手振荡或机器振荡。

1. 粮食样品的制备

粮食最易被霉菌污染，由于遭受到产毒霉菌的侵染，不但发生霉败变质，而且能够产生各种不同性质的霉菌毒素，造成经济上的巨大损失。因此，加强对粮食中的霉菌检验具有重要意义。

为了分离侵染粮粒内部的霉菌，在分离培养前，必须先将附在粮粒表面的霉菌除去。取粮粒 10～20g，放入灭菌的 150mL 三角瓶中，以无菌技术加入无菌水超过粮粒 1～2cm，塞好棉塞充分振荡 1～2min，将水倒净，再换水振荡，如此反复洗涤 10 次，最后将水弃去，将粮粒倒在无菌平皿中备用。如为原粮（如玉米、小麦等）需先用 75%酒精浸泡 1～2min，以脱去粮粒表面的蜡质，倾去酒精后再用无菌水洗涤粮粒，备用。

2. 肉及肉制品的制备

健康畜禽的肉、血液以及有关脏器组织，一般是无菌的。随着加工过程的顺序进行取样检验，前面工序的肉可检出的菌数少，越到后面的工序和最后的肉，包装之前细菌污染越严重，1g肉可检出亿万个细菌，少者也有几万个细菌。

肉制品大多要经过浓盐或高温处理，肉上的微生物（包括病原微生物），凡不耐浓盐和高温的，都会死亡。但形成的芽孢或孢子却不受浓盐或高温的影响而保存下来，如肉毒杆菌的芽孢体可以在腊肉、火腿、香肠中存活。

(1) 生肉及脏器检样的处理　将检样先进行表面消毒（在沸水内烫3～5s或灼烧消毒），再用无菌剪子剪取检样深层肌肉25g，放入无菌乳钵内用灭菌剪子剪碎后，加灭菌海砂或玻璃砂研磨，磨碎后加入灭菌水225mL，混匀后即为1：10稀释液。

(2) 鲜家禽检样的处理　将检样先进行表面消毒，用灭菌剪子或刀去皮后，剪取肌肉25g，以下处理同生肉。带毛野禽去毛后，同家禽检样处理。

(3) 各类熟肉制品检样的处理　直接切取或称取25g，以下处理同生肉。

(4) 腊肠、香肠等生灌肠检样处理　先对生灌肠表面进行消毒，用灭菌剪子剪取内容物25g，以下处理同生肉。

以上均以检验肉禽及其制品内的细菌含量来判断其质量鲜度。若需检验样品受外界环境污染的程度或是否带有某种致病菌，应用棉拭采样法。

检验肉禽及其制品受污染的程度，一般可用板孔5cm²的金属制规板压在受检物上，将灭菌棉拭稍蘸湿，在板孔5cm²的范围内揩抹多次，然后将板孔规板移压另一点，用另一棉拭揩抹，如此共移压揩抹10次，总面积50cm²，共用10支棉拭。每支棉拭在揩抹完毕后应立即剪断或烧断后投入盛有50mL灭菌水的三角烧瓶或大试管中，立即送检。检验时先充分振摇三角烧瓶、试管中的液体，作为原液，再按要求做10倍递增稀释。

检验致病菌，不必用规板，在可疑部位用棉拭揩抹即可。

3. 乳及乳制品样品的处理

(1) 鲜奶、酸奶　以无菌操作去掉瓶口的纸罩、纸盖，瓶口经火焰消毒后以无菌操作吸取25mL检样，放入装有225mL灭菌生理盐水的三角烧瓶内，振摇均匀（酸奶如有水分析出表层，应先去除）。

(2) 炼乳　先用温水洗净瓶或罐的表面，再用点燃酒精棉球消毒瓶或罐的上表面，然后用灭菌的开罐器打开罐（瓶），以无菌操作称取25g（mL）检样，放入装有225mL灭菌生理盐水的三角瓶内，振摇均匀。

(3) 奶油　以无菌操作打开包装，取适量检样置于灭菌三角烧瓶内，在45℃水浴或温箱中加温，熔解后立即将烧瓶取出，用灭菌吸管吸取25mL奶油放入另一含225mL灭菌生理盐水或灭菌奶油稀释液的烧瓶内（瓶装稀释液应预置于45℃水浴中保温，做10倍递增稀释时所用的稀释液亦同），振摇均匀，从检样熔化到接种完毕，时间不应超过30min。

(4) 奶粉　罐装奶粉的开罐取样同炼乳处理，袋装奶粉应用蘸有75%酒精的棉球涂擦消毒袋口，以无菌操作开封取样，称取检样25g，放入装有适量玻璃珠的灭菌三角烧瓶内，将225mL温热的灭菌生理盐水徐徐加入（先用少量生理盐水将奶粉调成糊状，再全部加入，以免奶粉结块），振摇使之充分溶解和混匀。

(5) 奶酪　先用灭菌刀削去表面部分封蜡，用点燃的酒精棉球消毒表面，然后用灭菌刀切开奶酪，以无菌操作切取表层和深层检样各少许，置于灭菌乳钵内切碎，加入少量生理盐水研成糊状。

4. 蛋与蛋制品样品的处理

(1) 鲜蛋外壳　用流水冲洗外壳，再用75%酒精棉球涂擦消毒后放入灭菌袋内，加封做好标记后送检，检验时用灭菌生理盐水浸湿的棉拭充分擦拭蛋壳，然后将棉拭直接放入培养基内进行增菌培养，也可将整只鲜蛋放入灭菌小烧杯或平皿中，按检样要求加入定量灭菌生理盐水或液体培养基，用灭菌棉拭将蛋壳表面充分擦洗后，以擦洗液作为检样检验。

(2) 鲜蛋蛋液 将鲜蛋在流水下洗净，待干后再用75%酒精棉球消毒蛋壳，然后根据检验要求，开蛋壳取出蛋白、蛋黄或全蛋液，放入带有玻璃珠的灭菌瓶内充分摇匀待检。

(3) 全蛋粉、巴氏消毒全蛋粉、蛋白片、蛋黄 先将铁听开口处用75%酒精棉球消毒，然后将盖开启，用灭菌电钻由顶到底斜角钻入，徐徐钻取检样，然后抽出电钻，从中取出200g检样装入灭菌广口瓶中，标明后送检。将检样放入带有玻璃珠的灭菌瓶内，按比例加入灭菌生理盐水充分摇匀待检。

(4) 冰全蛋、巴氏消毒冰全蛋、冰蛋白、冰蛋黄 将装有冰蛋检样的瓶子浸泡于流动冷水中，待检样融化后取出，放入带有玻璃珠的灭菌瓶内充分摇匀待检。

(5) 各种蛋制品沙门菌增菌培养 以无菌操作称取检样，接种于亚硒酸盐煌绿或煌绿肉汤等增菌培养基中（此培养基预先置于盛有适量玻璃珠的灭菌瓶内），盖紧瓶盖，充分摇匀，然后放入（36±1)℃温箱中培养18～22h。

5. 水产食品样品的处理

现场采取水产食品样品时，应按检验目的和水产品的种类确定采样量。除个别大型鱼类和海兽只能割取其局部作为样品外，一般都采完整的个体，待检验时再按要求在一定部位采取检样。以判断质量鲜度为目的时，鱼类和体型较大的贝甲类虽然应以个体为一件样品单独采取，但若需对一批水产品作质量判断时，应采取多个个体做多件检样以反映全面质量；鱼糜制品（如灌肠、鱼丸等）和熟制品采取250g，放灭菌容器内。

水产食品含水较多，体内酶的活力旺盛，容易发生变质。采样后应在3h以内送检，在送检过程中一般加冰保藏。

(1) 鱼类 采取检样的部位为背肌。用流水将鱼体体表冲净、去鳞，再用75%酒精的棉球擦净鱼背，待干后用灭菌刀在鱼背部沿脊椎切开5cm，沿垂直于脊椎的方向切开两端，使两块背肌分别向两侧翻升，用无菌剪子剪取25g鱼肉，放入灭菌乳钵内，用灭菌剪子剪碎，加灭菌海砂或玻璃砂研磨（有条件的情况下可用均质器），检样磨碎后加入225mL灭菌生理盐水，混匀成稀释液。

鱼糜制品和熟制品应放在乳钵内进一步捣碎后，再加入无菌生理盐水混匀成稀释液。

(2) 虾类 采取检样的部位为腔节内的肌肉。将虾体在流水下冲净，摘去头胸节，用灭菌剪子剪除腹节与头胸节连接处的肌肉，然后挤出腔节内的肌肉，称取25g放入灭菌乳钵内，以后操作同鱼类检样处理。

(3) 蟹类 采取检样的部位为胸部肌肉。将蟹体在流水下冲净，剥去壳盖和腹脐，去除鳃条，再置流水下冲净。用75%酒精棉球擦拭前后外壁，置灭菌搪瓷盘上待干。然后用灭菌剪子剪开成左右两片，用双手将一片蟹体的胸部肌肉挤出（用手指从足根一端向剪开的一端挤压），称取25g，置灭菌乳钵内，以下操作同鱼类检样处理。

(4) 贝壳类 采样部位为贝壳内容物。用流水刷洗贝壳，刷净后放在铺有灭菌毛巾的清洁的搪瓷盘或工作台上，采样者将双手洗净，75%酒精棉球涂擦消毒，用灭菌小钝刀从贝壳的张口处缝隙中缓缓切入，撬开壳、盖，再用灭菌镊子取出整个内容物，称取25g置灭菌乳钵内，以下操作同鱼类检样处理。

以上检样处理的方法和检验部位均以检验水产食品肌肉内细菌含量，从而判断其鲜度质量为目的。若检验水产食品是否污染某种致病菌时，检样部位应为胃肠消化道和鳃等呼吸器官。鱼类检取肠管和鳃；虾类检取头胸节内的内脏和腹节外沿处的肠管；蟹类检取胃和鳃条；贝类中的螺类检取腹足肌肉以下的部分，双壳类检取覆盖在斧足肌肉外层的内脏和瓣鳃等。

6. 清凉饮料样品的处理

(1) 瓶装饮料 用点燃的酒精棉球烧灼瓶口灭菌，用石炭酸纱布盖好，塑料瓶口可用

75%酒精棉球擦拭灭菌，用灭菌开瓶器将盖启开，含有二氧化碳的饮料可倒入另一灭菌容器内，口勿盖紧，覆盖一灭菌纱布，轻轻摇荡。待气体全部逸出后进行检验。

(2) 冰棍　用灭菌镊子除去包装纸，将冰棍部分放入灭菌磨口瓶内，木棒留在瓶外，盖上瓶盖，用力抽出木棒，或用灭菌剪子剪掉木棒，置于45℃水浴30min。融化后立即进行检验。

(3) 冰淇淋　放在灭菌容器内，待其融化，立即进行检验。

7. 调味品样品的处理

(1) 瓶装调味品　用点燃的酒精棉球烧灼瓶口灭菌，用石炭酸纱布盖好，再用灭菌开瓶器启开后进行检验。

(2) 酱类　用无菌操作称取25g检样，放入灭菌容器内，加入灭菌蒸馏水225mL，制成混悬液。

(3) 食醋　用20%～30%灭菌碳酸钠溶液调pH到中性。

8. 冷食菜、豆制品样品的处理

(1) 冷食菜　将样品混匀，采样后放入灭菌容器内。以无菌操作称取25g检样，加入225mL灭菌蒸馏水，制成混悬液。

(2) 豆制品　采集接触盛器边缘、底部及上面不同部位的样品，放入灭菌容器内。以无菌操作称取25g检样，放入225mL灭菌蒸馏水，制成混悬液。

9. 糕点、果脯、糖果样品的处理

糕点、果脯等食品大多是由糖、牛奶、鸡蛋、水果等为原料而制成的甜食。部分食品有包装纸，污染机会较少，但由于包装纸、盒不清洁，或没有包装的食品放于不洁的容器内也可造成污染。带馅的糕点往往因加热不彻底，存放时间长或温度高，导致细菌大量繁殖。带有裱花的糕点存放时间长时，细菌可大量繁殖，造成食品变质。

(1) 糕点　如为原包装，用灭菌镊子夹下包装纸，采取外部及中心部位。带馅糕点，取外皮及内馅25g；裱花糕点，采取裱花及糕点部分各一半共25g，加入225mL灭菌生理盐水中，制成混悬液。

(2) 果脯　采取不同部位称取25g检样，加入灭菌生理盐水225mL，制成混悬液。

(3) 糖果　用灭菌镊子夹取包装纸，称取数块共25g，加入预温至45℃的灭菌生理盐水225mL，待溶化后检验。

10. 酒类样品的处理

酒类一般不进行微生物学检验，进行检验的主要是酒精度低的发酵酒。因酒精度低，不能抑制细菌生长。污染主要来自原料或加工过程中不注意卫生操作而沾染水、土壤及空气中的细菌，尤其是散装生啤酒，因不加热往往存在大量细菌。

(1) 瓶装酒类　用点燃的酒精棉球烧灼瓶口灭菌，用石炭酸纱布盖好，再用灭菌开瓶器将盖启开，含有二氧化碳的酒类可倒入另一灭菌容器内，口勿盖紧，覆盖一纱布，轻轻摇荡，待气体全部逸出后，进行检验。

(2) 散装酒类　可直接吸取，进行检验。

11. 罐头食品的处理

(1) 称量　用电子秤或天平称量，1kg及1kg以下的罐头精确到1g，1kg以上的罐头精确到2g，罐头的质量减去空罐的平均质量即为该罐头的净重。

(2) 保温开罐　取36℃保温过的全部罐头，冷却到常温后，按无菌操作开罐检验。将样罐用温水和洗涤剂洗刷干净，用自来水冲洗后擦干。放入无菌室，用紫外灯照30min。然后放到超净工作台上，用75%酒精棉球擦拭无编号端，并点燃灭菌。用灭菌刀开启罐盖，开罐时不要伤及盖的卷边部分。

(3) 留样　开罐后，用灭菌吸管以无菌操作取出内容物10～20mL (g) 移入灭菌容器内，保存于冰箱中，待该批罐头检验出结果后可弃去。

12. 方便面（米粉）、即食粥等方便食品的处理

（1）无调味料的方便面（米粉）、即食粥　按无菌操作开封取样，称取25g检样，剪碎或放在玻璃乳钵中研碎，加入225mL灭菌生理盐水制成1∶10的均质液，备用。

（2）有调味料的方便面（米粉）、即食粥　按无菌操作开封取样，将面（粉）块剪碎或研碎后与各种调味料按它们在产品中的质量比例分别称样，共称取25g，并混合均匀，加入225mL灭菌生理盐水制成1∶10的均质液，备用。

五、食品检样的保存与送检

为确保检验结果的适时性，样品采集后，应有抽样人员写出完整的抽样报告，使样品尽可能保持在原有条件下迅速发送到实验室，一般不超过36h送检，且最好由专人立即送检。当样品需要托运或由非专职抽样人员运送时，必须将样品包装好，应能防破损、防冻结或防腐、防止冷冻样品升温或融化；在包装上应注明“防碎”、“易腐”、“冷藏”等字样；同时做好样品运送记录，写明运送条件、日期、到达地点及其他需要说明的情况，并由运送人签字。如不能及时运送，冷冻样品应保持冷冻状态，存放在冰箱或冷藏库内；冷却和易腐食品存放在0～5℃冰箱或冷却库内；其他食品可放在常温冷暗处。运送冷冻和易腐食品应在包装容器内加适量的冷却剂或冷冻剂。保证运送途中样品不升温或不融化。必要时可于途中补加冷却剂或冷冻剂。盛样品的容器应消毒处理，但不得用消毒剂处理容器，不能在样品中加入任何防腐剂。

【技能训练】

技能一　固体样品的采集与制备

一、技能目标

- 熟悉固体样品的采集方法。
- 掌握固体样品的常用制备技术。

二、用品准备

1. 仪器

均质器、无菌钻头、振荡机。

2. 药品

灭菌生理盐水、无菌水。

3. 其他备品

灭菌棉签、记号笔、无菌刀具、镊子、吸管、试管、研钵、玻璃珠。

三、操作要领

1. 固体样品的采集

（1）大块整体食品要用无菌刀具和镊子从不同部位取样，并要兼顾样品的表面和内部，取样要有代表性。

（2）小块大包装食品应从不同部位的小块上切取样品，放入无菌容器。

（3）固体粉末样品应边取样边混合。若为冷冻食品，除了用以上方法外，也可采用无菌钻头钻取碎样品，放入无菌容器。

注：固体样品和冷冻食品取样还应注意检验目的，若需检验食品污染情况，可取表层样品，若需检验品质情况，应取深部样品。

2. 固体样品的处理

此类样品无法用吸管吸取，可用灭菌容器称取检样25g，加到预热45℃的灭菌生理盐水或蒸馏水225mL中，振荡溶解，尽快检验，从样品稀释到接种培养，一般不超过15min。

（1）固体食品的处理　固体食品的处理相对比较复杂，处理方法有以下几种。

① 捣碎均质法　取100g左右的样品剪碎混匀，从中取25g放入装有225mL无菌稀释液的无菌均质器中，以8000～10000r/min均质1～2min，这是对大部分食品样品都适合的方法。

② 剪碎振摇法　取100g左右的样品剪碎混匀，从中取25g进一步剪碎，装入带有225mL无菌稀释液和适量直径为5mm左右玻璃珠的稀释瓶中，盖紧瓶盖，用力快速振摇50次，振幅不小于40cm。

③ 研磨法　取100g左右样品剪碎后用研钵研成粉状。

④ 整粒振摇法　有完整自然保护膜的颗粒状样品（如蒜瓣、青豆等），可以直接称取25g整粒样品，装入带有225mL稀释液和适量玻璃珠的无菌稀释液瓶中，盖紧瓶盖，用力快速振摇50次，振幅在40cm以上。

（2）冷冻样品的处理

冷冻样品检验前先在0～4℃下解冻，时间为18h内，或者在45℃下约15min内解冻。样品解冻后，无菌操作称取25g，放于225mL无菌稀释液中，制备成均匀的1∶10的混悬液。

（3）颗粒状及粉状样品的处理

先用灭菌勺或其他适用工具把样品搅匀，无菌操作称取25g，置于225mL灭菌生理盐水中，充分混匀，制成1∶10的稀释液。

四、重要提示

（1）样品的采集要注意代表性和均匀性，做到使用的器械和容器灭菌，严格进行无菌操作，不得添加防腐剂。

（2）样品采集后及时送检，最多不超过4h，不能及时送检时要冷藏。

（3）样品制备过程中要保证无菌性，避免制备过程引入微生物。

五、作业要求

设计某一固体食品样品（肉及肉制品、蛋及蛋制品、糖果、糕点、方便面或罐头食品等）的采集与制备方案，并就关键点进行阐述。

技能二　液体样品的采集与制备

一、技能目标

- 熟悉液体样品的采集方法。
- 掌握液体样品的常用制备技术。

二、用品准备

1. 仪器

开罐器、温度计。

2. 药品

来苏儿或石炭酸消毒液、石炭酸钠、75%酒精棉球、生理盐水、蒸馏水。

3. 其他备品

纱布、记号笔。

三、操作要领

1. 液体样品的采集

（1）原包装样品　75%酒精棉球消毒瓶口，再用经来苏儿或石炭酸消毒液消过毒的纱布将瓶口盖严，用无菌开罐器开启，摇匀后用无菌吸管吸取。

（2）含有二氧化碳的液体样品　按上述方法开启瓶盖后，将样品倒入无菌磨口瓶中，盖上消毒纱布，将瓶盖开一条缝，轻轻摇动使气体溢出后再进行检验。

（3）冷冻食品　将冷冻食品放入无菌容器中，融化后再检验。

2. 液体样品的制备

(1) 液体样品一般指黏度低于牛乳的非黏性食品，可以直接用无菌吸管准确吸取25mL检样，加入225mL生理盐水或蒸馏水中，制成1∶10稀释液。吸取前先将样品充分混匀，打开样品容器时，要做到表面消毒，无菌操作。

(2) 酸性食品用100g/L灭菌的石炭酸钠调pH到中性后再进行检验。

四、重要提示

(1) 样品的采集要注意代表性和均匀性，做到使用的器械和容器无菌，并严格进行无菌操作。

(2) 样品采集后及时送检，最多不超过4h，不能及时送检时要冷藏。

(3) 含有二氧化碳的液体饮料先倒入灭菌的小瓶中，覆盖灭菌纱布轻轻摇荡，待气体全部逸出后再进行检验。

(4) 酸性食品用100g/L灭菌的石炭酸钠调pH到中性后再进行检验。

五、作业要求

设计某一液体食品样品（乳、饮料、调味品或酒类等）的采集与制备方案，并就关键点进行阐述。

【拓展学习】

食品微生物取样计划

取样是指在一定质量和数量的产品中，取一个或多个单元用于检测的过程。为了确保采样的代表性，需制订科学的“取样计划”，来保证每个样品被抽取的概率相等。目前微生物检测工作中使用较多的取样计划包括计数取样计划（二级、三级）、低污染水平取样计划以及随机抽样。

1. 计数取样方法

本方法是依据国际食品微生物标准委员会所建议的取样计划设计的，在2008版及以前的食品微生物检验国家标准中一直没有采用上述标准，仅在进出口标准中使用，在最新的2010版食品安全国家标准《婴儿配方食品》、《婴幼儿谷类辅助食品》、《较大婴儿和幼儿配方食品》、《乳清粉和乳清蛋白粉》、《炼乳》、《巴氏杀菌乳》等标准中采用了该取样计划。与2008版国标相比，计算方法发生了较大变化，使检验结果更具有代表性，更能客观反映出该产品的质量，避免了个别结果评价整体产品质量的不科学做法。在此方法中，存在如下几个固定符号。①n：一批产品的采样个数；②c：该批产品中的检样菌数中，超过限量的检样数；③m：合格菌数限量；④M：附加条件，判定为合格的菌数限量。

(1) 二级抽样计划　该方法先假设食品中微生物的分布为正态分布，以曲线上某一点作为微生物限量值，即m值。超过m值，即为不合格品，例如，某一产品的检验结果为：$n=10$，$c=0$，$m=100$，$n=10$表示样本个数为10个。$c=0$表示在该批样品中，未见过超过m值的检验，该指标合格。

(2) 三级取样计划　设该食品有m和M两个限量，超过m值的检样，即为不合格品，将m值到M值范围内的检样数，作为c值，如果在此范围内，即为附加条件合格，超过M值的，为不合格。例如：$n=5$，$c=3$，$m=101$，$M=102$，表示5个检样中，允许小于等于3个检样的菌数是在m和M值之间，如果有3个以上检样的菌数是在m和M值之间或一个检样超过M值，判定产品不合格。

2. 低污染水平取样

在存在微生物含量较低，结果灵敏度降低的情况下，可以采用连续稀释法并用多管技术对其进行活菌计数，需要时可以加大样品使用量。另一种方法是抽取一系列数量相同的样品，检测可疑微生物，如果未检出，则用该方法估算出至少一个可疑菌所需要抽取的最大样品单元，该法较适合于经过灭菌加工过程的样品。

3. 随机抽样计划

在现场抽样时，可以使用随机抽样表进行随机抽样，使用方法如下。

(1) 先将一批产品的各单位产品（箱、包）按顺序排号。

(2) 任意在表上点出一个数，查看该数字所在的行和列。

(3) 根据单位产品的最大位数，查出所在行的连续列数据，编号与该数相同的那份单位产品，直到取够样品数量为止。

例如：对 800 袋奶粉抽取 60 袋进行检测。

第一步，先将 800 袋牛奶编号，可以编为 000，001，…，799。

第二步，在随机数表中任选一个数，例如选出第 8 行第 7 列的数 7（为了便于说明，摘取了第 6 行至第 10 行的部分随机表）。

16 22 77 94 39　　49 54 43 54 82　　17 37 93 23 78
84 42 17 53 31　　57 24 55 06 88　　77 04 74 47 67
63 01 63 [7]8 59　　16 95 55 67 19　　98 10 50 71 75
33 21 12 34 29　　78 64 56 07 82　　52 42 07 44 38
57 60 86 32 44　　09 47 27 96 54　　49 17 46 09 62

第三步，从选定的数 7 开始向右读（读数的方向也可以是向左、向上、向下等），得到一个三位数 785，由于 785＜799，说明号码 785 在总体内，将它取出；继续向右读，得到 916，由于 916＞799，将它去掉，按照这种方法继续向右读，又取出 567，199，507……依次下去，直到样本的 60 个号码全部取出，这样我们就得到一个容量为 60 的样本。

【思考题】

1. 食品微生物检验流程是什么？
2. 生产用具检样如何采集与制备？
3. 不同类型的食品样品如何采样？
4. 生产工序如何监测采样方法？
5. 食品检样如何进行预处理？
6. 食品检样如何进行保存与送检？

任务二　食品微生物检验

【学习目标】

- 了解常见致病菌的病原学特性。
- 知道菌落总数、大肠菌群、罐头食品商业无菌的含义及其卫生学意义。
- 掌握食品中菌落总数、大肠菌群、霉菌和酵母菌、乳酸菌的检测方法；并能对其检测结果作出准确、规范的报告。
- 能在教师指导下完成常见致病菌的检测。

【理论前导】

一、食品的菌落总数

菌落总数是指食品检样经过处理，在一定条件下（如培养基、培养温度和培养时间等）

培养后，所得 1g（mL）检样中形成的微生物菌落总数。菌落计数以菌落形成单位（colony forming units，cfu）表示。

按国家标准方法规定，即在需氧情况下，37℃培养 48h，能在普通琼脂平板上生长的细菌菌落总数。所以厌氧或微需氧菌、有特殊营养要求的以及非嗜中温的细菌，由于现有条件不能满足其生理需求，故难以繁殖生长。因此菌落总数并不表示实际的所有细菌总数，菌落总数并不能区分其中细菌的种类，所以有时被称为杂菌数、需氧菌数等。

菌落总数主要作为判定食品被污染程度的标志，也可应用这一方法观察细菌在食品中繁殖的动态，以便对被检样品在进行卫生学评价时提供依据。菌落总数还可以用来预测食品可存放的期限。食品中细菌数量越少，食品存放的时间就越长，相反，食品的可存放时间越短。

食品的菌落总数严重超标，说明其产品的卫生状况达不到基本的卫生要求，将会破坏食品的营养成分，加速食品的腐败变质，使食品失去食用价值。消费者食用微生物超标严重的食品，很容易患痢疾等肠道疾病，可能引起呕吐、腹泻等症状，危害人体健康安全。

但是，菌落总数和致病菌有本质区别，菌落总数包括致病菌和有益菌，对人体有损害的主要是其中的致病菌，这些病菌会破坏肠道里正常的菌落环境，一部分可能在肠道被杀灭，一部分会留在身体里引起腹泻或损伤肝脏等身体器官；而有益菌包括酸奶中常被提起的乳酸菌等。但菌落总数超标也意味着致病菌超标的机会增大，增加危害人体健康的概率。

二、食品中的大肠菌群

大肠菌群指一群在一定培养条件下能发酵乳糖、产酸产气的需氧和兼性厌氧革兰阴性无芽孢杆菌。它主要包括肠杆菌科的埃希菌属、柠檬酸杆菌属、肠杆菌属和克雷伯菌属等。其主要生化特性分类见表 2-2。

表 2-2　大肠菌群生化特性分类表

项目	靛基质	甲基红	V-P	柠檬酸盐	H_2S	明胶	动力	44.5℃乳糖
大肠埃希菌Ⅰ	+	+	－	－	－	－	+/－	+
大肠埃希菌Ⅱ	－	+	－	－	－	－	+/－	－
大肠埃希菌Ⅲ	+	+	－	－	－	－	+/－	－
费劳地柠檬酸杆菌Ⅰ	－	+	－	+	+/－	－	+/－	－
费劳地柠檬酸杆菌Ⅱ	+	+	－	+	+/－	－	+/－	－
产气克雷伯菌Ⅰ	－	－	+	+	－	－	－	－
产气克雷伯菌Ⅱ	+	－	+	+	－	－	－	－
阴沟肠杆菌	+	－	+	+	－	+/－	+	－

注：+表示阳性；－表示阴性；+/－表示多数阳性，少数阴性。

由表 2-2 可以看出，大肠菌群中大肠埃希菌Ⅰ型和Ⅲ型的特点是：对靛基质、甲基红、V-P 和柠檬酸盐利用四个项目的生化反应结果均为“++－－”，通常称为典型大肠杆菌，而其他类大肠杆菌则被称为非典型大肠杆菌。

大肠菌群分布较广，在温血动物粪便和自然界广泛存在。调查研究表明，大肠菌群多存在于温血动物粪便、人类经常活动的场所以及有粪便污染的地方，人畜粪便对外界环境的污染是大肠菌群在自然界存在的主要原因。其生存力较强，在土壤、水中可存活数日。目前已被国内外广泛应用于食品卫生工作中。

大肠菌群数的高低，表明了粪便污染的程度，也反映了对人体健康危害性的大小。粪便是人类肠道排泄物，其中有健康人粪便，也有肠道患者或带菌者的粪便，所以粪便内除一般正常细菌外，同时也会有一些肠道致病菌存在（如沙门菌、志贺菌等），因而食品中有粪便污染，则可以推测该食品中存在着肠道致病菌污染的可能性，潜伏着食物中毒和流行病的威胁，必须看作对人体健康具有潜在的危险性。

三、食品中的霉菌和酵母菌

霉菌和酵母菌的测定是指食品检样经过处理，在一定条件下培养后，所得 1g 或 1mL 检样中所含的霉菌和酵母菌落数（粮食样品是指 1g 粮食表面的霉菌总数）。

酵母菌和霉菌广泛分布于自然环境中，食品主要因接触空气和不清洁的器具而被污染。虽然有些酵母菌和霉菌可供制造食品时作为发酵菌剂，但对某些食品来说，也可以因酵母菌或霉菌而引起变质败坏。酵母菌和霉菌能利用一些果胶和一些糖类、有机酸类、蛋白质和脂类。一些酸性高的，含水分低的，或含有高盐或高糖的食品发生变质，往往是由于酵母菌或霉菌所引起的。即使这些食品储藏于一般低温的环境中，也同样会发生。有时，一些食品经照射处理后，已不利于细菌的繁殖，但对酵母菌和霉菌来说，并不影响它们的生长繁殖。

有些霉菌的有毒代谢产物会引起各种急性和慢性中毒，特别是某些霉菌毒素具有强烈的致癌性，一次大量或长期少量摄入，均能诱发癌症。因此，对食品中的霉菌和酵母菌进行检测，在食品卫生学上具有重要的意义，可作为判定食品被污染程度的标志，以便对被检样品进行卫生学评价时提供依据。

四、食品中的沙门菌

沙门菌属是一大群寄生于人类和动物肠道内，生化反应和抗原构造相似的革兰阴性杆菌，无芽孢，一般无荚膜。除鸡白痢和鸡伤寒沙门菌外，都具有周身鞭毛，能运动。对营养要求不高，在普通培养基上能生长良好。培养 24h 后，形成中等大小、圆形或近似圆形、表面光滑、无色半透明、边缘整齐的菌落。能发酵葡萄糖、麦芽糖、甘露醇、山梨酸，产酸产气。不发酵乳糖、蔗糖、侧金盏花醇。不产生吲哚，V-P 阴性。不水解尿素，对苯丙氨酸不脱氨。

沙门菌具有复杂的抗原结构，一般可分为四种，即菌体（O）抗原、鞭毛（H）抗原、表面（K）抗原以及菌毛抗原。沙门菌对热及外界环境的抵抗力中等，60℃，20～30min 可杀死，在水中虽不易繁殖，但可存活 2～3 周；在自然环境的粪便中可生存 3～4 个月，在 25℃可存活 10 个月左右，本属菌对氯霉素敏感。

沙门菌不产生外毒素，但菌体裂解时。可产生毒性很强的内毒素，此种毒素为致病的主要因素，可引起人体发冷、发热及白细胞减少等病症。

沙门菌主要污染肉类食品，鱼、禽、奶、蛋类食品也可受此菌污染。沙门菌食物中毒全年都可发生，吃了未煮透的病死牲畜肉或在屠宰后其他环节污染的牲畜肉是引起沙门菌食物中毒的最主要原因。因此，检查食品中的沙门菌极为重要。

五、食品中的金黄色葡萄球菌

金黄色葡萄球菌为革兰阳性球菌，显微镜下排列成葡萄串状，无芽孢，无鞭毛，大多数无荚膜。金黄色葡萄球菌营养要求不高，在普通培养基上生长良好，需氧或兼性厌氧，最适生长温度 37℃，最适生长 pH 7.4。平板上菌落厚、有光泽、圆形凸起。血平板菌落周围形成透明的溶血环。耐盐性强，可在 10%～15%NaCl 肉汤中生长。可分解葡萄糖、麦芽糖、乳糖、蔗糖，产酸不产气。甲基红反应阳性。许多菌株可分解精氨酸，水解尿素，还原硝酸盐，液化明胶。其具有较强的抵抗力，对磺胺类药物敏感性低，但对青霉素、红霉素等高度敏感。

金黄色葡萄球菌是常见的引起食物中毒的致病菌，常见于皮肤表面及上呼吸道黏膜，是人类化脓性感染中最常见的病原菌，可引起局部化脓性感染，也可引起肺炎、伪膜性肠炎、肾盂肾炎、心包炎等多系统的化脓性感染，还可引起败血症、脓毒血症等全身性感染。金黄色葡萄球菌引起食物中毒，夏天最多，主要食物为肉、奶、鱼类及其制品等各种动物源食品，剩饭、糯米凉糕、凉粉等也有发生。

金黄色葡萄球菌检测方法有定量方法和定性方法。其中定量方法包括 MPN 法（适用于检测带有大量竞争菌的食品及其原料和未经处理的含少量金黄色葡萄球菌的食品）和平板计数法［适用于检查金黄色葡萄球菌数不小于 10 个/g（mL）的食品］。而定性方法一般采用增菌培养法，适用于检查含有受损伤的金黄色葡萄球菌的加工食品。国家标准方法是平板计数法和增菌培养法。

六、乳品中的乳酸菌

乳酸菌是一类可发酵糖主要产生大量乳酸的细菌的通称。主要为乳杆菌属（*Lactobacillus*）、双歧杆菌属（*Bifidobacterium*）和链球菌属（*Streptococcus*）。这类细菌在自然界分布广泛，可栖居在人和各种动物的口腔、肠道等器官内，在土壤、食品、饲料、水及一些临床标本中都有乳酸菌的存在。乳酸菌在工业、农业和医药等与人类生活密切相关的领域中应用价值很高，相当多的乳酸菌对人畜的健康起着有益的作用，但个别菌种能对人畜致病。

乳酸菌通过发酵产生的有机酸、特殊酶系等物质具有生理功能，可刺激组织发育，对机体的营养状态、免疫反应和应激反应等产生作用。

大量研究资料表明，乳酸菌能促进动物生长，调节胃肠道正常菌群、维持微生态平衡，从而改善胃肠道功能；提高食物消化率和生物效价；降低血清胆固醇，控制内毒素；抑制肠道内腐败菌生长；提高机体免疫力等。

检测乳酸菌的方法主要有乳酸菌的形态学观察、乳酸菌的生化鉴定和测定代谢产物等。其中乳酸菌的形态学观察包括平板菌落特征的观察、光学显微镜观察、电镜观察。而乳酸菌生化特征的测定包括氧化酶、葡萄糖的氧化发酵测定、糖类或醇类的发酵试验、乙醇的氧化、乙酸的氧化、产氨试验、硝酸盐还原试验、脲酶测定、吲哚产生试验、氨基酸脱羧酶测定、明胶水解等方法。

七、罐头食品的商业无菌要求

罐头食品经过适度的热杀菌以后，不含有致病的微生物，也不含有在通常温度下能在其中繁殖的非致病性微生物，这种状态称为商业无菌。商业无菌并非完全灭菌，其中可能存在耐高温的、无毒的嗜热芽孢杆菌，在适当的加工和储藏条件下处于休眠状态，不会出现食品安全问题。由于绝对灭菌指完全不存在活菌，如达到完全灭菌，则加热过程中，温度需达到121℃以上时，会使罐头食品香味消散、色泽和坚实度改变以及营养成分损失，因而采用商业无菌的方法。

罐头食品几个基本术语：①密封：食品容器经密闭后能阻止微生物进入的状态。②胖听：由于罐头内微生物活动或化学作用产生气体，形成正压，使一端或两端外凸的现象。③泄漏：罐头密封结构有缺陷，或由于撞击而破坏密封，或罐壁腐蚀而穿孔致使微生物侵入的现象。④低酸性罐头食品：除酒精饮料以外，凡杀菌后平衡 pH 值大于 4.6、水活性值大于 0.85 的罐头食品称为低酸性罐头食品；原来是低酸性的水果、蔬菜或蔬菜制品，为加热杀菌的需要而加酸降低 pH 值的，属于酸化的低酸性罐头食品。⑤酸性罐头食品：杀菌后平衡 pH 值等于或小于 4.6 的罐头食品，pH 值小于 4.7 的番茄、梨和菠萝以及由其制成的汁，以及 pH 值小于 4.9 的无花果都称为酸性罐头食品。

目前，我国对罐头食品的检验主要采用常规法。即通过将样品保温观察至少 5～10d 后，再做内容物感官检查、测定 pH 值和显微镜检查，以检查罐头中是否存在因加热杀菌不恰当或罐头密封不良而存有公共卫生意义的致病菌以及在通常温度下能在其中繁殖的非致病性微生物。

八、食品中的单核细胞增生李斯特菌

单核细胞增生李斯特菌为革兰阳性短杆菌，两端钝圆，常呈V字型，兼性厌氧、无芽孢，在陈旧培养基中的菌体可呈丝状及革兰阴性，该菌有4根周毛和1根端毛，但周毛易脱落。其在20～25℃培养时有动力，37℃培养时动力消失。在固体培养基上菌落很小，透明，边缘整齐。接种血平板培养后可产生窄小的β溶血环。能发酵葡萄糖、乳糖、麦芽糖、鼠李糖、山梨醇、海藻糖、果糖等；不发酵木糖、甘露醇、肌醇、阿拉伯糖、侧金盏花醇、棉籽糖、卫矛醇和纤维二糖；不利用枸橼酸盐；吲哚、硫化氢、尿素、明胶液化、硝酸盐还原、赖氨酸、鸟氨酸试验均为阴性，V-P、甲基红试验和精氨酸水解试验阳性。

该菌对理化因素抵抗力较强，在土壤、粪便、青贮饲料和干草内能长期存活，对碱和盐抵抗力强，对青霉素、氨苄青霉素、四环素、磺胺均敏感。

单核细胞增生李斯特菌广泛存在于自然界中，不易被冻融，能耐受较高的渗透压，并通过口腔-粪便的途径进行传播。该菌可通过眼及破损皮肤、黏膜进入体内而造成感染。感染后主要表现为败血症、脑膜炎和单核细胞增多。因此，在食品卫生微生物检验中，必须加以重视。

九、食品中的志贺菌

志贺菌是一类革兰阴性、不活动、不产生孢子的杆状细菌，可引起人和其他哺乳类动物的细菌性痢疾。该菌无芽孢，无荚膜，无鞭毛，有菌毛，需氧或兼性厌氧。营养要求不高，能在普通培养基上生长，菌落呈圆形、微凸、光滑湿润、无色、半透明、边缘整齐。能分解葡萄糖，产酸不产气。靛基质产生不定，甲基红阳性，V-P试验阴性，不分解尿素，不产生H_2S，不产生赖氨酸脱羧酶，不能利用枸橼酸盐作为碳源，不利用柠檬酸盐和丙二酸盐，可被氰化钾所抑制。

志贺菌对理化因素的抵抗力较其他肠道杆菌为弱，对酸敏感。一般56～60℃经10min即被杀死。对化学消毒剂敏感，1%石炭酸15～30min即被杀死，对氯霉素、磺胺类、链霉素敏感，但易产生耐药性。

引起食物中毒的志贺菌主要是宋内志贺菌。主要发生在夏秋季，引起中毒的食品主要是热肉制品等。症状为剧烈腹痛、腹泻（水样便，可带血和黏液）、发热。严重者出现痉挛和休克。细菌学和血清学检验可确诊。治疗可用抗生素及对症疗法。

十、食品中的致泻性大肠埃希菌

致泻性大肠埃希菌为革兰阴性、两端钝圆的中等杆菌。无芽孢，大多数菌株有动力，有菌毛，少数菌株能形成荚膜。本属细菌为需氧或兼性厌氧菌。对营养要求不高，在普通培养基上均能生长良好。培养后，形成凸起、光滑、湿润、乳白色，边缘整齐，中等大小菌落。大部分菌株可迅速发酵乳糖，并能发酵葡萄糖、麦芽糖、甘露醇、木糖、鼠李糖、阿拉伯糖等，产酸产气。甲基红反应阳性，V-P反应阴性，尿素酶阴性，不形成硫化氢，能产生吲哚，不能在含KCN的培养基中生长，不利用丙二酸盐，不利用柠檬酸铵盐，可使谷氨酸和赖氨酸脱去羧基，苯丙氨酸反应亦为阴性。

该属细菌对热抵抗力不强，60℃ 30min即可被杀死。对氯十分敏感，水中若含有0.2mg/L的游离氯，即可杀死本菌。对磺胺、链霉素、土霉素、金霉素和氯霉素等敏感，但易耐药。

大肠埃希菌是人和动物肠道中的常居菌，一般不致病，在一定条件下可引起肠道外感染。但是某些菌株的致病性强，引起腹泻。已知引起腹泻的大肠埃希菌有四类，即产肠毒素大肠埃希菌（ETEC）、侵袭性大肠埃希菌（EIEC）、肠出血性大肠埃希菌（EHEC）、肠道致病性大肠埃希菌（EPEC）。因此，食品检出大肠埃希菌，即意味着这些物品直接或间接地被污染，故在卫生学上可作为卫生监督的指示菌。

十一、食品中的副溶血性弧菌

副溶血性弧菌系弧菌科弧菌属，革兰阴性菌，有球杆状、杆状、丝状、稍弯曲弧状等，无芽孢，菌体一端有单鞭毛，运动活泼。该菌为需氧菌，对营养要求不高，但在无盐的环境中不能生长。在含盐3%～3.5%的培养基上生长最好，多为球杆菌。

海水是本菌的污染源，海产品、海盐、带菌者等都有可能成为传播本菌的传染源。此菌对酸敏感，在普通食醋中5min即可杀死；对热的抵抗力较弱。

副溶血性弧菌食物中毒多发生在6～10月。中毒食品主要是海产品，其次为咸菜、熟肉类、禽肉、禽蛋类，约有半数中毒者为食用了腌制品。中毒原因主要是烹调时未烧熟煮透或熟制品被污染。预防措施主要是动物性食品应煮熟煮透再吃；隔餐的剩菜食前应充分加热；防止生熟食物操作时交叉污染；海产品宜用饱和盐水浸渍保藏（并可加醋调味杀菌），食前用冷开水反复冲洗。

十二、食品中的阪崎肠杆菌

阪崎肠杆菌是肠杆菌科的一种，1980年由黄色阴沟肠杆菌更名为阪崎肠杆菌。该菌为革兰阴性粗短杆菌，细胞大小为（0.6～1.1）μm×（1.2～3）μm，有周身菌毛，无芽孢，有动力，兼性厌氧。对营养要求不高，能在营养琼脂、血平板、麦康凯等多种培养基上生长，在TSA上生长为1.5～2.5mm的黄色菌落。氧化酶阴性，触酶反应阳性。阪崎肠杆菌比其他肠杆菌耐高温，并对清洁剂和杀菌剂有较强的抵抗力。

阪崎肠杆菌可以对任何年龄段的人群引起疾病，但主要是婴幼儿，特别是1岁以下和出生28d以内的婴儿，早产儿、低体重儿或免疫缺陷的婴幼儿更容易被感染。感染主要引起脑膜炎、脓血症、坏死性小肠结肠炎，死亡率高达50%以上。目前，许多病例报告表明婴儿配方乳粉是主要感染渠道。

十三、食品中的双歧杆菌

双歧杆菌为革兰阳性杆菌。长短不等，典型的双歧杆菌有“V”字型或“Y”字型，也有直、弯、棒状、匙形等多种形态；排列成单、双、短链、X或栅状。不形成芽孢和荚膜，也无动力，抗酸染色阴性。该菌为厌氧菌，但不同菌种对氧的敏感性有差异，某些菌种当有CO_2存在时，对氧可以耐受。最适生长温度为37～41℃，最适pH为6.5～7。双歧杆菌具有多种生理功能，是目前公认的益生菌。

双歧杆菌对青霉素G、红霉素、氯林可霉素和氨苄青霉素等高度敏感；对氯霉素、呋喃妥因、四环素中度敏感；对甲硝唑、卡那霉素和新霉素有药敏性。

双歧杆菌对各种营养素的要求很高，一般培养基不能生长繁殖，并且由自然生态转移到实验室还容易发生形态变异，所以很难分离纯化和大工业应用。

十四、食品中的大肠埃希菌

大肠埃希菌俗称大肠杆菌。该菌为革兰阴性短直杆菌，细胞大小为（0.4～0.7）μm×（2～3）μm，两端钝圆，无芽孢，多数有周身鞭毛，可运动，有菌毛，有些菌株还有致病性菌毛，菌毛与致病力相关。除少数菌株外，通常无可见荚膜，但常有微荚膜，兼性厌氧。对营养要求不高，能发酵多种糖类，产酸产气。

该菌对热的抵抗力较其他肠道杆菌强，55℃经60min或60℃加热15min仍有部分细菌存活。在自然界的水中可存活数周至数月，在温度较低的粪便中存活更久。胆盐、煌绿等对其有抑制作用。大肠埃希菌对磺胺类、链霉素、氯霉素等敏感，但易耐药。

【技能训练】

技能一　食品中菌落总数检测

一、技能目标

- 掌握食品中菌落总数检测方法。
- 能对食品中菌落总数的检测结果作出准确、规范的报告。

二、用品准备

1. 仪器

恒温培养箱：(36±1)℃，(30±1)℃；冰箱：2～5℃；恒温水浴箱：(46±1)℃；电子天平；均质器；振荡器；pH计或pH比色管或精密pH试纸；放大镜或/和菌落计数器。

2. 培养基和试剂

(1) 平板计数琼脂培养基

① 成分：胰蛋白胨5g，酵母浸膏2.5g，葡萄糖1g，琼脂15g，蒸馏水1000mL，pH 7.0±0.2。

② 制法：将上述成分加于蒸馏水中，煮沸溶解，调节pH。分装试管或锥形瓶，121℃高压灭菌15min。

(2) 磷酸盐缓冲液

① 成分：磷酸二氢钾（KH_2PO_4）34g，蒸馏水500mL，pH 7.2。

② 制法

a. 储存液：称取34g的磷酸二氢钾溶于500mL蒸馏水中，用大约175mL的1mol/L氢氧化钠溶液调节pH，用蒸馏水稀释至1000mL后储存于冰箱。

b. 稀释液：取储存液1.25mL，用蒸馏水稀释至1000mL，分装于适宜容器中，121℃高压灭菌15min。

(3) 无菌生理盐水

① 成分：氯化钠8.5g，蒸馏水1000mL。

② 制法：称取8.5g氯化钠溶于1000mL蒸馏水中，121℃高压灭菌15min。

3. 其他备品

无菌吸管：1mL（具有0.01mL刻度）、10mL（具有0.1mL刻度）或微量移液器及吸头；无菌锥形瓶：容量250mL、500mL；无菌培养皿：直径90mm。

检样
25g(mL)样品＋225mL稀释液，均质

↓

10倍系列稀释

↓

选择2～3个适宜稀释度的样品匀液，
各取1mL分别加入无菌培养皿内

↓

每皿中加入15～20mL平板
计数琼脂培养基，混匀

↓

培养

↓

计数各个平板菌落数

↓

计算菌落总数

↓

报告

图2-2　菌落总数的检验程序

三、操作要领

1. 检验程序

菌落总数的检验程序见图2-2。

2. 操作步骤

(1) 样品的稀释

① 固体和半固体样品：称取25g样品置于盛有225mL磷酸盐缓冲液或生理盐水的无菌均质杯内，8000～10000r/min均质1～2min，或放入盛有225mL稀释液的无菌均质袋中，用拍击式均质器拍打1～2min，制成1∶10的样品匀液。

② 液体样品：以无菌吸管吸取25mL样品置于盛有225mL磷酸盐缓冲液或生理盐水的无菌锥形瓶（瓶内预置适当数量的无菌玻璃珠）中，充分混匀，制成1∶10的样品匀液。

③ 用1mL无菌吸管或微量移液器吸取1∶10样品匀液1mL，沿管壁缓慢注于盛有9mL稀释液的无菌试管中，振摇试管或换用1支无菌吸管反复吹打使其混合均匀，制成1∶100的样品匀液。

④ 按步骤③操作程序，制备10倍系列稀释样品匀液。

⑤ 根据对样品污染状况的估计，选择2～3个适宜稀释度的样品匀液（液体样品可包括

原液)，在进行10倍递增稀释时，吸取1mL样品匀液于无菌平皿内，每个稀释度做两个平皿。同时，分别吸取1mL空白液加入两个无菌平皿内作空白对照。

⑥ 及时将15～20mL冷却至46℃的平板计数琼脂培养基［可放置于(46±1)℃恒温水浴箱中保温］倾注平皿，并转动平皿使其混合均匀。

(2) 培养

① 待琼脂凝固后，将平板翻转，(36±1)℃培养(48±2)h。水产品(30±1)℃培养(72±3)h。

② 如果样品中可能含有在琼脂培养基表面弥漫生长的菌落时，可在凝固后的琼脂表面覆盖一薄层琼脂培养基(约4mL)，凝固后翻转平板，按步骤①条件进行培养。

3. 菌落计数

可用肉眼观察，必要时用放大镜或菌落计数器，记录稀释倍数和相应的菌落数量。菌落计数以菌落形成单位(colony forming units，cfu)表示。

① 选取菌落数在30～300之间、无蔓延菌落生长的平板计数菌落计数。低于30的平板记录具体菌落数，大于300的可记录为多不可计。每个稀释度的菌落数应采用两个平板的平均数。

② 其中一个平板有较大片状菌落生长时，则不宜采用，而应以无片状菌落生长的平板作为该稀释度的菌落数；若片状菌落不到平板的一半，而其余一半中菌落分布又很均匀，即可计算半个平板后乘以2，代表一个平板菌落数。

③ 当平板上出现菌落间无明显界线的链状生长时，则将每条单链作为一个菌落计数。

4. 结果与报告

(1) 菌落总数的计算方法

① 若只有一个稀释度平板上的菌落数在适宜计数范围内，计算两个平板菌落数的平均值，再将平均值乘以相应稀释倍数，作为每1g(mL)样品中菌落总数结果。

② 若有两个连续稀释度的平板菌落数在适宜计数范围内时，按公式(2-1)计算：

$$N=\frac{\sum C}{(n_1+0.1n_2)d} \tag{2-1}$$

式中 N——样品中菌落数；

$\sum C$——平板(含适宜范围菌落数的平板)菌落数之和；

n_1——第一稀释度(低稀释倍数)平板个数；

n_2——第二稀释度(高稀释倍数)平板个数；

d——稀释因子(第一稀释度)。

③ 若所有稀释度的平板上菌落数均大于300，则对稀释度最高的平板进行计数，其他平板可记录为多不可计，结果按平均菌落数乘以最高稀释倍数计算。

④ 若所有稀释度的平板菌落数均小于30，则应按稀释度最低的平均菌落数乘以稀释倍数计算。

⑤ 若所有稀释度(包括液体样品原液)平板均无菌落生长，则以小于1乘以最低稀释倍数计算。

⑥ 若所有稀释度的平板菌落数均不在30～300之间，其中一部分小于30或大于300时，则以最接近30或300的平均菌落数乘以稀释倍数计算。

(2) 菌落总数的报告

① 菌落数小于100时，按四舍五入原则修约，以整数报告。

② 菌落数大于或等于100时，第3位数字采用四舍五入原则修约后，取前2位数字，后面用0代替位数；也可用10的指数形式来表示，按四舍五入原则修约后，采用两位有效数字。

③ 若所有平板上为蔓延菌落而无法计数，则报告菌落蔓延。

④ 若空白对照上有菌落生长，则此次检测结果无效。

⑤ 称重取样以 cfu/g 为单位报告，体积取样以 cfu/mL 为单位报告。

四、重要提示

(1) 检验中所用的所有器具都必须干净，烘干、灭菌，既不能存在活菌，也不能残留有抑菌物质。

(2) 应注意采样的代表性。

(3) 用作样品稀释的液体，每批都应有空白对照。

(4) 减少样品在稀释时造成的误差，在连续递次稀释时，每个稀释液应充分振荡，使其均匀，同时每变化 1 个稀释倍数应更换 1 支吸管。在进行连续稀释时，应使吸管内的液体沿管壁流入生理盐水中，勿使吸管尖端伸入稀释液内，以免吸管外部附着的检液溶于其内，造成误差。

(5) 倾注时，培养基底部如有沉淀物应弃去，以免与菌落混淆而影响观察计数。

(6) 为防止细菌增殖及产生片状菌落，在检液加入平皿后，应在 20min 内向皿内倾入琼脂，并立即使其与琼脂混合均匀。混合时，可将皿底在平面上先向一个方向旋转，然后再向相反方向旋转，以使其充分混匀。旋转时应小心，不使混合物溅到皿边的上方。皿内琼脂凝固后，应在数分钟内将平皿翻转予以培养，这样可避免菌落蔓延生长。

(7) 不同稀释度的菌落数与稀释倍数成反比，即稀释倍数越高，菌落数越少。如果出现了相反的情况，则应视为检验中出现差错，该情况也可能是检样中混入抑菌剂所致，不应作为检样计数报告的依据。

五、作业要求

请将检测记录与结果填入下表。

食品中菌落总数检测记录表

样品名称		规格		样品编号	
检验标准		生产日期		检验日期	
稀释度	接种量/mL	平板菌落数	平均数	空白对照	最后结果/(cfu/mL)

技能二　食品中大肠菌群检测

一、技能目标

- 掌握食品中大肠菌群的检测方法。
- 能对食品中大肠菌群检测结果作出准确、规范的报告。

二、用品准备

1. 仪器

恒温培养箱：(36±1)℃；冰箱：2～5℃；恒温水浴箱：(46±1)℃；电子天平；均质器；振荡器；pH 计或 pH 比色管或精密 pH 试纸；菌落计数器。

2. 培养基和试剂

(1) 月桂基硫酸盐胰蛋白胨肉汤（LST）

① 成分：胰蛋白胨或胰酪胨 20g，氯化钠 5g，乳糖 5g，磷酸氢二钾 2.75g，磷酸二氢

钾 2.75g，月桂基硫酸钠 0.1g，蒸馏水 1000mL，pH 6.8±0.2。

② 制法：将上述成分溶解于蒸馏水中，调节 pH。分装到有倒置玻璃小管的试管中，每管 10mL。121℃高压灭菌 15min。

(2) 煌绿乳糖胆盐肉汤（BGLB）

① 成分：蛋白胨 10g，乳糖 10g，牛胆粉溶液 200mL，0.1%煌绿水溶液 13.3mL，蒸馏水 800mL，pH 7.2±0.1。

② 制法：将蛋白胨、乳糖溶于约 500mL 蒸馏水中，加入牛胆粉溶液 200mL（将 20g 脱水牛胆粉溶于 200mL 蒸馏水中，调节 pH 至 7.0～7.5），用蒸馏水稀释到 975mL，调节 pH，再加入 0.1%煌绿水溶液 13.3mL，用蒸馏水补足到 1000mL，用棉花过滤后，分装到有玻璃倒置小管的试管中，每管 10mL。121℃高压灭菌 15min。

(3) 磷酸盐缓冲液。

(4) 无菌生理盐水。

(5) 无菌 1mol/L NaOH

① 成分：NaOH 40g，蒸馏水 1000mL。

② 制法：称取 40g 氢氧化钠溶于 1000mL 蒸馏水中，121℃高压灭菌 15min。

(6) 无菌 1mol/L HCl

① 成分：HCl 90mL，蒸馏水 1000mL。

② 制法：移取浓盐酸 90mL，用蒸馏水稀释至 1000mL，121℃高压灭菌 15min。

3. 其他备品

无菌吸管：1mL（具有 0.01mL 刻度）、10mL（具有 0.1mL 刻度）或微量移液器及吸头；无菌锥形瓶：容量 500mL；无菌培养皿：直径 90mm。

三、操作要领

1. 检验程序

大肠菌群 MPN 计数法的检验程序见图 2-3。

2. 操作步骤

(1) 样品的稀释

① 固体和半固体样品：称取 25g 样品，放入盛有 225mL 磷酸盐缓冲液或生理盐水的无菌均质杯内，8000～10000r/min 均质 1～2min，或放入盛有 225mL 磷酸盐缓冲液或生理盐水的无菌均质袋中，用拍击式均质器拍打 1～2min，制成 1∶10 的样品匀液。

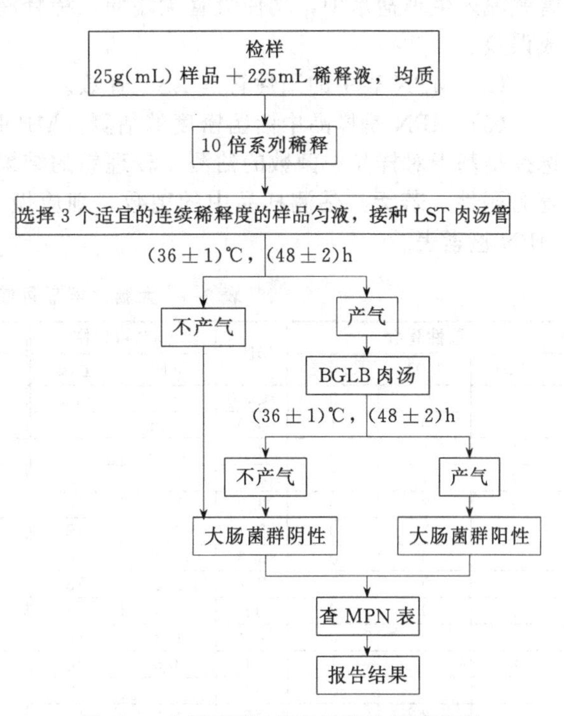

图 2-3　大肠菌群 MPN 计数法检验程序

② 液体样品：以无菌吸管吸取 25mL 样品置于盛有 225mL 磷酸盐缓冲液或生理盐水的无菌锥形瓶（瓶内预置适当数量的无菌玻璃珠）中，充分混匀，制成 1∶10 的样品匀液。

③ 样品匀液的 pH 值应在 6.5～7.5 之间，必要时分别用 1mol/L NaOH 或 1mol/L HCl 调节。

④ 用 1mL 无菌吸管或微量移液器吸取 1∶10 样品匀液 1mL，沿管壁缓缓注入 9mL 磷酸盐缓冲液或生理盐水的无菌试管中，振摇试管或换用 1 支 1mL 无菌吸管反复吹打，使其

混合均匀，制成 1∶100 的样品匀液。

⑤ 根据对样品污染状况的估计，按上述操作，依次制成十倍递增系列稀释样品匀液。从制备样品匀液至样品接种完毕，全过程不得超过 15min。

（2）初发酵试验　每个样品，选择 3 个适宜的连续稀释度的样品匀液（液体样品可以选择原液），每个稀释度接种 3 管 LST 肉汤，每管接种 1mL（如接种量超过 1mL，则用双料 LST 肉汤），(36±1)℃培养（24±2)h，观察倒置小管内是否有气泡产生，(24±2)h 产气者进行复发酵试验，如未产气则继续培养至（48±2)h，产气者进行复发酵试验。未产气者为大肠菌群阴性。

（3）复发酵试验　用接种环从产气的 LST 肉汤管中分别取培养物 1 环，移种于 BGLB 肉汤管中，(36±1)℃培养（48±2)h，观察产气情况。产气者，计为大肠菌群阳性管。

3. 大肠菌群最可能数（MPN）的报告

按上面确证的大肠菌群 LST 阳性管数，检索 MPN 表（见表 2-3），报告每 1g（mL）样品中大肠菌群的 MPN 值。

四、重要提示

（1）减少样品在稀释时造成的误差，在连续递次稀释时，每个稀释液应充分振荡，使其均匀，同时每变化 1 个稀释倍数应更换 1 支吸管。在进行连续稀释时，应使吸管内的液体沿管壁流入生理盐水中，勿使吸管尖端伸入稀释液内，以免吸管外部附着的检液溶于其内，造成误差。

（2）MPN 表中的阳性管是 LST 管数。

（3）MPN 是样品中活菌密度的估测。MPN 检索表是采用 3 个稀释度 9 管法，稀释度的选择是基于对样品中菌数的估测，较理想的结果是最低稀释度 3 管为阳性，而最高稀释度 3 管为阴性。若无法估测样品中的菌数，则应做一定范围的稀释度。表 2-3 为 95％可信限的 MPN 检索表。

表 2-3　大肠菌群最可能数（MPN）检索表

阳性管数			MPN	95％可信限		阳性管数			MPN	95％可信限	
0.10	0.01	0.001		下限	上限	0.10	0.01	0.001		下限	上限
0	0	0	<3.0	—	9.5	2	2	0	21	4.5	42
0	0	1	3.0	0.15	9.6	2	2	1	28	8.7	94
0	1	0	3.0	0.15	11	2	2	2	35	8.7	94
0	1	1	6.1	1.2	18	2	3	0	29	8.7	94
0	2	0	6.2	1.2	18	2	3	1	36	8.7	94
0	3	0	9.4	3.6	38	3	0	0	23	4.6	94
1	0	0	3.6	0.17	18	3	0	1	38	8.7	110
1	0	1	7.2	1.3	18	3	0	2	64	17	180
1	0	2	11	3.6	38	3	1	0	43	9	180
1	1	0	7.4	1.3	20	3	1	1	75	17	200
1	1	1	11	3.6	38	3	1	2	120	37	420
1	2	0	11	3.6	42	3	1	3	160	40	420
1	2	1	15	4.5	42	3	2	0	93	18	420
1	3	0	16	4.5	42	3	2	1	150	37	420
2	0	0	9.2	1.4	38	3	2	2	210	40	430
2	0	1	14	3.6	42	3	2	3	290	90	1000
2	0	2	20	4.5	42	3	3	0	240	42	1000
2	1	0	15	3.7	42	3	3	1	460	90	2000
2	1	1	20	4.5	42	3	3	2	1100	180	4100
2	1	2	27	8.7	94	3	3	3	>1100	420	—

注：1. 本表采用 3 个稀释度［0.1g（或 0.1mL)、0.01g（或 0.01mL）和 0.001g（或 0.001mL)］，每个稀释度接种 3 管。

2. 表内所列检样量如改用 1g（或 1mL)、0.1g（或 0.1mL）和 0.01g（或 0.01mL）时，表内数字应相应降低 10 倍；如改用 0.01g（或 0.01mL)、0.001g（或 0.001mL)、0.0001g（或 0.0001mL）时，则表内数字相应增高 10 倍，其余类推。

(4) 查阅 MPN 检索表注意事项

① 固体样品 1g 经 10 倍稀释后，虽加入 1mL 量，但其样品实际量只有 0.1g，故应按 0.1g 计，不应按 1mL 计。

② 当检索表内 3 个稀释度检测结果均为阴性时，MPN 应按<3 判定，这样更能反映实际情况。

五、作业要求

请将检测记录与结果填入下表。

食品中大肠菌群检测记录表

样品名称			规格					样品编号		
检验标准			生产日期					检验日期		
稀释度	管号	接种量/mL	初发酵	(36±1)℃		倒置小管有无气泡	阴阳性	复发酵	阴阳性	最后结果/(MPN/mL)
			LST 肉汤	24h	48h			BGLB 肉汤		

技能三　食品中霉菌和酵母菌检测

一、技能目标

- 掌握食品中霉菌和酵母菌检测方法。
- 能对食品中霉菌和酵母菌检测结果作出准确、规范的报告。

二、用品准备

1. 仪器

冰箱：2～5℃；恒温培养箱：(28±1)℃；均质器；恒温振荡器；显微镜：10×、100×；电子天平。

2. 培养基和试剂

(1) 马铃薯葡萄糖琼脂培养基

① 成分：马铃薯（去皮切块）300g，葡萄糖 20g，琼脂 20g，氯霉素 0.1g，蒸馏水 1000mL。

② 制法：将马铃薯去皮切块，加 1000mL 蒸馏水，煮沸 10～20min。用纱布过滤，补加蒸馏水至 1000mL。加入葡萄糖和琼脂，加热溶化，分装后，121℃灭菌 20min。倾注平板前，用少量乙醇溶解氯霉素加入培养基中。

(2) 孟加拉红培养基

① 成分：蛋白胨 5g，葡萄糖 10g，磷酸二氢钾 1g，硫酸镁（无水）0.5g，琼脂 20g，孟加拉红 0.033g，氯霉素 0.1g，蒸馏水 1000mL。

② 制法：上述各成分加入蒸馏水中，加热溶化，补足蒸馏水至 1000mL，分装后，121℃灭菌 20min。倾注平板前，用少量乙醇溶解氯霉素加入培养基中。

3. 其他备品

无菌锥形瓶：容量 500mL、250mL；无菌广口瓶：500mL；无菌吸管：1mL（具有

0.01mL 刻度)、10mL（具有 0.1mL 刻度）；无菌平皿：直径 90mm；无菌试管：10mm×75mm；无菌牛皮纸袋、塑料袋。

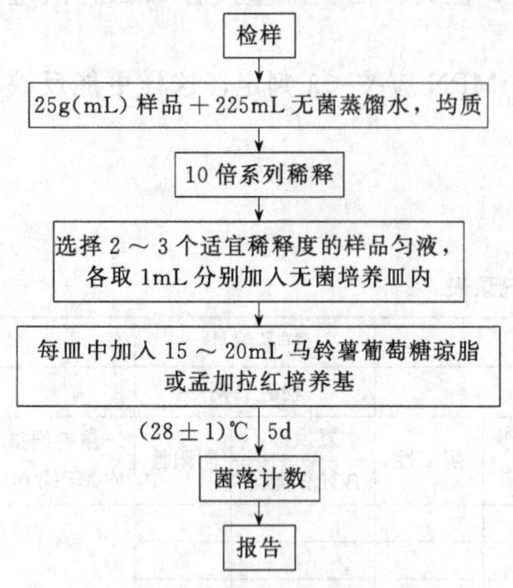

图 2-4 霉菌和酵母菌计数的检验程序

三、操作要领

1. 检验程序

霉菌和酵母菌计数的检验程序见图 2-4。

2. 操作步骤

（1）样品的稀释

① 固体和半固体样品：称取 25g 样品放至盛有 225mL 灭菌蒸馏水的锥形瓶中，充分振摇，即为 1∶10 稀释液，或放入盛有 225mL 无菌蒸馏水的均质袋中，用拍击式均质器拍打 2min，制成1∶10 的样品匀液。

② 液体样品：以无菌吸管吸取 25mL 样品至盛有 225mL 无菌蒸馏水的锥形瓶（可在瓶内预置适当数量的无菌玻璃珠）中，充分混匀，制成 1∶10 的样品匀液。

③ 取 1mL 1∶10 稀释液注入含有 9mL 无菌蒸馏水的试管中，另换一支 1mL 无菌吸管反复吹吸，此液为 1∶100 稀释液。

④ 按上面步骤③的操作程序，制备 10 倍系列稀释样品匀液。

⑤ 根据对样品污染状况的估计，选择 2～3 个适宜稀释度的样品匀液（液体样品可包括原液)，在进行 10 倍递增稀释的同时，每个稀释度分别吸取 1mL 样品匀液于 2 个无菌平皿内。同时分别取 1mL 样品稀释液加入 2 个无菌平皿作空白对照。

⑥ 及时将 15～20mL 冷却至 46℃的马铃薯葡萄糖琼脂或孟加拉红培养基［可放置于(46±1)℃恒温水浴箱中保温］倾注平皿，并转动平皿使其混合均匀。

（2）培养　待琼脂凝固后，将平板倒置，(28±1)℃培养 5d，观察并记录。

3. 菌落计数

肉眼观察，必要时可用放大镜，记录各稀释倍数和相应的霉菌和酵母菌数，以 cfu 表示。

选取菌落数在 10～150 的平板，根据菌落形态分别计数霉菌和酵母菌数。霉菌蔓延生长覆盖整个平板的可记录为多不可计。菌落数应采用两个平板的平均数。

4. 结果与报告

（1）计算方法　计算两个平板菌落数的平均值，再将平均值乘以相应稀释倍数计算。

① 若所有平板上菌落数均大于 150，则对稀释度最高的平板进行计数，其他平板可记录为多不可计，结果按平均菌落数乘以最高稀释倍数计算。

② 若所有平板上菌落数均小于 10，按稀释度最低的平均菌落数乘以稀释倍数计算。

③ 若所有稀释度平板均无菌落生长，则以小于 1 乘以最低稀释倍数计算；如为原液，则以小于 1 计数。

（2）报告

① 菌落数在 100 以内时，按四舍五入原则修约，采用两位有效数字报告。

② 菌落数大于或等于 100 时，前 3 位数字采用四舍五入原则修约后，取前 2 位数字，后面用 0 代替位数来表示结果；也可用 10 的指数形式来表示，此时也按四舍五入原则修约，采用两位有效数字。

③ 称重取样以 cfu/g 为单位报告，体积取样以 cfu/mL 为单位报告，报告时分别报告霉菌和/或酵母数。

四、重要提示

(1) 取样时需特别注意样品的代表性和避免采样时的污染。首先准备好灭菌容器和采样工具，采取有代表性的样品。样品采集后应尽快检验，否则应将样品放在低温干燥处。

(2) 用作样品稀释的液体，每批都应有空白对照。

(3) 减少样品在稀释时造成的误差，在连续递次稀释时，每个稀释液应充分振荡，使其均匀，同时每变化1个稀释倍数应更换1支吸管。在进行连续稀释时，应使吸管内的液体沿管壁流入生理盐水中，勿使吸管尖端伸入稀释液内，以免吸管外部附着的检液溶于其内，造成误差。

(4) 马铃薯葡萄糖琼脂或孟加拉红培养基温度为46℃，如无水浴，应以皮肤感受较热而不烫为宜。

五、作业要求

请将检测记录与结果，填入下表。

食品中霉菌和酵母菌检测记录表

样品名称		规格		样品编号	
检验标准		生产日期		检验日期	
稀释度	接种量/mL	平板菌落数	平均数	空白对照	最后结果/(cfu/mL)

技能四 食品中沙门菌检测

一、技能目标

- 能在教师指导下完成食品中沙门菌的检测。
- 能利用生物学特性进行沙门菌的鉴别。

二、用品准备

1. 仪器

冰箱：2～5℃；恒温培养箱：(36±1)℃，(42±1)℃；均质器；振荡器；电子天平；pH计或pH比色管或精密pH试纸；全自动微生物生化鉴定系统。

2. 培养基和试剂

(1) 缓冲蛋白胨水（BP）

① 成分：蛋白胨10g，氯化钠5g，磷酸氢二钠（$Na_2HPO_4 \cdot 12H_2O$）9g，磷酸二氢钾1.5g，蒸馏水1000mL，pH 7.2±0.2。

② 制法：将各成分加入蒸馏水中，搅拌均匀，静置约10min，煮沸溶解，调节pH，高压灭菌121℃，15min。

(2) 四硫黄酸钠煌绿（TTB）增菌液

① 成分

a. 基础液：蛋白胨10g，牛肉膏5g，氯化钠3g，碳酸钙45g，蒸馏水1000mL，pH 7.0±0.2。除碳酸钙外，将各成分加入蒸馏水中，煮沸溶解，再加入碳酸钙，调节pH，高压灭菌121℃，20min。

b. 硫代硫酸钠溶液：硫代硫酸钠（$Na_2S_2O_3 \cdot 5H_2O$）50g，蒸馏水加至100mL，高压灭菌121℃，20min。

c. 碘溶液：碘片20g，碘化钾25g，蒸馏水加至100mL。将碘化钾充分溶解于少量的蒸馏水中，再投入碘片，振摇玻瓶至碘片全部溶解为止，然后加蒸馏水至规定的总量，储存于棕色瓶内，塞紧瓶盖备用。

d. 0.5%煌绿水溶液：煌绿 0.5g，蒸馏水 100mL，溶解后，存放暗处，不少于 1d，使其自然灭菌。

e. 牛胆盐溶液：牛胆盐 10g，蒸馏水 100mL。加热煮沸至完全溶解，高压灭菌 121℃，20min。

② 制法：基础液 900mL，硫代硫酸钠溶液 100mL，碘溶液 20mL，煌绿水溶液 2mL，牛胆盐溶液 50mL，临用前，按上列顺序，以无菌操作依次加入基础液中，每加入一种成分，均应摇匀后再加入另一种成分。

(3) 亚硒酸盐胱氨酸（SC）增菌液

① 成分：蛋白胨 5g，乳糖 4g，磷酸氢二钠 10g，亚硒酸氢钠 4g，L-胱氨酸 0.01g，蒸馏水 1000mL，pH 7.0±0.2。

② 制法：除亚硒酸氢钠和 L-胱氨酸外，将其他各成分加入蒸馏水中，煮沸溶解，冷至 55℃以下，以无菌操作加入亚硒酸氢钠和 1g/L L-胱氨酸溶液 10mL（称取 0.1g L-胱氨酸，加 1mol/L 氢氧化钠溶液 15mL，使溶解，再加无菌蒸馏水至 100mL 即成，如为 DL-胱氨酸，用量应加倍），摇匀，调节 pH。

(4) 亚硫酸铋（BS）琼脂

① 成分：蛋白胨 10g，牛肉膏 5g，葡萄糖 5g，硫酸亚铁 0.3g，磷酸氢二钠 4g，煌绿 0.025g 或 5g/L 水溶液 5mL，柠檬酸铋铵 2g，亚硫酸钠 6g，琼脂 18～20g，蒸馏水 1000mL，pH 7.5±0.2。

② 制法：将前三种成分加入 300mL 蒸馏水（制作基础液）中，硫酸亚铁和磷酸氢二钠分别加入 20mL 和 30mL 蒸馏水中，柠檬酸铋铵和亚硫酸钠分别加入另一 20mL 和 30mL 蒸馏水中，琼脂加入 600mL 蒸馏水中。然后分别搅拌均匀，煮沸溶解。冷至 80℃左右时，先将硫酸亚铁和磷酸氢二钠混匀，倒入基础液中，混匀。将柠檬酸铋铵和亚硫酸钠混匀，倒入基础液中，再混匀。调节 pH，随即倾入琼脂液中，混合均匀，冷至 50～55℃。加入煌绿溶液，充分混匀后立即倾注平皿。

(5) HE 琼脂

① 成分：蛋白胨 12g，牛肉膏 3g，乳糖 12g，蔗糖 12g，水杨素 2g，胆盐 20g，氯化钠 5g，琼脂 18～20g，蒸馏水 1000mL，0.4%溴麝香草酚蓝溶液 16mL，Andrade 指示剂 20mL，甲液 20mL，乙液 20mL，pH 7.5±0.2。

② 制法：将前面七种成分溶解于 400mL 蒸馏水内作为基础液，将琼脂加入 600mL 蒸馏水内。然后分别搅拌均匀，煮沸溶解。加入甲液和乙液于基础液内，调节 pH。再加入指示剂，并与琼脂液合并，待冷至 50～55℃，倾注平皿。

注：a. 本培养基不需要高压灭菌，在制备过程中不宜过分加热，避免降低其选择性。

b. 甲液的配制：硫代硫酸钠 34g，柠檬酸铁铵 4g，蒸馏水 100mL。

c. 乙液的配制：去氧胆酸钠 10g，蒸馏水 100mL。

d. Andrade 指示剂：酸性复红 0.5g，1mol/L 氢氧化钠溶液 16mL，蒸馏水 100mL。将复红溶解于蒸馏水中，加入氢氧化钠溶液。数小时后如复红褪色不全，再加氢氧化钠溶液 1～2mL。

(6) 木糖赖氨酸脱氧胆盐（XLD）琼脂

① 成分：酵母膏 3g，L-赖氨酸 5g，木糖 3.75g，乳糖 7.5g，蔗糖 7.5g，去氧胆酸钠 2.5g，柠檬酸铁铵 0.8g，硫代硫酸钠 6.8g，氯化钠 5g，琼脂 15g，酚红 0.08g，蒸馏水

1000mL，pH 7.4±0.2。

② 制法：除酚红和琼脂外，将其他成分加入 400mL 蒸馏水中，煮沸溶解，调节 pH。另将琼脂加入 600mL 蒸馏水中，煮沸溶解。将上述两溶液混合均匀后，再加入指示剂，待冷至 50～55℃倾注平皿。

(7) 沙门菌属显色培养基。

(8) 三糖铁（TSI）琼脂

① 成分：蛋白胨 20g，牛肉膏 5g，乳糖 10g，蔗糖 10g，葡萄糖 1g，硫酸亚铁铵 $[(NH_4)_2Fe(SO_4)_2 \cdot 6H_2O]$ 0.2g，酚红 0.025g 或 5g/L 溶液 5mL，氯化钠 5g，硫代硫酸钠 0.2g，琼脂 12g，蒸馏水 1000mL，pH7.4±0.2。

② 制法：除酚红和琼脂外，将其他成分加入 400mL 蒸馏水中，煮沸溶解，调节 pH。另将琼脂加入 600mL 蒸馏水中，煮沸溶解。将上述两溶液混合均匀后，再加入指示剂，混匀，分装试管，每管约 2～4mL，高压灭菌 121℃ 10min 或 115℃ 15min，灭菌后制成高层斜面，呈橘红色。

(9) 蛋白胨水、靛基质试剂

① 成分

a. 蛋白胨水：蛋白胨（或胰蛋白胨）20g，氯化钠 5g，蒸馏水 1000mL，pH 7.4±0.2。将上述成分加入蒸馏水中，煮沸溶解，调节 pH，分装小试管，121℃高压灭菌 15min。

b. 靛基质试剂。

c. 柯凡克试剂：将 5g 对二甲氨基甲醛溶解于 75mL 戊醇中，然后缓慢加入浓盐酸 25mL。

d. 欧-波试剂：将 1g 对二甲氨基苯甲醛溶解于 95mL 95%乙醇内，然后缓慢加入浓盐酸 20mL。

② 试验方法：挑取小量培养物接种，在（36±1)℃下培养 1～2d，必要时可培养 4～5d。加入柯凡克试剂约 0.5mL，轻摇试管，阳性者于试剂层呈深红色；或加入欧-波试剂约 0.5mL，沿管壁流下，覆盖于培养液表面，阳性者于液面接触处呈玫瑰红色。

(10) 尿素琼脂（pH7.2)

① 成分：蛋白胨 1g，氯化钠 5g，葡萄糖 1g，磷酸二氢钾 2g，0.4%酚红 3mL，琼脂 20g，蒸馏水 1000mL，20%尿素溶液 100mL，pH7.2±0.2。

② 制法：除尿素、琼脂和酚红外，将其他成分加入 400mL 蒸馏水中，煮沸溶解，调节 pH。另将琼脂加入 600mL 蒸馏水中，煮沸溶解。将上述两溶液混合均匀后，再加入指示剂后分装，121℃高压灭菌 15min。冷至 50～55℃，加入经除菌过滤的尿素溶液。尿素的最终浓度为 2%。分装于无菌试管内，放成斜面备用。

③ 试验方法：挑取琼脂培养物接种，在（36±1)℃下培养 24h，观察结果。尿素酶阳性者由于产碱而使培养基变为红色。

(11) 氰化钾（KCN）培养基

① 成分：蛋白胨 10g，氯化钠 5g，磷酸二氢钾 0.225g，磷酸氢二钠 5.64g，蒸馏水 1000mL，0.5%氰化钾 20mL。

② 制法：将除氰化钾以外的成分加入蒸馏水中，煮沸溶解，分装后 121℃高压灭菌 15min。放在冰箱内使其充分冷却。每 100mL 培养基加入 0.5%氰化钾溶液 2mL（最后浓度为 1∶10000)，分装于无菌试管内，每管约 4mL，立刻用无菌橡皮塞塞紧，放在 4℃冰箱内，至少可保存两个月。同时，将不加氰化钾的培养基作为对照培养基，分装试管备用。

③ 试验方法：将琼脂培养物接种于蛋白胨水内成为稀释菌液，挑取 1 环接种于KCN 培养基。并另挑取 1 环接种于对照培养基。在（36±1)℃培养 1～2d，观察结果。如有细菌生

长即为阳性（不抑制），经 2d 细菌不生长为阴性（抑制）。

（12）赖氨酸脱羧酶试验培养基

① 成分：蛋白胨 5g，酵母浸膏 3g，葡萄糖 1g，蒸馏水 1000mL，1.6%溴甲酚紫乙醇溶液 1mL，L-赖氨酸或 DL-赖氨酸 0.5g/100mL 或 1g/100mL，pH 6.8±0.2。

② 制法：除赖氨酸以外的成分加热溶解后，分装每瓶 100mL，分别加入赖氨酸。L-赖氨酸按 0.5%加入，DL-赖氨酸按 1%加入。调节 pH。对照培养基不加赖氨酸。分装于无菌的小试管内，每管 0.5mL，上面滴加一层液体石蜡，115℃高压灭菌 10min。

③ 试验方法：从琼脂斜面上挑取培养物接种，于（36±1）℃培养 18～24h，观察结果。氨基酸脱羧酶阳性者由于产碱，培养基应呈紫色。阴性者无碱性产物，但因分解葡萄糖产酸而使培养基变为黄色，对照管应为黄色。

（13）糖发酵管

① 成分：牛肉膏 5g，蛋白胨 10g，氯化钠 3g，磷酸氢二钠（$Na_2HPO_4 \cdot 12H_2O$）2g，0.2%溴麝香草酚蓝溶液 12mL，蒸馏水 1000mL，pH7.4±0.2。

② 制法：葡萄糖发酵管按上述成分配好后，调节 pH。按 0.5%加入葡萄糖，分装于有一个倒置小管的小试管内，121℃高压灭菌 15min。其他各种糖发酵管可按上述成分配好后，分装每瓶 100mL，121℃高压灭菌 15min。另将各种糖类分别配好 10%溶液，同时高压灭菌。将 5mL 糖溶液加入于 100mL 培养基内，以无菌操作分装小试管。

注：蔗糖不纯，加热后会自行水解者，应采用过滤法除菌。

③ 试验方法：从琼脂斜面上挑取小量培养物接种，于（36±1）℃培养，一般 2～3d。迟缓反应需观察 14～30d。

（14）邻硝基苯基-β-D半乳糖苷（ONPG）培养基

① 成分：ONPG 60mg，0.01mol/L 磷酸钠缓冲液（pH7.5）10mL，1%蛋白胨水（pH7.5）30mL。

② 制法：将 ONPG 溶于缓冲液内，加入蛋白胨水，以过滤法除菌，分装于无菌的小试管内，每管 0.5mL，用橡皮塞塞紧。

③ 试验方法：自琼脂斜面上挑取培养物 1 满环接种于（36±1）℃培养 1～3h 和 24h 观察结果。如果β-半乳糖苷酶产生，则于 1～3h 变黄色，如无此酶则 24h 不变色。

（15）半固体琼脂

① 成分：牛肉膏 0.3g，蛋白胨 1g，氯化钠 0.5g，琼脂 0.35～0.4g，蒸馏水 100mL，pH7.4±0.2。

② 制法：按以上成分配好，煮沸溶解，调节 pH。分装小试管。121℃高压灭菌 15min。直立凝固备用。

（16）丙二酸钠培养基

① 成分：酵母浸膏 1g，硫酸铵 2g，磷酸氢二钾 0.6g，磷酸二氢钾 0.4g，氯化钠 2g，丙二酸钠 3g，0.2%溴麝香草酚蓝溶液 12mL，蒸馏水 1000mL，pH 6.8±0.2。

② 制法：将除指示剂以外的成分溶解于水，调节 pH，再加入指示剂，分装试管，121℃高压灭菌 15min。

③ 试验方法：用新鲜的琼脂培养物接种，于（36±1）℃培养 48h，观察结果。阳性者由绿色变为蓝色。

（17）沙门菌 O 和 H 诊断血清。

（18）生化鉴定试剂盒。

3. 其他备品

无菌锥形瓶：容量 500mL，250mL；无菌吸管：1mL（具有 0.01mL 刻度）、10mL

(具有 0.1mL 刻度)或微量移液器及吸头;无菌培养皿:直径 90mm;无菌试管:3mm×50mm、10mm×75mm;无菌毛细管。

三、操作要领

1. 检验程序

沙门菌检验程序见图 2-5。

2. 操作步骤

(1) 前增菌 称取 25g (mL) 样品放入盛有 225mL BP 的无菌均质杯中,以 8000~10000r/min 均质 1~2min,或置于盛有 225mL BP 的无菌均质袋中,用拍击式均质器拍打 1~2min。若样品为液态,不需要均质,振荡混匀。如需测定 pH 值,用 1mol/L 无菌 NaOH 或 HCl 调 pH 至 6.8±0.2。无菌操作将样品转至 500mL 锥形瓶中,如使用均质袋,可直接进行培养,于 (36±1)℃培养 8~18h。

如为冷冻产品,应在 45℃以下不超过 15min,或 2~5℃不超过 18h 解冻。

(2) 增菌 轻轻摇动培养过的样品混合物,移取 1mL,转种于 10mL TTB 增菌液内,于 (42±1)℃培养 18~24h。同时,另取 1mL,转种于 10mL SC 增菌液内,于 (36±1)℃培养 18~24h。

(3) 分离 分别用接种环取增菌液 1 环,划线接种于一个 BS 琼脂平板和一个 XLD 琼脂平板(或 HE 琼脂平板或沙门菌属显色培养基平板)。于 (36±1)℃分别培养 18~24h (XLD 琼脂平板、HE 琼脂平板、沙门菌属显色培养基平板)或 40~48h (BS 琼脂平板),观察各个平板上生长的菌落,各个平板上的菌落特征见表 2-4。

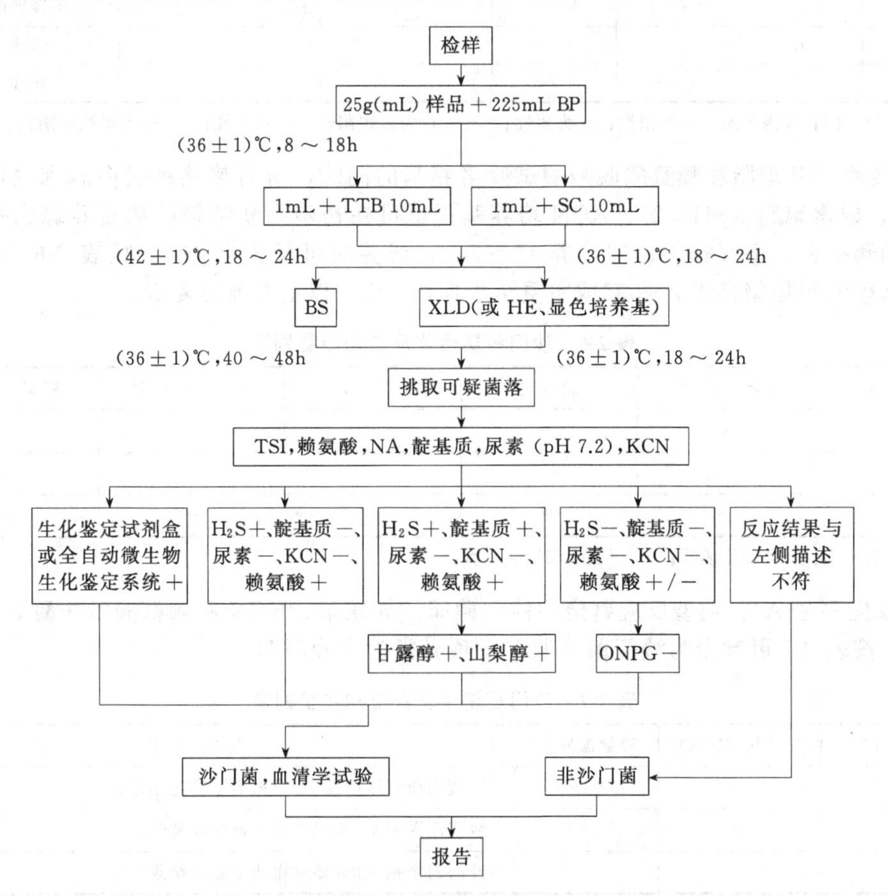

图 2-5 沙门菌检验程序

表 2-4　沙门菌属在不同选择性琼脂平板上的菌落特征

选择性琼脂平板	沙　门　菌
BS 琼脂	菌落有金属光泽、黑色、棕褐色或灰色，菌落周围培养基可呈黑色或棕色；有些菌株形成灰绿色的菌落，周围培养基不变
HE 琼脂	蓝绿色或蓝色，多数菌落中心为黑色或几乎全黑色；有些菌株为黄色中心黑色或几乎全黑色
XLD 琼脂	菌落呈粉红色，带或不带黑色中心，有些菌株可呈现大的带光泽的黑色中心，或呈现全部黑色的菌落；有些菌株为黄色菌落，带或不带黑色中心
沙门菌属显色培养基	按照显色培养基的说明进行判定

（4）生化试验

① 自选择性琼脂平板上分别挑取 2 个以上典型或可疑菌落，接种 TSI 琼脂，先在斜面划线，再于底层穿刺；接种针不要灭菌，直接接种赖氨酸脱羧酶试验培养基和营养琼脂平板，于（36±1)℃培养 18～24h，必要时可延长至 48h。在 TSI 琼脂和赖氨酸脱羧酶试验培养基内，沙门菌属的反应结果见表 2-5。

表 2-5　沙门菌属在 TSI 琼脂和赖氨酸脱羧酶试验培养基内的反应结果

TSI 琼脂				赖氨酸脱羧酶试验培养基	初步判断
斜面	底层	产气	硫化氢		
K	A	+(−)	+(−)	+	可疑沙门菌属
K	A	+(−)	+(−)	−	可疑沙门菌属
A	A	+(−)	+(−)	+	可疑沙门菌属
A	A	+/−	+/−	−	非沙门菌
K	K	+/−	+/−	+/−	非沙门菌

注：K 为产碱；A 为产酸；＋为阳性；－为阴性；＋(－）为多数阳性，少数阴性；＋/－为阳性或阴性。

② 接种 TSI 琼脂和赖氨酸脱羧酶试验培养基的同时，可直接接种蛋白胨水（供做靛基质试验)、尿素琼脂（pH7.2)、KCN 培养基；也可在初步判断结果后从营养琼脂平板上挑取可疑菌落接种。于（36±1)℃培养 18～24h，必要时可延长至 48h，按表 2-6 判定结果。将已挑菌落的平板储存于 2～5℃或室温至少保留 24h，以备必要时复查。

表 2-6　沙门菌属生化反应初步鉴别表

反应序号	硫化氢(H_2S)	靛基质	pH 7.2 尿素	氰化钾(KCN)	赖氨酸脱羧酶
A_1	+	−	−	−	+
A_2	+	+	−	−	+
A_3	−	−	−	−	+/−

注：＋表示阳性；－表示阴性；＋/－表示阳性或阴性。

a. 反应序号 A_1：典型反应判定为沙门菌属。如尿素、KCN 和赖氨酸脱羧酶 3 项中有 1 项异常，按表 2-7 可判定为沙门菌。如有 2 项异常为非沙门菌。

表 2-7　沙门菌属生化反应初步鉴别表

pH 7.2 尿素	氰化钾(KCN)	赖氨酸脱羧酶	判定结果
−	−	−	甲型副伤寒沙门菌(要求血清学鉴定结果)
−	+	+	沙门菌Ⅳ或Ⅴ(要求符合本群生化特性)
+	−	+	沙门菌个别变体(要求血清学鉴定结果)

注：＋表示阳性；－表示阴性。

b. 反应序号 A_2：补做甘露醇和山梨醇试验，沙门菌靛基质阳性变体两项试验结果均为阳性，但需要结合血清学鉴定结果进行判定。

c. 反应序号 A_3：补做 ONPG。ONPG 阴性为沙门菌，同时赖氨酸脱羧酶阳性，甲型副伤寒沙门菌为赖氨酸脱羧酶阴性。

必要时按表 2-8 进行沙门菌生化群的鉴别。

表 2-8　沙门菌属各生化群的鉴别表

项　目	Ⅰ	Ⅱ	Ⅲ	Ⅳ	Ⅴ	Ⅵ
卫矛醇	+	+	−	−	+	−
山梨醇	+	+	+	+	+	−
水杨苷	−	−	−	+	−	−
ONPG	−	−	+	−	+	−
丙二酸盐	−	+	+	−	−	−
KCN	−	−	−	+	+	−

注：+表示阳性；−表示阴性。

③ 如选择生化鉴定试剂盒或全自动微生物生化鉴定系统，可根据步骤①的初步判断结果，从营养琼脂平板上挑取可疑菌落，用生理盐水制备成浊度适当的菌悬液，使用生化鉴定试剂盒或全自动微生物生化鉴定系统进行鉴定。

（5）血清学鉴定

① 抗原的准备　一般采用 1.2%～1.5%琼脂培养物作为玻片凝集试验用的抗原。

O 血清不凝集时，将菌株接种在琼脂量较高的（如 2%～3%）培养基上再检查；如果是由于 Vi 抗原的存在而阻止了 O 凝集反应时，可挑取菌苔于 1mL 生理盐水中做成浓菌液，于酒精灯火焰上煮沸后再检查。H 抗原发育不良时，将菌株接种在 0.55%～0.65%半固体琼脂平板的中央，待菌落蔓延生长时，在其边缘部分取菌检查；或将菌株通过装有 0.3%～0.4%半固体琼脂的小玻管 1～2 次，自远端取菌培养后再检查。

② 多价菌体抗原（O）鉴定　在玻片上划出 2 个约 1cm×2cm 的区域，挑取 1 环待测菌，各放 1/2 环于玻片上的每一区域上部，在其中一个区域下部加 1 滴多价菌体（O）抗血清，在另一区域下部加入 1 滴生理盐水作为对照。再用无菌的接种环或针分别将两个区域内的菌落研成乳状液。将玻片倾斜摇动混合 1min，并对着黑暗背景进行观察，任何程度的凝集现象皆为阳性反应。

③ 多价鞭毛抗原（H）鉴定　同多价菌体抗原（O）鉴定。

3. 结果报告

综合以上生化试验和血清学鉴定的结果，报告 25g（mL）样品中检出或未检出沙门菌。

四、重要提示

（1）在配制亚硫酸铋（BS）琼脂、木糖赖氨酸脱氧胆盐（XLD）琼脂培养基时不需要高压灭菌，在制备过程中不宜过分加热，避免降低其选择性，储存于室温暗处。此培养基宜于当天制备，第二天使用。

（2）蛋白胨水、靛基质试剂中所用的蛋白胨应含有丰富的色氨酸。因此，每批蛋白胨买来后，应先用已知菌种鉴定后方可使用。

（3）氰化钾是剧毒药，使用时应小心，切勿沾染，以免中毒。夏天分装氰化钾培养基应在冰箱内进行。试验失败的主要原因是封口不严，氰化钾逐渐分解，产生氢氰酸气体逸出，以致药物浓度降低，细菌生长，因而造成假阳性反应。试验时对每一环节都要特别注意。

五、作业要求

请将检测记录与结果填入下表。

食品中沙门菌检测记录表

样品名称			规格				样品编号		
检验标准			生产日期				检验日期		
前增菌	增　菌			分离培养			可疑菌落形态	生化反应	最后结果
	增菌液	温度/℃	时间/h	平板	温度/℃	时间/h			
BP	TTB			BS					
	SC			XLD					

技能五　食品中金黄色葡萄球菌检测

一、技能目标

- 了解金黄色葡萄球菌各检验步骤的依据及原理。
- 能在教师指导下完成食品中金黄色葡萄球菌的检测。

二、用品准备

1. 仪器

恒温培养箱：(36±1)℃；冰箱：2～5℃；恒温水浴箱：37～65℃；电子天平；均质器；振荡器；pH 计或 pH 比色管或精密 pH 试纸。

2. 培养基和试剂

(1) Baird-Parker 琼脂平板

① 成分：胰蛋白胨 10g，牛肉膏 5g，酵母膏 1g，丙酮酸钠 10g，甘氨酸 12g，氯化锂 ($LiCl \cdot 6H_2O$) 5g，琼脂 20g，蒸馏水 950mL，pH 7.0±0.2。

② 增菌剂的配法：30%卵黄盐水 50mL 与经过除菌过滤的 1%亚碲酸钾溶液 10mL 混合，保存于冰箱内。

③ 制法：将各成分加到蒸馏水中，加热煮沸至完全溶解，调节 pH。分装每瓶 95mL，121℃高压灭菌 15min。临用时加热熔化琼脂，冷至 50℃，每 95mL 加入预热至 50℃的卵黄亚碲酸钾增菌剂 5mL，摇匀后倾注平板。培养基应是致密不透明的。使用前在冰箱储存不得超过 48h。

(2) 脑心浸出液肉汤（BHI）

① 成分：胰蛋白胨 10g，氯化钠 5g，磷酸氢二钠（$Na_2HPO_4 \cdot 12H_2O$）2.5g，葡萄糖 2g，牛心浸出液 500mL，pH 7.4±0.2。

② 制法：加热溶解，调节 pH，分装 16mm×160mm 试管，每管 5mL 置 121℃，15min 灭菌。

(3) 营养琼脂小斜面

① 成分：蛋白胨 10g，牛肉膏 3g，氯化钠 5g，琼脂 15～20g，蒸馏水 1000mL，pH 7.2～7.4。

② 制法：将除琼脂以外的各成分溶解于蒸馏水内，加入 15%氢氧化钠溶液约 2mL 调节 pH 至 7.2～7.4。加入琼脂，加热煮沸，使琼脂溶化，分装 13mm×130mm 管，121℃高压灭菌 15min。

(4) 兔血浆

① 柠檬酸钠溶液制备：取柠檬酸钠 3.8g，加蒸馏水 100mL，溶解后过滤，装瓶，121℃高压灭菌 15min。

② 兔血浆制备：取 3.8%柠檬酸钠溶液一份，加兔全血四份，混好静置（或以 3000 r/min 离心 30min），使血液细胞下降，即可得血浆。

（5）磷酸盐缓冲液。

（6）无菌生理盐水。

3. 其他备品

无菌吸管：1mL（具有 0.01mL 刻度）、10mL（具有 0.1mL 刻度）或微量移液器及吸头；无菌锥形瓶：容量 100mL、500mL；无菌培养皿：直径 90mm；注射器：0.5mL。

三、操作要领

1. 检验程序

金黄色葡萄球菌 Baird-Parker 平板法检验程序见图 2-6。

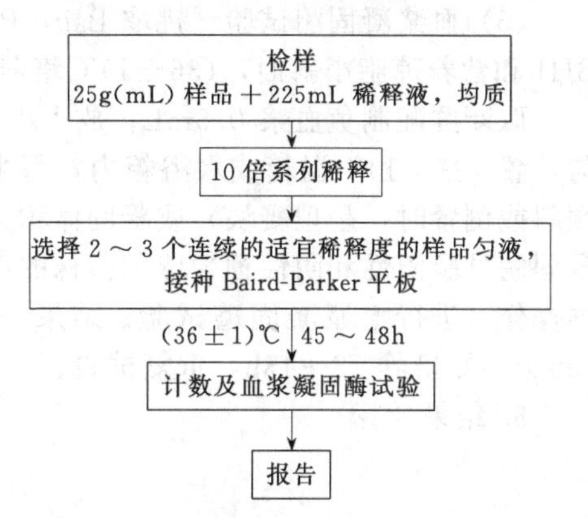

图 2-6　金黄色葡萄球菌 Baird-Parker 平板法检验程序

2. 操作步骤

（1）样品的稀释

① 固体和半固体样品：称取 25g 样品置于盛有 225mL 磷酸盐缓冲液或生理盐水的无菌均质杯内，8000～10000r/min 均质 1～2min，或置于盛有 225mL 稀释液的无菌均质袋中，用拍击式均质器拍打 1～2min，制成 1∶10 的样品匀液。

② 液体样品：以无菌吸管吸取 25mL 样品置于盛有 225mL 磷酸盐缓冲液或生理盐水的无菌锥形瓶（瓶内预置适当数量的无菌玻璃珠）中，充分混匀，制成 1∶10 的样品匀液。

③ 用 1mL 无菌吸管或微量移液器吸取 1∶10 样品匀液 1mL，沿管壁缓慢注于盛有 9mL 稀释液的无菌试管中，振摇试管或换用 1 支 1mL 无菌吸管反复吹打使其混合均匀，制成 1∶100 的样品匀液。

④ 按上面步骤③的操作程序，制备 10 倍系列稀释样品匀液。

（2）样品的接种　根据对样品污染状况的估计，选择 2～3 个适宜稀释度的样品匀液（液体样品可包括原液），在进行 10 倍递增稀释时，每个稀释度分别吸取 1mL 样品匀液以 0.3mL、0.3mL、0.4mL 接种量分别加入三块 Baird-Parker 平板，然后用无菌 L 棒涂布整个平板。使用前，如 Baird-Parker 平板表面有水珠，可放在 25～50℃的培养箱里干燥，直到平板表面的水珠消失。

（3）培养　在通常情况下，涂布后，将平板静置 10min，如样液不易吸收，可将平板放在（36±1）℃培养箱培养 1h；等样品匀液吸收后翻转平皿，倒置于培养箱，（36±1）℃培养，45～48h。

（4）典型菌落计数和确认　金黄色葡萄球菌在 Baird-Parker 平板上，菌落直径为 2～3mm，颜色呈灰色到黑色，边缘为淡色，周围为一浑浊带，在其外层有一透明圈。用接种针接触菌落有似奶油至树胶样的硬度。偶然会遇到非脂肪溶解的类似菌落，但无浑浊带及透明圈。从长期保存的冷冻或干燥食品中所分离的菌落比典型菌落所产生的黑色较淡些，外观可能粗糙并干燥。

选择有典型的金黄色葡萄球菌菌落，且同一稀释度的 3 个平板所有菌落数合计在 20～200 之间的平板，计数典型菌落数。

① 如果只有一个稀释度平板的菌落数在 20～200 之间且有典型菌落，计数该稀释度平板上的典型菌落。

② 最低稀释度平板的菌落数小于 20 且有典型菌落，计数该稀释度平板上的典型菌落。

③ 某一稀释度平板的菌落数大于 200 且有典型菌落，但下一稀释度平板上没有典型菌落，应计数该稀释度平板上的典型菌落。

④ 某一稀释度平板的菌落数大于200且有典型菌落，且下一稀释度平板上有典型菌落，但其平板上的菌落数不在20～200之间，应计数该稀释度平板上的典型菌落。

以上按公式(2-2) 计算。

⑤ 2个连续稀释度的平板菌落数均在20～200之间，按公式(2-3) 计算。

从典型菌落中任选5个菌落（小于5个全选），分别做血浆凝固酶试验。

(5) 血浆凝固酶试验　挑取Baird-Parker平板上可疑菌落1个或以上，分别接种到5mL BHI和营养琼脂小斜面，(36±1)℃培养18～24h。

取新鲜配制兔血浆0.5mL，放入小试管中，再加入BHI培养物0.2～0.3mL，振荡摇匀，置(36±1)℃温箱或水浴箱内，每半小时观察一次，观察6h，如呈现凝固（即将试管倾斜或倒置时，呈现凝块）或凝固体积大于原体积的一半，被判定为阳性结果。同时以血浆凝固酶试验阳性和阴性葡萄球菌菌株的肉汤培养物作为对照。也可用商品化的试剂，按说明书操作，进行血浆凝固酶试验。结果如可疑，挑取营养琼脂小斜面的菌落到5mL BHI，(36±1)℃培养18～48h，重复试验。

3. 结果计算

$$T=\frac{AB}{Cd} \tag{2-2}$$

式中　T——样品中金黄色葡萄球菌菌落数；

A——某一稀释度典型菌落的总数；

B——某一稀释度血浆凝固酶阳性的菌落数；

C——某一稀释度用于血浆凝固酶试验的菌落数；

d——稀释因子。

$$T=\frac{A_1B_1/C_1+A_2B_2/C_2}{1.1d} \tag{2-3}$$

式中　T——样品中金黄色葡萄球菌菌落数；

A_1——第一稀释度（低稀释倍数）典型菌落的总数；

A_2——第二稀释度（高稀释倍数）典型菌落的总数；

B_1——第一稀释度（低稀释倍数）血浆凝固酶阳性的菌落数；

B_2——第二稀释度（高稀释倍数）血浆凝固酶阳性的菌落数；

C_1——第一稀释度（低稀释倍数）用于血浆凝固酶试验的菌落数；

C_2——第二稀释度（高稀释倍数）用于血浆凝固酶试验的菌落数；

1.1——计算系数；

d——稀释因子（第一稀释度）。

4. 结果与报告

根据Baird-Parker平板上金黄色葡萄球菌的典型菌落数，按上述公式计算，报告每1g(mL)样品中金黄色葡萄球菌数，以cfu/g(mL)表示；如T值为0，则以小于1乘以最低稀释倍数报告。

四、重要提示

(1) 检验中所用的器具都必须洗净、烘干、灭菌，既不能存在活菌，也不能残留有抑菌物质。

(2) 减少样品在稀释时造成的误差，在连续递次稀释时，每个稀释液应充分振荡，使其均匀，同时每变化1个稀释倍数应更换1支吸管。在进行连续稀释时，应使吸管内的液体沿管壁流入生理盐水中，勿使吸管尖端伸入稀释液内，以免吸管外部附着的检液溶于其内，造成误差。

(3) 用无菌棒涂布平板时注意不要触及平板边缘。

(4) 实验中操作者需注意生物安全防护，实验结束后要消毒环境，把实验室材料高压灭菌后方可清洗或弃之。

五、作业要求

请将检测记录与结果填入下表。

食品中金黄色葡萄球菌检测记录表

样品名称		规格		样品编号	
检验标准		生产日期		检验日期	
稀释度	接种量/mL	平板菌落数	总和	血浆凝固酶试验	最后结果/(cfu/mL)

技能六　乳品中乳酸菌检测

一、技能目标

- 掌握乳品中乳酸菌的检测方法。
- 能对检测结果进行正确的分析和报告。

二、用品准备

1. 仪器

恒温培养箱：(36±1)℃；冰箱：2～5℃；均质器及无菌均质袋、均质杯或灭菌乳钵；电子天平。

2. 培养基和试剂

(1) MRS 培养基

① 成分：蛋白胨 10g，牛肉粉 5g，酵母粉 4g，葡萄糖 20g，吐温 80 1mL，磷酸氢二钾 2g，醋酸钠 5g，柠檬酸铵 2g，硫酸镁 0.2g，硫酸锰 0.05g，琼脂 15g，pH 6.2。

② 制法：将上述成分加入到 1000mL 蒸馏水中，加热溶解，调节 pH，分装后 121℃高压灭菌 15～20min。

(2) 莫匹罗星锂盐 (Li-Mupirocin) 改良 MRS 培养基

① 莫匹罗星锂盐储备液制备：称取 50mg 莫匹罗星锂盐加入到 50mL 蒸馏水中，用 0.22μm 微孔滤膜过滤除菌。

② 制法：将 MRS 培养基中的各成分加入到 950mL 蒸馏水中，加热溶解，调节 pH，分装后于 121℃高压灭菌 15～20min。临用时加热熔化琼脂，在水浴中冷至 48℃，用带有 0.22μm 微孔滤膜的注射器将莫匹罗星锂盐储备液加入到熔化琼脂中，使培养基中莫匹罗星锂盐的终浓度为 50μg/mL。

(3) MC (Modified Chalmers) 培养基

① 成分：大豆蛋白胨 5g，牛肉粉 3g，酵母粉 3g，葡萄糖 20g，乳糖 20g，碳酸钙 10g，琼脂 15g，蒸馏水 1000mL，1%中性红溶液 5mL，pH6.0。

② 制法：将前面 7 种成分加入蒸馏水中，加热溶解，调节 pH，加入中性红溶液。分装后 121℃高压灭菌 15～20min。

3. 其他备品

无菌试管：18mm×180mm、15mm×100mm；无菌吸管：1mL（具有 0.01mL 刻度）、10mL（具有 0.1mL 刻度）或微量移液器及吸头；无菌锥形瓶：500mL、250mL。

三、操作要领

1. 检验程序

乳酸菌检验程序见图 2-7。

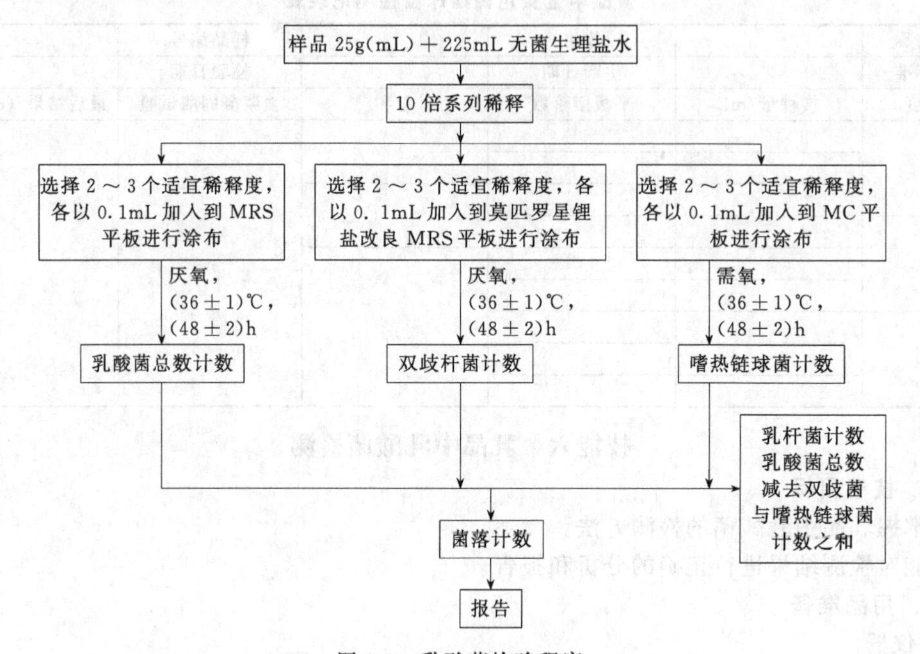

图 2-7 乳酸菌检验程序

2. 操作步骤

(1) 样品的稀释

① 冷冻样品可先使其在 2～5℃条件下解冻，时间不超过 18h，也可在温度不超过 45℃的条件解冻，时间不超过 15min。

② 固体和半固体食品：以无菌操作称取 25g 样品，置于装有 225mL 生理盐水的无菌均质杯内，于 8000～10000r/min 均质 1～2min，制成 1∶10 样品匀液；或置于装 225mL 生理盐水的无菌均质袋中，用拍击式均质器拍打 1～2min 制成 1∶10 的样品匀液。

③ 液体样品：液体样品应先将其充分摇匀后以无菌吸管吸取样品 25mL 放入装有 225mL 生理盐水的无菌锥形瓶（瓶内预置适当数量的无菌玻璃珠）中，充分振摇，制成 1∶10 的样品匀液。

④ 用 1mL 无菌吸管或微量移液器吸取 1∶10 样品匀液 1mL，沿管壁缓慢注于装有 9mL 生理盐水的无菌试管中，振摇试管或换用 1 支无菌吸管反复吹打使其混合均匀，制成 1∶100 的样品匀液。

⑤ 另取 1mL 无菌吸管或微量移液器吸头，按上述操作顺序，做 10 倍递增样品匀液。

(2) 乳酸菌计数

① 乳酸菌总数：根据对待检样品活菌总数的估计，选择 2～3 个连续的适宜稀释度，每个稀释度吸取 0.1mL 样品匀液分别置于 2 个 MRS 琼脂平板，使用 L 形棒进行表面涂布。(36±1)℃，厌氧培养 (48±2)h 后计数平板上的所有菌落数。

② 双歧杆菌计数：根据对待检样品双歧杆菌含量的估计，选择 2～3 个连续的适宜稀释

度，每个稀释度吸取0.1mL样品匀液于莫匹罗星锂盐改良MRS琼脂平板，使用灭菌L形棒进行表面涂布，每个稀释度作2个平板。(36±1)℃，厌氧培养（48±2)h后计数平板上的所有菌落数。

③ 嗜热链球菌计数：根据对待检样品嗜热链球菌活菌数的估计，选择2～3个连续的适宜稀释度，每个稀释度吸取0.1mL样品匀液分别置于2个MC琼脂平板，使用L形棒进行表面涂布。(36±1)℃，需氧培养（48±2)h后计数。嗜热链球菌在MC琼脂平板上的菌落特征为菌落中等偏小，边缘整齐光滑的红色菌落，直径（2±1)mm，菌落背面为粉红色。

④ 乳杆菌计数：乳酸菌总数减去双歧杆菌与嗜热链球菌计数结果之和即得乳杆菌计数。

3. 菌落计数

可用肉眼观察，必要时用放大镜或菌落计数器，记录稀释倍数和相应的菌落数量。菌落计数以菌落形成单位表示。

(1) 选取菌落数在30～300之间、无蔓延菌落生长的平板计数菌落总数。低于30的平板记录具体菌落数，大于300的可记录为多不可计。每个稀释度的菌落数应采用两个平板的平均数。

(2) 其中一个平板有较大片状菌落生长时，则不宜采用，而应以无片状菌落生长的平板作为该稀释度的菌落数；若片状菌落不到平板的一半，而其余一半中菌落分布又很均匀，即可计算半个平板后乘以2，代表一个平板菌落数。

(3) 当平板上出现菌落间无明显界线的链状生长时，则将每条单链作为一个菌落计数。

4. 结果的表述

(1) 若只有一个稀释度平板上的菌落数在适宜计数范围内，计算两个平板菌落数的平均值，再将平均值乘以相应稀释倍数，作为每1g（mL）中菌落总数结果。

(2) 若有两个连续稀释度的平板菌落数在适宜计数范围内时，按公式(2-1) 计算。

(3) 若所有稀释度的平板上菌落数均大于300，则对稀释度最高的平板进行计数，其他平板可记录为多不可计，结果按平均菌落数乘以最高稀释倍数计算。

(4) 若所有稀释度的平板菌落数均小于30，则应按稀释度最低的平均菌落数乘以稀释倍数计算。

(5) 若所有稀释度（包括液体样品原液）平板均无菌落生长，则以小于1乘以最低稀释倍数计算。

(6) 若所有稀释度的平板菌落数均不在30～300之间，其中一部分小于30或大于300时，则以最接近30或300的平均菌落数乘以稀释倍数计算。

5. 菌落数的报告

(1) 菌落数小于100时，按四舍五入原则修约，以整数报告。

(2) 菌落数大于或等于100时，第3位数字采用四舍五入原则修约后，取前2位数字，后面用0代替位数；也可用10的指数形式来表示，按四舍五入原则修约后，采用两位有效数字。

(3) 称重取样以cfu/g为单位报告，体积取样以cfu/mL为单位报告。

四、重要提示

(1) 检验中所用的所有器具都必须洗净、烘干、灭菌，既不能存在活菌，也不能残留有抑菌物质。

(2) 减少样品在稀释时造成的误差，在连续递次稀释时，每个稀释液应充分振荡，使其均匀，同时每变化1个稀释倍数应更换1支吸管。在进行连续稀释时，应使吸管内的液体沿管壁流入生理盐水中，勿使吸管尖端伸入稀释液内，以免吸管外部附着的检液溶于其内，造成误差。

（3）本实验从样品稀释到平板涂布要求在15min内完成。

五、作业要求

请将检测记录与结果填入下表。

乳品中乳酸菌检测记录表

样品名称		规格		样品编号	
检验标准		生产日期		检验日期	
稀释度	接种量/mL	平板菌落数	平均数	最后结果/(cfu/mL)	

技能七　罐头食品的商业无菌检测

一、技能目标

- 了解罐头食品商业无菌的检测程序。
- 可对罐头食品进行感官检查。
- 能对检验结果进行正确的判定。

二、用品准备

1. 仪器

冰箱：0～4℃；恒温培养箱：(30±1)℃、(36±1)℃、(55±1)℃；恒温水浴锅：(55±1)℃；显微镜：10×、100×；架盘药物天平：0～500g，精度0.5g；电位pH计；均质器及无菌均质器、均质杯或灭菌乳钵。

2. 培养基和试剂

（1）无菌生理盐水。

（2）结晶紫染色液。

（3）二甲苯。

（4）含4%碘的乙醇溶液：4g碘溶于100mL的70%乙醇溶液。

（5）革兰染色液

① 结晶紫染色液：结晶紫1g，95%乙醇20mL，1%草酸铵水溶液80mL。

将结晶紫溶解于乙醇中，然后与草酸铵溶液混合。

② 革兰碘液：碘1g，碘化钾2g，蒸馏水300mL。

将碘与碘化钾先进行混合，加入蒸馏水少许，充分振摇，待完全溶解后，再加蒸馏水至300mL。

③ 沙黄复染液：沙黄0.25g，95%乙醇10mL，蒸馏水90mL。

将沙黄溶解于乙醇中，然后用蒸馏水稀释。

（6）庖肉培养基

① 成分：牛肉浸液1000mL，蛋白胨30g，酵母膏5g，磷酸二氢钠5g，葡萄糖3g，可溶性淀粉2g，碎肉渣适量，pH7.8。

② 制法：a. 称取新鲜除脂肪和筋膜的碎牛肉500g，加蒸馏水1000mL和1mol/L氢氧化钠溶液25mL，搅拌煮沸15min，充分冷却，除去表层脂肪，澄清，过滤，加水补足至1000mL，加入除碎肉渣外的各种成分，校正pH。b. 碎肉渣经水洗后晾至半干，分装15mm×150mm试管约2～3cm高，每管加入还原铁粉0.1～0.2g或铁屑少许。将上述液体培养基分装至每管内超过肉渣表面约1cm。上面覆盖溶化的凡士林或液体石蜡0.3～0.4cm，

121℃高压灭菌15min。

(7) 溴甲酚紫葡萄糖肉汤

① 成分：蛋白胨10g，牛肉浸膏3g，葡萄糖10g，氯化钠5g，溴甲酚紫0.04g（或1.6%乙醇溶液2mL），蒸馏水1000mL。

② 制法：将上述各成分（溴甲酚紫除外）加热搅拌溶解，调至pH7.0±0.2，加入溴甲酚紫，分装于带有小倒置管的试管中，每管10mL，121℃灭菌10min。

(8) 酸性肉汤

① 成分：多价蛋白胨5g，酵母浸膏5g，葡萄糖5g，磷酸二氢钾5g，蒸馏水1000mL。

② 制法：将以上各成分加热搅拌溶解，调至pH5.0±0.2，121℃灭菌15min。

(9) 麦芽浸膏汤

① 成分：麦芽浸膏15g，蒸馏水1000mL。

② 制法：将麦芽浸膏在蒸馏水中充分溶解，滤纸过滤，调至pH4.7±0.2，分装，121℃灭菌15min。

(10) 营养琼脂。

(11) 沙氏葡萄糖琼脂

① 成分：蛋白胨10g，葡萄糖40g，琼脂15g，蒸馏水1000mL。

② 制法：将各成分在蒸馏水中溶解，加热煮沸，分装在烧瓶中，校正pH至5.6±0.2，121℃高压灭菌15min。

(12) 肝小牛肉琼脂

① 成分：肝浸膏50g，小牛肉浸膏500g，胨蛋白胨20g，新蛋白胨1.3g，胰蛋白胨1.3g，葡萄糖5g，可溶性淀粉10g，等离子酪蛋白2g，氯化钠5g，硝酸钠2g，明胶20g，琼脂15g，蒸馏水1000mL。

② 制法：在蒸馏水中将各成分混合。校正pH至7.3±0.2，121℃灭菌15min。

3. 其他备品

灭菌吸管：1mL（具有0.01mL刻度）、10mL（具有0.1mL刻度）；灭菌平皿：直径90mm；灭菌试管：16mm×160mm；开罐器和罐头打孔器。

三、操作要领

1. 检验程序

商业无菌检验程序见图2-8。

2. 操作步骤

(1) 样品准备　去除表面标签，在包装容器表面用防水的油性记号笔做好标记，并记录容器、编号、产品性状、泄漏情况、是否有小孔或锈蚀、压痕、膨胀及其他异常情况。

(2) 称重　1kg及以下的包装物精确到1g，1kg以上的包装物精确到2g，10kg以上的包装物精确到10g，并记录。

(3) 保温

① 每个批次取1个样品置于2～5℃冰箱保存，作为对照；将其余样品在(36±1)℃下保温10d。保温过程中应每天检查，如有膨胀或泄漏现象，应立即剔出，开启检查。

② 保温结束时，再次称重并记录，比较保温前后样品重量有无变化。如有变轻，表明样品发生泄漏。将所有包装物置于室温直至开启检查。

(4) 开启

① 如有膨胀的样品，则将样品先置于2～5℃冰箱内冷藏数小时后开启。

② 如无膨胀，用冷水和洗涤剂清洗待检样品的光滑面。水冲洗后用无菌毛巾擦干。以含4%碘的乙醇溶液浸泡消毒光滑面15min，然后用无菌毛巾擦干，在密闭罩内点燃至表面

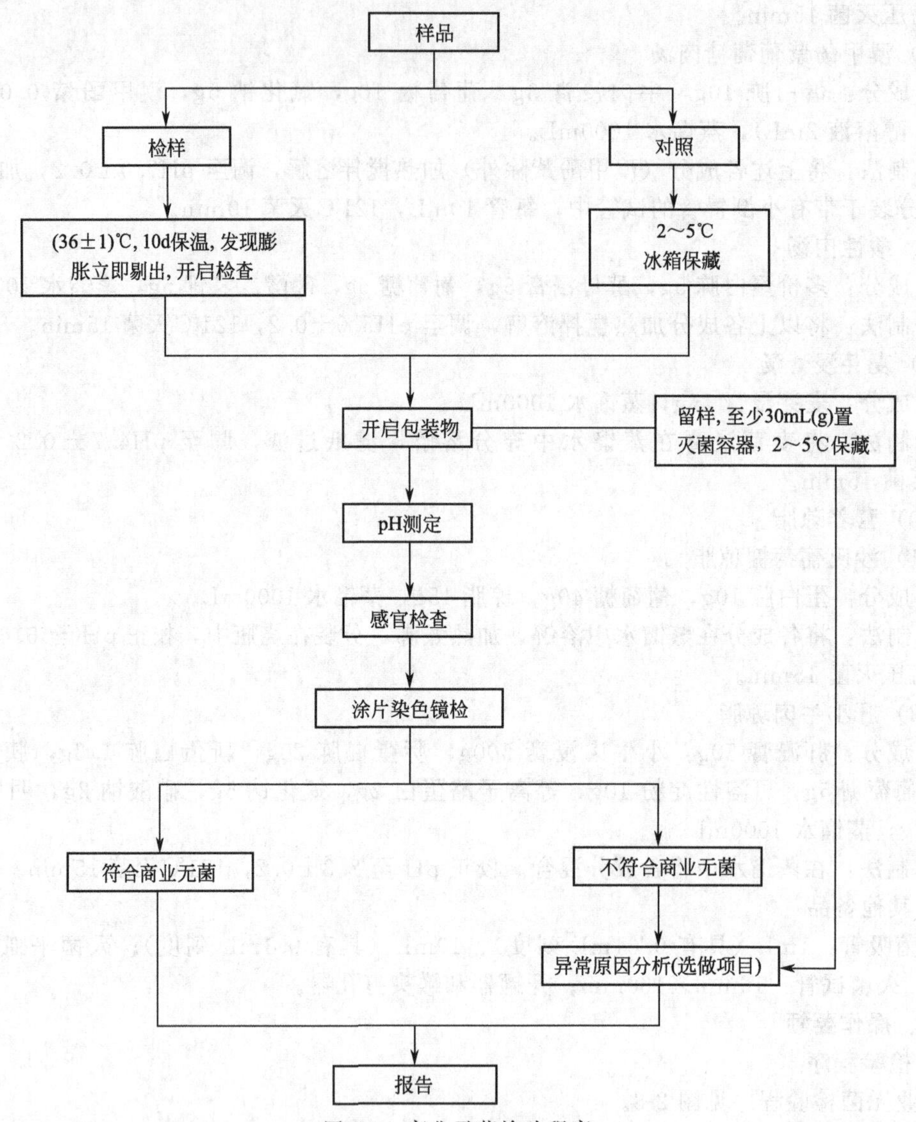

图 2-8　商业无菌检验程序

残余的碘乙醇溶液全部燃烧完。膨胀样品以及采用易燃包装材料包装的样品不能灼烧，以含4%碘的乙醇溶液浸泡消毒光滑面 30min，然后用无菌毛巾擦干。

③ 在超净工作台或百级洁净实验室中开启。带汤汁的样品开启前应适当振摇。使用无菌开罐器在消毒后的罐头光滑面开启一个适当大小的口，开罐时不得伤及卷边结构，每一个罐头单独使用一个开罐器，不得交叉使用。如样品为软包装，可以使用灭菌剪刀开启，不得损坏接口处。立即在开口上方嗅闻气味，并记录。严重膨胀样品可能会发生爆炸，喷出有毒物，可以采取在膨胀样品上盖一条灭菌毛巾，或者用一个无菌漏斗倒扣在样品上等预防措施来防止这类危险的发生。

(5) 留样　开启后，用灭菌吸管或其他适当工具以无菌操作取出内容物至少 30mL (g) 至灭菌容器内，保存于 2～5℃冰箱中，在需要时可用于进一步试验，待该批样品得出检验结论后可弃去。开启后的样品可进行适当的保存，以备日后容器检查时使用。

(6) 感官检查　在光线充足、空气清洁无异味的检验室中，将样品内容物倾入白色搪瓷盘内，对产品的组织、形态、色泽和气味等进行观察和嗅闻，按压食品检查产品性状，鉴别食品有无腐败变质的迹象，同时观察包装容器内部和外部的情况，并记录。

(7) pH 测定

① 样品处理

a. 液态制品混匀备用，有固相和液相的制品则取混匀的液相部分备用。

b. 对于稠厚或半稠厚制品以及难以从中分出汁液的制品（如糖浆、果酱、果冻、油脂等)，取一部分样品在均质器或研钵中研磨，如果研磨后的样品仍太稠厚，加入等量的无菌蒸馏水，混匀备用。

② 测定

a. 将电极插入被测试样液中，并将 pH 计的温度校正器调节到被测液的温度。如果仪器没有温度校正系统，被测试样液的温度应调到（20±2)℃的范围之内，采用适合于所用 pH 计的步骤进行测定。当读数稳定后，从仪器的标度上直接读出 pH，精确到 pH0.05 单位。

b. 同一个制备试样至少进行两次测定。两次测定结果之差应不超过 0.1pH 单位。取两次测定的算术平均值作为结果，报告精确到 0.05pH 单位。

③ 分析结果：与同批中冷藏保存对照样品相比，比较是否有显著差异。pH 相差 0.5 及以上判为显著差异。

(8) 涂片染色镜检

① 涂片：取样品内容物进行涂片。带汤汁的样品可用接种环挑取汤汁涂于载玻片上，固态食品可直接涂片或用少量灭菌生理盐水稀释后涂片，待干后用火焰固定。油脂性食品涂片自然干燥并火焰固定后，用二甲苯流洗，自然干燥。

② 染色镜检：对上述涂片用结晶紫染色液进行单染色，干燥后镜检，至少观察 5 个视野，记录菌体的形态特征以及每个视野的菌数。与同批冷藏保存对照样品相比，判断是否有明显的微生物增殖现象。菌数有百倍或百倍以上的增长则判为明显增殖。

3. 结果判定

(1) 样品经保温试验未出现泄漏 保温后开启，经感官检验、pH 测定、涂片镜检，确证无微生物增殖现象，则可报告该样品为商业无菌。

(2) 样品经保温试验出现泄漏 保温后开启，经感官检验、pH 测定、涂片镜检，确证有微生物增殖现象，则可报告该样品为非商业无菌。

若需核查样品出现膨胀、pH 或感官异常、微生物增殖等原因，可取样品内容物的留样进行接种培养并报告。若需判定样品包装容器是否出现泄漏，可取开启后的样品进行密封性检查并报告。此异常原因分析为选做项目。

4. 低酸性罐藏食品的接种培养（pH＞4.6）

① 对低酸性罐藏食品，每份样品接种 4 管，预先加热到 100℃并迅速冷却到室温的庖肉培养基内；同时接种 4 管溴甲酚紫葡萄糖肉汤。每管接种 1～2mL (g) 样品（液体样品为 1～2mL，固体为 1～2g，两者皆有时，应各取一半)。培养条件见表 2-9。

表 2-9 低酸性罐藏食品（pH＞4.6）接种的庖肉培养基和溴甲酚紫葡萄糖肉汤

培养基	管数	培养温度/℃	培养时间/h
庖肉培养基	2	36±1	96～120
庖肉培养基	2	55±1	24～72
溴甲酚紫葡萄糖肉汤	2	55±1	24～48
溴甲酚紫葡萄糖肉汤	2	36±1	96～120

② 按照表 2-9 规定的培养条件培养后，记录每管有无微生物生长。如果没有微生物生长，则记录后弃去。如果有微生物生长，以接种环蘸取液体涂片，革兰染色镜检。如在溴甲酚紫葡萄糖肉汤管中观察到不同的微生物形态或单一的球菌、真菌形态，则记录并弃去。在庖肉培养基中未发现杆菌，培养物内含有球菌、酵母、霉菌或其混合物，则记录并弃去。将溴甲酚紫葡萄糖肉汤和庖肉培养基中出现生长的其他各阳性管分别划线接种 2 块肝小牛肉琼脂或营养琼脂平板，一块平板作需氧培养，另一平板作厌氧培养。培养程序见图 2-9。

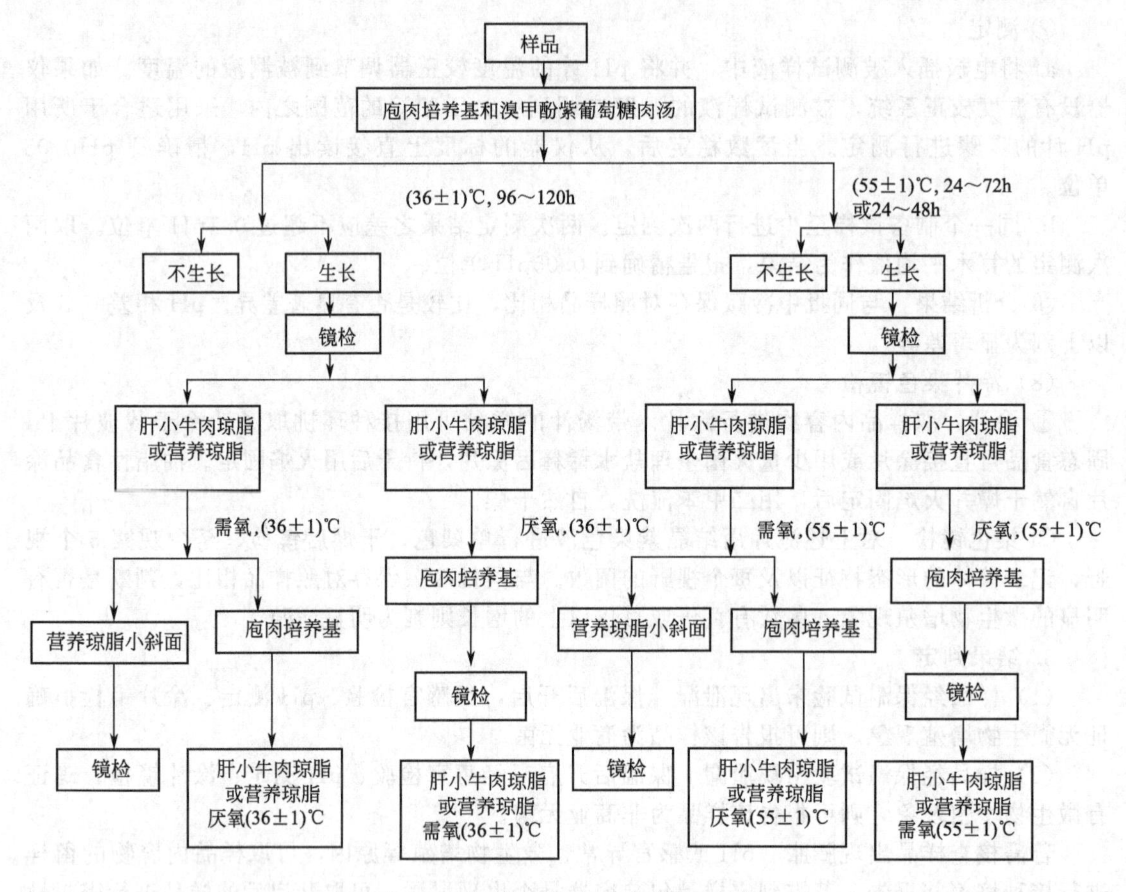

图 2-9　低酸性罐藏食品接种培养程序

③ 挑取需氧培养中单个菌落，接种于营养琼脂小斜面，用于后续的革兰染色镜检；挑取厌氧培养中的单个菌落涂片，革兰染色镜检，挑取需氧和厌氧培养中的单个菌落，接种于庖肉培养基，进行纯培养。

④ 挑取营养琼脂小斜面和厌氧培养的庖肉培养基中的培养物涂片镜检。

⑤ 挑取纯培养中的需氧培养物接种肝小牛肉琼脂或营养琼脂平板，进行厌氧培养；挑取纯培养中的厌氧培养物接种肝小牛肉琼脂或营养琼脂平板，进行需氧培养。以鉴别是否为兼性厌氧菌。

⑥ 如果需检测梭状芽孢杆菌的肉毒毒素，挑取典型菌落接种庖肉培养基作纯培养。36℃培养 5d，按照 GB/T 4789.12 进行肉毒毒素检验。

5. 酸性罐藏食品的接种培养（pH≤4.6）

① 每份样品接种 4 管酸性肉汤和 2 管麦芽浸膏汤。每管接种 1～2mL（g）样品（液体样品为 1～2mL，固体为 1～2g，两者皆有时，应各取一半）。培养条件见表 2-10。

表 2-10　酸性罐藏食品（pH≤4.6）接种的酸性肉汤和麦芽浸膏汤

培养基	管数	培养温度/℃	培养时间/h
酸性肉汤	2	55±1	48
酸性肉汤	2	30±1	96
麦芽浸膏汤	2	30±1	96

② 按照表 2-10 规定的培养条件培养后，记录每管有无微生物生长。如果没有微生物生长，则记录后弃去。对有微生物生长的培养管，取培养后的内容物直接涂片，革兰染色镜检，记录观察到的微生物。

③ 如果在 30℃培养条件下，在酸性肉汤或麦芽浸膏汤中有微生物生长，将各阳性管分别接种 2 块营养琼脂或沙氏葡萄糖琼脂平板，一块作需氧培养，另一块作厌氧培养。如果在 55℃培养条件下，酸性肉汤中有微生物生长，将各阳性管分别接种 2 块营养琼脂平板，一块作需氧培养，另一块作厌氧培养。对有微生物生长的平板进行染色，涂片镜检，并报告镜检所见微生物型别。培养程序见图 2-10。

④ 挑取 30℃需氧培养的营养琼脂或沙氏葡萄糖琼脂平板中的单个菌落，接种营养琼脂小斜面，用于后续的革兰染色镜检。同时接种酸性肉汤或麦芽浸膏汤进行纯培养。挑取 30℃厌氧培养的营养琼脂或沙氏葡萄糖琼脂平板中的单个菌落，接种酸性肉汤或麦芽浸膏汤进行纯培养。

⑤ 挑取 55℃需氧培养的营养琼脂平板中的单个菌落，接种营养琼脂小斜面，用于后续的革兰染色镜检。同时接种酸性肉汤进行纯培养。挑取 55℃厌氧培养的营养琼脂平板中的单个菌落，接种酸性肉汤进行纯培养。

⑥ 挑取营养琼脂小斜面中的培养物涂片镜检。挑取 30℃厌氧培养的酸性肉汤或麦芽浸膏汤培养物和 55℃厌氧培养的酸性肉汤培养物，涂片镜检。

⑦ 将 30℃需氧培养的纯培养物接种于营养琼脂或沙氏葡萄糖琼脂平板中进行厌氧培养，将 30℃厌氧培养的纯培养物接种于营养琼脂或沙氏葡萄糖琼脂平板中进行需氧培养，将 55℃需氧培养的纯培养物接种于营养琼脂中进行厌氧培养，将 55℃厌氧培养的纯培养物接种于营养琼脂中进行需氧培养，以鉴别是否为兼性厌氧菌。

6. 结果分析

① 如果在膨胀的样品里没有发现微生物的生长，膨胀可能是由于内容物和包装发生反应产生氢气造成的。产生氢气的量随储存的时间长短和存储条件而变化。填装过满也可能导致轻微的膨胀，可以通过称重来确定是否由于填装过满所致。在直接涂片中看到有大量细菌的混合菌相，但是经培养后不生长，表明杀菌前发生的腐败。由于密闭包装前细菌生长的结果，导致产品的 pH、气味和组织形态呈现异常。

② 包装容器密封性良好时，在 36℃培养条件下若只有芽孢杆菌生长，且它们的耐热性不高于肉毒梭菌，则表明生产过程中杀菌不足。

③ 培养出现杆菌和球菌、真菌的混合菌落，表明包装容器发生泄漏；也有可能是杀菌不足所致，但在这种情况下同批产品的膨胀率将很高。

④ 在 36℃或 55℃溴甲酚紫葡萄糖肉汤培养观察产酸产气情况，如有产酸，表明是有嗜中温的微生物，如嗜温耐酸芽孢杆菌，或者嗜热微生物，如嗜热脂肪芽孢杆菌。在 55℃的庖肉培养基上有细菌生长并产气，发出腐烂气味，表明样品腐败是由嗜热的厌氧梭菌所致。在 36℃庖肉培养基上生长并产生带腐烂气味的气体，镜检可见芽孢，表明腐败可能是由肉毒梭菌、生孢梭菌或产气荚膜梭菌引起的。如有需要可以进一步进行肉毒毒素检测。

⑤ 酸性罐藏食品的变质通常是由于无芽孢的乳杆菌和酵母所致。一般 pH 低于 4.6 的

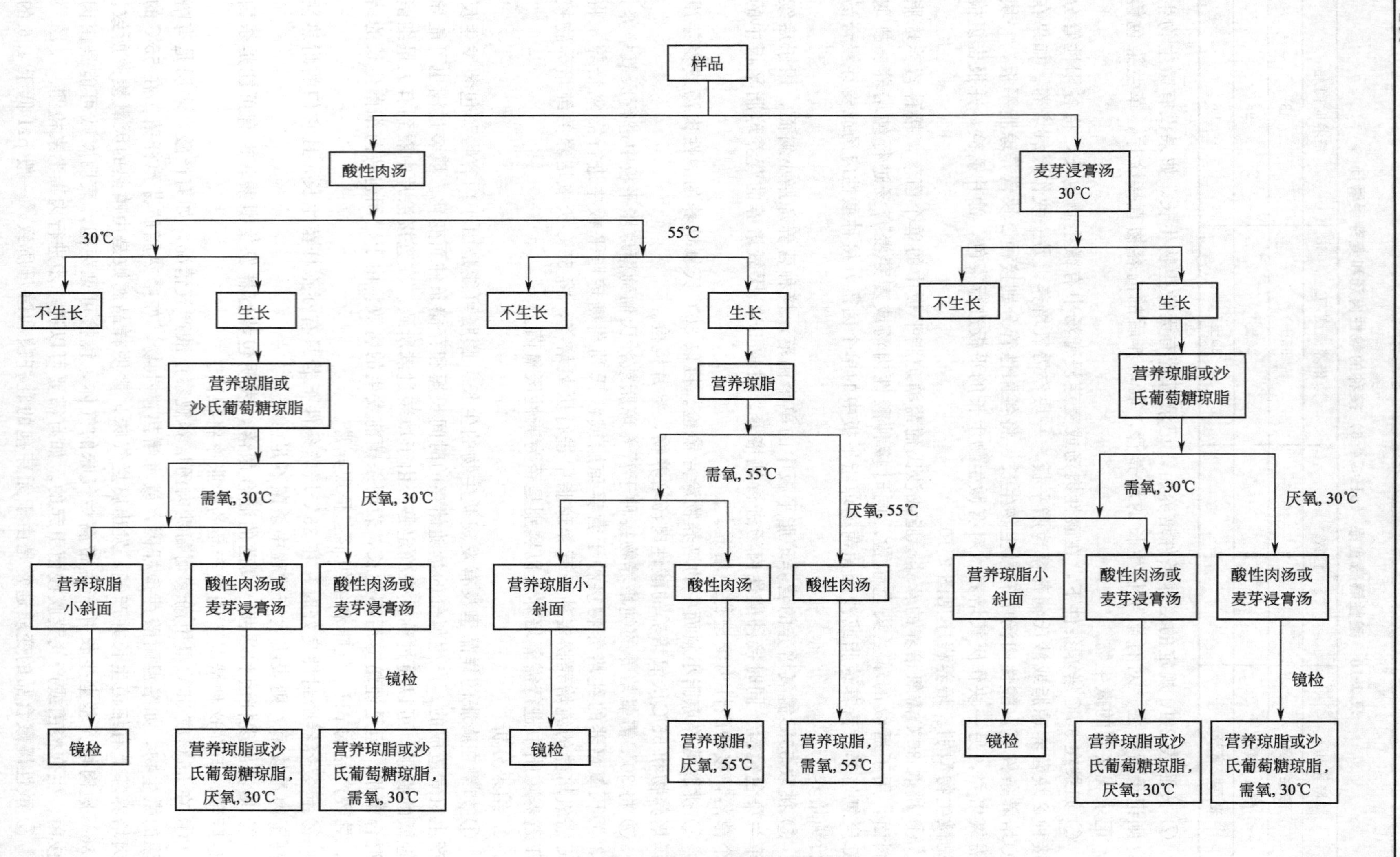

图 2-10 酸性罐藏食品接种培养程序

情况下不会发生由芽孢杆菌引起的变质，但变质的番茄酱或番茄汁罐头并不出现膨胀，有腐臭味，伴有或不伴有 pH 降低，一般是由于需氧的芽孢杆菌所致。

⑥ 许多罐藏食品中含有嗜热菌，在正常的储存条件下不生长，但当产品暴露于较高的温度（50～55℃）时，嗜热菌就会生长并引起腐败。嗜热耐酸的芽孢杆菌和嗜热脂肪芽孢杆菌分别在酸性和低酸性的食品中引起腐败，但是并不出现包装容器膨胀，在 55℃培养不会引起包装容器外观的改变，但会产生臭味，伴有或不伴有 pH 的降低。番茄、梨、无花果和菠萝等类罐头的腐败变质有时是由于巴斯德梭菌引起。嗜热解糖梭状芽孢杆菌就是一种嗜热厌氧菌，能够引起膨胀和产品的腐烂气味。嗜热厌氧菌也能产气，由于在细菌开始生长之后迅速增殖，可能混淆膨胀是由于氢气引起的还是嗜热厌氧菌产气引起的。化学物质分解将产生二氧化碳，尤其是集中发生在含糖和一些酸的食品如番茄酱、糖蜜、甜馅和高糖的水果罐头中。这种分解速度随着温度上升而加快。

⑦ 灭菌的真空包装和正常的产品直接涂片，分离出任何微生物应该怀疑是实验室污染。为了证实是否是实验室污染，在无菌的条件下接种该分离出的活的微生物到另一个正常的对照样品，密封，在 36℃培养 14d。如果发生膨胀或产品变质，这些微生物就可能不是来自于原始样品。如果样品仍然是平坦的，无菌操作打开样品包装并按上述步骤做再次培养；如果同一种微生物被再次发现并且产品是正常的，认为该产品商业无菌，因为这种微生物在正常的保存和运送过程中不生长。如果食品本身发生混浊，肉汤培养可能得不出确定性结论，这种情况需进一步培养以确定是否有微生物生长。

7. 镀锡薄钢板食品空罐密封性检验方法

（1）减压试漏　将样品包装罐洗净，36℃烘干。在烘干的空罐内注入清水至容积的 80%～90%，将一带橡胶圈的有机玻璃板放置罐头开启端的卷边上，使其保持密封。启动真空泵，关闭放气阀，用手按住盖板，控制抽气，使真空表从 0Pa 升到 6.8×10^4Pa（510mmHg）的时间在 1min 以上，并保持此真空度 1min 以上。倾斜并仔细观察罐体，尤其是卷边及焊缝处有无气泡产生。凡同一部位连续产生气泡，应判断为泄漏，记录漏气的时间和真空度，并标注漏气部位。

（2）加压试漏　将样品包装罐洗净，36℃烘干。用橡皮塞将空罐的开孔塞紧，将空罐浸没在盛水玻璃缸中，开动空气压缩机，慢慢开启阀门，使罐内压力逐渐加大，直至压力升至 6.8×10^4Pa 并保持 2min。仔细观察罐体，尤其是卷边及焊缝处有无气泡产生。凡同一部位连续产生气泡，应判断为泄漏，记录漏气开始的时间和压力，并标注漏气部位。

四、重要提示

（1）保温期间应注意观察保温箱的温度变化，确保在要求的温度下进行保温。

（2）革兰染色中，结晶紫染色时间不宜过长，应以 1min 左右为准，否则会影响对结果的判定。

（3）如使用厌氧罐进行厌氧培养，应随时注意催化剂，确保催化剂的功效。也可以使用试剂条（市售）随时观察厌氧罐的空气状况。

五、作业要求

请将检测记录与结果填入下表。

罐头食品的商业无菌检测记录表（1）

<table>
<tr><td colspan="2">样品名称</td><td colspan="2"></td><td colspan="2">规格</td><td colspan="2"></td><td colspan="2">样品编号</td><td colspan="3"></td></tr>
<tr><td colspan="2">检验标准</td><td colspan="2"></td><td colspan="2">生产日期</td><td colspan="2"></td><td colspan="2">检验日期</td><td colspan="3"></td></tr>
<tr><td colspan="10">保温情况</td><td rowspan="2">pH</td><td rowspan="2">感官检查</td><td rowspan="2">判定</td></tr>
<tr><td></td><td></td><td></td><td></td><td></td><td></td><td></td><td></td><td></td><td></td></tr>
<tr><td></td><td></td><td></td><td></td><td></td><td></td><td></td><td></td><td></td><td></td><td></td><td></td><td></td></tr>
</table>

罐头食品的商业无菌检测记录表（2）

样品编号							
常规检验中发现的异常情况							
培养结果							
	庖肉培养基		溴甲酚紫葡萄糖肉汤		酸性肉汤		麦芽浸膏汤
温度/℃							
镜检							
鉴别培养							
最后结果							

技能八　食品中单核细胞增生李斯特菌检测

一、技能目标

- 能在教师指导下完成食品中单核细胞增生李斯特菌的检测。
- 能利用生物学特性进行单核细胞增生李斯特菌的鉴别。

二、用品准备

1. 仪器

冰箱：2～5℃；恒温培养箱：(30±1)℃、(36±1)℃；均质器；显微镜：10×、100×；电子天平；全自动微生物生化鉴定系统。

2. 培养基和试剂

(1) 含0.6%酵母浸膏的胰酪胨大豆肉汤（TSB-YE）

① 成分：胰胨17g，多价胨3g，酵母膏6g，氯化钠5g，磷酸氢二钾2.5g，葡萄糖2.5g，蒸馏水1000mL，pH 7.2～7.4。

② 制法：将上述各成分加热搅拌溶解，调节pH，分装，121℃高压灭菌15min，备用。

(2) 含0.6%酵母浸膏的胰酪胨大豆琼脂（TSA-YE）

① 成分：胰胨17g，多价胨3g，酵母膏6g，氯化钠5g，磷酸氢二钾2.5g，葡萄糖2.5g，琼脂15g，蒸馏水1000mL，pH 7.2～7.4。

② 制法：将上述各成分加热搅拌溶解，调节pH，分装，121℃高压灭菌15min，备用。

(3) 李氏增菌肉汤LB（LB_1，LB_2）

① 成分：胰胨5g，多价胨5g，酵母膏5g，氯化钠20g，磷酸二氢钾1.4g，磷酸氢二钠12g，七叶苷1g，蒸馏水1000mL，pH 7.2～7.4。

② 制法：将上述成分加热溶解，调节pH，分装，121℃高压灭菌15min，备用。

③ 李氏Ⅰ液（LB_1）225mL中加入1%萘啶酮酸（用0.05mol/L氢氧化钠溶液配制）0.5mL，1%吖啶黄（用无菌蒸馏水配制）0.3mL。

④ 李氏Ⅱ液（LB_2）200mL中加入1%萘啶酮酸0.4mL，1%吖啶黄0.5mL。

(4) 1%盐酸吖啶黄（acriflavine hydrochloride）溶液　见李氏Ⅰ液。

(5) 1%萘啶酮酸钠盐（nalidixic acid）溶液　见李氏Ⅰ液。

(6) PALCAM琼脂

① 成分：酵母膏8g，葡萄糖0.5g，七叶苷0.8g，柠檬酸铁铵0.5g，甘露醇10g，酚红0.1g，氯化锂15g，酪蛋白胰酶消化物10g，心胰酶消化物3g，玉米淀粉1g，肉胃酶消化物5g，氯化钠5g，琼脂15g，蒸馏水1000mL，pH 7.2～7.4。

② 制法：将上述成分加热溶解，调节pH，分装，121℃高压灭菌15min，备用。

③ PALCAM选择性添加剂：多黏菌素B 5mg，盐酸吖啶黄2.5mg，头孢他啶10mg，无菌蒸馏水500mL。

④ 制法：将PALCAM基础培养基熔化后冷却到50℃，加入2mL PALCAM选择性添

加剂，混匀后倾倒在无菌的平皿中，备用。

（7）革兰染液。

（8）SIM 动力培养基

① 成分：胰胨 20g，多价胨 6g，硫酸铁铵 0.2g，硫代硫酸钠 0.2g，琼脂 3.5g，蒸馏水 1000mL，pH 7.2。

② 制法：将上述各成分加热混匀，调节 pH，分装小试管，121℃高压灭菌 15min，备用。

③ 试验方法：挑取纯培养的单个可疑菌落穿刺接种到 SIM 培养基中，于 30℃培养 24～48h，观察结果。

（9）缓冲葡萄糖蛋白胨水（MR 和 V-P 试验用）

① 成分：多胨 7g，葡萄糖 5g，磷酸氢二钾 5g，蒸馏水 1000mL，pH 7.0。

② 制法：溶化后调节 pH，分装试管，每管 1mL，121℃高压灭菌 15min，备用。

③ 甲基红（MR）试验

a. 成分：甲基红 10mg，95％乙醇 30mL，蒸馏水 20mL。

b. 制法：10mg 甲基红溶于 30mL 95％乙醇中，然后加入 20mL 蒸馏水。

c. 试验方法：取适量琼脂培养物接种于本培养基，(36±1)℃培养 2～5d。滴加甲基红试剂一滴，立即观察结果。鲜红色为阳性，黄色为阴性。

④ V-P 试验

a. 成分：6％ α-萘酚乙醇溶液：取 α-萘酚 6g，加无水乙醇溶解，定容至 100mL。

b. 40％氢氧化钾溶液：取氢氧化钾 40g，加蒸馏水溶解，定容至 100mL。

c. 试验方法：取适量琼脂培养物接种于本培养基，(36±1)℃培养 2～4d。加入 6％ α-萘酚乙醇溶液 0.5mL 和 40％氢氧化钾溶液 0.2mL，充分振摇试管，观察结果。阳性反应立刻或于数分钟内出现红色，如为阴性，应放在（36±1)℃继续培养 4h 再进行观察。

（10）5％～8％羊血琼脂

① 成分：蛋白胨 1g，牛肉膏 0.3g，氯化钠 0.5g，琼脂 1.5g，蒸馏水 100mL，脱纤维羊血 5～10mL。

② 制法：除新鲜脱纤维羊血外，加热溶化上述各组分，121℃高压灭菌 15min，冷却到 50℃，以无菌操作加入新鲜脱纤维羊血，摇匀，倾注平板。

（11）糖发酵管

① 成分：牛肉膏 5g，蛋白胨 10g，氯化钠 3g，磷酸氢二钠（$Na_2HPO_4 \cdot 12H_2O$）2g，0.2％溴麝香草酚蓝溶液 12mL，蒸馏水 1000mL。

② 制法：葡萄糖发酵管按上述成分配好后，按 0.5％加入葡萄糖，分装于有一个倒置小管的小试管内，调节 pH 至 7.4，115℃高压灭菌 15min，备用。其他各种糖发酵管可按上述成分配好后，分装，每瓶 100mL，115℃高压灭菌 15min。另将各种糖类分别配好 10％溶液，同时高压灭菌。将 5mL 糖溶液加入 100mL 培养基内，以无菌操作分装小试管。

③ 试验方法：取适量纯培养物接种于糖发酵管，(36±1)℃培养 24～48h，观察结果，蓝色为阴性，黄色为阳性。

（12）过氧化氢酶试验

① 试剂：3％过氧化氢溶液，临用时配制。

② 试验方法：用细玻璃棒或一次性接种针挑取单个菌落，置于洁净试管内，滴加 3％过氧化氢溶液 2mL，观察结果。

③ 结果：于 30s 内发生气泡者为阳性，不发生气泡者为阴性。

（13）李斯特菌显色培养基。

（14）生化鉴定试剂盒。

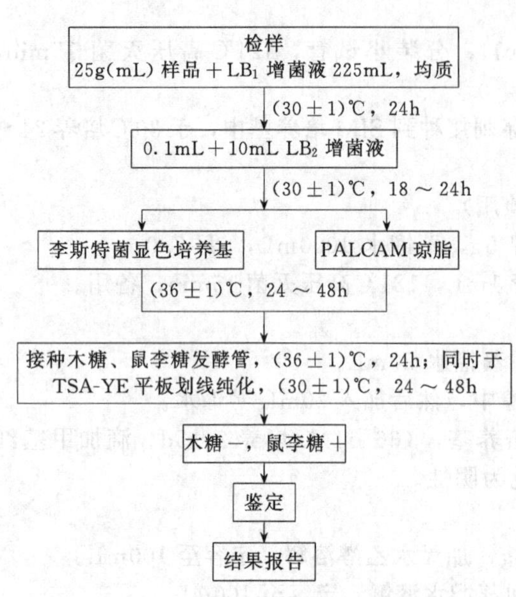

图 2-11 单核细胞增生李斯特菌检验程序

3. 其他备品

锥形瓶：100mL、500mL；无菌吸管：1mL（具有 0.01mL 刻度）、10mL（具有 0.1mL 刻度）；无菌平皿：直径 90mm；无菌试管：16mm×160mm；离心管：30mm×100mm；无菌注射器：1mL；金黄色葡萄球菌（ATCC25923）；马红球菌（*Rhodococcus equi*）；小白鼠：16～18g。

三、操作要领

1. 检验程序

单核细胞增生李斯特菌检验程序见图 2-11。

2. 操作步骤

（1）增菌　以无菌操作取样品 25g（mL）加入到含有 225mL LB_1 增菌液的均质袋中，在拍击式均质器上连续均质 1～2min；或放入盛有 225mL LB_1 增菌液的均质杯中，8000～10000r/min 均质 1～2min。于（30±1)℃培养 24h，移取 0.1mL，转种于 10mL LB_2 增菌液内，于 (30±1)℃培养 18～24h。

（2）分离　取 LB_2 二次增菌液划线接种于 PALCAM 琼脂平板和李斯特菌显色培养基上，于（36±1)℃培养 24～48h，观察各个平板上生长的菌落。典型菌落在 PALCAM 琼脂平板上为小的圆形灰绿色菌落，周围有棕黑色水解圈，有些菌落有黑色凹陷；典型菌落在李斯特菌显色培养基上的特征按照产品说明进行判定。

（3）初筛　自选择性琼脂平板上挑取 5 个以上典型或可疑菌落，分别接种在木糖、鼠李糖发酵管中，于（36±1)℃培养 24h；同时在 TSA-YE 平板上划线纯化，于（30±1)℃培养 24～48h。选择木糖阴性、鼠李糖阳性的纯培养物继续进行鉴定。

（4）鉴定

① 染色镜检：李斯特菌为革兰阳性短杆菌，大小为（0.4～0.5）μm×(0.5～2.0)μm。用生理盐水制成菌悬液，在油镜或相差显微镜下观察，该菌出现轻微旋转或翻滚样的运动。

② 动力试验：李斯特菌有动力，呈伞状生长或月牙状生长。

③ 生化鉴定：挑取纯培养的单个可疑菌落，进行过氧化氢酶试验，过氧化氢酶阳性反应的菌落继续进行糖发酵试验、MR 以及 V-P 试验。单核细胞增生李斯特菌的主要生化特征见表 2-11。

④ 溶血试验：将羊血琼脂平板底面划分为 20～25 个小格，挑取纯培养的单个可疑菌落刺种到血平板上，每格刺种一个菌落，并刺种阳性对照菌（单核细胞增生李斯特菌和伊氏李斯特菌）和阴性对照菌（英诺克李斯特菌），穿刺时尽量接近底部，但不要触到底面，同时避免琼脂破裂，(36±1)℃培养 24～48h，于明亮处观察，单核细胞增生李斯特菌和斯氏李斯特菌在刺种点周围产生狭小的透明溶血环，英诺克李斯特菌无溶血环，伊氏李斯特菌产生大的透明溶血环。

表 2-11 单核细胞增生李斯特菌的生化特征与其他李斯特菌的区别

菌 种	溶血反应	葡萄糖	麦芽糖	MR/V-P	甘露醇	鼠李糖	木糖	七叶苷
单核细胞增生李斯特菌(*L. monocytogenes*)	+	+	+	+/+	−	+	−	+
格氏李斯特菌(*L. grayi*)	−	+	+	+/+	+	−	−	+
斯氏李斯特菌(*L. seeligeri*)	+	+	+	+/+	−	−	+	+
威氏李斯特菌(*L. welshimeri*)	−	+	+	+/+	−	V	+	+
伊氏李斯特菌(*L. ivanovii*)	+	+	+	+/+	−	−	+	+
英诺克李斯特菌(*L. innocua*)	−	+	+	+/+	−	V	−	+

注：+表示阳性；−表示阴性；V表示 反应不定。

⑤ 协同溶血试验（cAMP)：在羊血琼脂平板上平行划线接种金黄色葡萄球菌和马红球菌，挑取纯培养的单个可疑菌落垂直划线接种于平行线之间，垂直线两端不要触及平行线，于（30±1)℃培养24～48h。单核细胞增生李斯特菌在靠近金黄色葡萄球菌的接种端溶血增强，斯氏李斯特菌的溶血也增强，伊氏李斯特菌在靠近马红球菌的接种端溶血也增强。

(5) 可选择生化鉴定试剂盒或全自动微生物生化鉴定系统等对3～5个木糖阴性、鼠李糖阳性的纯培养的可疑菌落进行鉴定。

(6) 小鼠毒力试验（可选择） 将符合上述特性的纯培养物接种于TSB-YE中，于(30±1)℃培养24h，4 000 r/min离心5min，弃上清液，用无菌生理盐水制备成浓度为10^{10} cfu/mL的菌悬液，取此菌悬液进行小鼠腹腔注射3～5只，每只0.5mL，观察小鼠死亡情况。致病株于2～5d内死亡。试验时可用已知菌作对照。单核细胞增生李斯特菌、伊氏李斯特菌对小鼠有致病性。

3. 结果与报告

综合以上生化试验和溶血试验结果，报告25g（mL）样品中检出或未检出单核细胞增生李斯特菌。

四、重要提示

(1) 操作时应有相应的防污染设施，在进行可能产生气溶胶的操作时，应在生物安全柜内完成。

(2) 在直接接触有感染性的材料时，必须穿着实验服，戴手套和护目镜。

(3) 使用后的吸管、培养皿、培养基等实验物品用121℃ 15min湿热灭菌处理。

五、作业要求

请将检测记录与结果填入下表。

食品中单核细胞增生李斯特菌检测记录表

<table>
<tr><td>样品名称</td><td colspan="2"></td><td colspan="2">规格</td><td colspan="2"></td><td colspan="2">样品编号</td><td></td></tr>
<tr><td>检验标准</td><td colspan="2"></td><td colspan="2">生产日期</td><td colspan="2"></td><td colspan="2">检验日期</td><td></td></tr>
<tr><td rowspan="2">前增菌</td><td colspan="3">增 菌</td><td colspan="3">分离培养</td><td rowspan="2">可疑菌落形态</td><td rowspan="2">生化反应</td><td rowspan="2">最后结果</td></tr>
<tr><td>增菌液</td><td>温度/℃</td><td>时间/h</td><td>平板</td><td>温度/℃</td><td>时间/h</td></tr>
<tr><td rowspan="2">LB_1</td><td rowspan="2">LB_2</td><td rowspan="2"></td><td rowspan="2"></td><td>PALCAM</td><td></td><td></td><td></td><td rowspan="2"></td><td rowspan="2"></td></tr>
<tr><td>李斯特菌显色培养基</td><td></td><td></td><td></td></tr>
</table>

技能九 食品中志贺菌检测

一、技能目标

- 能在教师指导下完成食品中志贺菌的检测。

● 能利用生物学特性进行志贺菌的鉴别。

二、用品准备

1. 仪器

冰箱：2～5℃；恒温培养箱：(36±1)℃；厌氧培养装置：(41.5±1)℃；显微镜：10×、100×；均质器；振荡器；电子天平。

2. 培养基和试剂

(1) 志贺菌增菌肉汤-新生霉素

① 志贺菌增菌肉汤

成分：胰蛋白胨 20g，葡萄糖 1g，磷酸氢二钾 2g，磷酸二氢钾 2g，氯化钠 5g，吐温 80 (Tween80) 1.5mL，蒸馏水 1000mL。

制法：将以上成分混合加热溶解，冷却至 25℃左右校正 pH 至 7.0±0.2，分装适当的容器，121℃灭菌 15min。取出后冷却至 50～55℃，加入除菌过滤的新生霉素溶液（0.5μg/mL），分装 225mL 备用。如不立即使用，在 2～8℃条件下可储存一个月。

② 新生霉素溶液

成分：新生霉素 25mg，蒸馏水 1000mL。

制法：将新生霉素溶解于蒸馏水中，用 0.22μm 过滤膜除菌，如不立即使用，在 2～8℃条件下可储存 1 个月。

临用时每 225mL 志贺菌增菌肉汤加入 5mL 新生霉素溶液，混匀。

(2) 麦康凯（MAC）琼脂

① 成分：蛋白胨 20g，3 号胆盐 1.5g，氯化钠 5g，琼脂 15g，蒸馏水 1000mL，乳糖 10g，结晶紫 0.001g，中性红 0.03g。

② 制法：将以上成分混合加热溶解，冷却至 25℃左右校正 pH 至 7.2±0.2，分装，121℃高压灭菌 15min。冷却至 45～50℃，倾注平板。如不立即使用，在 2～8℃条件下可储存 2 周。

(3) 木糖赖氨酸脱氧胆酸盐（XLD）琼脂

① 成分：酵母膏 3g，L-赖氨酸 5g，木糖 3.75g，乳糖 7.5g，蔗糖 7.5g，脱氧胆酸钠 1g，氯化钠 5g，硫代硫酸钠 6.8g，柠檬酸铁铵 0.8g，酚红 0.08g，琼脂 15g，蒸馏水 1000mL。

② 制法：除酚红和琼脂外，将其他成分加入 400mL 蒸馏水中，煮沸溶解，校正 pH 至 7.4±0.2。另将琼脂加入 600mL 蒸馏水中，煮沸溶解。将上述两溶液混合均匀后，再加入指示剂，待冷至 50～55℃倾注平皿。

注：本培养基不需要高压灭菌，在制备过程中不宜过分加热，避免降低其选择性，贮于室温暗处。本培养基宜于当天制备，第二天使用。使用前必须去除平板表面上的水珠，在 37～55℃温度下，琼脂面向下、平板盖亦向下烘干。另外，如配制好的培养基不立即使用，在 2～8℃条件下可储存 2 周。

(4) 志贺菌显色培养基。

(5) 三糖铁琼脂（TSI）

① 成分：蛋白胨 20g，牛肉浸膏 5g，乳糖 10g，蔗糖 10g，葡萄糖 1g，氯化钠 5g，硫酸亚铁铵 [$Fe(NH_4)_2(SO_4)_2 \cdot 6H_2O$] 0.2g，硫代硫酸钠 0.2g，琼脂 12g，酚红 0.025g，蒸馏水 1000mL。

② 制法：除酚红和琼脂外，将其他成分加于 400mL 蒸馏水中，搅拌均匀，静置约 10min，加热使完全溶化，冷却至 25℃左右校正 pH 至 7.4±0.2。另将琼脂加于 600mL 蒸馏水中，静置约 10min，加热使完全溶化。将两溶液混合均匀，加入 5%酚红水溶液 5mL，

混匀，分装小号试管，每管约3mL。于121℃灭菌15min，制成高层斜面。冷却后呈橘红色。如不立即使用，在2～8℃条件下可储存1个月。

(6) 营养琼脂斜面

① 成分：蛋白胨10g，牛肉膏3g，氯化钠5g，琼脂15g，蒸馏水1000mL。

② 制法：将除琼脂以外的各成分溶解于蒸馏水内，加入15%氢氧化钠溶液约2mL，冷却至25℃左右校正pH至7.0±0.2。加入琼脂，加热煮沸，使琼脂溶化。分装小号试管，每管约3mL。于121℃灭菌15min，制成斜面。如不立即使用，在2～8℃条件下可储存2周。

(7) 半固体琼脂。

(8) 葡萄糖铵培养基

① 成分：氯化钠5g，硫酸镁（$MgSO_4 \cdot 7H_2O$）0.2g，磷酸二氢铵1g，磷酸氢二钾1g，葡萄糖2g，琼脂20g，蒸馏水1000mL，0.2%溴麝香草酚蓝水溶液40mL。

② 制法：先将盐类和糖溶解于水内，校正pH至6.8±0.2，再加琼脂加热溶解，然后加入指示剂，混合均匀后分装试管，121℃高压灭菌15min。制成斜面备用。

③ 试验方法：用接种针轻轻触及培养物的表面，在盐水管内做成极稀的悬液，肉眼观察不到混浊，以每一接种环内含菌数在20～100之间为宜。将接种环灭菌后挑取菌液接种，同时再以同法接种普通斜面一支作为对照。于(36±1)℃培养24h。阳性者葡萄糖铵斜面上有正常大小的菌落生长；阴性者不生长，但在对照培养基上生长良好。如在葡萄糖铵斜面生长极微小的菌落可视为阴性结果。

注：容器使用前应用清洁液浸泡，再用清水、蒸馏水冲洗干净，并用新棉花做成棉塞，干热灭菌后使用。如果操作时不注意，有杂质污染时，易造成假阳性的结果。

(9) 尿素琼脂

① 成分：蛋白胨1g，氯化钠5g，葡萄糖1g，磷酸二氢钾2g，0.4%酚红溶液3mL，琼脂20g，20%尿素溶液100mL，蒸馏水900mL。

② 制法：除酚红和尿素外的其他成分加热溶解，冷却至25℃左右校正pH至7.2±0.2，加入酚红指示剂，混匀，于121℃灭菌15min。冷至约55℃，加入用0.22μm过滤膜除菌后的20%尿素水溶液100mL，混匀，以无菌操作分装灭菌试管，每管约3～4mL，制成斜面后放冰箱备用。

③ 试验方法：挑取琼脂培养物接种，在(36±1)℃培养24h，观察结果。尿素酶阳性者由于产碱而使培养基变为红色。

(10) β-半乳糖苷酶培养基

① 成分：蛋白胨20g，氯化钠3g，5-溴-4-氯-3-吲哚-β-D-半乳糖苷200mg，琼脂15g，蒸馏水1000mL。

② 制法：将各成分加热煮沸于1L水中，冷却至25℃左右校正pH至7.2±0.2，115℃高压灭菌10min。倾注平板，避光冷藏备用。

③ 试验方法：挑取琼脂斜面培养物接种于平板，划线和点种均可，于(36±1)℃培养18～24h观察结果。如果β-D-半乳糖苷酶产生，则平板上培养物颜色变蓝色；如无此酶，则培养物为无色或不透明色，培养48～72h后有部分转为淡粉红色。

(11) 氨基酸脱羧酶试验培养基

① 成分：蛋白胨5g，酵母浸膏3g，葡萄糖1g，蒸馏水1000mL，1.6%溴甲酚紫-乙醇溶液1mL，L型或DL型赖氨酸和鸟氨酸0.5g/100mL或1g/100mL。

② 制法：除氨基酸以外的成分加热溶解后，分装每瓶100mL，分别加入赖氨酸和鸟氨酸。L-氨基酸按0.5%加入，DL-氨基酸按1%加入，再校正pH至6.8±0.2。对照培养基

不加氨基酸。分装于灭菌的小试管内，每管 0.5mL，上面滴加一层石蜡油，115℃高压灭菌 10min。

③ 试验方法：从琼脂斜面上挑取培养物接种，于（36±1)℃培养 18～24h，观察结果。氨基酸脱羧酶阳性者由于产碱，培养基应呈紫色；阴性者无碱性产物，但因葡萄糖产酸而使培养基变为黄色。阴性对照管应为黄色，空白对照管为紫色。

（12）糖发酵管。

（13）西蒙氏柠檬酸盐培养基

① 成分：氯化钠 5g，硫酸镁（$MgSO_4 \cdot 7H_2O$）0.2g，磷酸二氢铵 1g，磷酸氢二钾 1g，柠檬酸钠 5g，琼脂 20g，蒸馏水 1000mL，0.2%溴麝香草酚蓝溶液 40mL。

② 制法：先将盐类溶解于水内，调至 pH6.8±0.2，加入琼脂，加热溶化。然后加入指示剂，混合均匀后分装试管，121℃高压灭菌 15min。制成斜面备用。

③ 试验方法：挑取少量琼脂培养物接种，于（36±1)℃培养 4d，每天观察结果。阳性者斜面上有菌落生长，培养基从绿色转为蓝色。

（14）黏液酸盐培养基

① 测试肉汤

成分：酪蛋白胨 10g，溴麝香草酚蓝溶液 0.024g，蒸馏水 1000mL，黏液酸 10g。

制法：慢慢加入 5mol/L 氢氧化钠以溶解黏液酸，混匀。其余成分加热溶解，加入上述黏液酸，冷却至 25℃左右校正 pH 至 7.4±0.2，分装试管，每管约 5mL，于 121℃高压灭菌 10min。

② 质控肉汤

成分：酪蛋白胨 10g，溴麝香草酚蓝溶液 0.024g，蒸馏水 1000mL。

制法：所有成分加热溶解，冷却至 25℃左右校正 pH 至 7.4±0.2，分装试管，每管约 5mL，于 121℃高压灭菌 10min。

③ 试验方法：将待测新鲜培养物接种测试肉汤和质控肉汤，于（36±1)℃培养 48h 观察结果，肉汤颜色蓝色不变则为阴性结果，黄色或稻草黄色为阳性结果。

（15）蛋白胨水、靛基质试剂。

（16）志贺菌属诊断血清。

3. 其他备品

无菌吸管：1mL（具有 0.01mL 刻度）、10mL（具有 0.1mL 刻度）；或微量移液器及吸头；无菌均质杯或无菌均质袋：容量 500mL；无菌培养皿：直径 90mm。

三、操作要领

1. 检验程序

志贺菌检验程序见图 2-12。

2. 操作步骤

（1）增菌　以无菌操作取检样 25g（mL），加入装有灭菌 225mL 志贺菌增菌肉汤的均质杯，用旋转刀片式均质器以 8000～10000r/min 均质；或加入装有 225mL 志贺菌增菌肉汤的均质袋中，用拍击式均质器连续均质 1～2min，液体样品振荡混匀即可。于（41.5±1)℃厌氧培养 16～20h。

（2）分离　取增菌后的志贺增菌液分别划线接种于 XLD 琼脂平板和 MAC 琼脂平板或志贺菌显色培养基平板上，于（36±1)℃培养 20～24h，观察各个平板上生长的菌落形态。宋内志贺菌的单个菌落直径大于其他志贺菌。若出现的菌落不典型或菌落较小不易观察，则继续培养至 48h 再进行观察。志贺菌在不同选择性琼脂平板上的菌落特征见表 2-12。

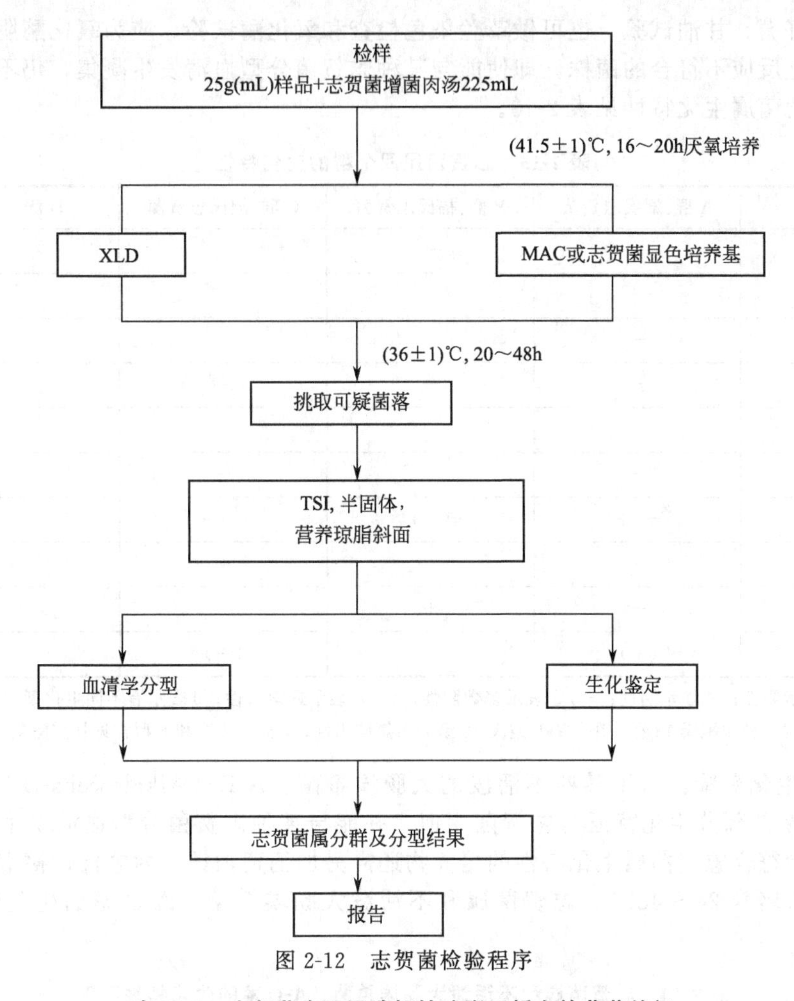

图 2-12 志贺菌检验程序

表 2-12 志贺菌在不同选择性琼脂平板上的菌落特征

选择性琼脂平板	志贺菌的菌落特征
MAC 琼脂	无色至浅粉红色,半透明、光滑、湿润、圆形、边缘整齐或不齐
XLD 琼脂	粉红色至无色,半透明、光滑、湿润、圆形、边缘整齐或不齐
志贺菌显色培养基	按照显色培养基的说明进行判定

(3) 初步生化试验

① 自选择性琼脂平板上分别挑取 2 个以上典型或可疑菌落，分别接种 TSI、半固体和营养琼脂斜面各一管，置 (36±1)℃培养 20～24h，分别观察结果。

② 凡是在三糖铁琼脂中斜面产碱、底层产酸（发酵葡萄糖，不发酵乳糖，蔗糖）、不产气（福氏志贺菌 6 型可产生少量气体）、不产硫化氢、半固体管中无动力的菌株，挑取上面①中已培养的营养琼脂斜面上生长的菌苔，进行生化试验和血清学分型。

(4) 生化试验及附加生化试验

① 生化试验：用初步生化试验①中已培养的营养琼脂斜面上生长的菌苔，进行生化试验，即β-半乳糖苷酶、尿素、赖氨酸脱羧酶、鸟氨酸脱羧酶以及水杨苷和七叶苷的分解试验。除宋内志贺菌、鲍氏志贺菌 13 型的鸟氨酸阳性；宋内菌和痢疾志贺菌 1 型，鲍氏志贺菌 13 型的β-半乳糖苷酶为阳性以外，其余生化试验志贺菌属的培养物均为阴性结果。另外由于福氏志贺菌 6 型的生化特性和痢疾志贺菌或鲍氏志贺菌相似，必要时还需加做靛基质、

甘露醇、棉籽糖、甘油试验，也可做革兰染色检查和氧化酶试验，应为氧化酶阴性的革兰阴性杆菌。生化反应不符合的菌株，即使能与某种志贺菌分型血清发生凝集，仍不得判定为志贺菌属。志贺菌属生化特性见表 2-13。

表 2-13　志贺菌属四个群的生化特性

生化反应	A 群：痢疾志贺菌	B 群：福氏志贺菌	C 群：鲍氏志贺菌	D 群：宋内志贺菌
β-半乳糖苷酶	－[a]	－	－[a]	＋
尿素	－	－	－	－
赖氨酸脱羧酶	－	－	－	－
鸟氨酸脱羧酶	－	－	－[b]	＋
水杨苷	－	－	－	－
七叶苷	－	－	－	－
靛基质	－/＋	(＋)	－/＋	－
甘露醇	－	＋[c]	＋	＋
棉籽糖	－	＋	－	＋
甘油	(＋)	－	(＋)	d

注：1. ＋表示阳性；－表示阴性；－/＋表示多数阴性；(＋）表示迟缓阳性；d 表示有不同生化型。

2. a 痢疾志贺 1 型和鲍氏 13 型为阳性；b 鲍氏 13 型为鸟氨酸阳性；c 福氏 4 型和 6 型常见甘露醇阴性变种。

② 附加生化实验：由于某些不活泼的大肠埃希菌、A-D（Alkalescens-D isparbiotypes 碱性-异型）菌的部分生化特征与志贺菌相似，并能与某种志贺菌分型血清发生凝集，因此前面生化实验符合志贺菌属生化特性的培养物还需另加葡萄糖铵、西蒙氏柠檬酸盐、黏液酸盐试验（36℃培养 24～48h）。志贺菌属和不活泼大肠埃希菌、A-D 菌的生化特性区别见表 2-14。

表 2-14　志贺菌属和不活泼大肠埃希菌、A-D 菌的生化特性区别

生化反应	A 群：痢疾志贺菌	B 群：福氏志贺菌	C 群：鲍氏志贺菌	D 群：宋内氏志贺菌	大肠埃希菌	A-D 菌
葡萄糖铵	－	－	－	－	＋	＋
西蒙氏柠檬酸盐	－	－	－	－	d	d
黏液酸盐	－	－	－	d	＋	d

注：1. ＋表示阳性；－表示阴性；d 表示有不同生化型。

2. 在葡萄糖铵、西蒙氏柠檬酸盐、黏液酸盐试验三项反应中，志贺菌一般为阴性，而不活泼的大肠埃希菌、A-D（碱性-异型）菌至少有一项反应为阳性。

（5）血清学鉴定

① 抗原的准备：志贺菌属没有动力，所以没有鞭毛抗原。志贺菌属主要有菌体（O）抗原。菌体 O 抗原又可分为型和群的特异性抗原。一般采用 1.2%～1.5%琼脂培养物作为玻片凝集试验用的抗原。

注 1：一些志贺菌如果因为 K 抗原的存在而不出现凝集反应时，可挑取菌苔于 1mL 生理盐水中，做成浓菌液，100℃煮沸 15～60min，去除 K 抗原后再检查。

注 2：D 群志贺菌既可能是光滑型菌株，也可能是粗糙型菌株，与其他志贺菌群抗原不存在交叉反应。与肠杆菌科不同，宋内志贺菌粗糙型菌株不一定会自凝。宋内志贺菌没有 K 抗原。

② 凝集反应：在玻片上划出 2 个约 1cm×2cm 的区域，挑取一环待测菌，各放 1/2 环于玻片上的每一区域上部，在其中一个区域下部加 1 滴抗血清，在另一区域下部加入 1 滴生理盐水作为对照。再用无菌的接种环或针分别将两个区域内的菌落研成乳状液。将玻片倾斜摇动混合 1min，并对着黑色背景进行观察，如果抗血清中出现凝结成块的颗粒，而且生理盐水中没有发生自凝现象，那么凝集反应为阳性。如果生理盐水中出现凝集，视作为自凝。这时，应挑取同一培养基上的其他菌落继续进行试验。如果待测菌的生化特征符合志贺菌属生化特征，而其血清学试验为阴性的话，则按上面①中注 1 进行试验。

③ 血清学分型（选做项目）：先用四种志贺菌多价血清检查，如果呈现凝集，则再用相应各群多价血清分别试验。先用 B 群福氏志贺菌多价血清进行实验，如呈现凝集，再用其群和型因子血清分别检查。如果 B 群多价血清不凝集，则用 D 群宋内志贺菌血清进行实验，如呈现凝集，则用其Ⅰ相和Ⅱ相血清检查；如果 B、D 群多价血清都不凝集，则用 A 群痢疾志贺菌多价血清 1～12 各型因子血清检查，如果上述三种多价血清都不凝集，可用 C 群鲍氏志贺菌多价检查，并进一步用 1～18 各型因子血清检查。福氏志贺菌各型和亚型的型抗原和群抗原鉴别见表 2-15。

表 2-15　福氏志贺菌各型和亚型的型抗原和群抗原的鉴别表

型和亚型	型抗原	群抗原	在群因子血清中的凝集		
			3,4	6	7,8
1a	Ⅰ	4	+	−	−
1b	Ⅰ	(4),6	(+)	+	−
2a	Ⅱ	3,4	+	−	−
2b	Ⅱ	7,8	−	−	+
3a	Ⅲ	(3,4),6,7,8	(+)	+	+
3b	Ⅲ	(3,4),6	(+)	+	−
4a	Ⅳ	3,4	+	−	−
4b	Ⅳ	6	−	+	−
4c	Ⅳ	7,8	−	−	+
5a	Ⅴ	(3,4)	(+)	−	−
5b	Ⅴ	7,8	−	−	+
6	Ⅵ	4	+	−	−
X	−	7,8	−	−	+
Y	−	3,4	+	−	−

注：+表示凝集；−表示不凝集；(+) 表示有或无。

3. 结果报告

综合以上生化试验和血清学鉴定的结果，报告 25g（mL）样品中检出或未检出志贺菌。

四、重要提示

(1) 志贺氏菌在常温存活期很短，因此，当样品采集后，应尽快进行检验。如果在 24h 内检验，样品可保存在冰箱内，如欲保存较长时间，必须放在低温冰箱内。

(2) 用于分离的鉴别培养基一般不少于两个。

(3) 动力的观察非常重要。挑取可疑菌落，除接种三糖铁琼脂外，还要接种半固体和营养琼脂。

五、作业要求

请将检测记录与结果填入下表。

食品中志贺菌检测记录表

样品名称			规格			样品编号		
检验标准			生产日期			检验日期		
增菌			分离培养			可疑菌落形态	生化反应	最后结果
增菌液	温度/℃	时间/h	平板	温度/℃	时间/h			
志贺菌增菌肉汤			XLD					
			MAC或志贺菌显色培养基					

技能十　食品中致泻大肠埃希菌检测

一、技能目标

- 能在教师指导下完成食品中致泻大肠埃希菌的检测。
- 能对检测结果做出准确的报告。

二、用品准备

1. 仪器

冰箱：0～4℃；恒温培养箱：(36±1)℃、42℃；恒温水浴锅：100℃、65～68℃、50℃；显微镜：10×、100×；离心机：3000r/min；酶标仪；均质器或灭菌乳钵；电子天平。

2. 培养基和试剂

(1) 乳糖胆盐发酵管

① 成分：蛋白胨 20g，猪胆盐（或牛、羊胆盐）5g，乳糖 10g，0.04%溴甲酚紫水溶液 25mL，蒸馏水 1000mL，pH7.4。

② 制法：将蛋白胨、猪胆盐及乳糖溶于水中，校正 pH，加入溴甲酚紫水溶液，分装每管 10mL，并放入一个倒置小管，115℃高压灭菌 15min。

注：双料乳糖胆盐发酵管除蒸馏水外，其他成分加倍。

(2) 营养肉汤

① 成分：蛋白胨 10g，牛肉膏 3g，氯化钠 5g，蒸馏水 1000mL，pH7.4。

② 制法：按上述成分混合，溶解后校正 pH，分装烧瓶，每瓶 225mL，121℃高压灭菌 15min。

(3) 肠道菌增菌肉汤

① 成分：蛋白胨 10g，葡萄糖 5g，牛胆盐 20g，磷酸氢二钠 8g，磷酸二氢钾 2g，煌绿 0.015g，蒸馏水 1000mL，pH7.2。

② 制法：按上述成分配好，加热使溶解，校正 pH，分装每瓶 30mL，115℃高压灭菌 15min。

(4) 麦康凯琼脂。

(5) 伊红美蓝琼脂。

(6) 三糖铁琼脂（TSI）。

(7) 克氏双糖铁琼脂（KI）

① 上层培养基成分：血消化汤（pH7.6）500mL，硫代硫酸钠 0.1g，琼脂 6.5g，硫酸亚铁铵 0.1g，乳糖 5g，0.2%酚红溶液 5mL。

② 下层培养基成分：血消化汤（pH7.6）500mL，琼脂 2g，葡萄糖 1g，0.2%酚红溶液 5mL。

③ 制法：a. 取血消化汤按上层和下层的琼脂用量，分别加入琼脂，加热溶解。b. 分别加入其他各种成分，将上层培养基分装于烧瓶内；将下层培养基分装于灭菌的 12mm×100mm 试管内，每管约 2mL。115℃高压灭菌 10min。c. 将上层培养基放在 56℃水浴箱内保温；将下层培养基直立放在室温内，使其凝固。

(8) 糖发酵管（乳糖、鼠李糖、木糖和甘露醇）。

(9) 赖氨酸脱羧酶试验培养基。

(10) 尿素琼脂（pH7.2）。

(11) 氰化钾培养基。

(12) 蛋白胨水、靛基质试剂。

(13) 半固体琼脂。

(14) Honda 产毒肉汤

① 成分：水解酪蛋白 20g，酵母浸膏粉 10g，氯化钠 2.5g，磷酸氢二钠 15g，葡萄糖 5g，微量元素 0.5mL，蒸馏水 1000mL，pH7.5。

② 制法：溶解后校正 pH，121℃高压灭菌 15min，待冷至 45～50℃时，加入林可霉素溶液，使每毫升培养基内含 90μg 林可霉素。

③ 微量元素配方：硫酸镁 5g，氯化铁 0.5g，氯化钴 2g，蒸馏水 100mL。

(15) Elek 培养基

① 成分：蛋白胨 20g，麦芽糖 3g，乳糖 0.7g，氯化钠 5g，琼脂 15g，40%氢氧化钠溶液 1.5mL，蒸馏水 1000mL，pH7.8。

② 制法：用 500mL 蒸馏水溶解琼脂以外的成分，煮沸，并用滤纸过滤。用 1mol/L 氢氧化钠校正 pH。用另外 500mL 蒸馏水加热溶解琼脂。将两液混合，分装试管 10mL 或 20mL，121℃高压灭菌 15min，临用时加热熔化琼脂倾注平板。

(16) 氧化酶试剂

① 试剂：a. 1%盐酸二甲基对苯二胺溶液，少量新鲜配制，于冰箱内避光保存。b. 1% α-萘酚乙醇溶液。

② 试验方法：a. 取白色洁净滤纸蘸取菌落。加盐酸二甲基对苯二胺溶液一滴，阳性者呈现粉红色，并逐渐加深；再加 α-萘酚乙醇溶液一滴，阳性者于 30s 内呈现鲜蓝色，阴性于 2min 内不变色。b. 以毛细吸管吸取试剂，直接滴加于菌落上，其显色反应与以上相同。

(17) 革兰染色液。

(18) 致病性大肠埃希菌诊断血清、侵袭性大肠埃希菌诊断血清、产肠毒素大肠埃希菌诊断血清、出血性大肠埃希菌诊断血清。

(19) 产肠毒素大肠埃希菌不耐热肠毒素（LT）和耐热肠毒素（ST）酶标诊断试剂盒。

(20) 产肠毒素 LT 和 ST 大肠埃希菌标准菌株。

(21) 抗 LT 抗毒素。

(22) 多黏菌素 B 纸片：300IU，ϕ16mm。

(23) 0.1%硫柳汞溶液。

(24) 2%伊文思蓝溶液。

3. 其他备品

细菌浓度比浊管：Mac Farland3 号；灭菌广口瓶：500mL；灭菌锥形瓶：500mL、250mL；灭菌吸管：1mL（具有 0.01mL 刻度）、5mL（具有 0.1mL 刻度）；灭菌培养皿：

直径 90mm；灭菌试管：10mm×75mm、16mm×160mm；注射器：0.25mL，连接内径为 1mm 塑料小管一段；灭菌的刀子、剪子、镊子等；小白鼠：1～4 日龄；硝酸纤维素滤膜 150mm×50mm，ϕ0.45μm，临用时切成两张，每张 75mm×50mm，用铅笔划格，每格 6mm×6mm，每行 10 格，分 6 行，灭菌备用。

三、操作要领

1. 检验程序

致泻大肠埃希菌检验程序见图 2-13。

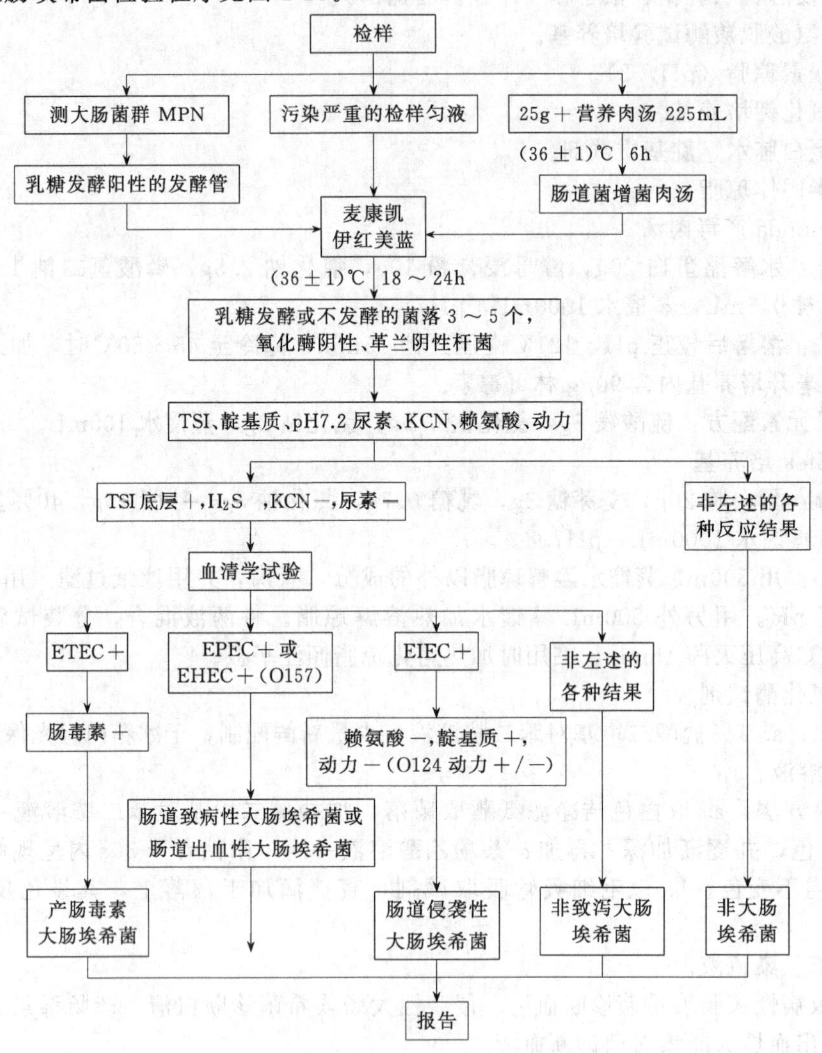

图 2-13 致泻大肠埃希菌检验程序

2. 操作步骤

(1) 增菌　以无菌操作取检样 25g (mL)，加在 225mL 营养肉汤中，以均质器打碎 1min 或用乳钵加灭菌砂磨碎。取出适量，接种乳糖胆盐培养基，以测定大肠菌群 MPN，其余的移入 500mL 广口瓶内，于 (36±1)℃培养 6h。挑取一环，接种于一管 30mL 肠道菌增菌肉汤内，于 42℃培养 18h。

(2) 分离　将乳糖发酵阳性的乳糖胆盐发酵管和增菌液分别划线接种麦康凯或伊红美蓝琼脂平板；污染严重的检样，可将检样匀液直接划线接种麦康凯或伊红美蓝平板，于 (36±1)℃培养 18～24h，观察菌落。不但要注意乳糖发酵的菌落，同时要注意乳糖不发酵和迟缓发酵的菌落。

(3) 生化试验

① 自鉴别平板上直接挑取数个菌落分别接种三糖铁琼脂或克氏双糖铁琼脂。同时将这些培养物分别接种蛋白胨水、半固体、pH7.2 尿素琼脂、KCN 肉汤和赖氨酸脱羧酶试验培养基。以上培养物均在 36℃培养过夜。

② TSI 斜面产酸或不产酸、底层产酸，H_2S 阴性，KCN 阴性和尿素阴性的培养物为大肠埃希菌。TSI 底层不产酸，或 H_2S、KCN、尿素试验中有任一项为阳性的培养物，均非大肠埃希菌。必要时做氧化酶试验和革兰染色。

(4) 血清学试验

① 假定试验：挑取经生化试验证实为大肠埃希菌的琼脂培养物，用致病性大肠埃希菌、侵袭性大肠埃希菌和产肠毒素大肠埃希菌多价 O 血清和出血性大肠埃希菌 O157 血清做玻片凝集试验。当与某一种多价 O 血清凝集时，再与该多价血清所包含的单价 O 血清做试验。致泻大肠埃希菌所包括的 O 抗原群见表 2-16。如与某一个单价 O 血清呈现强凝集反应，即为假定试验阳性。

表 2-16　致泻大肠埃希菌所包括的 O 抗原群

大肠埃希菌的种类	所包括的 O 抗原群
EPEC	O26　O55　O86　O111ab　O114　O119　O125ac　O127　O128ab　O142　O158
EHEC	O157
EIEC	O28ac　O29　O112ac　O115　O124　O135　O136　O143　O144 O152　O164　O167
ETEC	O6　O11　O15　O20　O25　O27　O63　O78　O85　O114　O115　O126　O128ac　O148　O149　O159　O166　O167

② 证实试验：制备 O 抗原悬液，稀释至与 Mac Farland 3 号比浊管相当的浓度。原效价为 (1∶160)～(1∶320) 的 O 血清，用 0.5%盐水稀释至 1∶40。稀释血清与抗原悬液在 10mm×75mm 试管内等量混合，做单管凝集试验。混匀后放于 50℃水浴锅内，经 16h 后观察结果，如出现凝集，可证实为该 O 抗原。

(5) 肠毒素试验

产毒培养：将试验菌株和阳性及阴性对照菌株分别接种于 0.6mL CAYE 培养基内，37℃振荡培养过夜。加入 20000IU/mL 的多黏菌素 B　0.05mL，于 37℃ 下放置 1h，4000r/min 离心 15min，分离上清液，加入 0.1%硫柳汞 0.05mL，于 4℃保存待用。

① 酶联免疫吸附检测 LT（双抗体夹心法）

a. 包被：先在产肠毒素大肠埃希菌 LT 和 ST 酶标诊断试剂盒中取出包被用 LT 抗体管，加入包被液 0.5mL，混匀后全部吸出于 3.6mL 包被液中混匀，以每孔 100μL 量加入到 40 孔聚苯乙烯硬反应板中，第一孔留空作对照，于 4℃冰箱湿盒中过夜。

b. 洗板：将板中溶液甩去，用洗涤液Ⅰ洗三次，甩尽液体，翻转反应板，在吸水纸上拍打，去尽孔中残留液体。

c. 封闭：每孔加 100μL 封闭液，于 37℃水浴中 1h。

d. 洗板：用洗涤液Ⅱ洗三次，操作同上。

e. 加样本：每孔分别加各种试验菌株产毒培养液 100μL，37℃水浴中 1h。

f. 洗板：用洗涤液Ⅱ洗三次，操作同上。

g. 加酶标抗体：先在酶标 LT 抗体管中加 0.5mL 稀释液，混匀后全部吸出于 3.6mL 稀释液中混匀，每孔加 100μL，37℃水浴中 1h。

h. 洗板：用洗涤液Ⅱ洗三次，操作同上。

i. 酶底物反应：每孔（包括第一孔）各加基质液 100μL，室温下避光作用 5～10min，加入终止液 50μL。

j. 结果判定：以酶标仪在波长 492nm 下测定吸光度 OD 值，待测标本 OD 值大于阴性对照 3 倍以上为阳性，目测颜色为橘黄色或明显高于阴性对照为阳性。

② 酶联免疫吸附检测 ST（抗原竞争法）

a. 包被：先在包被用 ST 抗原管中加 0.5mL 包被液，混匀后全部吸出于 1.6mL 包被液中混匀，以每孔 50μL 加入于 40 孔聚苯乙烯软反应板中。加液后轻轻敲板，使液体布满孔底。第一孔留空作对照，置 4℃冰箱湿盒中过夜。

b. 洗板：用洗涤液Ⅰ洗三次，操作同上。

c. 封闭：每孔加 100μL 封闭液，37℃水浴 1h。

d. 洗板：用洗涤液Ⅱ洗三次，操作同上。

e. 加样本及 ST 单克隆抗体：每孔分别加各试验菌株产毒培养液 50μL，稀释的 ST 单克隆抗体 50μL（先在 ST 单克隆抗体管中加 0.5mL 稀释液，混匀后全部吸出于 1.6mL 稀释液中，混匀备用），37℃水浴 1h。

f. 洗板：用洗涤液Ⅱ洗三次，操作同上。

g. 加酶标记兔抗鼠 Ig 复合物：先在酶标记兔抗鼠 Ig 复合物管中加 0.5mL 稀释液，混匀后全部吸出于 3.6mL 稀释液中混匀，每孔加 100μL，37℃水浴 1h。

h. 洗板：用洗涤液Ⅱ洗三次，操作同上。

i. 酶底物反应：每孔（包括第一孔）各加基质液 100μL，室温下避光 5～10min，再加入终止液 50μL。

j. 结果判定：以酶标仪在波长 492nm 下测定吸光度（OD）值，计算见公式(2-4)。

$$\text{吸光度}=\frac{\text{阴性对照 OD 值}-\text{待测样本 OD 值}}{\text{阴性对照 OD 值}}\times 100\% \tag{2-4}$$

吸光度大于等于 50%为阳性。目测无色或明显淡于阴性对照为阳性。

③ 双向琼脂扩散试验检测 LT：将被检菌株按五点环形接种于 Elek 培养基上。以同样操作共做两份，于 36℃培养 48h。在每株菌的菌苔上放多黏菌素 B 纸片，于 36℃经 5～6h，使肠毒素渗入琼脂中，在五点环形菌苔各 5mm 处的中央挖一个直径 4mm 的圆孔，并用一滴琼脂垫底。在平板的中央孔内滴加 LT 抗毒素 30μL，用已知产 LT 和不产毒菌株作对照，于 36℃经 15～20h 观察结果。在菌斑和抗毒素孔之间出现白色沉淀带者为阳性，无沉淀带者为阴性。

④ 乳鼠灌胃试验检测 ST：将被检菌株接种于 Honda 产毒肉汤内，于 36℃培养 24h，以 3000r/min 离心 30min，取上清液经薄膜滤器过滤，加热 60℃ 30min，每 1mL 滤液内加入 2%伊文思蓝溶液 0.02mL。将 0.1mL 此滤液用塑料小管注入 1～4 日龄的乳鼠胃内，同时接种 3～4 只，禁食 3～4h 后用三氯甲烷麻醉，取出全部肠管，称量肠管（包括积液）重量及剩余体重。肠管重量与剩余体重之比大于 0.09 为阳性，0.07～0.09 为可疑。

3. 结果报告

综合以上生化试验、血清学试验、肠毒素试验作出报告。

四、重要提示

(1) 检验中所用的所有器具都必须洗净、烘干、灭菌。

(2) 样品采集后应尽快检验。除了易腐食品在检验之前预冷藏外，一般不冷藏。

(3) 分离时不但要注意乳糖发酵的菌落，同时也要注意乳糖不发酵和迟缓发酵的菌落。

五、作业要求

请将检测记录与结果填入下表。

食品中致泻大肠埃希菌检测记录表

样品名称			规格			样品编号		
检验标准			生产日期			检验日期		
前增菌	增菌			分离培养			菌落形态	生化反应	最后结果
	增菌液	温度/℃	时间/h	平板	温度/℃	时间/h			
营养肉汤	肠道菌增菌肉汤			麦康凯或伊红美蓝					

技能十一　食品中副溶血性弧菌检测

一、技能目标

- 能在教师指导下完成食品中副溶血性弧菌的检测。
- 能对食品中副溶血性弧菌检测结果作出准确、规范的报告。

二、用品准备

1. 仪器

恒温培养箱：(36±1)℃；冰箱：2～5℃；均质器或无菌乳钵；电子天平；全自动微生物鉴定系统（VITEK）。

2. 培养基和试剂

(1) 3%氯化钠碱性蛋白胨水（APW）

① 成分：蛋白胨10g，氯化钠30g，蒸馏水1000mL，pH 8.5±0.2。

② 制法：将上述成分混合，121℃高压灭菌10min。

(2) 硫代硫酸盐柠檬酸盐胆盐蔗糖（TCBS）琼脂

① 成分：多价蛋白胨10g，酵母浸膏5g，柠檬酸钠（$Na_3C_6H_5O_7 \cdot 2H_2O$）10g，硫代硫酸钠（$Na_2S_2O_3 \cdot 5H_2O$）10g，氯化钠10g，牛胆汁粉5g，柠檬酸铁1g，胆酸钠3g，蔗糖20g，麝香草酚蓝0.04g，琼脂15g，蒸馏水1000mL。

② 制法：加热煮沸至完全溶解，最终的pH应为8.6±0.2。冷至50℃倾注平板备用。

(3) 3%氯化钠胰蛋白胨大豆（TSA）琼脂

① 成分：胰蛋白胨15g，大豆蛋白胨5g，氯化钠30g，琼脂15g，蒸馏水1000mL。

② 制法：将上述成分混合，加热并轻轻搅拌至溶解，121℃高压灭菌15min，调节pH至7.3±0.2。

(4) 3%氯化钠三糖铁（TSI）琼脂

① 成分：蛋白胨15g，脲胨5g，牛肉膏3g，酵母浸膏3g，氯化钠30g，乳糖10g，蔗糖10g，葡萄糖1g，硫酸亚铁（$FeSO_4$）0.2g，苯酚红0.024g，硫代硫酸钠0.3g，琼脂12g，水1000mL。

② 制法：将上述成分溶于蒸馏水中，调节pH为7.4±0.2。分装到适当容量的试管中。121℃高压灭菌15min，制成高层斜面，斜面长4～5cm，高层深度为2～3cm。

(5) 嗜盐性试验培养基

① 成分：胰蛋白胨10g，氯化钠按不同量加入，蒸馏水1000mL，pH 7.2±0.2。

② 制法：配制胰蛋白胨水，校正pH，供配制5瓶，每瓶100mL。每瓶分别加入不同量的氯化钠，为0、3g、6g、8g、10g。121℃高压灭菌15min，在无菌条件下分装试管。

(6) 3%氯化钠甘露醇试验培养基

① 成分：牛肉膏5g，蛋白胨10g，氯化钠3g，磷酸氢二钠（$Na_2HPO_4 \cdot 12H_2O$）2g，甘露醇5g，麝香草酚蓝0.024g，蒸馏水1000mL，pH7.4。

② 制法：将上述成分配好后，分装小试管，121℃高压灭菌15min。

③ 试验方法：从琼脂斜面上挑取培养物接种，于(36±1)℃培养不少于24h，观察结

果。甘露醇阳性者培养物呈黄色，阴性者为紫色。

（7）3%氯化钠赖氨酸脱羧酶试验培养基

① 成分：蛋白胨 5g，酵母浸膏 3g，葡萄糖 1g，蒸馏水 1000mL，溴甲酚紫 0.02g，L-赖氨酸 5g，氯化钠 30g，水 1000mL。

② 制法：除赖氨酸以外的成分加热溶解后，分装每瓶 100mL，校正 pH 至 6.8。再按 0.5%的比例加入赖氨酸，对照培养基不加赖氨酸。分装于灭菌的小试管内，每管 0.5mL，115℃高压灭菌 10min。

③ 试验方法：从琼脂斜面上挑取培养物接种，于（36±1)℃培养不少于 24h，观察结果。赖氨酸脱羧酶阳性者由于产碱中和葡萄糖产酸，故培养基仍应呈紫色。阴性者无碱性产物，但因葡萄糖产酸而使培养基变为黄色。对照管应为黄色。

（8）3%氯化钠 MR-VP 培养基

① 成分：多胨 7g，葡萄糖 5g，磷酸氢二钾 5g，氯化钠 30g，蒸馏水 1000mL，pH 6.9±0.2。

② 制法：将各成分溶于蒸馏水中，分装试管，121℃高压灭菌 15min。

（9）3%氯化钠溶液

① 成分：氯化钠 30g，蒸馏水 1000mL。

② 制法：将氯化钠溶于蒸馏水中，校正 pH 至 7.2±0.2，121℃高压灭菌 20min。

（10）我妻血琼脂

① 成分：酵母浸膏 3g，蛋白胨 10g，氯化钠 70g，磷酸氢二钾 5g，甘露醇 10g，结晶紫 0.001g，琼脂 15g，蒸馏水 1000mL，pH 8.0±0.2。

② 制法：将上述成分混合，加热至100℃，保持 30min，冷至 46～50℃，与 50mL 预先洗涤的新鲜人或兔红细胞（含抗凝血剂）混合，倾注平板。彻底干燥平板，尽快使用。

（11）氧化酶试剂

① 成分：*N*,*N*,*N′*,*N′*-四甲基对苯二胺盐酸盐 1g，蒸馏水 100mL。

② 制法：将 *N*,*N*,*N′*,*N′*-四甲基对苯二胺盐酸盐溶于蒸馏水中，2～5℃冰箱内避光保存，在 7d 之内使用。

③ 试验方法：用细玻璃棒或一次性接种针挑取新鲜（24h）菌落，涂布在氧化酶试剂湿润的滤纸上。如果滤纸在 10s 之内呈现粉红或紫红色，即为氧化酶试验阳性。不变色为氧化酶试验阴性。

（12）革兰染色液。

（13）ONPG 试剂

① 缓冲液

成分：磷酸二氢钠（$NaH_2PO_4 \cdot H_2O$）6.9g，用蒸馏水加至 50mL。

制法：将磷酸二氢钠溶于蒸馏水中，调节 pH 至 7.0，置冰箱保存。

② ONPG 溶液

成分：ONPG 0.08g，蒸馏水 15mL，缓冲液 5mL。

制法：将 ONPG 在 37℃的蒸馏水中溶解，加入缓冲液。ONPG 溶液置冰箱保存，试验前，将所需用量的 ONPG 溶液加热至 37℃。

③ 试验方法 将待检培养物接种 3%氯化钠三糖铁琼脂，（36±1)℃培养 18h。挑取 1 满环新鲜培养物接种于 0.25mL 3%氯化钠溶液，在通风橱中，滴加 1 滴甲苯，摇匀后置 37℃水浴 5min。加 0.25mL ONPG 溶液，（36±1)℃培养观察 24h。阳性结果呈黄色，阴性结果则 24h 不变色。

（14）V-P 试剂

① 成分　a. 甲液　α-萘酚 5g，无水乙醇 100mL。b. 乙液　氢氧化钾 40g，加蒸馏水至 100mL。

② 试验方法：将 3%氯化钠胰蛋白胨大豆琼脂生长物接种 3%氯化钠 MR-VP 培养基，(36±1)℃培养 48h。取 1mL 培养物，转放到一个试管内，加 0.6mL 甲液，摇动，加 0.2mL 乙液，再摇动。随意加一点肌酸结晶，4h 后观察结果。阳性结果呈现伊红似的粉红色。

(15) 弧菌显色培养基。

(16) 生化鉴定试剂盒。

3. 其他备品

无菌试管：18mm×180mm、15mm×100mm；无菌吸管：1mL（具有 0.01mL 刻度）、10mL（具有 0.1mL 刻度）或微量移液器及吸头；无菌锥形瓶：500mL、250mL；无菌培养皿：直径 90mm；无菌手术剪、镊子。

三、操作要领

1. 检验程序

副溶血性弧菌检验程序见图 2-14。

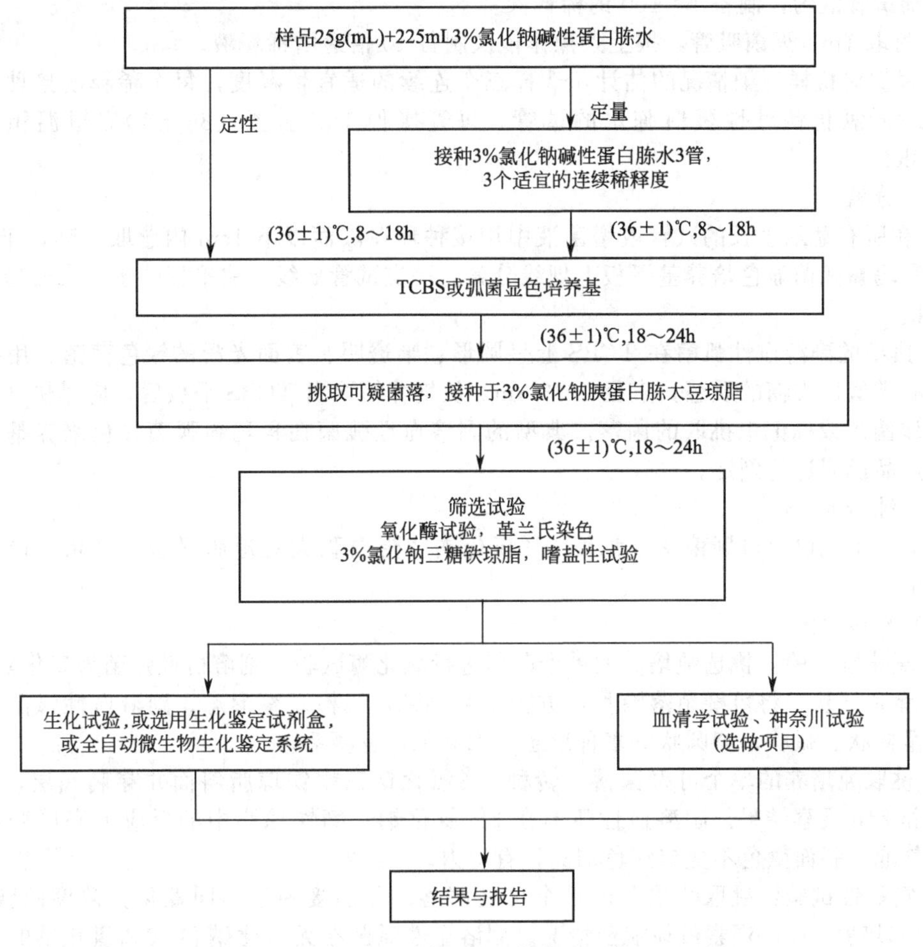

图 2-14　副溶血性弧菌检验程序

2. 操作步骤

(1) 样品制备

① 非冷冻样品采集后应立即置于7～10℃冰箱保存，尽可能及早检验；冷冻样品应在45℃以下不超过15min或在2～5℃不超过18h解冻。

② 鱼类和头足类动物取表面组织、肠或鳃；贝类取全部内容物，包括贝肉和体液；甲壳类取整个动物，或者动物的中心部分，包括肠和鳃。如为带壳贝类或甲壳类，应先在自来水中洗刷外壳并甩干表面水分，然后以无菌操作打开外壳，按上述要求取相应部分。

③ 以无菌操作取检样25g（mL），加入3%氯化钠碱性蛋白胨水225mL，用旋转刀片式均质器以8000r/min均质1min，或拍击式均质器拍击2min，制备成1∶10的均匀稀释液。如无均质器，则将样品放入无菌乳钵中，自225mL 3%氯化钠碱性蛋白胨水中取少量稀释液加入无菌乳钵，磨碎样品，然后放入500mL无菌锥形瓶，再用少量稀释液冲洗乳钵中的残留样品1～2次，洗液放入锥形瓶，最后将剩余稀释液全部放入锥形瓶，充分振荡，制备1∶10的样品匀液。

（2）增菌

① 定性检测：将上述1∶10稀释液于（36±1）℃培养8～18h。

② 定量检测

a. 用灭菌吸管吸取1∶10稀释液1mL，注入含有9mL 3%氯化钠碱性蛋白胨水的试管内，振摇试管混匀，制备1∶100的稀释液。

b. 另取1mL灭菌吸管，按上条操作依次制备10倍递增稀释液。

c. 根据对检样污染情况的估计，选择三个连续的适宜稀释度，每个稀释度接种三支含有9mL 3%氯化钠碱性蛋白胨水的试管，每管接种1mL。置（36±1）℃恒温箱内，培养8～18h。

（3）分离

① 在所有显示生长的试管或增菌液中用接种环在液面以下1cm内蘸取一环，于TCBS平板或科玛嘉弧菌显色培养基平板上划线分离。一支试管划线一块平板，于（36±1）℃培养18～24h。

② 典型的副溶血性弧菌在TCBS上呈圆形、半透明、表面光滑的绿色菌落，用接种环轻触，有类似口香糖的质感，直径2～3mm。从培养箱取出TCBS平板后，应尽快（不超过1h）挑取菌落或标记拟挑取的菌落。典型的副溶血性弧菌在科玛嘉弧菌显色培养基上的特征按照产品说明进行判定。

（4）纯培养

挑取三个或以上可疑菌落，划线3%氯化钠胰蛋白胨大豆琼脂平板，（36±1）℃培养18～24h。

（5）初步鉴定

① 氧化酶试验：挑选纯培养的单个菌落进行氧化酶试验，副溶血性弧菌为氧化酶阳性。

② 涂片镜检：将可疑菌落涂片，进行革兰染色，镜检观察形态。副溶血性弧菌为革兰阴性，呈棒状、弧状、卵圆状等多种形态，无芽孢，有鞭毛。

③ 挑取纯培养的单个可疑菌落，转种3%氯化钠三糖铁琼脂斜面并穿刺底层，（36±1）℃培养24h观察结果。副溶血性弧菌在3%氯化钠三糖铁琼脂中的反应为底层变黄不变黑，无气泡，斜面颜色不变或红色加深，有动力。

④ 嗜盐性试验：挑取纯培养的单个可疑菌落，分别接种于不同氯化钠浓度的胰胨水，（36±1）℃培养24h，观察液体混浊情况。副溶血性弧菌在无氯化钠和10%氯化钠的胰胨水中不生长或微弱生长，在7%氯化钠的胰胨水中生长旺盛。

（6）确定鉴定　取纯培养物分别接种含3%氯化钠的甘露醇试验培养基、赖氨酸脱羧酶试验培养基、MR-VP培养基，（36±1）℃培养24～48h后观察结果。3%氯化钠三糖铁琼脂隔夜培养物进行ONPG试验。可选择生化鉴定试剂盒或全自动微生物生化鉴定系统。

3. 血清学分型（选做项目）

（1）制备 接种两管3%氯化钠胰蛋白胨大豆琼脂试管斜面，(36±1)℃培养18～24h。用含3%氯化钠的5%甘油溶液冲洗3%氯化钠胰蛋白胨大豆琼脂斜面培养物，获得浓厚的菌悬液。

（2）K抗原的鉴定 取一管上述制备好的菌悬液，首先用多价K抗血清进行检测，出现凝集反应时再用单个的抗血清进行检测。用蜡笔在一张玻片上划出适当数量的间隔和一个对照间隔。在每个间隔内各滴加一滴菌悬液，并加一滴相当的K血清。在对照间隔内加一滴3%氯化钠溶液。轻微倾斜玻片，使各成分相混合，再前后倾动玻片1min。阳性凝集反应应可以立即观察到。

（3）O抗原的鉴定 将另外一管的菌悬液转移到离心管内，121℃灭菌1h。灭菌后4000r/min离心15min，弃去上层液体，沉淀用生理盐水洗三次，每次4000r/min离心15min，最后一次离心后留少许上层液体，将细胞弹起制成菌悬液。用蜡笔将玻片划分成相等的间隔。在每个间隔内加入一滴菌悬液，将O群血清分别加一滴到间隔内，最后一个间隔加一滴生理盐水作为自凝对照。轻微倾斜玻片，使各成分相混合，再前后倾动玻片1min。阳性凝集反应可以立即观察到。如果未见到与O群血清的凝集反应，将菌悬液121℃再次高压1h后，重新检测。如果仍旧为阴性，则培养物的O抗原属于未知。根据表2-17报告血清学分型结果。

表2-17 副溶血性弧菌的抗原

O群	K型
1	1,5,20,25,26,32,38,41,56,58,60,64,69
2	3,28
3	4,5,6,7,25,29,30,31,33,37,43,45,48,54,56,57,58,59,72,75
4	4,8,9,10,11,12,13,34,42,49,53,55,63,67,68,73
5	15,17,30,47,60,61,68
6	18,46
7	19
8	20,21,22,39,41,70,74
9	23,44
10	24,71
11	19,36,40,46,50,51,61
12	19,52,61,66
13	65

4. 神奈川试验（选做项目）

神奈川试验是在我妻血琼脂上测试是否存在特定溶血素。神奈川试验阳性结果与副溶血性弧菌分离株的致病性显著相关。

用接种环将测试菌株的3%氯化钠胰蛋白胨大豆琼脂18h培养物点种表面干燥的我妻血琼脂平板。每个平板上可以环状点种几个菌。(36±1)℃培养不超过24h，并立即观察。阳性结果为菌落周围呈半透明环的β溶血。

5. 结果与报告

根据检出的可疑菌落生化性状，报告25g（mL）样品中检出副溶血性弧菌。如果进行定量检测，根据证实为副溶血性弧菌阳性的试管管数，查最可能数（MPN）检索表（见表2-3），报告每1g（mL）副溶血性弧菌的MPN值。

副溶血性弧菌菌落生化性状与其他弧菌的鉴别情况见表2-18和表2-19。

表 2-18 副溶血性弧菌的生化性状

试验项目	结果	试验项目	结果	试验项目	结果
革兰染色镜检	阴性，无芽孢	葡萄糖	＋	硫化氢	－
氧化酶	＋	甘露醇	＋	赖氨酸脱羧酶	＋
动力	＋	分解葡萄糖产气	－	V-P	－
蔗糖	－	乳糖	－	ONPG	－

注：＋表示阳性；－表示阴性。

表 2-19 副溶血性弧菌主要性状与其他弧菌的鉴别

名称	氧化酶	赖氨酸	精氨酸	鸟氨酸	明胶	脲酶	V-P	42℃生长	蔗糖	D-纤维二糖	乳糖	阿拉伯糖	D-甘露糖	D-甘露醇	ONPG	嗜盐性试验 氯化钠含量/%				
																0	3	6	8	10
副溶血性弧菌 *V. parahaemolyticus*	＋	＋	－	＋	＋	V	－	＋	－	V	－	＋	＋	＋	－	－	＋	＋	＋	－
创伤弧菌 *V. vulnificus*	＋	＋	－	＋	＋	－	－	＋	－	＋	＋	－	＋	V	＋	－	＋	＋	－	－
溶藻弧菌 *V. alginolyticus*	＋	＋	－	＋	＋	－	＋	＋	＋	－	－	－	＋	＋	－	－	＋	＋	＋	＋
霍乱弧菌 *V. cholerae*	＋	＋	－	＋	＋	－	V	＋	＋	－	－	－	＋	＋	＋	＋	＋	－	－	－
拟态弧菌 *V. mimicus*	＋	＋	－	＋	＋	－	－	＋	－	－	－	－	＋	＋	＋	＋	＋	－	－	－
河弧菌 *V. fluvialis*	＋	－	＋	－	＋	－	－	V	＋	＋	－	＋	＋	＋	＋	－	＋	＋	V	－
弗氏弧菌 *V. furnissii*	＋	－	＋	－	＋	－	－	－	＋	－	－	＋	＋	＋	＋	－	＋	＋	＋	－
梅氏弧菌 *V. metschnikovii*	－	＋	＋	－	＋	－	＋	V	＋	－	－	－	＋	＋	＋	－	＋	＋	V	－
霍利斯弧菌 *V. hollisae*	＋	－	－	－	－	－	－	nd	－	－	－	＋	＋	－	－	－	＋	＋	－	－

注：nd 表示未试验；V 表示可变，＋表示阳性，－表示阴性。

四、重要提示

(1) 采样前首先准备好灭菌用具及容器，以无菌操作采取有代表性的样品。取样后必须尽快送检，不宜存放时间过长。

(2) 减少样品在稀释时造成的误差，在连续递次稀释时，每个稀释液应充分振荡，使其均匀，同时每变化 1 个稀释倍数应更换 1 支吸管。在进行连续稀释时，应使吸管内的液体沿管壁流入生理盐水中，勿使吸管尖端伸入稀释液内，以免吸管外部附着的检液溶于其内，造成误差。

(3) 纯培养时要挑取三个或以上可疑菌落，划线于 3%氯化钠胰蛋白胨大豆琼脂平板。如果仅选择 1～2 个菌落易于漏检。

五、作业要求

请将检测记录与结果填入下表。

食品中副溶血性弧菌检测记录表

<table>
<tr><td>样品名称</td><td colspan="2"></td><td>规格</td><td></td><td colspan="2">样品编号</td><td colspan="2"></td></tr>
<tr><td>检验标准</td><td colspan="2"></td><td>生产日期</td><td></td><td colspan="2">检验日期</td><td colspan="2"></td></tr>
<tr><td colspan="3">增菌</td><td colspan="3">分离培养</td><td rowspan="2">菌落形态</td><td rowspan="2">生化反应</td><td rowspan="2">最后结果</td></tr>
<tr><td>增菌液</td><td>温度/℃</td><td>时间/h</td><td>平板</td><td>温度/℃</td><td>时间/h</td></tr>
<tr><td>3%氯化钠碱性蛋白胨水</td><td></td><td></td><td>TCBS</td><td></td><td></td><td></td><td></td><td></td></tr>
</table>

技能十二　食品中阪崎肠杆菌检测

一、技能目标

- 能在教师指导下完成食品中阪崎肠杆菌的检测。
- 能利用生物学特性进行阪崎肠杆菌的鉴别。

二、用品准备

1. 仪器

恒温培养箱：(25±1)℃、(36±1)℃、(44±0.5)℃；冰箱：2～5℃；恒温水浴箱：(44±0.5)℃；电子天平；全自动微生物生化鉴定系统。

2. 培养基和试剂

(1) 缓冲蛋白胨水 (BP)。

(2) 改良月桂基硫酸盐胰蛋白胨肉汤-万古霉素 (mLST-Vm)

① 改良月桂基硫酸盐胰蛋白胨 (mLST) 肉汤

成分：氯化钠 34g，胰蛋白胨 20g，乳糖 5g，磷酸二氢钾 2.75g，磷酸氢二钾 2.75g，十二烷基硫酸钠 0.1g，蒸馏水 1000mL，pH6.8±0.2。

制法：加热搅拌至溶解，调节 pH。分装每管 10mL，121℃高压灭菌 15min。

② 万古霉素溶液

成分：万古霉素 10mg，蒸馏水 10mL。

制法：10mg 万古霉素溶解于 10mL 蒸馏水，过滤除菌。万古霉素溶液可以在 0～5℃保存 15d。

③ 改良月桂基硫酸盐胰蛋白胨肉汤-万古霉素

每 10mL 月桂基硫酸盐胰蛋白胨肉汤加入万古霉素溶液 0.1mL，混合液中万古霉素的终浓度为 10μg/mL。

(3) 阪崎肠杆菌显色培养基。

(4) 胰蛋白胨大豆琼脂 (TSA)

① 成分：胰蛋白胨 15g，植物蛋白胨 5g，氯化钠 5g，琼脂 15g，蒸馏水 1000mL，pH7.3±0.2。

② 制法：加热搅拌至溶解，煮沸 1min，调节 pH，121℃高压灭菌 15min。

(5) 氧化酶试剂。

(6) L-赖氨酸脱羧酶培养基

① 成分：酵母浸膏 3g，葡萄糖 1g，蒸馏水 1000mL，溴甲酚紫 0.015g，L-赖氨酸盐酸盐 5g，pH6.8±0.2。

② 制法：将各成分加热溶解，必要时调节 pH。每管分装 5mL，121℃高压灭菌 15min。

③ 试验方法：挑取培养物接种于 L-赖氨酸脱羧酶培养基，刚好在液体培养基的液面下。(30±1)℃培养 (24±2)h，观察结果。L-赖氨酸脱羧酶试验阳性者，培养基呈紫色，阴性者为黄色。

(7) L-鸟氨酸脱羧酶培养基

① 成分：酵母浸膏 3g，葡萄糖 1g，蒸馏水 1000mL，溴甲酚紫 0.015g，L-鸟氨酸盐酸盐 5g，pH6.8±0.2。

② 制法：将各成分加热溶解，必要时调节 pH。每管分装 5mL，121℃高压灭菌 15min。

③ 试验方法：挑取培养物接种于 L-鸟氨酸脱羧酶培养基，刚好在液体培养基的液面下。(30±1)℃培养 (24±2)h，观察结果。L-鸟氨酸脱羧酶试验阳性者，培养基呈紫色；阴性者为黄色。

(8) L-精氨酸双水解酶培养基

① 成分：酵母浸膏 3g，葡萄糖 1g，蒸馏水 1000mL，溴甲酚紫 0.015g，L-精氨酸盐酸盐 5g，pH6.8±0.2。

② 制法：将各成分加热溶解，必要时调节 pH。每管分装 5mL，121℃高压灭菌 15min。

③ 试验方法：挑取培养物接种于 L-精氨酸双水解酶培养基，刚好在液体培养基的液面下。(30±1)℃培养 (24±2)h，观察结果。L-精氨酸双水解酶试验阳性者，培养基呈紫色；阴性者为黄色。

（9）糖类发酵培养基

① 基础培养基

成分：酪蛋白（酶消化）10g，氯化钠 5g，酚红 0.02g，蒸馏水 1000mL，pH 6.8±0.2。

制法：将各成分加热溶解，必要时调节 pH。每管分装 5mL。121℃高压灭菌 15min。

② 糖类溶液（D-山梨醇、L-鼠李糖、D-蔗糖、D-蜜二糖、苦杏仁甙）

成分：糖 8g，蒸馏水 100mL。

制法：分别称取 D-山梨醇、L-鼠李糖、D-蔗糖、D-蜜二糖、苦杏仁甙等糖类成分各 8g，溶于 100mL 蒸馏水中，过滤除菌，制成 80mg/mL 的糖类溶液。

③ 完全培养基

成分：基础培养基 875mL，糖类溶液 125mL。

制法：无菌操作，将每种糖类溶液加入基础培养基，混匀；分装到无菌试管中，每管 10mL。

④ 试验方法：挑取培养物接种于各种糖类发酵培养基，刚好在液体培养基的液面下。(30±1)℃培养（24±2)h，观察结果。糖类发酵试验阳性者，培养基呈黄色；阴性者为红色。

（10）西蒙柠檬酸盐培养基

① 成分：柠檬酸钠 2g，氯化钠 5g，磷酸氢二钾 1g，磷酸二氢铵 1g，硫酸镁 0.2g，溴百里香酚蓝 0.08g，琼脂 8～18g，蒸馏水 1000mL，pH6.8±0.2。

② 制法：将各成分加热溶解，必要时调节 pH。每管分装 10mL，121℃高压灭菌 15min，制成斜面。

③ 试验方法：挑取培养物接种于整个培养基斜面，(36±1)℃培养（24±2)h，观察结果。阳性者培养基变为蓝色。

（11）生化鉴定试剂盒。

3. 其他备品

无菌吸管：1mL（具有 0.01mL 刻度），10mL（具有 0.1mL 刻度）；或微量移液器及吸头；无菌锥形瓶：容量 100mL、200mL、2000mL；无菌培养皿：直径 90mm。

三、操作要领

1. 检验程序

阪崎肠杆菌检验程序见图 2-15。

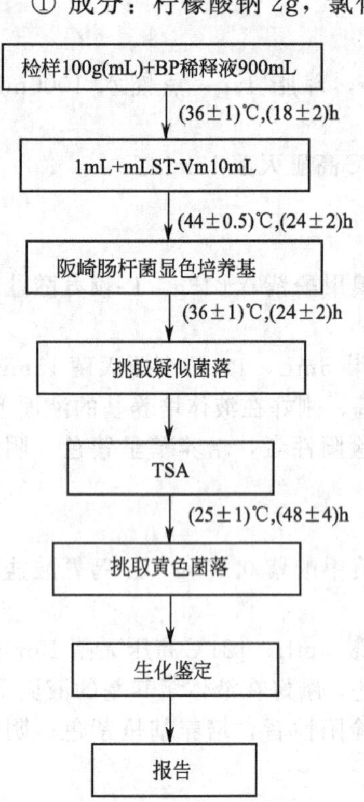

图 2-15　阪崎肠杆菌检验程序

2. 操作步骤

（1）前增菌和增菌　取检样 100g（mL）加入已预热至 44℃装有 900mL 缓冲蛋白胨水的锥形瓶中，用手缓缓地摇动至充分溶解，(36±1)℃培养（18±2)h。移取 1mL 转种于 10mL mLST-Vm 肉汤，(44±0.5)℃培养(24±2)h。

（2）分离

① 轻轻混匀 mLST-Vm 肉汤培养物，各取增菌培养物 1 环，分别划线接种于 2 个阪崎肠杆菌显色培养基平板，(36±1)℃培养（24±2)h。

② 挑取 1～5 个可疑菌落，划线接种于 TSA 平板。(25±1)℃培养（48±4)h。

(3) 鉴定 自TSA平板上直接挑取黄色可疑菌落，进行生化鉴定。阪崎肠杆菌的主要生化特征见表2-20。可选择生化鉴定试剂盒或全自动微生物生化鉴定系统。

表2-20 阪崎肠杆菌的主要生化特征

生化试验	特征	生化试验		特征
黄色素产生	+	发酵	D-山梨醇	(−)
氧化酶	−		L-鼠李糖	+
L-赖氨酸脱羧酶	−		D-蔗糖	+
L-鸟氨酸脱羧酶	(+)		D-蜜二糖	+
L-精氨酸双水解酶	+		苦杏仁甙	+
柠檬酸水解	(+)			

注：+表示>99%阳性；−表示>99%阴性；(+)表示90%～99%阳性；(−)表示90%～99%阴性。

3. 结果与报告

综合菌落形态和生化特征，报告每100g(mL)样品中检出或未检出阪崎肠杆菌。

四、重要提示

(1) 新鲜配制的mLST-Vm必须在24h之内使用。

(2) 阪崎肠杆菌显色培养基要避光4℃保存。

(3) 应注意采样的代表性。

五、作业要求

请将检测记录与结果填入下表。

食品中阪崎肠杆菌检测记录表

<table>
<tr><td>样品名称</td><td colspan="2"></td><td colspan="2">规格</td><td colspan="2"></td><td colspan="2">样品编号</td><td></td></tr>
<tr><td>检验标准</td><td colspan="2"></td><td colspan="2">生产日期</td><td colspan="2"></td><td colspan="2">检验日期</td><td></td></tr>
<tr><td rowspan="2">前增菌</td><td colspan="3">增菌</td><td colspan="3">分离培养</td><td rowspan="2">菌落形态</td><td rowspan="2">生化反应</td><td rowspan="2">最后结果</td></tr>
<tr><td>增菌液</td><td>温度/℃</td><td>时间/h</td><td>平板</td><td>温度/℃</td><td>时间/h</td></tr>
<tr><td>BP</td><td>mLST-Vm</td><td></td><td></td><td>阪崎肠杆菌显色培养基</td><td></td><td></td><td></td><td></td><td></td></tr>
</table>

技能十三 食品中双歧杆菌检测

一、技能目标

• 能在教师指导下完成食品中双歧杆菌的检测。

• 能对检测结果做出准确的报告。

二、用品准备

1. 仪器

恒温培养箱：(36±1)℃；冰箱：2～5℃；电子天平；气相色谱仪配FID检测器。

2. 培养基和试剂

(1) 双歧杆菌琼脂培养基

① 成分

a. 蛋白胨15g，酵母浸膏2g，葡萄糖20g，可溶性淀粉0.5g，氯化钠5g，西红柿浸出液400mL，吐温801mL，肝粉0.3g，琼脂粉15～20g，加蒸馏水至1000mL。

b. 半胱氨酸盐溶液：称取半胱氨酸0.5g，加入1mL盐酸，使半胱氨酸全部溶解，配制成半胱氨酸盐溶液。

c. 西红柿浸出液：将新鲜的西红柿洗净后称重切碎，加等量的蒸馏水在100℃水浴中加热，搅拌 90min，然后用纱布过滤，校正 pH7.0，将浸出液分装后，121℃高压灭菌 15～20min。

② 制法：将上述 a 中所有成分加入蒸馏水中，加热溶解，然后加入半胱氨酸盐溶液，校正 pH6.8±0.2。分装后 121℃高压灭菌 15～20min。临用时加热熔化琼脂，冷却至 50℃时使用。

（2）PYG 液体培养基

① 成分

a. 蛋白胨 10g，葡萄糖 2.5g，酵母粉 5g，半胱氨酸-HCl 0.25g，盐溶液 20mL，维生素 K_1 溶液 0.5mL，氯化血红素溶液（5mg/mL）2.5mL，加蒸馏水至 500mL。

b. 盐溶液：称取无水氯化钙 0.2g，硫酸镁 0.2g，磷酸氢二钾 1g，磷酸二氢钾 1g，碳酸氢钠 10g，氯化钠 2g，加蒸馏水至 1000mL。

c. 氯化血红素溶液（5mg/mL）：称取氯化血红素 0.5g 溶于 1mol/L 氢氧化钠 1mL 中，加蒸馏水至 1000mL，121℃高压灭菌 15～20min。

d. 维生素 K_1 溶液：称取维生素 K_1 1g，加无水乙醇 99mL，过滤除菌，冷藏保存。

② 制法：除氯化血红素溶液和维生素 K_1 溶液外，上述 a 中其余成分加入蒸馏水中，加热溶解，校正 pH6.0，加入中性红溶液。分装后 121℃高压灭菌 15～20min。临用时加热熔化琼脂，加入氯化血红素溶液和维生素 K_1 溶液，冷至 50℃使用。

（3）甲醇。

（4）三氯甲烷。

（5）硫酸。

（6）乙酸标准溶液：准确吸取乙酸 5.7mL，加水稀释至 100mL，摇匀，进行标定，此溶液浓度约为 1mol/L。标定方法为准确称取乙酸 3g，加水 15mL，酚酞指示液 2 滴，用 1mol/mL 氢氧化钠溶液滴定，并将滴定结果用空白试验校正。1mL1mol/mL 氢氧化钠溶液相当于 60.05mg 的乙酸。

（7）乙酸标准使用液：将经标定的乙酸标准溶液用水稀释至 0.01mol/L。

（8）乳酸标准溶液：准确吸取含量为 85%～90%的乳酸 8.4mL，加水稀释至 100mL，摇匀，进行标定，此溶液浓度约为 1mol/L。标定方法为准确称取乳酸 1g，加水 50mL，加入 1mol/mL 氢氧化钠滴定液 25mL，煮沸 5min，加入酚酞指示液 2 滴，同时用 0.5mol/mL 硫酸滴定液滴定，并将滴定结果用空白试验校正。1mL1mol/mL 氢氧化钠溶液相当于 90.08mg 的乳酸。

（9）乳酸标准使用液：将经标定的乳酸标准溶液用水稀释至 0.01mol/L。

3. 其他备品

无菌吸管：1mL（具有 0.01mL 刻度）、10mL（具有 0.1mL 刻度）；或微量移液器及吸头；无菌锥形瓶：容量 500mL、250mL；无菌试管：18mm × 180mm、15mm×100mm。

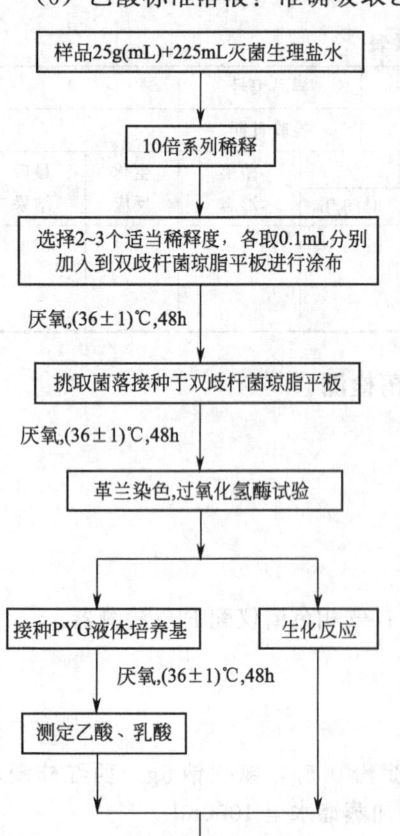

图 2-16 双歧杆菌检验程序

三、操作要领

1. 检验程序

双歧杆菌检验程序见图 2-16。

2. 操作步骤

（1）样品制备　以无菌操作称取 25g（mL）样品，置于装有 225mL 生理盐水的灭菌锥形瓶内，制成 1∶10 的样品匀液。

（2）稀释及涂布培养

① 用 1mL 无菌吸管或微量移液器吸取 1∶10 样品匀液 1mL，沿管壁缓慢注于装有 9mL 生理盐水的无菌试管中，振摇试管或换用 1 支无菌吸管反复吹打使其混合均匀，制成 1∶100 的样品匀液。

② 另取 1mL 无菌吸管或微量移液器吸头，按上述步骤①的操作顺序，做 10 倍递增样品匀液。

③ 根据待鉴定菌种的活菌数，选择 3 个连续的适宜稀释液，每个稀释度吸取 0.1mL 稀释液，用 L 棒在双歧杆菌琼脂平板进行表面涂布，每个稀释度作 2 个平皿。置(36±1)℃温箱内培养（48±2）h，培养后选取单个菌落进行纯培养。

（3）纯培养

挑取 3 个或以上的菌落接种于双歧杆菌琼脂平板，厌氧，(36±1)℃培养 48h。

（4）镜检及生化鉴定

① 涂片镜检：双歧杆菌菌体为革兰阳性，不抗酸、无芽孢，无动力，菌体形态多样，呈短杆状，纤细杆状或球形，可形成各种分支或分叉形态。

② 生化鉴定：过氧化氢酶试验为阴性。选取纯培养平板上的 3 个单个菌落，分别进行生化反应检测，不同双歧杆菌菌种主要生化反应见表 2-21。

表 2-21　双歧杆菌菌种主要生化反应

编号	项　目	两歧双歧杆菌	婴儿双歧杆菌	长双歧杆菌	青春双歧杆菌	动物双歧杆菌	短双歧杆菌
1	甘油	−	−	−	−	−	−
2	赤癣醇	−	−	−	−	−	−
3	D-阿拉伯糖	−	−	−	−	−	−
4	L-阿拉伯糖	−	−	+	+	+	−
5	D-核糖	−	+	−	+	+	+
6	D-木糖	−	+	+	d	+	+
7	L-木糖	−	−	−	−	−	−
8	阿东醇	−	−	−	−	−	−
9	β-甲基-D-木糖甙	−	−	−	−	−	−
10	D-半乳糖	d	+	+	+	d	+
11	D-葡萄糖	+	+	+	+	+	+
12	D-果糖	d	+	+	d	d	+
13	D-甘露糖	−	+	+	−	−	−
14	L-山梨糖	−	−	−	−	−	−
15	L-鼠李糖	−	−	−	−	−	−
16	卫矛醇	−	−	−	−	−	−
17	肌醇	−	−	−	−	−	+
18	甘露醇	−	−	−	−	−	−
19	山梨醇	−	−	−	−	−	−
20	α-甲基-D-甘露糖甙	−	−	−	−	−	−
21	α-甲基-D-葡萄糖甙	−	−	+	−	−	−
22	N-乙酰-葡萄糖胺	−	−	−	−	−	+

续表

编号	项　　目	两歧双歧杆菌	婴儿双歧杆菌	长双歧杆菌	青春双歧杆菌	动物双歧杆菌	短双歧杆菌
23	苦杏仁甙(扁桃甙)	—	—	—	+	+	—
24	熊果甙	—	—	—	—	—	—
25	七叶灵	—	—	+	+	+	—
26	水杨甙(柳醇)	—	+	—	+	+	—
27	D-纤维二糖	—	+	—	d	—	—
28	D-麦芽糖	—	+	+	+	+	+
29	D-乳糖	+	+	+	+	+	+
30	D-蜜二糖	—	+	+	+	+	+
31	D-蔗糖	—	+	+	+	+	+
32	D-海藻糖(蕈糖)	—	—	—	—	—	—
33	菊糖(菊根粉)	—	—	—	—	—	—
34	D-松三糖	—	—	+	+	—	—
35	D-棉籽糖	—	+	+	+	+	+
36	淀粉	—	—	—	+	—	—
37	肝糖(糖原)	—	—	—	—	—	—
38	木糖醇	—	—	—	—	—	—
39	龙胆二糖	—	+	—	+	+	+
40	D-松二糖	—	—	—	—	—	—
41	D-来苏糖	—	—	—	—	—	—
42	D-塔格糖	—	—	—	—	—	—
43	D-岩糖	—	—	—	—	—	—
44	L-岩糖	—	—	—	—	—	—
45	D-阿糖醇	—	—	—	—	—	—
46	L-阿糖醇	—	—	—	—	—	—
47	葡萄糖酸钠	—	—	—	+	—	—
48	2-酮基-葡萄糖酸钠	—	—	—	—	—	—
49	5-酮基-葡萄糖酸钠	—	—	—	—	—	—

注：+表示90%以上菌株阳性；—表示90%以上菌株阴性；d表示11%～89%以上菌株阳性。

（5）有机酸代谢产物测定

双歧杆菌培养液制备：挑取双歧杆菌琼脂平板上纯培养的双歧杆菌接种于PYG液体培养基，同时用未接种菌的PYG液体培养基做空白对照，厌氧，(36±1)℃培养48h。

① 气相色谱法测定双歧杆菌的有机酸代谢产物

a. 乙酸的处理：取双歧杆菌培养液2～3mL放入10mL离心管中，加入0.2mL50%（体积比）硫酸溶液，混匀，加入2mL丙酮，混匀后加过量氯化钠，剧烈振摇1min，再加入2mL乙醚，振摇1min后，于3000r/min离心5min，将上清液转入另一试管中，下层溶液用2mL丙酮和2mL乙醚重复提取2次，合成有机相，于40℃水浴中用氮气吹至少量溶液存在，用丙酮定容至1mL，混匀后备用。同样操作步骤处理乙酸标准和空白培养液。

b. 乳酸的处理：取双歧杆菌培养液2～3mL放入10mL比色管中，100℃水浴10min，加入0.2mL50%（体积比）硫酸溶液，混匀，加入1mL甲醇，于58℃水浴30min后加水

1mL，加三氯甲烷 1mL，振摇 3min，3000r/min 离心 5min，取三氯甲烷层分析。同样操作步骤处理乳酸标准和空白培养液。

c. 气相色谱条件　色谱柱：长 2m、内径 4mm 的玻璃柱，填装涂有 20%DNP+7%吐温 60（Tween60）的 chromosorbwHP（80～100 目）；柱温：110℃；气化室：150℃；检测器：150℃；载气：（N_2）50mL/min；进样量 1μL；外标法峰面积定量。

② 结果计算

样品培养液中乙酸或乳酸的含量按公式(2-5) 计算。

$$X=\frac{A_{样}-A_{空}}{A_{标}\times C} \tag{2-5}$$

式中　X——样品培养液中乙酸或乳酸的含量，μmol/mL；

$A_{样}$——样品培养液中乙酸或乳酸的峰面积；

$A_{空}$——空白培养液中乙酸或乳酸的峰面积；

$A_{标}$——乙酸标准或乳酸标准的峰面积；

C——乙酸标准或乳酸标准的浓度，μmol/mL。

③ 结果判定：如果乙酸（μmol/mL）与乳酸（μmol/mL）比值大于 1，可判定为双歧杆菌的有机酸代谢产物。

3. 报告

根据镜检及生化鉴定的结果、双歧杆菌的有机酸代谢产物乙酸与乳酸微摩尔之比大于 1，报告双歧杆菌属的种名。

四、重要提示

（1）检验中所用的器具都必须洗净、烘干、灭菌。

（2）减少样品在稀释时造成的误差。在连续递次稀释时，每个稀释液应充分振荡，使其均匀，同时每变化 1 个稀释倍数应更换 1 支吸管。在进行连续稀释时，应使吸管内的液体沿管壁流入生理盐水中，勿使吸管尖端伸入稀释液内，以免吸管外部附着的检液溶于其内，造成误差。

（3）用无菌 L 棒涂布平板时注意不要触及平板边缘。

五、作业要求

请将检测记录与结果填入下表。

食品中双歧杆菌检测记录表

<table>
<tr><td>样品名称</td><td></td><td>规格</td><td colspan="2"></td><td>样品编号</td><td colspan="2"></td></tr>
<tr><td>检验标准</td><td></td><td>生产日期</td><td colspan="2"></td><td>检验日期</td><td colspan="2"></td></tr>
<tr><td colspan="2">样品稀释</td><td colspan="3">纯培养</td><td rowspan="2">菌落形态</td><td rowspan="2">生化反应</td><td rowspan="2">最后结果</td></tr>
<tr><td>稀释度</td><td>接种量/mL</td><td>平板</td><td>温度/℃</td><td>时间/h</td></tr>
<tr><td rowspan="2"></td><td></td><td rowspan="6">双歧杆菌琼脂培养基</td><td rowspan="6"></td><td rowspan="6"></td><td rowspan="6"></td><td rowspan="6"></td><td rowspan="6"></td></tr>
<tr><td></td></tr>
<tr><td rowspan="2"></td><td></td></tr>
<tr><td></td></tr>
<tr><td rowspan="2"></td><td></td></tr>
<tr><td></td></tr>
</table>

技能十四　食品中大肠埃希菌检测

一、技能目标

• 能在教师指导下完成食品中大肠埃希菌的检测。

• 能对食品中大肠埃希菌检测结果作出准确、规范的报告。

二、用品准备

1. 仪器

恒温培养箱：(36±1)℃；冰箱：2～5℃；均质器；振荡器；电子天平；pH 计或 pH 比色管或精密 pH 试纸；菌落计数器；紫外灯：波长 360～366nm，功率≤6W。

2. 培养基和试剂

（1）磷酸盐缓冲液。

（2）无菌 1mol/L NaOH。

（3）无菌 1mol/L HCl。

（4）结晶紫中性红胆盐琼脂（VRBA）

① 成分：蛋白胨 7g，酵母膏 3g，乳糖 10g，氯化钠 5g，胆盐或 3 号胆盐 1.5g，中性红 0.03g，结晶紫 0.002g，琼脂 15～18g，蒸馏水 1000mL，pH7.4±0.1。

② 制法：将上述成分溶于蒸馏水中，静置几分钟，充分搅拌，调节 pH。煮沸 2min，将培养基冷至 45～50℃倾注平板。使用前临时制备，不得超过 3h。

（5）结晶紫中性红胆盐-4-甲基伞形酮-β-D-葡萄糖苷琼脂（VRBA-MUG）

① 成分：蛋白胨 7g，酵母膏 3g，乳糖 10g，氯化钠 5g，胆盐或 3 号胆盐 1.5g，中性红 0.03g，结晶紫 0.002g，琼脂 15～18g，蒸馏水 1000mL，4-甲基伞形酮-β-D-葡萄糖苷（MUG）0.1g，pH7.4±0.1。

② 制法：将上述成分溶于蒸馏水中，静置几分钟，充分搅拌，调节 pH。煮沸 2min，将培养基冷至 45～50℃使用。

3. 其他备品

无菌吸管：1mL（具有 0.01mL 刻度），10mL（具有 0.1mL 刻度）；或微量移液器及吸头；无菌锥形瓶：容量 500mL；无菌培养皿：直径 90mm。

三、操作要领

1. 检验程序

大肠埃希菌平板计数法检验程序见图 2-17。

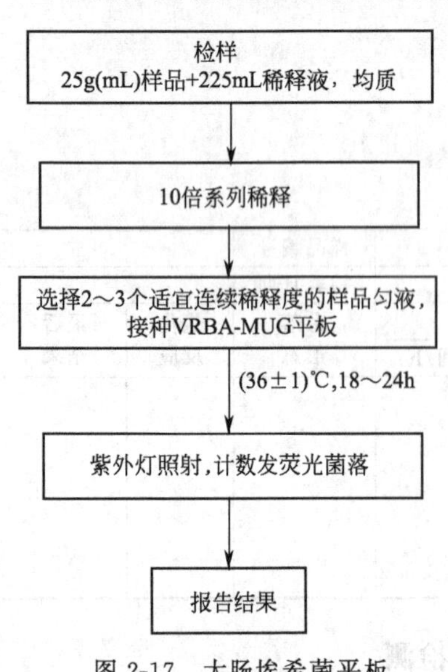

图 2-17 大肠埃希菌平板计数法检验程序

2. 操作步骤

（1）样品的稀释

① 固体和半固体样品：称取 25g 样品，放入盛有 225mL 磷酸盐缓冲液的无菌均质杯内，8000～10000r/min 均质 1～2min，制成 1∶10 的样品匀液；或放入盛有 225mL 磷酸盐缓冲液的无菌均质袋中，用拍击式均质器拍打 1～2min，制成 1∶10 的样品匀液。

② 液体样品：以无菌吸管吸取 25mL 样品置于盛有 225mL 磷酸盐缓冲液的无菌锥形瓶（瓶内预置适当数量的无菌玻璃珠）中，充分混匀，制成 1∶10 的样品匀液。

③ 样品匀液的 pH 值应在 6.5～7.5 之间，必要时分别用 1mol/L NaOH 或 1mol/L HCl 调节。

④ 用 1mL 无菌吸管或微量移液器吸取 1∶10 样品匀液 1mL，沿管壁缓缓注入 9mL 磷酸盐缓冲液的无菌试管中，振摇试管或换用 1 支 1mL 无菌吸管反复吹打，使其混合均匀，制成 1∶100 的样品匀液。

⑤ 根据对样品污染状况的估计，按上述操作，依次制成 10 倍递增系列稀释样品匀液。从制备样品匀液至样品接种完毕，全过程不得超

过15min。

(2) 平板计数

① 选取2～3个适宜的连续稀释度的样品匀液，每个稀释度接种2个无菌平皿，每皿1mL。同时取1mL稀释液加入无菌平皿做空白对照。

② 将10～15mL冷至(45±0.5)℃的结晶紫中性红胆盐琼脂（VRBA）倾注于每个平皿中。小心旋转平皿，将培养基与样品匀液充分混匀。待琼脂凝固后，再加3～4mLVRBA-MUG覆盖平板表层。凝固后翻转平板，(36±1)℃培养18～24h。

(3) 平板菌落数的选择

选择菌落数在10～100之间的平板，暗室中360～366nm波长紫外灯照射下，计数平板上发浅蓝色荧光的菌落。

检验时用已知MUG阳性菌株（如大肠埃希菌ATCC25922）和产气肠杆菌（如ATCC13048）做阳性和阴性对照。

3. 报告

2个平板上发荧光菌落数的平均数乘以稀释倍数，报告每1g（mL）样品中大肠埃希菌数，以cfu/g（mL）表示。若所有稀释度（包括液体样品原液）平板均无菌落生长，则以小于1乘以最低稀释倍数报告。

四、重要提示

(1) 检验中所用的所有器具都必须洗净、烘干、灭菌，既不能存在活菌，也不能残留有抑菌物质。

(2) 用作样品稀释的液体，每批都应有空白对照。

(3) 减少样品在稀释时造成的误差。在连续递次稀释时，每个稀释液应充分振荡，使其均匀，同时每变化1个稀释倍数应更换1支吸管。在进行连续稀释时，应使吸管内的液体沿管壁流入生理盐水中，勿使吸管尖端伸入稀释液内，以免吸管外部附着的检液溶于其内，造成误差。

五、作业要求

请将检测记录与结果填入下表。

食品中大肠埃希菌检测记录表

样品名称		规格		样品编号	
检验标准		生产日期		检验日期	
稀释度	接种量/mL	平板菌落数	平均数	空白对照	最后结果/(cfu/mL)

【拓展学习】

测试片法在微生物快速检测中的应用

传统的微生物培养法耗时太多，不利于工厂生产的快速调整，因此，需要建立现代的微生物快速检测方法。快速测试片法是近年来不断取得进展的一种新型的检测方法。测试片是以纸片、纸膜、胶片等作为培养基载体，将特定的培养基和显色物质附着在上面，通过微生物在上面的生长、显色来测定食品中微生物的方法。这种方法集化学、高分子学、微生物学于一体，使得检测结果清晰直观，正成为今后微生物检测的一个主要发展方向。

一、菌落总数测试片

菌落总数测试片是一种预先制备好的一次性培养基产品，含有标准的营养培养基、冷水可溶性的吸水凝胶和脱氢酶指示剂氯化三苯四氮唑（TTC）。经加样、培养后，菌落在测试片上呈红色，通过计数报告结果。这样可缩短计数时间和增强计数效果。本产品适合于各类食品及食品原料中菌落总数的测定，也可用于检测食品加工容器、操作台和其他设备表面的菌落总数。

本产品需存放在4～10℃冰箱中，保质期为一年。铝箔袋打开后，未用完的纸片要放回铝箔袋中封好，放到冰箱中，一个月内用完。在高湿度的环境中可能出现冷凝水，最好在拆封前将整包回温至室温。

二、大肠菌群测试片

大肠菌群快检纸片是以无菌色谱滤纸为载体，吸附一定量的乳糖、指示剂（溴甲酚紫和TTC）、蛋白胨、抑菌剂等，在无菌条件下恒温干燥制成。大肠菌群通过溴甲酚紫指示剂显示出发酵乳糖产酸使纸片变黄，通过TTC与氢发生氧化-还原反应，在细菌生长的菌落处形成红色斑点（或红晕）。这也是现行国家标准（GB 14934—1994）制定阳性结果判定标准的理论依据。大肠菌群纸片法具有操作简便、报告时间短、特异性强、敏感性高、费用较低等优点，适合各地实验室推广使用。

三、霉菌和酵母菌测试片

霉菌和酵母菌测试片由营养培养基、吸水凝胶和酶显色剂等组成。与传统方法相比，省去了配制培养基、消毒和培养器皿的清洗处理等大量辅助性工作，随时可以开始进行抽样检测，而且操作简便，通过酶显色剂的放大作用，使菌落提前清晰地显现出来，培养时间由一周缩短为72h。本品可用于各类食品（如糕点、饼干等）中霉菌和酵母菌的计数，非常适合于食品卫生检验部门和食品生产企业使用。

四、沙门菌测试片

沙门菌测试片含有选择性培养基、沙门菌特有辛酯酶的显色指示剂和高分子吸水凝胶，运用微生物测试片专有技术，做成一次性快速检验产品，通过培养15～24h就可确认是否带有沙门菌。如果样品中含有沙门菌，即可在纸片上呈紫红色的菌落，非常适合各级检验部门和食品企业使用。本产品适用于肉和肉产品、蛋及蛋制品、冷饮等的快速检测。但是应注意使用过的测试片上带有活菌，需及时按照生物安全废弃物处理原则进行处理。

五、金黄色葡萄球菌测试片

美国3M公司研制的Petrifilm金黄色葡萄球菌测试片是一种薄膜型的计数平板，测试薄膜由检测片和反应片两部分组成。检测片含有具有显色功能并经改良的Baird-Parker培养基，对金黄色葡萄球菌具有很强的选择性，并含有冷水可溶性凝胶。反应片含有DNA、甲苯胺蓝及四唑指示剂，此指示剂有助于菌落的计数及确定葡萄球菌耐热核酸酶的存在。

测试片上的紫红色菌落为金黄色葡萄球菌。当测试片上出现除紫红色以外的其他颜色（如黑色或蓝绿色），则必须使用反应片。金黄色葡萄球菌会产生脱氧核糖核酸酶，此酶会和反应片上的显色剂反应形成粉红色环，故当将反应片置入测试片中，金黄色葡萄球菌会形成粉红色环，其他种类的细菌则不会形成粉红色环。

【思考题】

1. 检样稀释时，每个稀释度都要更换刻度吸管，为什么？

2. 食品样品的平板菌落计数的原则有哪些？

3. 如何在准备大肠菌群检测所用的发酵管时避免放倒置小管时产生气泡？

4. 进行沙门菌检验时，为什么要进行前增菌和增菌？

5. 为什么采用血浆凝固酶试验来决定葡萄球菌致病和不致病？

6. 商业无菌是绝对无菌吗？如何判定食品的商业无菌？

7. 副溶血性弧菌的生化特性中最有特点的是哪个项目？如何利用这个项目，诊断某细菌是否是副溶血性弧菌？

模块三　食品生产环境微生物检测

【学习目标】

- 了解微生物对环境的影响。
- 能够选用合适的方法检测空气中微生物的数量，并判断空气质量。
- 能够检测水中的细菌总数和大肠菌群数，并判断水质优劣。

【理论前导】

微生物和其生存的环境存在着密切的关系，它们之间相互适应、相互影响，一定的环境中存在一定类群的微生物。微生物也能改变环境质量，因此，环境质量的高低也可以用微生物来进行监测。根据环境中存在的微生物的种类和数量来反映环境质量。

一、空气洁净度的微生物检测

（一）空气的卫生标准和消毒方法

1. 空气中微生物的来源和分布

空气中不含微生物生长可直接利用的营养物质及充足的水分，加上日光中紫外线的照射，并不是微生物生活的天然环境，所以空气中的微生物含量很少。但是，无论什么地方的空气中都含有数量不等、种类不同的微生物，主要来源于土壤中飞扬起来的尘埃、水面吹起的小水滴、人和动物体表干燥脱落物以及呼吸道分泌物和排泄物等。

空气中微生物的地域分布差异很大（见表 3-1），在公共场所、医院、宿舍、城市街道等尘埃多的空气中，微生物的含量较高；而在海洋、高山、高空、森林等尘埃较少的空气中，微生物的含量较少，甚至无菌。此外，空气中微生物的数量和种类还受温度、季节等多种因素的影响。

表 3-1　空气中微生物的地域分布

地　　区	空气含菌数/（个/m^3）	地　　区	空气含菌数/（个/m^3）
畜舍	1000000～2000000	公园	200
宿舍	20000	海面上	1～2
城市街道	5000	北极	0～1

2. 食品生产车间空气洁净度

食品工厂不同生产区域和空气洁净度等级要求如表 3-2 所示。

表 3-2　食品工厂不同生产区域和空气洁净度等级

生产区域	空气洁净度等级	沉降菌数/(pc/m^3)	沉降真菌数/(pc/m^3)	生产工段
洁净生产区	1000～10000	＜30	＜10	易腐或即食性成品（半成品）的冷却、储存、调整、内包装等
准洁净生产区	100000	＜50		加工、加热处理等
一般生产区	300000	＜100		前处理、原料保管、仓库等

注：pc/m^3为单位体积空气中悬浮的颗粒数。

3. 空气的消毒方法

在进行微生物检验、外科手术、生物药品制造以及其他方面的微生物学研究时，必须保持周围空气中无菌，这也就需要对空气进行消毒或灭菌。在密闭的场所内，可采用稀释的消毒液喷雾，以达到灭菌或使其沉降的目的。用紫外灯照射无菌室，也可以杀死空气中的微生物，时间应不少于30min，还应注意关闭紫外灯后不能立即开日光灯，应保持30min左右的黑暗，从而彻底杀灭微生物。

此外，还可以应用熏蒸法来消灭空气中的微生物，最常用的消毒剂是甲醛溶液。在密闭的房间内，置高锰酸钾一份于一较深的缸中，加入甲醛溶液两份，操作者迅速退出，将房门关紧，24h开门通气，消毒结束。每1000m^3的空间应使用高锰酸钾250g和甲醛溶液500mL。因为甲醛溶液刺激性过大，可代之以乳酸熏蒸，或用三乙烯乙二醇喷雾效果也很好。

（二）空气样品的采集与处理

空气是人类、畜禽传播疾病的主要媒介。因此，测定空气中微生物的数量和种类，对于保证食品的安全性以及预防某些传染病都有着十分重要的意义。

空气样品的微生物检验，通常是测定1m^3空气中的细菌数和空气污染的标志菌（溶血性链球菌和绿色链球菌），只有在特殊情况下才进行病原微生物的检查。空气体积大、菌数相对稀少，并因气流、日光、温度、湿度和人、动物的活动，使细菌在空气中的分布和数量不稳定，即使在同一室内，分布也不均匀，检查时常得不到精确的结果。

空气的采样方法，常见的有以下三种，即直接沉降法、过滤法、气流撞击法。其中气流撞击法最为完善，因为这种方法能较准确地表示出空气中细菌的真正含量。

1. 直接沉降法

在检验空气中细菌含量的各种沉降法中，郭霍简单平皿法是最早的方法之一。郭霍简单平皿法就是将琼脂平板或血琼脂平板放在空气中暴露一定的时间t，然后37℃培养48h，计算所生长的菌落数，按奥梅梁斯基计算法，即在面积A为100cm^2的培养基表面，5min沉降下来的细菌数相当于10L空气中所含的细菌数（N），见公式(3-1)、公式(3-2)。

$$1m^3\ 细菌数=1000\Big/\left(\frac{A}{100}\times t\times\frac{10}{5}\right)\times N \tag{3-1}$$

将上述公式简化后得：

$$1m^3\ 细菌数=\frac{50000}{At}N \tag{3-2}$$

由于应用上述方法检验出空气中的细菌数约比克罗托夫仪器获得的细菌数少2/3。因此，有人建议将面积100cm^2的培养基（培养皿直径约为11cm）暴露5min后，即放入37℃下培养24h，所得的细菌数可看作3L（而不是10L）空气中所含有的细菌数，见公式3-3。

$$1m^3\ 细菌数=1000\Big/\left(\frac{A}{100}\times t\times\frac{3}{5}\right)\times N=\frac{167000}{At}N \tag{3-3}$$

设：$A=100cm^2$，$t=5min$

则：
$$1m^3\ 细菌数=\frac{167000}{At}N=334N$$

2. 过滤法

过滤法的原理是使定量的空气通过吸收剂，而后将吸收剂培养，计算出菌落数。

如图3-1所示，使空气通过盛有定量无菌生理盐水及玻璃珠的三角瓶。液体能阻挡空气中的尘粒通过，并吸收附着其上的细菌，通过空气时须振荡玻璃瓶数次，使得细菌充分分散于液体内，然后将此生理盐水1mL接种至琼脂培养基，在37℃下培养48h，计算菌落数。由已知吸收空气的体积和液体量推算出1m^3空气中的细菌数［见公式(3-4)］。若欲检查空气中的病原微生物，可接种于特殊培养基上观察。

$$1\text{m}^3\ \text{细菌数}=\frac{1000NV}{V'} \tag{3-4}$$

式中 V——吸收液体积，mL；

V'——滤过空气量，L；

N——细菌数。

检验空气也可采用滤膜法，其步骤是：在无菌滤器上放两块圆形的灭菌滤纸，然后再放上滤膜，把滤器拧紧，以每分钟 5～10L 的速度吸取检验所需的空气 50～100L。将滤膜轻轻取下，平放在培养基表面，经过培养后，各种菌落可在滤膜上生长出来。也可将滤膜上的细菌用无菌水洗下，以洗液做倾注培养。

3. 气流撞击法

气流撞击法需要特殊仪器，如布尔济利翁仪器及克罗托夫仪器等，较为常见的是克罗托夫仪器，它包括三个连接部分：①选取空气样品的部分；②微气压计；③电气部分（见图 3-2）。

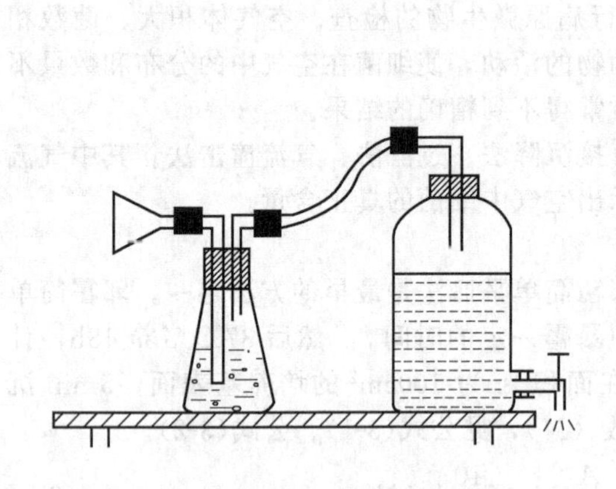

图 3-1　过滤法收集空气样品装置

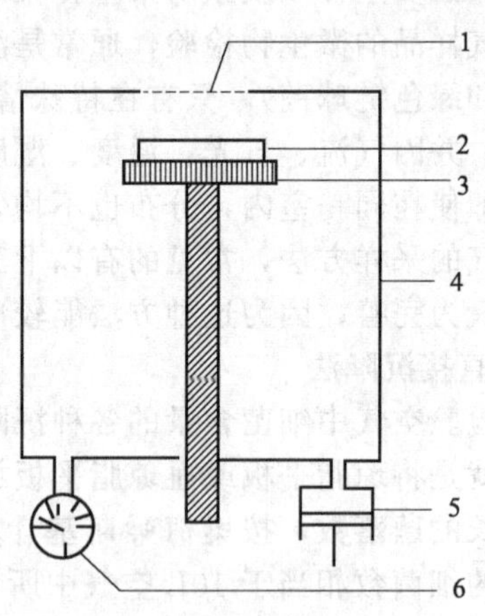

图 3-2　通过楔形孔隙收集空气样品装置

1—楔形孔隙；2—平皿；3—圆盘；
4—密封圆筒；5—抽气机；6—压力表

如图 3-2 所示，将琼脂平板置于仪器主要部分的圆盘上，然后将仪器密闭，开启电流开关。通风机以 4000～5000r/min 旋转，将空气吸入，空气由楔形孔隙进入仪器而撞击在琼脂平板的表面，并黏着在培养基上，由于空气的旋流，使带有平皿的圆盘产生低速转动，使细菌可在培养基表面均匀散布。根据细菌污染程度，可吸取不同量的空气，以供检验。每分钟的空气量可用微气压计测知，空气流量的大小可通过电气部分加以调节。

（三）空气微生物检测

评价空气的洁净程度需要测定空气中的微生物数量和空气污染微生物。测定的细菌指标有菌落总数和链球菌数，在必要时则测病原微生物。

1. 空气中菌落总数的测定

空气中菌落总数的测定选用普通营养琼脂培养基，按上述方法取样，经培养后计数。

2. 空气中链球菌的检验

链球菌的检验可应用上述空气中菌落总数检验三种方法的任一种，只要用血琼脂平板代替普通琼脂平板即可。一般用血琼脂平板做沉降法检验，经培养后，计算培养基上溶血性链球菌和绿色链球菌数，经涂片，革兰染色，镜检证实。

3. 空气中霉菌的检验

空气中霉菌的检验，可用马铃薯琼脂培养基或玉米粉琼脂培养基暴置在空气中做直接沉降法检验，(27±1)℃培养3～5d计算霉菌菌落数。

二、水质的微生物学检验

水一直是人类生产和生活必需的资源，随着工业化的发展，水资源的保护问题成为一个重要课题，确保水资源的安全性是非常重要的任务。微生物作为水中存在的潜在危险因素，必须对其例行监测，但不同来源、不同大环境下水中微生物的存在状态存在差异，需要根据实际情况对水源的卫生指标、致病菌进行有选择的检测。

（一）饮用水的卫生要求及标准

1. 饮用水的卫生要求

为保障人类饮水的卫生、安全，饮用水应满足以下几点要求：①流行病学上安全，没有传染病的危险；②毒理学上可靠，在饮用过程中不会产生毒害作用；③水质成分或化学组成，适合人体生理需要，含有必要的营养物质而不会造成损害或不良影响；④感官上良好，没有臭味。

2. 饮用水、水源水、游泳池水卫生标准

饮用水、水源水、游泳池水卫生标准见表3-3。

表3-3　饮用水、水源水、游泳池水卫生标准

用　　途		大肠菌群/100mL	菌落总数/mL
饮用水		1L水中不超过3个	≤100
水源水	准备加氯消毒后供饮用的水	≤1000	
	准备净化处理及加氯消毒后供饮用的水	≤10000	
游泳池水		≤100	≤1000

（二）水样的采集与处理

水中含有大量的细菌，因此进行水的微生物检验，在保证饮水和食品安全及控制传染病上具有十分重要的意义。水样的采集与处理方法如下。

(1) 注意无菌操作，防止杂菌混入。盛水容器在采样前须洗刷干净，并进行高温高压灭菌。采水器（图3-3）是一金属框，内装有容量为500mL的灭菌磨口玻璃瓶，采水器底部较重，可随意坠入所需采水的深度，拉吊瓶盖上的绳索，掀开瓶盖，待水盛满后，松放绳索，瓶盖自塞，然后自水中提起采水器，取出水样瓶，并立即用灭菌棉塞或灭菌橡皮塞塞好瓶口，以备检验。

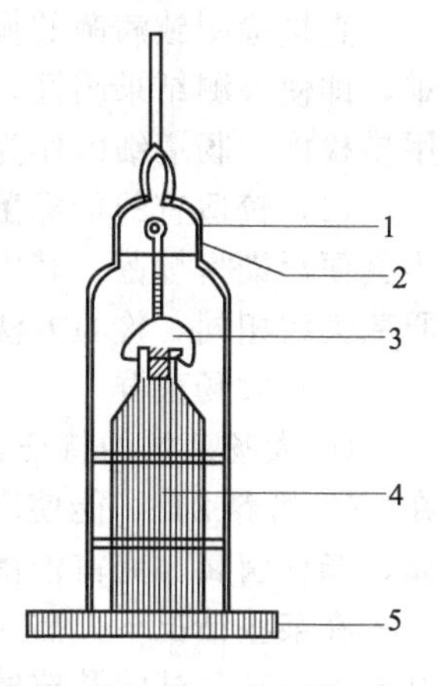

图3-3　采水器
1—开瓶绳索；2—铁框；3—瓶盖；4—灭菌瓶；5—沉淀

(2) 取自来水时，需先用清洁布将水龙头擦干，再用酒精灯灼烧水龙头灭菌，然后把水龙头完全打开，放水5～10min后再将水龙头关小，采集水样。经常取水的水龙头放水1～3min即可采集水样。

(3) 采取江、湖、河、水库、蓄水池、游泳池等地面水源的水样时，一般在居民常取水的地点，应先将无菌采样器浸入水下10～15cm处，井水在水下50cm深处，然后掀起瓶塞采集水样，流动水区应分别采取靠岸边及水流中心的水。

(4) 采取经氯处理的水样（如自来水、游泳池水）时，应在采样前按每500mL水样加入硫代硫酸钠0.03g或1.5%的硫代硫酸钠水溶液2mL，目的是作为脱氯剂除去残余的氯，避免剩余氯对水样中细菌的杀害作用，而影响结果的可靠性。

（5）水样采取后，应于2h内送到检验室。若路途较远，应连同水样瓶一并置于6～10℃的冰瓶内运送，运送时间不得超过6h，洁净的水最多不超过12h。水样送到后，应立即进行检验，如条件不许可，则可将水样暂时保存在冰箱中，但不超过4h。

（6）运送水样时应避免玻璃瓶摇动，水样溢出后又回流瓶中，从而增加污染。

（7）检验时应将水样摇匀。

（三）水样的检验

水体受人类生活污水或工业废水污染时，水中微生物大量增加。因此，由水体中的细菌总数可以了解水体被污染的程度，但是不能说明是否有病原菌存在。由于致病菌在水体中存在的数量比较少，检测技术比较复杂，因此常常不是直接检测水中的致病菌，而是选用间接指标作为代表。测定水质的细菌学指标很多，但是最常用的是水中细菌总数、腐生细菌数和粪便污染的指标菌。

1. 细菌总数

细菌总数是指将1mL水样（原水样或经稀释的水样）放在营养琼脂培养基上，于37℃培养24h后，所生长的细菌菌落总数。细菌总数指标具有相对的卫生学意义。菌数越高，表示水体受有机物或粪便污染程度越重，被病原菌污染的可能性亦越大。水体中测得的细菌总数较高或增大，说明该水体受有机物或粪便污染，但不能说明污染物的来源，也不能判断病原微生物是否存在。

2. 腐生细菌数

自然水体中腐生细菌的数量与有机物浓度成正比。因此，测得腐生细菌数或腐生细菌数与细菌总数的比值，即可推断水体的有机物污染状况。研究证明，这种推断与实测结果十分吻合。

3. 粪便污染的指标菌

直接检测致病菌的操作十分烦琐。此外，由于水体中的致病菌较少，直接检测也很困难，即使检测结果阴性，也不能保证水中不含致病菌。因此，在水质卫生学检查中，通常采用易检出的肠道细菌作为指标菌，取代对致病菌的直接检测。

（1）较适宜的指标菌　在卫生细菌学检验中，大肠菌群、粪链球菌、产气荚膜梭菌常作为粪便污染指标菌。其中大肠菌群在粪便中数量较多，随粪便排出体外，存活时间与肠道病原菌大致相同，检验方法简单易行，因此，是较为适宜的粪便污染指标菌。

（2）大肠菌群

① 大肠菌群的特征：大肠菌群是指一群需氧型及兼性厌氧型的革兰阴性无芽孢杆菌。在37℃培养24h，能使乳糖发酵产酸、产气。大肠菌群以埃希菌属为主，另有柠檬酸杆菌属、肠杆菌属、克雷伯菌属等。

在某些情况下，需对大肠菌群作进一步的分类鉴定。常用鉴定试验有：吲哚试验、甲基红试验、V-P试验及柠檬酸钠利用试验。

若检出大肠埃希菌，则说明水体新近受到粪便污染。

② 大肠菌群的检测：常用的大肠菌群的检测方法有发酵法与滤膜法。

a. 发酵法　亦称多管发酵法或三管发酵法。以不同稀释度的样品分别接种乳糖胆盐发酵培养基（或其他乳糖发酵培养基）数管。培养24h后，观察培养结果。若观察到乳糖发酵产酸、产气现象，称为阳性反应。记下阳性反应的试管数，查专用统计表求出大肠杆菌的最大可能数（MPN）。

b. 滤膜法　用孔径为0.45～0.65μm的微孔滤膜，抽取一定数量的水样，使水样中的细菌截留在滤膜上。然后，将滤膜贴在选择性培养基上，培养后直接计数滤膜上的大肠菌落，算出每100mL水样中含有的总大肠菌群数。

③ 大肠菌群指标：在水质卫生学检验中，常用“大肠菌群指数”和“大肠菌群值”作指标。大肠菌群指数是指每 100mL 水中所含的大肠菌群细菌的个数。大肠菌群值是指检出一个大肠菌群细菌的最少水样量［体积（mL）］。两者间的关系表示为：

大肠菌群值＝100/大肠菌群指数

【技能训练】

技能一 生活饮用水中细菌总数和总大肠菌群的检测

一、技能目标

- 掌握生活饮用水中菌落总数和总大肠菌群的检测。
- 能够正确计算水样中细菌总数和总大肠菌群数。
- 能够根据细菌总数和总大肠菌群数判断水质的质量。

二、用品准备

1. 仪器

电炉、恒温水浴锅、恒温培养箱、放大镜、显微镜、无菌采样瓶、9mL 无菌水试管、无菌培养皿（直径为 90mm）、无菌移液管、锥形瓶、载玻片、盖玻片。

2. 药品

牛肉膏蛋白胨琼脂培养基、乳糖蛋白胨培养基、三倍浓缩乳糖蛋白胨培养基、伊红美蓝琼脂培养基、硫代硫酸钠溶液、香柏油、二甲苯、革兰染色液。

3. 其他备品

标签纸等。

三、操作要领

1. 饮用水中细菌总数的测定

细菌总数是指将 1mL 水样放在牛肉膏蛋白胨琼脂培养基中，于 37℃培养 24h 后，所长出的细菌菌落总数。细菌总数越多，表示水体受到有机物或粪便污染越严重，携带病原菌的可能性也越大。我国生活饮用水标准（GB 5749—2006）规定 1mL 水中的细菌总数不得超过 100 个。

（1）水样的采取 为了反映真实水质，采样需无菌操作，检测前应防止杂菌污染。

饮用水（自来水）水样的采取：先用火焰灼烧自来水龙头 3min（灭菌），然后打开水龙头排水 5min（排除管道内积存的死水），再用无菌采样瓶接取水样。如果水样中含有余氯，则在对采样瓶进行灭菌前，需在瓶中添加一定量的硫代硫酸钠溶液（每采 500mL 水样，添加 1.5%硫代硫酸钠溶液 2mL），以消除余氯的杀菌作用。

（2）细菌总数测定

① 水样稀释：根据水样受有机物或粪便污染的程度，可用无菌移液管作 10 倍系列稀释，获得 1∶10、1∶100、1∶1000 等系列稀释液。

② 混菌液接种法：按照无菌操作的要求，用无菌移液管吸取原水样 1mL 或选取适宜的稀释液 1mL，注入无菌培养皿中，倾注 15mL 熔化并冷却到 45℃左右的牛肉膏蛋白胨琼脂培养基，立即旋转培养皿使水样与培养基混匀，每个稀释度设置两个培养皿，另设两个培养皿作为对照。

③ 培养：待琼脂培养基凝固后，翻转培养皿，使底面向上，置于 37℃恒温培养箱内培养 24h。

④ 计算：每个稀释度设置两个培养皿，一般取这两个培养皿的菌落平均数作为代表值；若其中一个培养皿长有较大的片状菌落（菌落连在一起，成片难以区分），则剔除该培养皿的菌落数，以另一个培养皿的菌落数作为代表值；若片状菌落覆盖的面积不到培养皿的一半，并且其余一半的菌落分布均匀，则可计数半个培养皿的菌落数，乘以 2 后，再作为整个

培养皿的代表值。

⑤ 计算方法：具体计算方法参阅模块二任务二中的技能一菌落计算方法。

2. 饮用水中总大肠菌群的检测

根据我国生活饮用水标准检验法（GB/T 5750），总大肠菌群数可用多管发酵法、滤膜法或酶底物法检验，常用的发酵法可适用于各种水样的检验，但操作烦琐，需要时间长。滤膜法仅适用于自来水和深井水，操作简便、快速，但不适用于杂质太多、易于阻塞滤孔的水样。

(1) 发酵法

① 生活饮用水或食品生产用水的检验

a. 初步发酵试验　在两个各装有 50mL 的三倍浓缩乳糖胆盐蛋白胨培养液（可称为三料乳糖胆盐）的大试管或烧瓶中（内有倒置小管），以无菌操作各加水样 100mL。在 10 支装有 5mL 的三料乳糖胆盐发酵管中（内有倒置小管），以无菌操作各加入水样 10mL。如果饮用水的大肠菌群数变异不大，也可接种三份 100mL 水样。摇匀后，37℃培养 24h。

b. 平板分离　经培养 24h 后，将产酸产气及只产酸的发酵管，分别接种于伊红美蓝琼脂或远藤琼脂、MA 琼脂等培养基上，37℃培养 18～24h。大肠杆菌在伊红美蓝琼脂平板上，菌落呈紫黑色，具有或略带金属光泽；远藤琼脂平板上，菌落呈淡粉红色；MA 琼脂平板上菌落呈玫瑰红色。挑取符合上述特征的菌落进行涂片，革兰染色，并镜检。

c. 复发酵试验　将革兰染色阴性、无芽孢杆菌菌落的另一部分接种于单料乳糖胆盐发酵管中，为防止遗漏，每管可接种来自同一初发酵管的最典型的菌落 1～3 个，37℃培养 24h，有产酸产气者，即证实有大肠菌群存在。

d. 报告　根据证实有大肠菌群存在的复发酵管的阳性管数，查大肠菌群检索表，报告每升水样中的大肠菌群数。

② 水源水的检验：用于培养的水量，应根据预计水源水的污染程度选用下列各量。

严重污染水：1mL、0.1mL、0.01mL、0.001mL 各 1 份。

中度污染水：10mL、1mL、0.1mL、0.01mL 各 1 份。

轻度污染水：100mL、10mL、1mL、0.1mL 各 1 份。

大肠菌群变异不大的水源水：10mL 10 份。

操作步骤同生活饮用水或食品生产用水的检验，同时应注意，接种量 1mL 及 1mL 以内用单料乳糖胆盐发酵管，接种量在 1mL 以上者，应保证接种后发酵管（瓶）中的总液体为单料培养液。然后根据证实有大肠菌群存在的阳性管（瓶）数，报告每升水中的大肠菌群数。

(2) 滤膜法　滤膜法所使用的滤膜为微孔滤膜。将水样注入已灭菌的放有滤膜的滤器中进行抽滤，细菌可均匀地被截留在滤膜上，然后将滤膜贴于大肠杆菌选择性培养基上进行培养。再鉴定滤膜上生长的大肠菌群菌落，计算出每升水样中含有的大肠菌群数。

① 准备工作

a. 滤膜灭菌　将 3 号滤膜放入烧杯中，加入蒸馏水，置于沸水浴中蒸煮灭菌 3 次，每次 15min，前两次煮沸后需要换水洗涤 2～3 次，以除去残留溶剂。

b. 滤器灭菌　准备容量为 500mL 的滤器，用 121℃高压灭菌 20min。也可用点燃的酒精棉球火焰灭菌。

c. 培养　将品红亚硫酸钠培养基放入 37℃培养箱内保温 30～60min。

② 过滤水样

a. 用无菌镊子夹取灭菌滤膜边缘部分，将粗糙面向上贴放于已灭菌的滤床上，轻轻地固定好滤器的漏斗。待水样摇匀后，取 333mL 注入滤器中，加盖，打开滤器阀门，在

－50kPa 大气压下进行抽滤。

b. 滤完后抽气约 5s，关上滤器阀门，取下滤器。用无菌镊子夹取滤膜边缘部分，移放在预温好的品红亚硫酸钠培养基上，将滤膜截留细菌面向上并与培养基完全紧贴，两者间不得留有间隙或气泡。如有气泡可用镊子轻轻压实，倒放在 37℃培养箱内培养 16～18h。

③ 结果判定

a. 挑选符合下列特征的菌落进行革兰染色。

紫红色，具有金属光泽的菌落；深红色，不带或略带金属光泽的菌落；淡红色，中心颜色较深的菌落。

b. 凡属于革兰染色阴性无芽孢杆菌，再接种于乳糖蛋白胨半固体培养基，37℃培养 6～8h 产气者，则判定为大肠菌群。

c. 1L 水样中大肠菌群数等于滤膜上生长的大肠菌群菌落数乘以 3。

3. 报告

(1) 根据试验结果报告所检测水样的细菌总数。

(2) 根据试验结果报告大肠菌群发酵阳性管数，并报告每升自来水中总大肠菌群数。

四、重要提示

(1) 如果水样中含有余氯，则在对采样瓶进行灭菌前，需在瓶中添加一定量的硫代硫酸钠溶液（每采 500mL 水样，添加 1.5%硫代硫酸钠溶液 2mL)，以消除余氯的杀菌作用。

(2) 菌落总数测定中，应选择合适的稀释度进行（生活饮用水，国家标准规定每毫升不得超过 100 个，因此可以直接吸取 1mL 到平板进行培养)。

(3) 总大肠菌群的测定方法，由于饮用水和水源水可能污染的程度不同，因此采用不同的接种量。

(4) 当接种量超过 1mL 时，一般采用多倍浓度培养液。如配制三倍浓缩乳糖蛋白胨培养液 50mL，加入 100mL 水样后，总体积为 150mL，培养液恢复到正常浓度。

(5) 各稀释管、相应平皿做好标记，包括水样名称、稀释度、时间、小组。

(6) 严格无菌操作。进行水样稀释时，每一稀释度均需更换吸管。

(7) 倾注时，要注意营养琼脂的温度。

(8) 倾入琼脂后要混匀，待琼脂凝固后倒置培养。

五、作业要求

1. 从自来水水样细菌总数和总大肠菌群数检测结果判断其是否符合饮用水的卫生标准。

2. 多管发酵法能否用于肠道致病菌的检查，为什么？

3. 试与其他同学的试验结果进行比较，从中判断你的试验结果有无误差，原因是什么？

技能二 生产车间空气中微生物的测定

一、技能目标

- 掌握用沉降法检测空气中微生物的方法。
- 掌握空气中微生物的过滤检测方法。
- 能够计算每立方米空气中微生物的数量。
- 能够根据试验结果分析空气质量。

二、用品准备

1. 仪器

高压蒸汽灭菌锅、干热灭菌箱、恒温培养箱、冰箱、培养皿、吸管、盛有 50mL 无菌水的三角瓶、5L 蒸馏水瓶。

2. 药品

牛肉膏蛋白胨培养基、马铃薯蔗糖培养基、高氏一号培养基。

3. 其他备品

标签纸等。

三、操作要领

1. 试验用培养基的配制

以组为单位，配制试验用牛肉膏蛋白胨培养基、马铃薯蔗糖培养基和高氏一号培养基各一份。

2. 用沉降法测定空气中的微生物数量

以组为单位，采用沉降法测定空气中的微生物数量，并计算每立方米空气中微生物的数量。

（1）制作平板　熔化牛肉膏蛋白胨培养基（用于培养细菌）、马铃薯蔗糖培养基（用于培养真菌）和高氏一号培养基（用于培养放线菌），每种培养基各倒 2 皿。将牛肉膏蛋白胨培养基直接倒入培养皿中，制成平板。在制作马铃薯蔗糖平板前，预先在培养皿内加入适量的链霉素液，再倾倒培养基，混匀，制成平板。在制作高氏一号平板前，在培养皿内先加入适量的重铬酸钾溶液，再倾倒培养基，混匀，制成平板。

（2）暴露取样　在指定的地点取三种平板培养基打开皿盖，按分配好的时间在空气中暴露 5min 或 10min。时间一到，立即合上皿盖。

（3）观察培养　将培养皿倒转，置 28～30℃恒温培养箱中培养。细菌培养 48h，真菌和放线菌培养 4～6d。计数平板上的菌落，观察各种菌落的形态、大小、颜色等特征。

（4）计算 $1m^3$ 空气中微生物的数量　根据奥氏公式计算 $1m^3$ 空气中微生物的数量。

3. 用过滤法测定空气中微生物的数量

以组为单位，组装一套过滤装置，采用过滤法测定空气中微生物的数量，并计算每立方米空气中微生物的数量。

（1）组装过滤装置　在 5L 蒸馏水瓶中灌装 4L 自来水，按照图 3-1 组装好过滤装置。

（2）抽滤取样　旋开蒸馏水瓶的水龙头，使水缓缓流出。外界空气经喇叭口进入三角瓶中，4L 水流完后，4L 空气中的微生物被滤在 50mL 无菌水（吸附剂）内。

（3）培养观察　从三角瓶中吸取 1mL 水样放入无菌培养皿中（重复 3 皿），每皿倾入 12～15mL 已熔化并冷却至 45℃左右的牛肉膏蛋白胨培养基，混凝后，置 28～30℃下培养 48h，计数培养皿中的菌落。

（4）计算结果　$1m^3$ 细菌数＝每皿菌落的平均数×50/4

4. 报告

报告空气中每立方米微生物的数量，根据试验结果判断车间空气是否符合卫生标准。

四、重要提示

（1）仔细检查过滤装置，防止漏气。

（2）水龙头的水流不宜过快，否则会影响过滤效果。

（3）严格无菌操作。

（4）倾注时，要注意营养琼脂的温度。

（5）倾入琼脂后要混匀，待琼脂凝固后倒置培养。

五、作业要求

查阅相关标准，判断实验场所的微生物污染状况。

技能三　工作台（机械器具）表面与工人手表面的微生物检测

一、技能目标

- 熟悉接触面微生物检测原理。
- 能够进行接触面微生物的检测。

二、用品准备

1. 仪器

电炉、恒温水浴锅、恒温培养箱、9mL 无菌生理盐水试管、无菌培养皿（直径为 90mm）、无菌移液管、锥形瓶。

2. 药品

琼脂培养基、去氧胆酸盐琼脂培养基、BGLB 肉汤培养基、B-P 培养基、10%氯化钠胰蛋白胨大豆肉汤培养基、0.9%无菌氯化钠、血浆。

3. 其他备品

棉签。

三、操作要领

1. 取样频率

(1) 车间转换不同卫生要求的产品时，在加工前进行擦拭检验，以便了解车间卫生清扫消毒情况。

(2) 车间生产前，进行全面擦拭检验。

(3) 产品检验结果超内控标准时，应及时对车间可疑处进行擦拭，如有检验不合格点，整改后再进行擦拭检验。

(4) 实验新产品，按客户规定擦拭频率擦拭检验。

(5) 对工作表面消毒产生怀疑时，进行擦拭检验。

(6) 正常生产状态的擦拭，每周一次。

2. 采样方法

(1) 工作台（机械器具）

用浸有灭菌生理盐水的棉签在被检物体表面（取与食品直接接触或有一定影响的表面）取 $25cm^2$ 的面积，在其内涂抹 10 次，然后剪去手接触部分棉棒，将棉签放入含 10mL 灭菌生理盐水的采样管内送检。

(2) 工人手

被检人五指并拢，用浸湿生理盐水的棉签在右手指曲面，从指尖到指端来回涂擦 10 次，然后剪去手接触部分棉棒，将棉签放入含 10mL 灭菌生理盐水的采样管内送检。

3. 样液稀释

将放有棉棒的试管充分振摇，此液为 1∶10 稀释液。如污染严重，可十倍递增稀释，吸取 1mL 1∶10 样液加 9mL 无菌生理盐水中，混匀，此液为 1∶100 稀释液。

4. 细菌总数测定

(1) 以无菌操作，选择 1～2 个稀释度各取 1mL 样液分别注入无菌平皿内，每个稀释度做两个平皿（平行样），将已熔化冷至 45℃左右的平板计数琼脂培养基倾入平皿，每皿约 15mL，充分混合。

(2) 待琼脂凝固后，将平皿翻转，置 (36±1)℃ 培养 48h 后计数。

(3) 结果报告：报告每 $25cm^2$ 食品接触面中或每只手的菌落数。

5. 大肠菌群测定

(1) 平板法

① 以无菌操作，选择 1～2 个稀释度各取 1mL 样液分别注入无菌平皿内，每个稀释度做两个平皿（平行样），将已熔化冷至 45℃左右的去氧胆酸盐琼脂培养基倾入平皿，每皿约 15mL，充分混合。待琼脂凝固后，再覆盖一层培养基，约 3～5mL。

② 待琼脂凝固后，将平皿翻转，置 (36±1)℃ 培养 24h 后计数。

③ 以平板上出现紫红色菌落的个数乘以稀释倍数得出。

④ 报告每 25cm² 食品接触面中或每只手的菌落数。

（2）试管法

① 以无菌操作，选择 3 个稀释度各取 1mL 样液分别接种到 BGLB 肉汤管中，每个稀释度接种三管。

② 置 BGLB 肉汤管于（36±1）℃培养（48±2）h。记录所有 BGLB 肉汤管的产气管数。

③ 按 BGLB 肉汤管产气管数，查 MPN 表报告每 25cm² 食品接触面中或每只手的大肠菌群值。

6. 金黄色葡萄球菌检测

（1）定性检测

① 取 1mL 稀释液注入灭菌的平皿内，倾注 15～20mL 的 B-P 培养基，（或是吸取 0.1mL 稀释液，用 L 棒涂布于表面干燥的 B-P 琼脂平板），放进（36±1）℃的恒温箱内培养（48±2）h。

② 从每个平板上至少挑取 1 个可疑金黄色葡萄球菌的菌落做血浆凝固酶试验。

③ B-P 琼脂平板的可疑菌落做血浆凝固酶试验为阳性，即报告手（工器具）上有金黄色葡萄球菌存在。

（2）定量检测

① 以无菌操作，选择 3 个稀释度各取 1mL 样液分别接种到含 10%氯化钠胰蛋白胨大豆肉汤培养基中，每个稀释度接种 3 管。

② 置肉汤管于（36±1）℃的恒温箱内培养 48h。划线接种于表面干燥的 B-P 琼脂平板，置（36±1）℃ 培养 45～48h。

③ 从 B-P 琼脂平板上，挑取典型或可疑金黄色葡萄球菌菌落接种肉汤培养基，（36±1）℃培养 20～24h。

④ 取肉汤培养物做血浆凝固酶试验，记录试验结果。

⑤ 根据凝固酶试验结果，查 MPN 表报告每 25cm² 食品接触面中或每只手的金黄色葡萄球菌值。

四、重要提示

（1）擦拭时棉签要随时转动，保证擦拭的准确性。对每个擦拭点应详细记录所在分场的具体位置、擦拭时间及所擦拭环节的消毒时间。

（2）采样时，棉签用手接触部分一定要剪去。

（3）操作要注意无菌性。

（4）血浆临用前必须用已知血浆凝固酶试验阳性的金黄色葡萄球菌测试，证明血浆合格后，方可用于试验。

五、作业要求

查阅有关标准，判断实验场所微生物的污染状况。

【拓展学习】

食品包装材料的微生物检测

食品包装材料的卫生质量关系到所盛装食品的安全。微生物污染了包装容器或与食品接触的材料后，将会直接污染到食品，导致食品的变质、腐败，甚至引起消费者食物中毒。因此，食品包装材料的安全也是企业食品安全控制的重要方面。目前，美国、欧盟、日本等国家和地区都对与食品接触的材料和制品制定了相应的法规和限量标准，并实施严格的市场准入管理。在我国，对食品包装材料的安全卫生，包括微生物指标也制定了严格的质量标准和检测方法。

一、食品包装材料的定义

食品包装材料是指用于制造食品包装容器和构成食品包装材料的总称，可包括木材、纸、纸板、玻璃、金属、塑料、纤维织物等包装材料及各种包装辅助材料。它的基本性能是保护性、安全性、加工适应性、便利性和商品性，还包括资源特性、经济性及可回收利用性。食品包装是一种系统工程，而包装材料则为该系统工程的基础工程。美国 FDA 将食品包装材料定义为：在食品生产、加工、运输过程中接触的物质，以及盛放食品的容器，这些物质本身并不用来在食品生产中产生任何效应。欧盟对食品包装材料则作出了更为广义的定义，即与食品接触的材料或物品，包括包装材料、餐具、器皿、食品加工设备、容器等，同时也包括与饮用水接触的物质或材料，但不包括公共或私人的供水设备。此外，还包括为了延长食品货架期或保持、增加包装食品形态而与食品接触的活性和智能型食品包装材料。

二、食品包装材料中微生物的来源和危害

食品包装材料中的微生物来源包括包装前污染和包装后污染。包装前污染主要指包装材料本身即含有的微生物污染，可能是在其生产、储存和运输中引入。包装后污染指在食品生产加工、贮存、运输和使用过程中引入的微生物污染。不论是包装前污染还是包装后污染，都是由于食品加工企业没有严格执行 HACCP 计划，或其制定的 HACCP 质量管理体系存在安全漏洞，使得在生产加工过程中引起包装材料或相应产品的污染。在加工食品贮存和运输过程中，环境因素及包装的破损均是造成污染的主要原因。另外，在食品的零售环节中，由于一般是将食品集中堆放，空气流通性差，环境湿度大，易使包装材料受到环境微生物的污染。因此，不适当的贮存和摆放可导致微生物的引入，造成交叉污染。

在食品包装的加工生产中，如果采用了霉变或自身不清洁的植物纤维和纸制等原料，再加之加工环境卫生水平较低，可使制成的包装染有大量微生物，造成对食品的污染。另外，储运条件等不当也可造成包装材料的前污染。

食品包装上带有食源性致病菌，不仅可引起食物的腐败变质，使直接食用的消费者发生食物中毒，还可能通过砧板、刀具、餐具、接触人员的手、抹布等将污染传播出去，成为潜在的污染源，引起更大范围的食物中毒。美国 FDA 认为沙门菌、肠出血性大肠杆菌、志贺菌、单核细胞增生李斯特菌、耶尔森菌、嗜水气单胞菌、不分解蛋白质的肉毒梭菌等存在于包装中，对消费者具有潜在的危害。

三、我国国家标准对食品包装材料微生物指标及限量的规定

表 3-4 给出了我国国家标准对食品包装材料微生物指标及限量的规定。

表 3-4　我国国家标准对食品包装材料微生物指标及限量的规定

类别	标　准	项　目	要求	测试方法
纸制品	GB 11680《食品包装用原纸卫生标准》	大肠菌群	≤30/100g	GB/T 4789.3 GB/T 4789.4 GB/T 4789.5 GB/T 4789.10 GB/T 4789.11
		致病菌（沙门菌、志贺菌、金黄色葡萄球菌、溶血性链球菌）	不得检出	
纤维类制品	GB 19305《植物纤维类食品容器卫生标准》	大肠菌群/(cfu/50cm^2)	不得检出	GB 14934
		致病菌（沙门菌、志贺菌、金黄色葡萄球菌、溶血性链球菌）		GB/T 4789.3 GB/T 4789.4 GB/T 4789.5 GB/T 4789.10 GB/T 4789.11

续表

类别	标　准	项　目	要求	测试方法
木制品	GB 19790.1《一次性筷子第一部分:木筷》 GB 19790.2《一次性筷子第二部分:竹筷》	大肠菌群	不得检出	GB/T 4789.3 GB/T 4789.4 GB/T 4789.5 GB/T 4789.10 GB/T 4789.11 GB/T 4789.15
		致病菌(沙门菌、志贺菌、金黄色葡萄球菌、溶血性链球菌)		
		霉菌/(cfu/g)	≤50	
桶、瓶	GB 19304《定型包装饮用水企业生产卫生规范》	细菌总数 总大肠菌群	不得检出	GB/T 5750

四、防控措施

在某些情况下，包装容器导致食品被微生物污染的数量远比食品自身固有的微生物数量要低得多，其卫生状况往往被忽视。当前，对于食品加工所用的各种包装材料和包装容器的微生物限量标准并不多见。但对于需采用无菌包装、真空包装的食品，其包装容器的卫生质量则突显重要，故应加强包装容器的卫生质量的检测。一经发现问题，及时采取措施，消除潜在性危害，避免由不安全食品包装所引起的食品安全事件的发生。

【思考题】

1. 结合教材内容，总结一下食品企业针对微生物方面应该在哪些方面制定措施进行防控。

2. 查阅有关资料，分析一下微生物控制在HACCP体系中的具体应用。

模块四　食品微生物检验室的管理

任务一　食品微生物检验室的筹建

【学习目标】

- 能进行食品微生物检验室的设计。
- 掌握食品微生物检验室的环境检测。
- 熟悉食品微生物检验室人员构成及职责。
- 能进行食品微生物检验室设备的采购和管理。
- 能进行食品微生物检验室器具和药品的采购和管理。

【理论前导】

食品是人类赖以生存和发展的物质基础，而食品安全问题则是关系到人身健康、经济发展和社会稳定的重大问题。一旦发生食品安全问题，不仅危害人的身体健康，而且会给人们造成很大的心理恐惧与心理障碍，甚至引发消费者对政府的不信任。因此，食品安全问题成为各国政府必须关注的大事。然而，令人焦虑的是，在全球工业化程度急剧发展的同时，食品安全系数却在不断降低，据世界卫生组织的不完全统计，全球每年发生食源性疾病案例约十亿，其中致病性微生物是食品安全各要素中危害最大的一类，其造成的食品污染涉及面最广、影响最大、问题最多、传播速度最快。要有效地控制食品微生物污染，应建立健全的从“农场到餐桌”的全过程监控体系。

在食品安全监管体系中，检测工作至关重要。工欲善其事，必先利其器。近年来，我国在食品微生物检验室建设方面有了很大的进步，遍布各地的食品微生物检验室为保证我国食品安全质量做出了积极贡献。但也应看到，数量众多、规模不等的各级检验室，由于缺乏规范严密的食品微生物检验室质量管理方法，质量管理水平参差不齐，特别是一些基层检验室在质量管理方面不够规范，检测结果的准确性和可靠性难以得到基本保证，更难以履行食品安全检测的重任。

随着食品微生物检测在食品安全体系中的地位和作用日益增大，对食品微生物检验室的质量管理更趋于标准化、严格化和规范化。要建立一个完善的食品微生物检验室，宏观上讲，应该在硬件和软件两方面齐头并进。硬件建设主要包括：食品微生物检验室的规划建设、配套设备、环境设施、检验器具与耗材等内容，软件部分主要指和检测有关的质量管理规范，涵盖了从接收任务到出具报告的所有实验室技术与质量要素，主要包括抽样、样品的处置、方法及方法确认、检测、数据处理与控制、结果报告的全部过程，每一个过程都有文件化的受控程序进行规范。只有两方面均达到 GB/T 27405—2008《实验室质量控制规范　食品微生物检测》要求，微生物检验的结果才能得到保证。

一、检验室的设计和建设

检验室的建设是进行食品微生物检验的前提条件，检验室设计和建设的主要目标是为微生物检验提供一个安全、规范、方便、适宜的场所。

随着经济水平的不断提升和国民对食品安全问题的日益关注，这些年我国的食品微生物检验室建设得到了较快的发展。特别是 GB 19489—2008《实验室生物安全通用要求》、GB 50346—2011《生物安全实验室建筑技术规范》等有关实验室管理法规和技术规范的颁布实施，从多个方面规范了我国生物安全实验室的设计、建造、检测、验收的整个过程，把涉及生物安全的实验室包括微生物检验室的建设和管理纳入了法制化、规范化的轨道。

（一）检验室建设的立项

1. 编制检验室建设项目任务书

为了达到检验室建设的既定目标，需要在广泛收集文献、信息等资料的基础上进行统计，根据资金、环境条件、工作任务等情况，通过广泛论证，编制检验室建设项目任务书。检验室建设项目任务书一般包括如下内容：①项目名称：根据建设检验室的实际意向填写。②项目概况：说明立项依据，包括检验室的作用、项目建设的重要性和必要性、现有人员、设备、实验用房情况，以及经费来源、效益分析等。③项目任务：列出项目建设将承担的任务种类和要求。④项目设计：提出项目设计的要求，包括原理、技术关键以及设备配置的明细表。⑤环境保护：说明在项目建成以后的实验过程中可能产生的“三废”，以及射线、噪声、粉尘等环境污染情况，提出防范处理措施。⑥技术力量配备：根据项目性质、任务、技术要求，明确各类技术人员的配备数量、知识结构、专业结构。⑦投资估算和效益分析：投资效益包括社会效益和经济效益，根据项目完成后将承担的任务进行分析测算。⑧实施进度时间表：包括设计、建造、验收、设备安装等各个环节的进度时间表。

2. 编制检验室建设项目可行性报告

可行性报告的制订是检验室建设全过程的前期工作。在制订可行性报告时，需要实验人员、设计人员、基建人员密切配合。可行性报告起草的前提是通过合适的方式对项目建设任务书进行充分地可行性论证。可行性报告的内容主要有以下几个方面：①建设项目名称。②建设目的及依据。③建设性质是新建、扩建还是迁建。④工艺设计及平面布置设计方案，结构、层数、管网工程布置方案。⑤工艺设备简明清单。⑥人员编制。⑦建设地点及用地。⑧环境保护及治理措施。⑨生物安全等级。⑩建设规模。⑪环境及配套水、电、暖、道路等外线工程投资。⑫工程总投资额、资金筹措。⑬项目实施进度计划建议。

制订可行性报告时，要根据预计的检验室工作量和实验对象情况，实事求是地确定建设规模和生物安全等级，不要盲目地追求大规模和高等级，但也要适当超前，为日后发展留有一定的余量。

（二）食品微生物检验室的选址

依据实验室所处理的感染性食品致病性微生物的生物危险程度，可把食品微生物实验室分为与致病性微生物的生物危险程度相对应的四个级别，其中一级对生物安全隔离的要求最低，四级最高。不同级别食品微生物实验室的规划建设和配套环境设施不同。食品微生物实验室所检测的微生物的生物危害等级大部分为生物安全二级，少数为生物安全三级和四级（见表 4-1)。

表 4-1 我国食品微生物检验室生物安全等级及特征

危害等级	特 征
一级	不会导致健康工作者和动物发病的细菌、真菌和寄生虫等生物因子
二级	能引起人和动物发病，但一般情况下不会对健康工作者、群体、家畜或环境产生严重危害的病原体。实验室感染不导致严重疾病，具备有效治疗和防御措施，并且传播风险有限
三级	能引起人类和动物非常严重的疾病，或造成严重的经济损失，但通常不能因偶然接触而在个体间传播，或能用抗生素、抗寄生虫药物治疗的病原体
四级	能引起人类和动物非常严重的疾病，一般不能治愈，容易直接、间接或因偶然接触在人与人、或动物与人或人与动物、或动物与动物间传播的病原体

食品微生物检验室的选址应考虑和周围环境的关系。一级和二级生物安全食品微生物检验室无需特殊选址，可共用普通建筑物，但必须为检验室的安全运行、清洁和维护提供足够的空间。宜设在建筑物的一端或一侧，与建筑物其他部分可相通，但应有控制进出的门和防止昆虫和啮齿类动物进入的设施。三级生物安全食品微生物检验室可共用普通建筑物，但应自成一区，宜设在建筑物的一端或一侧，与建筑物其他部分以密封门分开。新建的三级生物安全食品微生物检验室宜远离公共场所和居住建筑，主检验室离外部建筑物的距离应不小于外部建筑物高度的 1.2 倍。四级生物安全食品微生物检验室应建造在独立的建筑物内，也可以和其他较低级别的食品微生物检验室共用建筑物。该检验室应远离公共场所和居住建筑，其间应设植物隔离带，主实验室离外部建筑物的距离应不小于外部建筑物高度的 1.5 倍。

（三）检验室的设计

可行性报告批准和检验室选址确定后，就有了建设项目编制设计文件的依据，可以进行设计了。设计任务应委托给那些曾经设计或建造过高级别生物安全检验室并且具有相当资质的单位。

检验室的设计应以获得可靠的微生物检验结果为重要依据，应保证对技术区域中生物、化学、辐射和物理危害的防护水平控制在经过评估的相应风险程度，为关联的办公区和邻近的公共空间提供安全的工作环境，防止风险进入周围社区。初步设计和施工图设计必须严格执行国家已出台的有关规范和标准，并按规定对施工图和竣工图进行归档保存。需要报规划部门或环保部门审批的，要履行审批手续。

检验室的工作人员应多参与设计中的一些决策，他们的意见会最终影响到他们的工作环境和工作条件。检验室人员可以先草拟一个平面布局图，注明各区域的名称、功能和所需面积以及对结构、层高、通风、给排水、供电、网络、门窗、墙面、地面、顶棚等方面的特殊要求。对有洁净度要求的区域要注明洁净级别。对每区域（检验室）都大概算出最大用水量和最大用电量以及水池、电插座位置。如有高耗电设备，应标出设备的位置和用电量。

1. 实验室的布局

充足的检验室面积和良好的检验室布局设计是为食品微生物检验提供安全、规范、适宜、方便的环境条件的重要前提。由于检验室的规模和生物安全等级不同，布局设计也各有不同。一般的食品微生物检验室通常复合设置（图 4-1）或独立设置（图 4-2，图 4-3），但检验室总体布局和各区域的安排应符合实验流程，尽量减少往返或迂回，降低潜在的对样本的污染和对人员与环境的危害，采取措施将实验区域和非实验区域隔离开来。图 4-4、图 4-5 是生物安全一级和二级微生物检验室的布局模型，与一级相比，二级在生物安全柜中进行可能发生气溶胶的操作程序。门保持关闭并贴上适当的危险标志，潜在被污染的废弃物同普通废弃物隔开。

进行检验室布局设计时，要对关键操作区域和设备的位置及其与周围区域的关系予以确定。布局设计是电、气、水、风、环境控制措施等设计的前提。有些特殊设备可能需要特殊的环境条件。生物安全柜的位置应远离门、能打开的窗、行走区和其他可能引起风压混乱的设备，以保证生物安全柜的气流参数在有效范围内。

食品微生物检验室的房屋一般是位于建筑物的一端或一侧，由多套房间组成。根据不同用途，可分为储藏室、培养基制备室、动物房（如果有动物的话）、无菌室、仪器室、培养室、微生物鉴定室、洗刷室、消毒灭菌室、样品室等，房间之间相互隔离。此外，要考虑设计办公室、洗手间、接待室、档案室、实验数据处理室等。值得注意的是，很多企业的检验室由于企业规模、检验任务量、资金等原因，化验室的空间比较有限，无法对检验室的功能区进行有效划分，在此情况下，要特别注意无菌室、仪器室、药品室和办公室的相对独立性，其他功能区可以酌情适当合并共用。

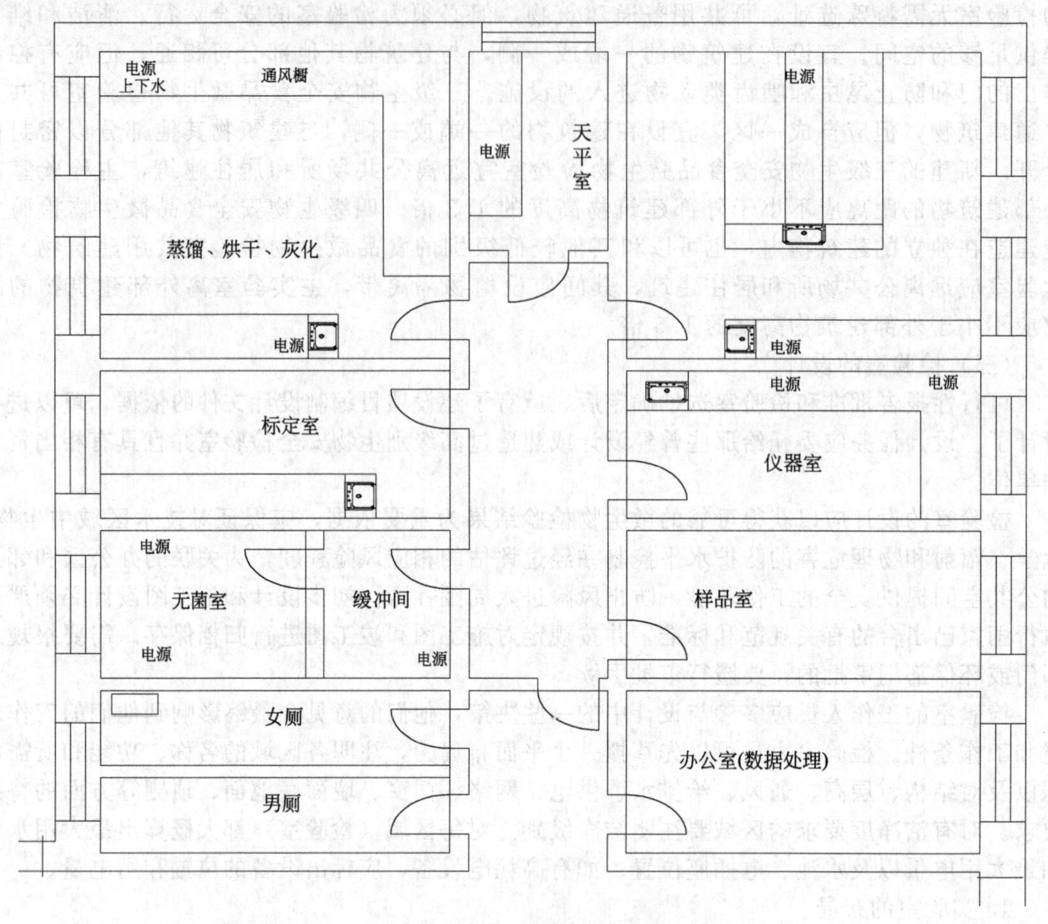

图 4-1 ××食品理化及微生物综合检验室总体设计简图

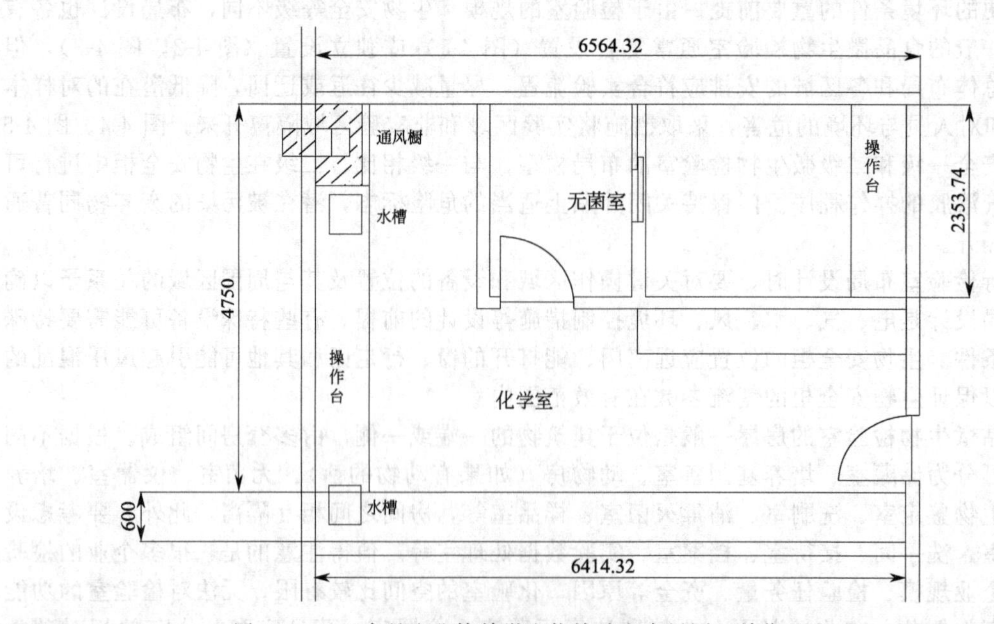

图 4-2 ××食品企业简单微生物检验室布局图（单位：mm）

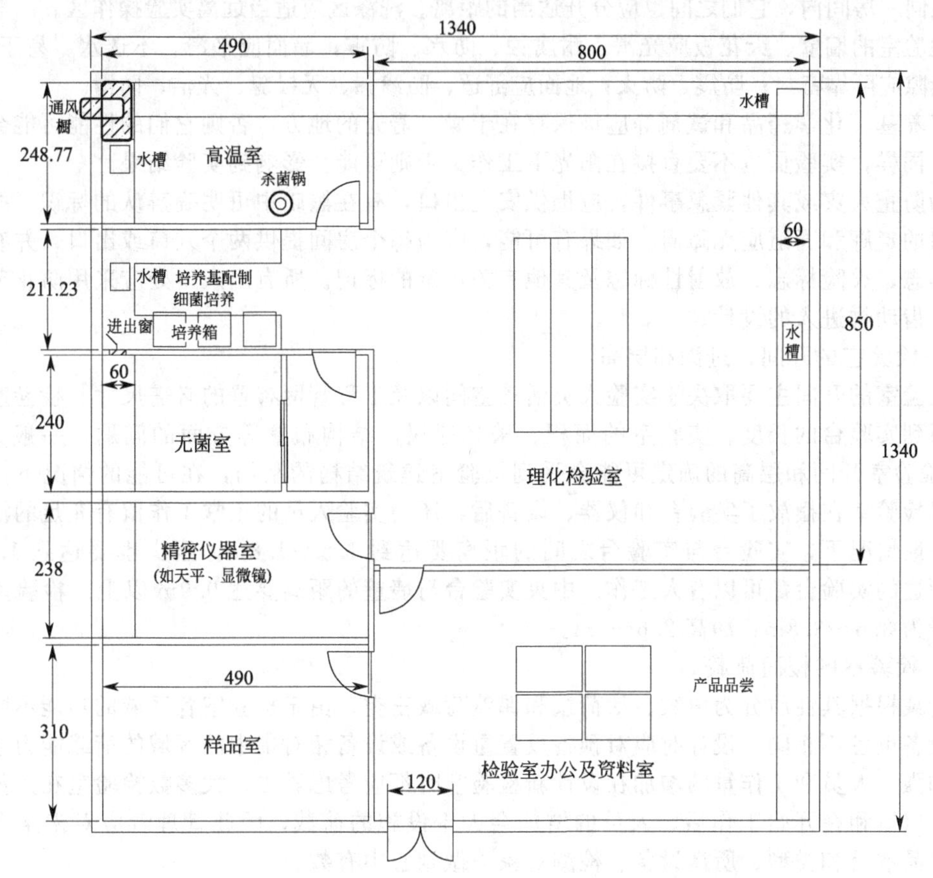

图 4-3　××食品企业中型微生物检验室简图（单位：mm）

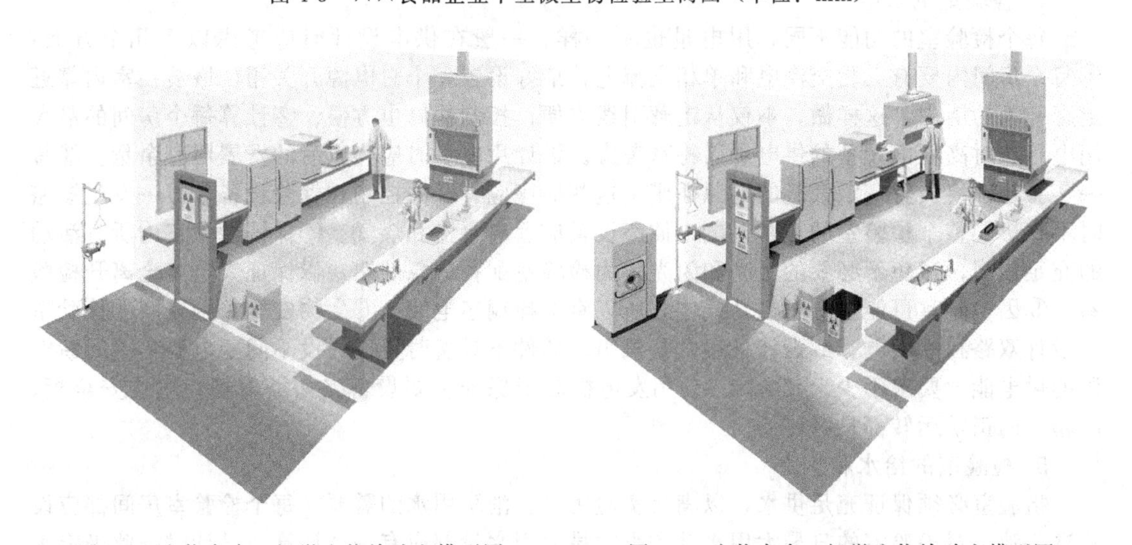

图 4-4　生物安全一级微生物检验室模型图　　图 4-5　生物安全二级微生物检验室模型图

一般大型微生物检验室，玻璃器皿的洗涤都是在检验室外集中进行的，而小型检验室中玻璃器皿的洗涤是由实验室人员自己完成，在这种情况下，大多数微生物检验室配备了高压蒸汽灭菌器和干热灭菌器。建议使用不同的高压蒸汽灭菌器分别进行培养基灭菌和废弃物灭菌，最大限度地减少交叉污染。理想情况下，两个高压灭菌器应该分别置于不同的房间之内，如果必须放在同一房间内，它们之间也应分开适当的距离。洗涤区应适当远离实验操作区。

检验室的墙壁、天花板应光滑、耐腐蚀、防水、防霉；墙面应平滑、不透水、易于清洗；所有缝隙应可靠密封；防震、防火；地面应舒适、防渗漏、无接缝、光洁、防滑。

培养基、化学药品和试剂等应该保存在干燥、避光的地方，否则它们的性能可能会发生改变。同样，实验员也不要直接在阳光下工作，否则可能会影响到实验结果。

为防止火灾或其他紧急事件，应提供安全出口，有在黑暗中可明确辨认的标识，并且通向出口的走廊和通道应无障碍。如果有可能，应为每个房间提供两个入口或出口，并有生物危险标志、火险标志、放射性标志及其他有关规定的标记。所有出入口处应采用防止节肢动物和啮齿动物进入的设计。

2. 检验室的开间、进深和层高

检验室的开间主要取决于实验人员活动空间以及工程管网布置的必需尺寸。检验室的进深关系到实验台的长度、实验室的面积、采光通风、结构布置等方面的问题，一般为5～7m。检验室开间和层高的确定可能会受到检验室建筑结构的制约，在可能的情况下，要尽量使得检验室在摆放了实验台和仪器、设备后，还为实验人员的正常工作留有充足的活动空间。一般情况下，实验台与实验台之间的距离要达到1.5～1.8m，至少也要达到1.25m，这样两边的实验台都可以有人工作。中央实验台与墙壁的距离要达0.9m以上。检验室的层高一般为3.6～3.8m，净高2.6～3m。

3. 检验室的楼面荷载

荷载根据其性质分为恒载、活荷载和偶然荷载三类。由于检验室各区域的功能不同，放置的设备也各不相同。设计时应对预备放置重设备或设备相对集中的区域的荷載能力予以考虑和加强。人员和工作量的增加在设计新检验室时都应考虑进去，大多数检验室在人员搬进检验室以后和在开始工作后，人员的增加会大于设施的荷载，因此管理者应对未来人员编制、样品数目和类型、所需设备、检测对象等做到心中有数。

4. 检验室的供电

每个检验室的功能不同，用电量也不一样。一般在供电设计时应考虑以下几个方面：①每个房间内要有三相交流电和单相交流电，最好设置一个总电源开关箱，嵌装在室内靠近走廊一面的墙内。这样做，不仅从走廊引线方便，控制检修也方便。②计算每个房间的最大用电量，对高耗电设备的供电予以特殊考虑。设计用电量时应为以后的发展留有余量。③每一实验台都要设置一定数量的电源插座。这些插座应有开关控制和保险设备，万一发生短路时不致影响整个检验室的正常供电，插座设置应远离水盆和煤气。④保证检验室内所有活动的充足照明，避免不必要的反光和闪光。为检验室配备应急照明，以保证人员安全离开检验室。⑤因检验室可能会有腐蚀性气体，所以宜选择铜芯电线。⑥生物安全级别较高的检验室应设计双路独立供电，或设计备用发电机组。条件不具备时可以另设不间断电源，不间断电源的供电能力要求不少于45min。备用发电机对于保证主要设备（如培养箱、生物安全柜、冰箱）的正常运转都是必要的。

5. 检验室的给水和排水

检验室必须保证充足供水，以满足实验用水、消防用水的需要。每个检验室房间都应设置洗手池。对检验室的日最大用水量和小时最大用水量都应有一个计算，设计时据此确定水管规格。

检验室用水的水质除一般要求外，还需要软化水或蒸馏水，应设置专门装置解决。出于安全的考虑，检验室最好设置紧急淋浴器和冲眼设备。

检验室的排水设计应保证排水的通畅。对于酸性水和碱性水应予以中和后排放，对于微生物性污水应妥善处理达到排放标准后再排放。

6. 检验室的通风

在处理危险程度一级和二级的微生物时，检验室可以使用自然通风，不需特殊的通风设备。但是在设计新的设施时，应当考虑要设置机械通风系统，以使空气向内单向流动。如果没有机械通风系统，那么检验室窗户应当能够打开，同时要安装防虫的纱窗。如果有可能，建议微生物检验室安装独立的中央空调。中央空调有几方面的优点：①进来的空气是经过过滤的，可以减少检验室环境污染的风险。②关闭的窗户可以减少由于通风或气流所带来的交叉污染。③关闭的窗户可以降低苍蝇和飞虫对检验室样品和检验室表面的污染。④中央空调可以控制湿度，这样可以减少空气对易受潮培养基和化学药品所带来的影响。⑤如果过分潮湿的天气持续一段比较长的时间，可能会促使霉菌滋生，并使检验室墙壁的表面发霉，霉菌孢子最终可以通过空气传播，从而影响分析结果，而中央空调可以稳定室内湿度，使细菌培养箱运行得更为有效。但即使是使用中央空调，烟尘或其他细微颗粒也能通过通风系统的排气口进入。因此，要在这些排气口处安装符合要求的过滤器。过滤器至少每年更换一次。食品微生物检验室主要工作区域的温度应为18～27℃，相对湿度应为30%～60%。

在为微生物检验室提供设计建议时，微生物工作者应提出需要安装通风橱或排气橱的位置。强酸或各种溶液应该在这种通风橱内使用。根据通风橱所需的排风量和风压值，确定与其相配套的引风机和风管的规格，如多台通风柜共用一台引风机，则宜采用变频技术。

此外，合理的、适当的检验室通风系统，对于防止检验室微生物气溶胶扩散到整个工作区，甚至扩散到工作区以外是必要的。设计和安装通风系统的原则是使检验室以外区域形成一个相对密闭的系统，使检验室内部则是一个气流定向流动的系统。检验室内部气流定向流动是指检验室内的气流由清洁区域流向污染严重的区域。根据污染程度的不同，可以把污染区分成不同的等级，一般分为缓冲区、低污染区、严重污染区，每个区域之间要保持一定的压差（一般约为－60～－10Pa），防止室内空气回流或涡流。负压最低区是污染最严重的区域。缓冲间内要安装紫外灯对污染空气进行消毒。

一级和二级生物安全食品微生物检验室可以设计回风系统，回风和补加的新风一起经过供风系统的高效空气过滤器过滤后，再重新被送进检验室。但三级和四级生物安全检验室不得采用回风系统，应安装独立的送排风系统，以控制检验室气流方向和压力梯度，送风口和排风口的布置必须是单侧分开布局，上送下排，使污染区和半污染区内的气流死角和涡流降至最低程度，检验室空气通过过滤后，经专用排风管道排至建筑物外。外部排风口应远离送风口并设置在主导风口的下风向，应至少高出所在建筑物2m以上，应设有防雨、防鼠、防虫装置，但不应影响气体直接向高空排放。

7. 无菌室

传统的食品微生物检验无菌室由于室内空气不流通，工作环境差，不但对实验人员的身体有不良影响，而且也影响实验检测结果。近些年出现了一些室内直接安装空调的无菌室，由于没有过滤除菌设施及室内气流因空调出风风向的扰乱，反而增加了污染的机会，不符合控制污染的要求。因此，设计建造适用于食品微生物检验的净化检验室（洁净室）是发展的必然趋势。

洁净室的平面布局应按照清污分流的原则，人、物分开，避免交叉污染。一般人流通道为一缓、二缓（更衣）和三缓（风淋）三个缓冲间。物流通道为传递窗口。洁净室的隔断和吊顶可采用彩钢夹芯板，地面采用环氧树脂或其他无接缝、耐酸碱材料。洁净室内的所有夹角都设计成圆弧形，以便于清洁。洁净室的净化采用层流净化系统，保证室内的温度、湿度、新风补充和洁净度要求。一般食品微生物检验室的洁净室面积都不太大，如果没有中央空调，也可采用柜式空调控制室内温度，但不能将柜机直接安装在检验室内，因柜机吹出的风会改变洁净室的气流流向、扰乱气流，影响洁净度。可以将柜机安装在机房内，将空调风与其他新风，一起由送风机通过空气过滤器输送到洁净室。常规的洁净室可以循环使用部分回风，这样可以降低空调负荷并节约能源。具有生物安全要求的洁净室不重复使用回风，应是全新风，排风经过滤后由风机排放至室外。

（四）实验台、通风橱和试剂架

实验台是检验室活动的中心。一般的实验台高度是 0.85m，边台宽度 0.75m，中央台宽度 1.5m。实验台本身应使用易清洁、耐腐蚀、密实无孔的材料制作，不应有裂缝，不应有暴露的接头缝隙或其他缺陷，因为在这些地方微生物可能会得以滋生。实验台应坚固，能承受预期的重量并符合使用要求。实验台表面应能防水、耐热、耐有机溶剂、耐酸碱和耐用于工作台面及设施消毒的其他化学物质。常用的台面材料有酚醛树脂板、耐酸碱实心理化板、不锈钢、贴面高密度板、木板等。实验台的下面可用于安放小橱柜和抽屉，但应留有便于地面卫生清洁的空间，每个实验台下面宜留有一两个伸膝凹口，凹口宽度 0.6～1.1m，这样实验员坐下的时候能够很容易靠近工作台。

试剂架应设计为平开门或推拉门，搁板的边缘设有突缘，防止试剂不慎跌落。设置在实验台上的试剂架不宜过宽，以能够并列放置两个中型试剂瓶（500mL）为宜，通常为 0.3m 左右。微生物检验室宜用净化通风橱。通风橱的台面和内部挡板以及风机和风管均应是由耐腐蚀材料制成。每个通风橱都应有自己独立的供气、供水、供电系统。

（五）检验室的施工与验收

选择具有施工资质证的单位按设计方案进行预算，在保证质量的基础上，根据预算结果和综合评价，选择信誉好的单位进行施工。选用的设备和材料必须有合格证明、检测单位的检测报告或鉴定证明等，应严格按照设计要求和有关施工规范施工。施工过程中，应成立施工监理小组，及时发现问题和解决问题，以减少不必要的返工和浪费。施工中需要修改设计时，应有设计单位的变更通知。检验室竣工后应进行竣工验收。竣工验收时施工（安装）方需提供下列文件：①设计文件或设计变更的证明文件以及有关协议和竣工图。②主要材料、设备的出厂合格证书或检验文件。③单位工程、分项工程质量自检评价表。④开工、竣工报告，土建隐蔽工程系统和管线隐蔽工程系统封闭记录，设备开箱检查记录、管道压力试验记录，风管漏风检查记录，中间验收单和竣工验收单。⑤各单机试运转、系统联合试运转记录，通风机风量及转数检测记录，风量平衡测定和调整记录，室内静压检测调整记录，高效过滤器检漏记录，室内洁净度检测记录。

表 4-2 提供了一个企业微生物检验室的筹建案例，供参考。

表 4-2 ××食品微生物检验室筹建

1. 检验室选址
无论是新建检验室还是旧的检验室改造，首先要确定的就是检验室的选址，检验室应根据公司自身情况，选择利于取样、参观，并相对较宽敞的房间作为检验室。如果是建厂之初的检验室应放在办公区与生产区之间，保持一定的间距和良好的通风，应有绿化隔离，搞好排污和排毒处理。
2. 检验室布局设计
布局设计首先要有一份检验室的平面图，不管是自己设计还是请专业的公司设计，这个是必需的，尺寸要标明确，如果请专业的设计公司，那么需要注明公司产品和所检项目，有必要的话让设计公司到现场测量。检验室总体的设计原则是功能区域划分明显。与此同时，检验室的仪器要有一个大概的方案，这个在水电设计当中用得到，玻璃器皿这类消耗品在打申请的时候不妨多购买一些，因为如果刚刚建好检验室就又要打申请购买器皿，程序很麻烦。
3. 布局方案
方案在以能满足检验室检测需要的基础上，力求简洁美观，因为检验室是向客户展示企业面貌的一个平台，方案不妨多做几种，请使用者与投资者共同确定，细节方面注意：①人行过道不小于 0.75m。②无菌室设计在人流、物流相对少的位置。③为了方便洗刷，消毒室可以放在理化与微生物室的中间。④检验室整体能用到水的位置有微生物室中央台，洗刷边台，理化中央台，如果进检验室要更衣消毒洗手，那么这个地方的水也是必不可少的，上水管要求有独立控制阀门。⑤检验室的电源设计是一个复杂的计算题，需要按照所有仪器运转时产生的功率来计算所使用的电源线的大小。注意：照明和插座用电分开；大功率用电器如蒸馏水器、高压灭菌锅等单独设置电闸；有无使用 380V 的用电器；弱电如电话线，网线设计；所有检验室有分电控制箱。

续表

4. 通风及气路
普通的小型检验室不需要考虑通风及气路，只要保证通风柜和洗刷消毒室通风就可以了；而大型检验室的通风与气路相当复杂，需要风量与风压、所用风机以及补风量的计算，这些建议找专业公司。
5. 装修
目前检验室吊顶采用铝塑扣板、PVC扣板、彩钢板(不允许使用石膏板吊顶，因为粉尘会影响微生物检测结果)；墙壁同样不允许使用单纯的涂料，最好能刷乳胶漆或瓷砖；地面采用瓷砖、水磨石、环氧自流平、PVC。隔断的种类繁多，有彩钢板、玻璃、铝合金、塑钢，在检验室面积相对小的情况下，推荐使用玻璃隔断，这样整体通透性比较好，不至于太压抑。如果空间足够大，$200m^2$ 以上的实验研发中心可以采用彩钢板。实验台多用的是实芯理化板的钢木结构，再好点就环氧树脂台面。
6. 做计划
方案以及工艺都已经确定了，那就做一个计划，检验室施工周期与检验室复杂程度有关，企业独立采购的检验室建设速度较快，国家单位由于涉及政府采购招标环节，施工周期无法自行调控。施工单位，供应商最好选择资质、经验、信誉好的单位。
7. 过程监督
过程监督主要是水电设施不要遗漏。只有过程监督好了，才不会延误最后的使用时间，才能在规定时间内建成自己赏心悦目而又使用方便的检验室。
8. 验收
仪器调试，说明书、保修卡齐全，以档案册的形式保存。

二、食品微生物检验室的环境监测

完工的食品微生物检验室应该制订一套科学合理的环境监测计划，对样品、操作人员和设备所处环境都必须进行检查，以确保分析结果的质量不受这些环境因素的影响。

(一) 检验室环境监测的要求和方法

一般来讲，对环境微生物的监测包括对检验室表面和空气中微生物的分析。对检验室的表面进行检测，可以确定在同一工作区内，经过一段时间以后是否还保持干净，或不同工作区在一定时间内需要打扫的次数，消毒剂的效果如何，间隔多长时间需要对工作台消毒一次，以及层流净化台的使用效果情况；对空气进行监测，可以确定空气过滤器的使用效果以及需要更换的频率，并能确定出可能的环境污染源。

对检验室工作台和设备表面作微生物检查可以采用三种方法。第一种方法叫擦拭法(棉拭子法)，用于检测设备的任一部分，需氧嗜温菌$<5cfu/cm^2$时，说明合格；需氧嗜温菌$5\sim25cfu/cm^2$时，说明需进一步调查；需氧嗜温菌$>25cfu/cm^2$时，说明不合格，需立即处理。第二种方法是淋洗法，适用于较小的设备或器具（如桶)。第三种方法叫影印盘(琼脂直接接触微生物复制盘）法，此法特别适用于对平滑密实的表面进行采样，在不规则、破裂或有裂纹物体表面不要使用这种方法。最好对平滑表面进行打扫、清洁并消毒以后使用此方法。严重污染的表面会导致琼脂平板上的细菌过度滋生，故不适宜用此法。

对空气中的微生物状况要至少每两周进行一次监测，以确定检验室环境是否构成重要的污染源，保证微生物实验结果的准确可靠。一种简单而有效的空气质量监测方法是沉降法，即用非选择性培养基平板（如琼脂计数平板)，暴露放置在检验室内的各个位置，暴露15min以后，盖上平板盖，并将其置于36℃环境下培养$(48\pm1)h$。计数平板菌落总数，做好记录。如果平板菌落总数$>15cfu/$板，说明检验室的空气质量不适于进行微生物分析。在这种情况下，检验室的工作应该暂停，对检验室所有表面进行彻底消毒。对检验室的空气微生物学质量进行再次评估并合格之后，才能恢复正常工作。

(二) 无菌室的管理要求

食品微生物检验室的无菌室应制订质量管理标准，并设专人负责无菌室的定期环境监测工作。对无菌室的管理可遵循以下原则：①工作人员进入无菌室应先关掉紫外灯。②工作人员进入无菌室要着无菌衣、帽、口罩和专用鞋，非工作人员不得随意进入。③无菌室内配备空气净化消毒器或紫外灯进行空气消毒。应定期用适宜的消毒液灭菌清洁，以保证无菌室的洁净度符合要求。④无菌室应保持清洁，严禁堆放杂物，以防污染。每日进行小扫除，每周进行大扫除，每月进行空气和实验台表面的细菌学监测，保证各项指标控制在最低标准，符合无菌室的技术要求。⑤需要带入无菌室使用的仪器、器械、平皿等一切物品，均应包扎严密，并应用适宜的方法灭菌。⑥操作完毕，应及时清理无菌室，再用紫外灯辐照灭菌 20min。⑦无菌室应每月检查菌落数。在灭菌结束后，取内径 90mm 的无菌培养皿若干，无菌操作分别注入熔化并冷却至约 45℃的营养琼脂培养基约 15mL，放至凝固后，取平板 3～5 个，分别放置工作位置的左、中、右等处，开盖暴露 15min，倒置于 36℃培养箱培养 48h，取出检查。100 级洁净区平板杂菌数平均不得超过 1 个菌落，10000 级洁净区平均不得超过 3 个菌落。如超过限度，应对无菌室进行彻底消毒，直至重复检查符合要求为止。

（三）食品微生物检验室的内务管理

食品微生物检验室应相对独立，在出入门口设置明显的禁止或限制无关人员进入的标志，并对该区域进行有效控制、检测和记录。进入工作区域必须穿戴工作服，禁止将与实验无关的物品带入工作区域。工作服应定期清洗，怀疑受到污染的工作服，应及时灭菌后清洗。

在检验室中必须配备个人防护设施、急救设施和灭火器。严禁在工作区域进食、饮水、化妆。在吸取液体时，进行传染性较强的致病菌实验时，使用一次性外科手术手套，使用后高压灭菌。工作中禁止将笔尖放入嘴中。

检验室应保持清洁整齐，应备有工作浓度的消毒液，如 70%乙醇、0.1%的新洁尔灭、5%的来苏儿溶液、0.1%的过氧乙酸等。所有的操作过程应尽量细心，避免微生物培养物和液体溅出。如果不慎将细菌培养物溅洒在工作台面上或地面上，应立即用有效消毒液浸泡被污染处至少 30min，再做清洁。实验完毕后应将实验台面清理干净，并用消毒剂擦拭实验台面。用过的物品和培养基不要放在操作台上，及时灭菌处理。离开检验室时要脱下工作服，将手认真消毒清洗。

检验室内的地面应定期清洁，工作台和其他表面应及时进行消毒和清洁。对通风橱、仪器、设备和玻璃器皿进行清扫、洗涤和消毒。冷冻设备和冰箱必须经常清洁除霜，应制订害虫防治计划以使苍蝇、蟑螂和其他害虫的数量在控制范围之内。除害工作完成后应保留书面记录，并标明完成的日期。

三、食品微生物检验室人员的配备与管理

由于微生物所具有的生物学特性，在食品生产的原料采购、处理加工、保藏运输、食用等多个环节都可能对食品造成污染。因此对从事微生物检验的工作人员的能力及素质提出了更高的要求。因此人员配备成为食品微生物检验室中众多要素中的关键一环。

（一）检验室管理人员

全面负责检验室的工作，通常还兼任质量负责人的角色。其职责主要包括负责检验室检测岗位人员配置与协调；组织制订与检测有关的规章制度，审查工作质量；负责处理客户提出的申诉，处理重大检测质量问题；制订本检验室的年度工作计划，完成年度的工作总结与质量分析；组织制订检验室的质量方针与质量目标；负责分包检验室的审批及检测样品的分包工作；负责质量体系的管理评审。如果作为质量体系中的质量负责人，其职责还将包括组织编写本检验室的质量手册；制订人员管理培训计划并且组织实施；负责不合格测试的控制；负责检验工作质量的差错统计与分析；负责预防措施计划的制订与实施；负责纠正措施计划的制订和实施结果的监控；负责分包工作的确认、分包方的选择以及分包方技术能力的跟踪评价等。

作为食品微生物检验室的管理人员，应具备良好的品德修养，对所提供的微生物检验项目有足够的背景知识与经验，具有良好的检验室管理和综合协调能力。

（二）检验室检验人员

主要承担着检验室检验与新检测技术的研发工作，包括负责检验室样品的微生物检验；负责解决工作中遇到的技术难题，并且协助质量负责人解决检测工作中的有关问题，参与检验室检验方法或程序的制订与验证工作。通常有的检验室检测人员还是质量体系中的技术负责人，其职责还将包括负责制订检验室检测人员的技术培训计划并组织实施；负责检验室设施与环境条件的控制；负责检验室水平测试计划的制订与执行；组织制订检验室的检测程序及其验证；组织制订与质量体系技术体系要求相关的文件；负责检验室年度技术工作总结；负责制订检验室的科研计划并且组织落实、收集并跟踪国内外检验方法与标准；组织对新开检测项目进行调研、研发与审定。

作为食品微生物检验室的检验人员，应当具备认真负责的工作态度，具有扎实系统的微生物检验的专业知识，熟悉检验室所用检测方法与检测程序，能够对工作中遇到的问题进行分析与解决。

（三）检验室检测辅助人员

应当遵守检验室的管理规定，协助检验室技术人员开展的工作包括：参与检测样品的登记与编号；参与样品的制样、存放及处理；培养基和试剂的配制；废弃物处理；参与检验室检测消耗品的申购、验收、管理工作；负责检验室及工作环境的清洁卫生工作；按照规定程序进行检测器皿的清洗及准备工作等。其应具备的能力还包括具有认真负责的工作态度，熟悉检验室的管理程序。

图 4-6，表 4-3～表 4-5 提供了企业微生物检验室人员管理案例，供参考。

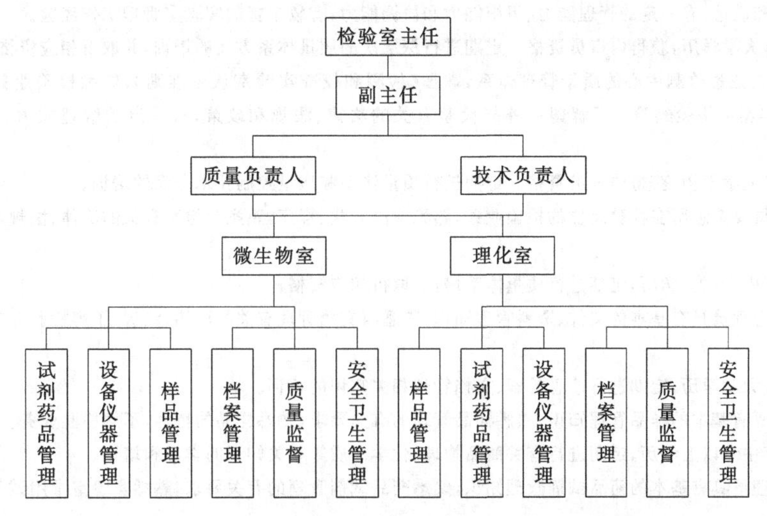

图 4-6　食品微生物检验室管理体系岗位设置案例

表 4-3　××食品微生物检测中心人员责任管理

1. 目的 为了保证本中心的质量和技术活动符合要求，保证检测工作的质量，使本中心管理和关键支持岗位的人员明确自己的职责。 2. 适用范围 适用于本检测中心所有工作人员。

续表

3. 职责

中心主任负责设置检测中心的结构，制订检测中心发展规划。负责组织建立质量体系，制订质量方针和目标，决策资源配置，批准、发布质量手册，主持管理评审。

质量负责人负责组织建立质量体系，组织编制《质量手册》，组织并保证质量体系的贯彻和有效实施，组织内部审核，组织实施纠正与预防措施，负责筹备并参加管理评审，落实检测中心年度工作计划，批准、发布与管理相关的程序文件。

技术负责人负责并保障检测中心检测工作质量所需的技术支持和资源配置，批准、发布与技术管理活动有关的程序文件，参加管理评审。

质量监督人员负责对检测中心雇佣或合同制人员（包括被培训人员）及关键支持人员进行指导和监督。负责实施检测结果质量控制计划。

文件和资料管理员负责执行《文件和资料控制程序》和《记录控制程序》；负责质量体系文件、技术类文件（标准方法、非标准方法和实验室自制方法等），与检测有直接影响的指导性文件的登记、发放、标识、回收、保管和处理；负责所有质量记录和技术记录的归档、保存；负责检测中心仪器、设备档案和资料的管理；负责档案和记录中有关客户机密和专有权的保护工作。

样品管理员负责执行样品管理规定，负责检测样品的储存、调用和处理；负责留存样品质量和定期抽查工作。

药品试剂管理员负责执行药品试剂和易耗品的采购、处置和管理规定，负责组织试剂、药品和易耗品采购文件的编制。建立合格供应商档案，负责试剂、标准物质的管理，药品和易耗品的验收和登记，负责废弃试剂和药品的处理。

仪器设备管理员执行本中心仪器设备管理的规定，负责仪器设备档案的建立，仪器设备的采购、接受和使用中的验证；负责仪器设备的状态控制和维护；制订本室仪器设备的检定/校准计划并组织实施。

安全卫生管理员负责本中心检测各环节的安全卫生检查工作，定期组织对仪器室进行安全卫生检查，协助药品试剂管理员对废弃试剂和药品进行处理。

4. 要求

(1)检测中心主任要有较全面的检验业务知识和较丰富的管理经验。熟悉国内外与检验有关的法律、法规和政策，有较强的组织管理能力和协调能力。

本岗位必须具有大学学历，定期参加质量体系培训。主任由法人直接任命。

(2)质量负责人要熟悉检测中心的质量管理体系，掌握《检测和校准实验室认可准则》，熟悉检验业务，了解国内外与检验有关的法律、法规和政策，有一定的管理能力、组织能力和协调能力，有较丰富的实验室管理工作经验。

本岗位必须具有大学学历，获得内审员资格。定期进行深层次的质量体系方面的培训，并取得相应资格。

(3)技术负责人要熟悉检测中心的质量管理体系，掌握《检测和校准实验室认可准则》，熟悉检验业务，具有较高的检验技术水平和较丰富的检验经验。了解国内外与检验有关的法律、法规和政策，有一定的管理能力、组织能力和协调能力。

本岗位必须具有大学学历，获得内审员资格。定期进行质量体系和质量控制技术方面的培训。

(4)质量监督人员要熟悉所在检验岗位的检验业务，熟悉检测方法、程序，熟悉与检验有关的法律、法规和政策，有较丰富的检验经验。

本岗位必须具有中专以上学历，定期进行质量体系培训，取得相应资格。

(5)文件和资料管理员具有基本的文件、资料管理知识，熟悉与文档管理有关的法律、法规，了解检验业务，有一定的实验室文档管理经验。

本岗位必须具有大学学历，定期进行信息检索、文档管理相关知识的培训。

(6)样品管理员要有基本的样品管理知识，熟悉样品管理的有关要求，熟悉样品的特性，了解检验业务。

本岗位必须具有中专以上学历，定期进行有关商品物理、化学性质等相关知识的学习和培训。

(7)药品试剂管理员具有基本的药品试剂管理知识，熟悉药品试剂管理的有关要求，熟悉实验室常用试剂的特性，了解检验业务。

本岗位必须具有中专以上学历，定期进行试剂安全储存和处理知识的培训，进行标准物质定值与溯源方面的知识培训。

(8)仪器设备管理员具有基本的仪器设备的建档、校准、维护和状态控制等方面的管理知识，熟悉与仪器设备管理有关的法规和规章制度，了解仪器设备的日常维护要求，了解检验业务，有一定的实验室设备管理经验。

本岗位必须具有大学学历，定期进行有关计量法规和知识的培训。

(9)安全卫生管理员要有基本的实验室安全卫生管理知识，对异常情况的处置有较丰富的经验，熟悉检测中心内外部环境及内部重点设置及安全、消防设施的使用方法。

本岗位必须具有中专学历以上，定期进行有关安全卫生知识的培训。

表 4-4 ××食品微生物检验室人员培训管理

1. 目的

通过定期对中心工作人员进行教育和培训，持续保持工作人员的能力，满足中心当前和预期检测任务的需求。

2. 适用范围

适用于中心人员教育、质量体系培训、检测技能培训等活动。

3. 职责

技术负责人确定中心人员的培训需求和目标，制订培训计划，并组织培训计划的实施。

中心主任负责培训计划的审批。

4. 培训内容与方式

(1)培训内容

①人员教育：对检测中心全体人员进行的有关公正行为、法律、产品与消费以及安全和防护知识等相关知识的培训。

②体系培训：根据检测中心质量体系文件进行的全员培训，以及来自于不合格工作控制和纠正措施所指定的人员培训。

③技能培训：检测技能的培训，如仪器设备操作、检测等与检测技术相关的内容。

(2)培训方式

①内部培训：指由中心内部组织进行的培训。

②外部培训：指系统外相关部门、机构、仪器设备厂家、学术团体组织进行的培训。由这些部门、机构或组织的人员来本中心进行的培训，也属外部培训，这种培训所取得的资格，可充分作为人员检测能力的证明。

③专业培训：指特殊检测工作需要的培训(指根据政府法律或国际习惯做法要求，如细菌、毒素检测等方面进行的培训)，这种培训通常是由专业(权威)部门进行的。

5. 控制程序

(1)确定培训需求和目标　技术负责人根据质量方针、目标和检测工作任务的需求，组织有关人员确定培训需求，将《检测中心年度人员培训计划》报中心主任批准。

(2)实施培训计划　培训由技术负责人组织实施，根据不同的培训内容，按不同的培训方式进行。对于来自纠正措施的人员培训任务可临时安排。

(3)培训评价　每次培训都要对培训的有效性进行评价。

(4)培训记录　每次培训结束后都要填写《人员培训记录》，报技术负责人，由其交予文件和资料管理员归档、保存。

对于参加外部培训的人员，技术负责人还需将他们的培训和资格获取情况连同《人员培训记录》归到档案中

表 4-5 ××食品微生物检验室考核方案

考核项目	考核细则	满分
规章制度	注：以下各项违规一次扣 1 分	
	① 无迟到、早退现象，按时交接班(提前一刻钟到岗)，遵守打卡、带卡规定	2
	② 遵守请假、销假制度，无弄虚作假现象	2
	③坚守工作岗位，不睡岗、离岗、串岗，无私自外出，就餐后按时返岗	2
	④工作时间不做与工作无关的事情(看书、看报、洗澡、闲谈、吃零食、干私活等)	2
	⑤遵守文明办公守则，无不文明现象(骂人、打架、乱丢脏物、赤膊、办公区喧哗、损害公物、不排队就餐等)	1
	⑥工作姿势端正优雅，不得在检验室上网、听音乐、私自安装与工作无关的软件	2
	⑦仪容仪表整洁，工作穿工装，不得奇装异发	2
	⑧积极参加公司和部门组织的培训，无故缺席不得分	2
工作态度	注：以下各项违规一次扣 2 分	
	①服从领导，无顶撞上级现象，认真完成交办的工作，无阳奉阴违、欺上瞒下现象	2
	②工作积极主动，努力及时完成交给的各项工作任务，无消极怠工现象	2
	③道德品质良好，同事之间团结友善，待人热情，无诋毁、攻击他人行为	2
	④做好本职工作的同时，愿意主动接受其他工作(包括加班)，具有参与意识	2
	⑤努力学习本岗位技术，知错就改，提高自己工作水平	2
工作能力	注：以下各项视实际展现程度得分	
	①对本岗位工作有充分的理解，能独立完成本岗位工作	4
	②工作准确、及时，无遗漏，交办工作落实、反馈及时	2
	③能正确顺利分析解决工作中遇到的超范围的或异常数据，能比较和验证	4
	④工作有条理、有技巧，分清轻重缓急，能提出合理化建议，被采纳加 2 分	2
	⑤能主动和他人合作，具有协作意识，与其他单位能良好沟通	2

续表

考核项目	考核细则	满分
工作实绩	注:以下各项视完成工作实际效果得分	
	①及时对榨油厂、精炼厂等的产品、成品及原辅料进行取样、检测,报送结果及时,非仪器原因造成报送或检验不及时,每次扣5分	10
	②及时、准确填写各项报表并报送各相关部门,报表结果与检测结果应一致,错误一次扣2分	5
	③检验室内台面环境卫生干净整洁,每次不合格扣1分;仪器设备保持整洁,及时维护并记录	6
	④遵守岗位职责,按照操作规程操作,违规一次扣4分	4
	⑤完成各部门或本部门所要求检测的合理工作,及时检验不得无故推诿	5
	⑥取样及时、检验准确,如发现数据不真实每次扣5分;不合格品督察不到位,每次扣5分	5
	⑦工作衔接明确,负责本班的各种器具检查和维护,如发生操作不当,损坏仪器或贵重物品,此项不得分	5
	⑧环比结果及时、准确、完整,每超一项扣4分,全部在范围内加1分	8
	⑨各项数据、表格、交接班日志齐全,如发生漏记、错记或不符合ISO 9000中记录要求,每项扣1分	5
安全消防	①遵守公司和部门安全操作规程,发现违纪一次扣1分	2
	②发生安全事故隐瞒不报扣2分;因违章操作造成消防事故及工伤事件,该项不得分	2
	③消防设施、器材交接良好、齐全	2
	④每周参加一次各班的安全教育,各班安全教育记录齐全、规范,不得代签名	2
其他	奖:①有特殊贡献,表现优异;②受公司、部门奖励;③节能降耗有实绩	
	惩:①受公司、部门处罚;②表现极差,知错不改	
总分		100

值得注意的是，食品微生物检验室对人员的管理水平和技术水平要求均很高，企业和检验室应该依据自身情况和业务发展需要，开展部门内部培训或参加企业、行业或国家行政部门主办的学习班，不断提高自身的业务水平。加强对人员的管理和考核，制订严格的岗位职责和工作规范，并在工作中加强监督和检查，制订一系列的鼓励措施，提高检验室的活力。

四、仪器设备的配置与管理

（一）食品微生物检验室设备的配置

开展微生物检验工作，离不开检验室的设备。具有适合于食品微生物检验功能且状态良好的设备，是获得高质量实验室结果的要求之一。

1. 保证无菌环境的设备

除了无菌间可以提供操作使用的无菌环境以外，在日常检测工作中还需配备生物安全柜和超净工作台。生物安全柜和超净工作台是检验室中的主要隔离设备，可有效防止有害悬浮微粒的扩散，为操作者、样品以及环境提供安全保护。超净工作台是在操作台的空间局部形成无菌状态的装置，它是基于层流设计原理，通过高效过滤器以获得洁净区域；它对操作者没有保护作用，但所形成的局部净化环境可避免操作过程中污染杂菌的可能。因此，超净工作台只能被应用于非危险性微生物的操作，例如用于药品、微生物制剂、组织细胞等的无菌操作。和生物安全柜相比，超净工作台具有结构简单、成本低廉、运用广泛的特点。生物安全柜能够为实验室人员、公众和环境提供最大程度的保护，主要针对感染性材料的处理，通过生物安全柜特殊的空气净化循环系统保护操作者、样品和环境的安全性。

2. 微生物灭菌设备

在食品微生物检验室中，用于灭菌的设备通常为高压蒸汽灭菌器或用于干热灭菌的干燥箱。高压蒸汽灭菌器是应用最广、效果最好的灭菌器，广泛用于培养基、稀释剂、废弃培养物等的灭菌。其种类有手提式、立式、卧式等，目前部分高压灭菌器具有自动过程控制。干燥箱主要用于金属、玻璃器皿等的灭菌。

3．微生物培养设备

微生物培养设备主要分为恒温培养箱、恒温恒湿培养箱、低温培养箱、微需氧培养箱、厌氧培养箱等。

4．样品、试剂保存的设备

保存设备主要为冰箱和冰柜。冰箱分为冷藏和冷冻两部分，利用冰箱冷藏温度 2～8℃，保存培养基、血清、菌种、某些试剂、药品等；冰箱冷冻温度和冰柜冷冻温度一般在－18℃以下，可以用于样品的保存。此外，超低温冰箱的温度可以达到－70℃以下，可用于菌种的保存。

5．显微镜

常用的显微镜主要有普通光学显微镜、荧光显微镜、相差显微镜等。一般在观察细菌、酵母菌、霉菌和放线菌等较大微生物时，可应用普通光学显微镜，其最常用的放大倍数在 10～100 倍之间，主要用于细菌形态和运动性的观察。荧光显微镜主要用于观察带有荧光物质的微小物体或经荧光染料染色后的微生物。相差显微镜主要用于观察活的微生物的细胞结构和鞭毛运动等。

6．天平

常用的天平有托盘天平和电子天平。托盘天平常用在对称量要求不严格的情况下；电子天平常用于培养基的称量以及对称量要求精确的场合。检验室最好配备几台量程不同的天平，以备不同场合使用。

7．水浴锅

水浴锅可以直接用于微生物的培养，也可用于培养基灭菌后的保温等。

8．均质器

均质器主要用于样品的前处理，对样品进行均质化。其类型主要为拍打式均质器和旋转式均质器。

9．pH 计

pH 计主要用于培养基和诊断试剂的酸碱度测量。

10．蒸馏器

蒸馏器主要用于制备检测用水。

表 4-6 是某企业小型食品微生物检验室主要设备的清单。

表 4-6 ××小型食品微生物检验室主要设备清单

编号	名称	型号规格	数量	生产厂家
1	高压灭菌锅		1	
2	显微镜		1	
3	电热恒温培养箱(1)		1	
4	电热恒温培养箱(2)		2	
5	电热恒温培养箱(3)		1	
6	电热恒温干燥箱		1	
7	均质器		1	
8	电冰箱		1	
9	保鲜柜		1	
10	空调		1	
11	空调		1	
12	空调		1	
13	空调		1	
14	电子天平		2	
15	电子天平		1	
16	电子天平		1	
17	电子秤		1	

（二）食品微生物检验室设备的采购

检验室必须具有进行食品微生物检验所需的仪器、设备和材料，分析结果的可靠性在很大程度上受所使用仪器设备的影响。为了确保采购服务和供给有质量保证，确保采购的质量符合工作要求，检验室要认真制订采购计划，周密实施。

1. 明确采购目的，编制采购文件

检验室在采购仪器设备时，必须明确采购目的，确定采购物品的功能与系统的需要。这就需要事先制订采购文件或填写采购申请表，在采购文件或申请表中，对所采购物品要提出足够的要求，并对其技术要求进行详细的描述，包括对该仪器进行系统评估，能否满足用户的需要，价格是否适当，是否有研究与发展的空间，是否有质量保证，数据质量能否提高，是否符合健康、安全、法规的要求。考察仪器与附件的大小，环境温度、湿度，仪器的质量，供电系统（电压、电流、特殊插座），水，气，下水道，通信系统，网络连接系统。

2. 评价采购文件

要对编制的采购文件或申请表进行评价。评价的内容包括：采购物品的技术指标对测试方法要求的满足性；供应商将提供的产品质量对测试方法要求的满足性等，以证明其满足测试工作的要求。对申请购置的新设备的评价，检验室相关负责人应组织收集有关仪器、设备的信息资料；核实采购文件中申请购置的仪器、设备的生产厂家、型号、规格及性能指标等是否满足测试方法的需要。大型仪器、设备需要设备管理部门请有关专家进行论证和评价。

3. 采购

采购时，要根据已审批的采购文件，优先选择获得质量认证的供应商提供的产品。没有通过质量管理体系认证的供应商要提供产品的合格证书或符合国家标准的证明，同时须符合采购文件对仪器、设备生产厂家、型号、规格及性能的要求。

4. 接收和确认

新的仪器设备购买后，首先要对其进行安装确认，仪器必须由专业人员安装在合适的操作场所，其基本程序是：开箱验收、安装、运行性能确认。安装确认的主要内容有：①清点仪器的软件和硬件是否与装箱单一致，检查一下有无可见的损伤，确认软件和硬件的版本。②登记仪器的名称、型号、生产厂家的名称、生产厂家的编号、生产日期、仪器设备使用者内部的固定资产设备登记及安装地点。③收集、汇编和翻译仪器使用说明书和维修保养手册。④检查并记录所验收的仪器是否符合厂方规定的规格标准。⑤检查并确保有该仪器的使用说明书、维修保养手册和备件清单。⑥检查安装是否恰当，气、电及管路连接是否符合要求，模块之间通讯是否良好，根据需要检验模块、软件（版本）、安装及硬件与软件是否相容，是否有电磁干扰等。

（三）检验室设备的管理和使用原则

1. 仪器设备档案的建立和管理

检验室应设专人负责仪器设备档案的建立，负责仪器设备的校准、维修和状态控制。大型仪器设备应设有仪器设备主管人，并根据文件要求，负责仪器设备的日常维护和保养。档案内容一般包括：①仪器设备名称、生产厂家、型号、仪器设备编号、价格、存放位置、仪器设备的到货日期和启用日期、主管人及收到时的状态（新、旧、重新调试）。②仪器设备操作手册、使用维护说明书及操作规程（可单独存放于使用区域）。③仪器设备验收及调试报告。④仪器设备的计量（校准）记录。⑤仪器设备维修记录。⑥仪器设备维护要求。⑦仪器设备使用、维护保养记录（可单独存放于使用区域）。

为了保证仪器设备的原始状态和唯一性，在每一台仪器设备附近应设置仪器设备标牌，内可包括仪器设备名称（中/英）、型号、仪器设备编号、价格、生产厂家、启用日期、主管人等信息。

表4-7，表4-8是企业微生物检验室仪器设备作业规程和管理程序、供参考。

表4-7　××食品微生物检验室仪器设备作业规程

立式高压蒸汽灭菌锅操作维护规程

1. 操作

(1)先打开灭菌锅盖，向锅内加水至高水位灯(HIGH绿灯)亮，自动停止加水。

(2)将包扎好的待灭菌物品放入锅内。

(3)打开排水阀和放气阀，拧紧顶盖螺栓，接通电源，加热，按控制面板上的相应键设定好温度和时间。

(4)待温度达到95℃以上，冷空气冒出时，将排水阀和放气阀关闭，开始升压。

(5)灭菌完成，关闭电源，停止加热待其冷却。

(6)待压力降至0MPa方可打开。

2. 注意与维护

(1)应注意安全阀、放气阀孔畅通。

(2)灭菌液体时，应将液体灌装在硬制的耐热玻璃瓶中，以不超过3/4体积为好，在灭菌液体结束时不准立即打开。

(3)不能立即释放蒸汽，必须待压力表指针回零位方可排放余汽。

(4)对不同类型、不同灭菌要求的物品，切勿放在一起灭菌。

(5)压力表定期检查，一般为一年一次。

(6)平时应将设备保持清洁和干燥。

(7)安全阀应定期检查其可靠性，一般为一年一次，工作压力超过0.165MPa时需要更换合格的安全阀。

(8)橡胶密封圈使用日久会老化，应定期检查，一般为一年一次，视老化、磨损程度及时更换。

(9)选择合适的电源，使用时接地线一定要接地。

(10)灭菌锅内只能加蒸馏水，以免腐蚀内壁。

(11)不要用来处理强酸强碱等腐蚀性物品。

(12)在使用过程中，锅内压力、温度过高时不能打开。

(13)注意不要让水溅到显示屏上。

(14)定时清洗灭菌锅内壁。

表4-8　××食品微生物检验室仪器设备管理程序

1. 目的

对仪器设备进行有效的管理，保证其满足检验工作的需要。

2. 适用范围

适用于检验、测量和实验仪器设备(实验软件)的管理。

3. 职责

(1)中心主任对仪器设备的管理工作进行组织协调。

(2)仪器设备管理员负责仪器设备的管理工作。

(3)仪器设备的使用或保管人员协助仪器设备管理员进行日常管理工作。

(4)仪器设备管理员负责仪器设备管理档案的建立及档案的统一管理。

4. 工作程序

(1)采购

①由使用岗位人员根据需要提出采购计划和意见，填写仪器设备采购审批表，经技术负责人审定，中心主任批准后，报请上级有关部门进行采购。

②由中心主任协助有关部门进行仪器设备的采购。

(2)验收

①购入的仪器设备由技术负责人组织采购部门的有关人员、使用或保管人员(有必要时供货方应参与)清点、安装、调试、验收，提交验收报告。

②验收合格的仪器设备才能接收入账，不合格的仪器设备应由中心主任协助采购部门的有关人员要求供货方进行换货或退货。

③各种仪器设备、随机附件由仪器设备管理员逐台登记入账。

(3)建立仪器设备档案

①全部仪器设备原始资料由仪器设备管理员分门别类归档管理，对于价值超过10万元人民币的大型仪器设备应单独建立档案。

续表

②仪器设备档案的内容通常包括下列内容。

a. 仪器设备名称；

b. 生产厂家的名称；

c. 规格型号和出厂编号或类似的统一识别标记；

d. 到货日期或投入使用日期；

e. 大型设备在检测中心内的安装地点；

f. 接收设备时的状态(即新的、旧的、重新整修后等)；

g. 生产厂商提供的说明书；

h. 校准和/或验证的日期和结果以及下一次校准和/或验证的日期；

i. 操作规程；

j. 维护的计划及记录；

k. 历次损坏、功能失效、调整改动以及修理等的记录。

(4)仪器设备的使用

①经过技术培训合格的检验人员才能开机使用仪器设备，10 万元以上的大型仪器设备，上机人员通过考核合格后方可上机操作。

② 仪器使用人必须严格按照操作规程操作仪器，要熟悉仪器设备的状况，管好用好仪器，会检查、保养、排除一般故障，做到工作前检查，工作后清理干净并填写使用登记表。

③仪器设备使用人必须爱护仪器设备，保持清洁、安全和处于良好工作状态。

④对在操作中发生的故障，使用人应及时报告仪器设备管理员，并做好记录，中心主任组织或联系维修，待修停用的仪器设备应贴停用标志，严禁动用。

⑤由于操作不当引起仪器设备事故，责任者应写出事故报告交技术负责人，经调查按情节轻重提出处理意见。事故报告、处理结果及措施存入仪器设备档案。若已对检测结果产生影响应及时通知客户。

(5)使用中的检查验证

①为了保证仪器设备处于有效使用状态，在使用期间，由各仪器设备负责人对仪器设备进行检查验证。检查和验证通常在下述情况下进行。

a. 仪器设备导出数据异常；

b. 仪器设备故障维修或改装后；

c. 长期脱离中心控制的仪器设备在恢复使用前(如外借)；

d. 仪器设备经过运输或搬迁；

e. 使用本中心控制范围以外的仪器设备。

②验证内容

a. 仪器设备的基线漂移、本底水平、信噪比、零点稳定度测试；

b. 光学仪器设备的波长重现性和灵敏度的测试；

c. 采用有证标准物质，对仪器设备进行准确度和精密度的测试；

d. 制作测量工作校准曲线，根据线性回归方程，获得校正因子，确认其设备的测试范围和检出限量。

③经检查验证发现问题时，中心技术负责人应对测试结果进行追踪和评定，出现重大偏离时应及时通知有关客户，并采取相应的纠正措施。

(6)仪器设备状态控制

①由中心仪器设备管理员制作仪器设备标牌，内容通常包括仪器设备名称(中/英)、型号、仪器设备编号、价格、生产厂家、启用日期、负责人等，以表明仪器设备的原始状态和唯一性。

②为了避免使用人员误用非正常状态下的仪器设备，在下列情况下，对仪器设备予以停用标志。

a. 仪器设备由于过载或错误操作，显示结果可疑；

b. 仪器设备处于待检或维修状态；

c. 仪器设备经维修、验证、校准，确认无法使用者。

③处于停用期间的仪器设备，经维修、验证、校准恢复正常后应及时撤除停用标识，恢复正常使用。

(7)仪器设备的维修和报废

①仪器设备出现一般性异常情况，由仪器使用人及时处理，重大故障应通知仪器设备管理员，联系有关部门维修，确认正常后方可使用。

②仪器设备部分指标或性能无法满足特定工作需要时，可降级使用，所有功能均丧失，上报公司有关管理部门，申请报废。

2. 仪器设备的校准和使用中的检查验证

对测试结果有直接影响的仪器设备，检验室必须建立设备的校准（计量）和使用中的检查验证程序，建立仪器设备的校准（计量）计划和记录。需要强制性定期校准（计量）的仪器设备，经符合资历的计量部门校准合格后方可使用，并加贴绿（合格）、黄（准用）、红（停用）色标志，以表明仪器设备所处的校准状态。设备经校准合格，贴上绿色合格证，并标明校准日期和下次校准日期或校准有效期。对测量无检定规程，按校正规范为合格状态，则贴黄色标志；凡校验不合格、过期、需报修的仪器设备应贴有红色停用证，并标明停用日期。

为了保持对仪器、设备在使用期的有效使用状态的充分信心，在使用期间，设备管理员及使用人员应依据设备本身的检查或验证规程，对仪器设备的使用状态进行检查或验证，并填写记录。根据设备的使用要求、种类和以前的性能，确定校准和检查验证的频率，并形成文件。

表 4-9 为某企业仪器设备期间核查记录表，供参考。

表 4-9 ××食品微生物检验室仪器设备期间核查记录

核查对象		统一编号	
有效期		核查时间	
核查方法：			
核查记录： 序号　　检测参数　　参数标准值（或前次检测结果）　　检测结果 检测：　　年　月　日　　审核：　　年　月　日			
数据分析处理： 分析人：　　年　月　日			
核查结论： 室主任：　　年　月　日			
实施人			

记录人：　　　复核人：

3. 仪器设备的使用维护

所有仪器设备要建立标准操作程序，以保证使用人员可以正确使用。仪器设备应配备相应的设施与环境，确保其正常运转，避免损坏或污染。所有仪器设备的使用人员应经过专门的技术培训，获得相应的技术资格后，经授权批准上机操作。使用人员在操作时，应严格按照操作规程开机测试，使用后认真填写仪器使用记录，标明目前设备的运行状态。仪器设备的使用和维护说明书及操作维护程序等文件，可放在使用人员的工作区域内，使用人员可及时方便地获取和使用。

使用人员在使用过程中发现异常情况时，要立即关机，并在仪器设备使用记录中登记异常情况，并报告设备管理员，使用人员违反操作规程进行操作，有可能对测试结果造成影响的，应采取措施及时处理。如果仪器设备长期停用或脱离监控，在恢复使用前，应对其功能和状态进行检查。

表4-10、表4-11为某企业仪器设备使用管理案例，供参考。

表4-10　××食品微生物检验室仪器设备使用记录

仪器名称：　　　　　　　　　　　　　　　　　　　　　　　　　　统一编号：

使用时间	使用前状态	使用中状态	使用后状态	使用人签名	备注

表4-11　××食品微生物检验室仪器操作人员考核记录

仪器名称	
操作人	
考核时间	

考核项目：

考核成绩评定：

主任签字(章)：

记录人：　　　　审核人：

五、食品微生物检验室试剂和材料的配置与管理

（一）常用试剂和材料的配置

食品微生物检验室常用试剂和材料的采购和供给这一环节中，无论是编料文件还是采购方式，通常和设备的采购相同。配置范围包括标准物质、标准菌株、分析药品、玻璃器皿及其他器材。

（二）常用试剂和材料的管理

新的试剂和材料在使用前，应由试剂管理员指定有关人员根据标准方法进行相应的验证，并填写相关记录。

试剂和材料接收后，试剂管理员应及时根据采购物品存放区域的划分进行储存，并根据要求定期对储存环境进行监测和控制。

试剂和材料要根据先进先出的原则进行使用，剧毒、贵重药品的使用应制订文件化程序，并按要求使用。

试剂管理员应经常检查采购物品的有效性，对于过期、变质、废弃、回收的试剂和易耗品要根据文件化程序及时处理。

表4-12为某食品企业检验室材料及药品管理规范，供参考。

表4-12　××食品企业检验室材料及药品管理规范

1. 目的

确保检验室所采购的药品试剂、易耗品、对检测质量有影响的物品，有质量保证并符合检测要求。

2. 适用范围

适用于采购的标准物质、药品试剂和易耗品等的接收、储存和发放。

3. 定义

(1)标准物质　是指在规定的条件下，具有高稳定的物理、化学或计量学特性，并经正式批准作为标准用于校准测量器具、评价测量方法或确定标准特性量值的物质或材料。

(2)易耗品　指化学试剂、培养基和玻璃器具等。

4. 职责

(1)药品试剂管理员负责执行本程序。

(2)药品试剂管理员负责组织标准物质、药品试剂和易耗品的接收、储存和发放。

(3)检测人员负责对药品试剂和易耗品的验证。

续表

5. 控制程序

(1)药品和标准物质的采购与管理

①各检测岗位根据工作需求,提出采购申请,由药品试剂管理员填写《采购计划单》,经中心主任审查,上级有关部门批准后,由中心主任统一联系购买。

②应尽可能到合格供应商处购买,保证所采购的药品和标准物质能满足检验工作的需要。

(2)验收

药品试剂管理员负责组织对新购进的药品试剂和标准物质进行检查验收,检查标准物质证书,不合格不予接收。验收完毕,填写《标准物质验收记录》和《药品试剂验收记录》。

(3)验证

新的药品试剂在使用前,应由技术负责人组织相关人员进行相应的验证,并填写《药品试剂验证记录》。

(4)药品和标准物质的领取、使用与试剂的管理

①各岗位人员到药品试剂管理员处领取所需药品和标准物质;需要在配药处或理化室暂时储存的药品、标准物质应在药品试剂管理员统一指导下进行管理;剧毒和贵重药品标准物质应按量领用,严禁在配药处或理化室内储存。

②药品、标准物质的标签必须清楚、完整,取用药品、标准物质时应仔细查看标签,防止错拿错用;对标签脱落或模糊不清的药品、标准物质,应经鉴定后才能使用,无法鉴定的一律不准使用。

③药品、标准物质应整齐安全地存放于适当的位置和环境,用完后放回原处。

(5)储存和配制

①药品试剂和易耗品接收后,药品试剂管理员应及时根据采购物品存放区域的划分进行储存。并根据《设施与环境条件控制程序》和《内务管理程序》的要求定期对储存环境进行监测和控制。

②检验废弃物需经过必要的处理后才能排放,具体按《检验废弃物处理规则》实施。

③微生物室每天配制培养基时要填写《培养基配制记录》。

(6)标准菌种

①标准菌种的购置须由使用人提出购置申请,列出所需标准菌种的名称(如有可能列出菌种编号),由药品试剂管理员汇总后填写《采购计划单》,报中心主任批准后,交主管部门负责采购或自购。

②药品试剂管理员对验收合格的标准菌种建立《标准菌种登记表》并按要求妥善保管,不合格不予接收。

③标准菌种应按要求传代,并做确认试验,对于实验中所需的关键诊断指标,操作者应详细记录。所有菌种都应加贴标签来表示其名称、编号、接种日期和所传代数。若在使用过程中发现疑问,应及时报告技术负责人,由技术负责人处理。

表 4-13 为某食品企业微生物检验室建设计划,请参考。

表 4-13 ××冷冻肉食品企业微生物检验室建设计划

1. 检验项目

致病性大肠杆菌、沙门菌、单核细胞增生李斯特菌、空肠弯曲菌。

2. 需购置物品清单

(1)实验仪器设备

超净工作台、电热恒温培养箱、干热灭菌器、高压蒸汽灭菌器、电子天平 1/10000(1/100)、显微镜、相差显微镜、恒温水浴锅、冰箱、蒸馏水发生器、菌落计数器(或放大镜 4×)、均质器(或乳钵)、离心机(4000r/min)、VIDAS 全自动免疫荧光酶标仪、解剖镜、厌氧罐(带有双相压力表)、液氮罐、气袋。

(2)玻璃器皿等常用配套材料

试管 16mm×160mm、德汉小管、玻璃吸管(1、5、10mL 刻度)、离心管(30mm×100mm)、微量移液器、玻璃培养皿(或一次性培养皿,皿底直径 90mm、高 15mm 为宜)、三角烧瓶(100mL、250mL、500mL)、硅胶塞、载玻片、盖玻片、香柏油瓶(双层瓶)、滴瓶、接种环、接种针、染色缸、吸水纸、记号笔、玻璃珠、硫酸纸、药匙、镊子、手术剪刀、烧杯(500mL、1000mL)、L 形玻璃涂布器、广口瓶、厚壁毛细管。

(3)培养基

营养琼脂培养基、乳糖胆盐发酵管培养基、乳糖发酵培养基、伊红美蓝培养基、微量生化发酵管、缓冲蛋白胨水、缓冲葡萄糖蛋白胨水、TTB 增菌液、亚硒酸盐胱氨酸增菌液、亚硫酸铋琼脂、三糖铁琼脂、含 0.6%酵母浸膏的胰酪胨大豆肉汤、含 0.6%酵母浸膏的胰酪胨大豆琼脂、Fraser 肉汤增菌液(FB1、FB2)、PALCAM 琼脂、OXA 琼脂、7%羊血琼脂、SIM 动力培养基、硝酸盐培养基、发酵培养基(葡萄糖、麦芽糖、七叶苷、鼠李糖、木糖)、改良 Camp-BAP 培养基、尿酸钠培养基、快速硫化氢试验琼脂。

续表

(4)试剂

香柏油、磷酸盐缓冲液、革兰染色液、95%乙醇、3% H_2O_2 溶液、盐酸吖啶黄溶液、萘啶酮酸钠盐溶液、柠檬酸铁铵溶液、VIDAS单核细胞增生李斯特菌测试条、API李斯特菌鉴定条、氧化酶试剂、30μg萘啶酸圆形滤纸片、三氯化铁。

(5)标准菌株

单核细胞增生李斯特菌标准株、绵羊李斯特菌标准株、英诺克李斯特菌标准株、斯氏李斯特菌标准株。

附：设计图

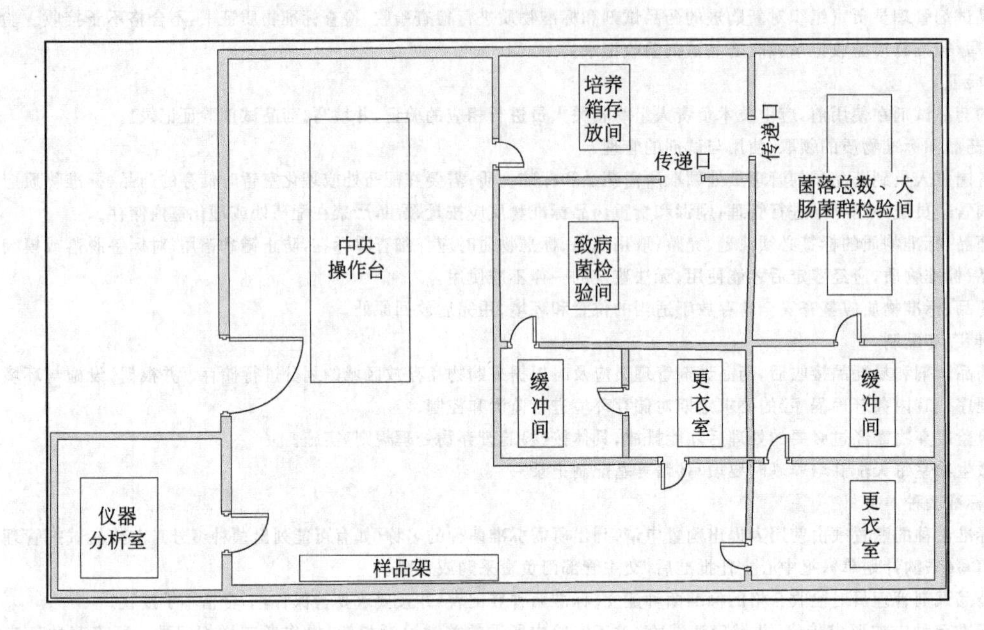

【技能训练】

技能　以一个乳制品企业为例，设计该企业微生物检验室的筹建方案

一、技能目标

- 熟悉我国食品微生物检验室建筑、生物安全有关规定。
- 熟悉检验室筹建的基本程序。
- 能设计微生物检验室的草图。

二、用品准备

计算机（带网络）、打印机、扫描仪、绘图纸等。

三、操作要领

1. 分组认真学习GB 19489—2008《实验室生物安全通用要求》和GB 50346—2011《生物安全实验室建筑技术规范》两个国家标准。
2. 制订检验室筹建项目书，明确基本定位、功能、预算、总面积等信息。
3. 设计检验室布局图，明确建筑、水、电、气、装修等要求，并绘出检验室简图。
4. 配置该检验室的药品、器具、菌种、设备等硬件。

四、作业要求

1. 每一小组提交一份筹建计划书。
2. 每一小组提交一份检验室设计布局图。
3. 每一小组提交一份药品、器具、菌种、设备配置清单。

【拓展学习】

食品微生物检验室常用设备维护与保养

为了使食品微生物实验室的仪器一直保持良好的工作状态，检验室要特别重视仪器设备的维护保养，确保仪器设备的工作状态出于可控范围，保障实验结果的准确性。仪器设备的维护保养一般分为设备校准、性能确认和验证、设备的维护等三个方面。

一、仪器设备的定期校准和期间核查（见表 4-14）

表 4-14 设备校准要求和频率

设备类型	要　求	推荐频率
参考玻璃温度计	完全可追溯性重新校准	每 5 年一次
	单点(如零点)核查	每年一次
参考热电偶	完全可追溯性重新校准	每 3 年一次
	用参考温度计核查	每年一次
工作温度计和工作热电偶	在零点和/或工作温度范围用参照温度计核查	每年一次
天平	完全可追溯性校准	每年一次
校准砝码	完全可追溯性校准	每 5 年一次
核查砝码	用已校准砝码检查或立即在可追溯性校准的天平上核查	每年一次
玻璃定容器具	重量分析法校准至所需公差	每年一次
显微镜	对镜台测微器进行可追溯性校准(若适合)	初次使用前
湿度计	可追溯性校准	每年一次
离心机	可追溯校准或用适宜的独立转速计核查	每年一次

二、设备的性能确认和验证（见表 4-15）

表 4-15 设备性能确认和验证要求与频率

设备类型	要　求	推荐频率
温控设备(培养箱,水浴锅,冰箱、冷冻柜等)	(a)确定温度的稳定性和均匀性 (b)监测温度	(a)初次使用前,此后每 2 年一次和每次维修后 (b)每个工作日一次/每次使用前
灭菌烤箱	(a)确定温度的稳定性和均匀性 (b)监测温度	(a)初次使用前,此后每 2 年一次和每次维修后 (b)每次使用前
高压灭菌锅	(a)确定工作/运转的特性 (b)监测温度/时间	(a)初次使用前,此后每 2 年一次和每次维修后 (b)每一次使用前
生物安全柜	(a)确定性能 (b)微生物监测 (c)气流监测	(a)初次使用前,此后每 2 年一次和每次维修后 (b)每周一次 (c)每次使用前
超净工作台	(a)确定性能 (b)使用无菌琼脂平板检测	(a)初次使用前,每次维修后 (b)每周一次
定时器	对照国家时标核查	每年一次
显微镜	检查调准装置	每个工作日一次/每次使用前
pH 计	用至少两种适当的缓冲液调整	每个工作日一次/每次使用前

续表

设备类型	要　求	推荐频率
天平	清零检查，并称取核查砝码的重量	每个工作日一次/每次使用前
去离子器和逆转渗透装置	(a)检查传导率 (b)检查微生物污染	(a)每周一次 (b)每月一次
重量稀释机	(a)检查所分配部分的重量 (b)检查稀释比例	(a)每个工作日一次 (b)每个工作日一次
培养基分装器	检查所分配的量	每次调整或替换时
移液器/移液管	检查所分配部分的准确性和精确度	有规律地(取决于使用频率和性质)
螺旋菌落接种仪	(a)对照传统方法确定其性能 (b)检查针突状况以及始端和终端 (c)检查所分配的量	(a)初次使用前，此后每年一次 (b)每个工作日一次/每次使用前 (c)每月一次
菌落计数器	对照手动计数器核查	每年一次
离心机	对照已校准的单独的旋速计核查速度	每年一次
厌氧罐/厌氧培养箱	用厌氧指示剂确认	每次使用时
实验室环境设施	使用诸如空气采样器、沉降平板、接触盘或棉拭子等方法监测空气和表面微生物污染	每周一次

三、设备的维护（见表 4-16）。

表 4-16　设备维护要求和频率

设备类型	要　求	建议频率
培养箱，冰箱，冰冻机，烤箱	清洁和消毒内表面	(a)每月一次 (b)必要时(如每 3 个月一次) (c)必要时(如每年一次)
水浴锅	倒空，清洁，消毒和再注水	每月，或使用杀虫剂时每 6 个月一次
离心机	(a)检修 (b)清洁和灭菌	(a)每年一次 (b)每次使用前
高压灭菌器	(a)检查衬垫，清洁/排空内室 (b)全面检修 (c)压力容器的安全检查	(a)按生产商推荐频率有规律进行 (b)每年一次或按生产商推荐进行 (c)每年
生物安全柜/超净工作台	全面检修和机械检查	每年一次或按生产者推荐频率进行
显微镜	全面维修保养	每年一次
pH 计	清洁电极	每次使用前
天平，重量稀释机	(a)清洁 (b)检修	(a)每次使用前 (b)每年一次
蒸馏锅	清洁和除垢	必要时(如每 3 个月一次)
去离子机和逆转渗透装置	更换柱体/滤膜	按生产者推荐频率进行
厌氧罐	清洁/消毒	每次使用后
培养基分装器、定容设备、移液管和一般性辅助设备	适当时，去污染、清洁和灭菌	每次使用前
螺旋菌落接种仪	(a)检修 (b)去污染、清洁和灭菌	(a)每年一次 (b)每次使用前
实验室	(a)清洁和消毒工作区表面 (b)清洁地板，消毒洗涤槽 (c)清洁和消毒其他表面	(a)每个工作日一次以及使用期间 (b)每周一次 (c)每三个月一次

另外，若设备出现过载或错误操作，或检测结果可疑，或设备缺陷，都应立即停用。若有可能，不正常设备应放在指定地方，直至维修并经校准、确认和验证其性能符合要求后方可恢复使用。

【思考题】

1. 从企业的角度考虑，食品微生物检验室的建设应该重点考虑哪些核心问题。

2. 食品微生物检验室和理化实验室的区别和共同点在哪里，如何建立一个复合型的理化微生物检验室。

任务二　食品微生物检验室的质量管理

【学习目标】

- 了解食品微生物检验室的质量管理体系。
- 可进行食品微生物检验室的内部审核和管理评审。
- 可进行食品微生物检验室的文件管理。
- 可进行食品微生物检验室的记录管理。
- 可进行食品微生物检验室的样品管理。

【理论前导】

食品微生物检验室的建立、运转必须依靠一整套完善的管理制度加以支撑，应将其政策、制度、计划、程序和指导书制订成文件，传达至有关人员，并被其理解、获取和执行，这一过程称为食品微生物检验室的质量管理。任务一重点介绍了关于检验室建设、环境、人员、设备、器具、药品等技术要求，而任务二重点介绍管理要求、过程控制等方面的内容。

一、食品微生物检验室的质量管理体系

质量管理体系是实施质量管理所必需的组织结构、程序、过程和资源。实施质量管理必须首先得到检验室主管的承诺，形成指导原则和实施宗旨，即质量方针；需要相应的一套程序来支持质量方针、目标和指标的实现，并制订质量管理方案。为保证体系的适用性和有效性，应设立监测和控制机制，配置一定的人财物，并通过审核与评审促进体系的进一步完善和改进。

二、食品微生物检验室质量体系文件

典型的质量体系文件包括四个层次：质量手册、程序文件、标准操作手册和质量记录。

质量手册是描述质量体系的纲领性文件，提出对过程和活动的管理要求，其内容包括：说明检验室总的质量方针以及质量体系中全部活动的政策，规定和描述质量体系，规定对质量体系有影响的管理人员的职责和权限；明确质量体系中各种活动的行动准则、具体程序、质量目标和质量方针，见表 4-17。

表 4-17　××食品微生物检验室质量手册目录

目　录	
前言	WDR1-4-101
授权令	WDR1-4-102
发布令	WDR1-4-103

续表

公正声明	WDR1-4-104
质量方针声明	WDR1-4-105
质量手册使用说明	WDR1-4-106
质量手册适用范围	WDR1-4-107
引用文件	WDR1-4-108
定义和术语	WDR1-4-109
管理要求	
组织	WDR1-4-110
管理体系	WDR1-4-111
文件控制	WDR1-4-112
要求、标书和合同的评审	WDR1-4-113
检测的分包	WDR1-4-114
服务和供应品的采购	WDR1-4-115
服务客户	WDR1-4-116
投诉	WDR1-4-117
不符合检测工作的控制	WDR1-4-118
改进	WDR1-4-119
纠正措施	WDR1-4-120
预防措施	WDR1-4-121
记录的控制	WDR1-4-122
内部审核	WDR1-4-123
管理评审	WDR1-4-124
技术要求	
总则	WDR1-4-125
人员	WDR1-4-126
设施和环境条件	WDR1-4-127
检测方法及方法的确认	WDR1-4-128
设备	WDR1-4-129
测量溯源性	WDR1-4-130
抽样	WDR1-4-131
检测物品的处置	WDR1-4-132
检测结果的质量保证	WDR1-4-133
结果报告	WDR1-4-134
附录目录	
质量体系运行示意图	WDR1-4-135
质量体系岗位职能分配表	WDR1-4-136
检测中心组织机构和管理体系岗位设置图	WDR1-4-137
在用检测方法一览表	WDR1-4-138
检测中心平面图	WDR1-4-139
质量手册修订状态一览表	WDR1-4-140
检测中心工作人员一览表	WDR1-4-141
关键技术岗位人员一览表	WDR1-4-142
关键管理人员代理人委派一览表	WDR1-4-143
授权签字人员一览表	WDR1-4-144
分包检验室一览表	WDR1-4-145
管理和关键支持岗位人员一览表	WDR1-4-146
检测中心组织机构框图	WDR1-4-1477

程序文件是针对质量手册所提出的管理与控制要求，规定如何达到这些要求的具体实施办法。程序文件为完成质量体系中所有主要活动提供了方法和指导，分配具体的职责和权限，包括管理、执行、验证活动。程序文件规定质量活动的目的和范围，明确做什么，谁来做，何时、何地以及如何做。标准操作程序是表述程序文件中每一步更详细的操作方法，指导员工执行具体的工作任务，见表 4-18。

标准操作手册和程序文件的区别在于，标准操作手册仅仅涉及一项独立的具体任务，而程序文件涉及质量体系中某个过程的整个活动，见表 4-19。

表 4-18　××食品微生物检验室程序文件目录

程序文件目录	
《岗位责任制管理程序》	WDR2-4-101A
《客户机密与专有权保护程序》	WDR2-4-101B
《公正行为控制程序》	WDR2-4-101C
《文件控制程序》	WDR2-4-102A
《合同评审程序》	WDR2-4-103A
《检测分包控制程序》	WDR2-4-104A
《合格供应商评价程序》	WDR2-4-105A
《试剂和易耗品管理程序》	WDR2-4-105B
《服务与供应品的采购程序》	WDR2-4-105C
《服务客户程序》	WDR2-4-106A
《投诉处理程序》	WDR2-4-107A
《不符合检测工作控制程序》	WDR2-4-108A
《纠正措施程序》	WDR2-4-109A
《预防措施程序》	WDR2-4-110A
《记录控制程序》	WDR2-4-111A
《内部审核程序》	WDR2-4-112A
《管理评审程序》	WDR2-4-113A
《人员培训程序》	WDR2-4-114A
《内务管理程序》	WDR2-4-115A
《检测方法确认程序》	WDR2-4-116A
《数据控制程序》	WDR2-4-116B
《检测方法管理程序》	WDR2-4-116C
《测量不确定度评估程序》	WDR2-4-116D
《仪器设备管理程序》	WDR2-4-117A
《测量溯源性控制程序》	WDR2-4-118A
《取样与样品管理程序》	WDR2-4-119A
《检测结果质量控制程序》	WDR2-4-120A
《报告管理程序》	WDR2-4-121A
《改进管理程序》	WDR2-4-122A

表 4-19　××食品微生物检验室标准操作手册目录

标准操作手册目录	
微生物学检验岗位工作规范	WDR3-4-110A
理化检验岗位工作规范	WDR3-4-110B
检验室工作要求	WDR3-4-110C
检验室测试过程控制规范	WDR3-4-111A
文件编码规则	WDR3-4-112A
记录保存期限一览表	WDR3-4-121A
检验室关键技术岗位工作描述	WDR3-4-126A
授权书	WDR3-4-126B
检验室设施与环境控制规定	WDR3-4-127A
检验室卫生与安全管理规定	WDR3-4-127B
检验室安全测试和人员健康保护规定	WDR3-4-127C
检验废弃物处理规则	WDR3-4-127D
生物显微镜安全、操作、维护规程	WDR3-4-129A
LRH 系列生化培养箱安全、操作、维护规程	WDR3-4-129B
LRH-250A 型生化培养箱安全、操作、维护规程	WDR3-4-129C
电热恒温培养箱安全、操作、维护规程	WDR3-4-129D
JY 系列上皿式电子天平安全、操作、维护规程(1)	WDR3-4-129E
JY 型电子天平安全、操作、维护规程(2)	WDR3-4-129F
均质器安全、操作、维护规程	WDR3-4-129G
电热恒温水浴箱安全、操作、维护规程	WDR3-4-129H
全自动蒸馏水发生器安全、操作、维护规程	WDR3-4-129I
温度指示控制仪安全、操作、维护规程	WDR3-4-129J
立式自动压力蒸汽灭菌器安全、操作、维护规程	WDR3-4-129K
菌落计数器安全、操作、维护规程	WDR3-4-129L
高温灭菌箱安全、操作、维护规程	WDR3-4-129M
可见分光光度计安全、操作、维护规程	WDR3-4-129N
液相色谱(HPLC)操作规程	WDR3-4-129O
气质联用色谱仪操作规程	WDR3-4-129P
玻璃器具量值溯源图	WDR3-4-130A
仪器设备量值溯源图	WDR3-4-130B
取样计划	WDR3-4-131C

为了确保质量体系有效运行，需要设计一些实用的表格和给出活动结果的报告，这些表格在使用之后连同报告，就形成质量记录，作为质量体系运行的证据，见表 4-20。

表 4-20　××食品微生物检验室质量管理记录

序号	文件名称	文件编号	序号	文件名称	文件编号
1	检验室原始记录	WHHDSPJT/QM04-01	15	药品试剂、标准物质登记台账	WHHDSPJT/QM04-15
2	表面样品检验记录	WHHDSPJT/QM04-02	16	药品试剂、标准物质领用登记表	WHHDSPJT/QM04-16
3	水质微生物检验原始记录	WHHDSPJT/QM04-03	17	玻璃器皿校验记录	WHHDSPJT/QM04-17
4	水质余氯原始记录	WHHDSPJT/QM04-04	18	检验室器皿入库记录	WHHDSPJT/QM04-18
5	水质检测记录	WHHDSPJT/QM04-05	19	检验室器皿出库记录	WHHDSPJT/QM04-19
6	细菌检查报告	WHHDSPJT/QM04-06	20	检验室器皿损毁记录	WHHDSPJT/QM04-20
7	贝类毒素原始记录	WHHDSPJT/QM04-07	21	检验室下班后确认事宜	WHHDSPJT/QM04-21
8	贝类毒素检验报告单	WHHDSPJT/QM04-08	22	冰检测记录	WHHDSPJT/QM04-22
9	统计技术分析报告	WHHDSPJT/QM04-09	23	发文签收表	WHHDSPJT/QM04-23
10	培养基配制记录	WHHDSPJT/QM04-10	24	采用非标准检验方法申请表	WHHDSPJT/QM04-24
11	微生物检验委托书	WHHDSPJT/QM04-11	25	样品管理登记表	WHHDSPJT/QM04-25
12	理化检验委托书	WHHDSPJT/QM04-12	26	工作人员不良行为处理记录	WHHDSPJT/QM04-26
13	仪器设备使用记录	WHHDSPJT/QM04-13	27	征求意见表	WHHDSPJT/QM04-27
14	药品试剂、标准物质验收入库记录	WHHDSPJT/QM04-14	28	征求意见表发放和回收记录	WHHDSPJT/QM04-28

续表

序号	文件名称	文件编号	序号	文件名称	文件编号
29	人员培训签到、考核记录	WHHDSPJT/QM04-29	63	非标/自制方法验证报告	WHHDSPJT/QM04-63
30	纠正措施实施计划	WHHDSPJT/QM04-30	64	测量不确定度评估报告	WHHDSPJT/QM04-64
31	纠正措施报告	WHHDSPJT/QM04-31	65	检测方法查新纪录	WHHDSPJT/QM04-65
32	纠正措施验证报告	WHHDSPJT/QM04-32	66	年度质量体系审核计划	WHHDSPJT/QM04-66
33	检验室年度人员培训计划	WHHDSPJT/QM04-33	67	检测结果质量控制记录	WHHDSPJT/QM04-67
34	检验步骤操作记录(微生物)	WHHDSPJT/QM04-34	68	客户档案	WHHDSPJT/QM04-68
35	检测方法确认报告	WHHDSPJT/QM04-35	69	内部校准记录	WHHDSPJT/QM04-69
36	食品检验报告(微生物)	WHHDSPJT/QM04-36	70	检测结果质量控制计划	WHHDSPJT/QM04-70
37	食品检验报告(理化)	WHHDSPJT/QM04-37	71	取样计划	WHHDSPJT/QM04-71
38	会议记录	WHHDSPJT/QM04-38	72	取样记录	WHHDSPJT/QM04-72
39	文件和资料更改记录	WHHDSPJT/QM04-39	73	检验室设施与环境检查及处理记录	WHHDSPJT/QM04-73
40	档案保存记录	WHHDSPJT/QM04-40			
41	文件和资料借阅登记表	WHHDSPJT/QM04-41	74	分包检验室情况调查表	WHHDSPJT/QM04-74
42	档案借阅记录	WHHDSPJT/QM04-42	75	管理评审计划	WHHDSPJT/QM04-75
43	人员档案	WHHDSPJT/QM04-43	76	管理评审会议记录	WHHDSPJT/QM04-76
44	客户投诉及处理记录	WHHDSPJT/QM04-44	77	管理评审报告	WHHDSPJT/QM04-77
45	文件和资料发放审批单	WHHDSPJT/QM04-45	78	内部审核实施计划	WHHDSPJT/QM04-78
46	不符合检测工作记录	WHHDSPJT/QM04-46	79	合同评审记录	WHHDSPJT/QM04-79
47	小型器具、仪器设备验收记录	WHHDSPJT/QM04-47	80	分包检验室跟踪评价表	WHHDSPJT/QM04-80
48	采购计划单	WHHDSPJT/QM04-48	81	分包通知书	WHHDSPJT/QM04-81
49	仪器操作人员考核记录	WHHDSPJT/QM04-49	82	检验报告修改记录	WHHDSPJT/QM04-82
50	仪器设备档案	WHHDSPJT/QM04-50	83	对合同人员和技术关键人员的监督计划	WHHDSPJT/QM04-83
51	样品处理申请表	WHHDSPJT/QM04-51			
52	年度计量计划、状况表	WHHDSPJT/QM04-52	84	合同人员年度考核登记表	WHHDSPJT/QM04-84
53	标准溶液标定记录	WHHDSPJT/QM04-53	85	受控文件和资料一览表	WHHDSPJT/QM04-85
54	内部核查表	WHHDSPJT/QM04-54	86	文件和资料发放登记表	WHHDSPJT/QM04-86
55	内部审核报告	WHHDSPJT/QM04-55	87	文件和资料销毁登记表	WHHDSPJT/QM04-87
56	合格供应商调查/复审表	WHHDSPJT/QM04-56	88	文件和资料更改申请单	WHHDSPJT/QM04-88
57	人员培训计划审批表	WHHDSPJT/QM04-57	89	文件和资料更改通知单	WHHDSPJT/QM04-89
58	不符合项/观察项报告	WHHDSPJT/QM04-58	90	年度人员培训有效性评价记录	WHHDSPJT/QM04-90
59	预防措施实施计划	WHHDSPJT/QM04-59	91	质量控制计划实施有效性评价记录	WHHDSPJT/QM04-91
60	预防措施报告	WHHDSPJT/QM04-60			
61	预防措施验证报告	WHHDSPJT/QM04-61	92	期间核查计划	WHHDSPJT/QM04-92
62	管理评审报告分发登记表	WHHDSPJT/QM04-62	93	期间核查记录	WHHDSPJT/QM04-93

三、食品微生物检验室内部审核

在企业微生物检验室运行中，设计了相关环节的操作规范，为了掌握管理规范的运行情况，质量负责人应该定期或不定期地进行内部审核，确保管理体系运行的符合性和有效性。

内部审核每年进行一次，审核的依据是管理体系文件及有关的质量管理标准。质量负责人在每年的一月份制订书面的年度内部审核工作计划，内容一般包括：①审核的目的和范围；②审核的对象和要求；③审核的时间安排；④如何成立审核组；⑤审核后采取的纠正和预防措施，各岗位的职责及如何进行跟踪检查。

（一）审核的准备

由质量负责人担任审核组组长，由审核组组长根据审核工作计划，邀请经过培训且具有审核员资格的人员组成审核组，并进行适当的分工，尽量保证审核是由与被审核对象无直接关系的人员进行。由审核组组长组织审核组成员制订审核专用文件，包括：①审核计划。②审核检查表。③不合格项报告表。④纠正和预防措施检查表。审核计划由审核组组长提前一周通知被审核部门，受审部门接到审核通知后，如果对审核日期或审核的主要项目有异议，可在两天之内报告审核组，经协商可再行安排；如无异议，受审部门要做好必要的准备工作。

（二）审核的实施

审核的实施由质量负责人按照审核计划进行。审核采用现场审核方式，通过交谈、查阅文件、检查现场等收集证据，对发现的不符合项进行记录。

（三）审核报告

审核结束由审核组组长召集审核组成员召开总结会，由审核组组长或其授权的审核成员拟制审核报告，会审后签字，报送检验室主任。审核报告经主任批准后，发放给各有关受审岗位。

表 4-21～表 4-24 为食品微生物检验室内审工作程序，供参考。

表 4-21　××食品微生物检验室年度质量体系内审计划

1. 目的

查明本检验室质量活动是否按质量体系各要素的要求运作，确保本检验室质量活动与质量体系的符合性、有效性和达标性。

2. 范围

涉及管理体系的全部要素。

3. 依据

《实验室资质认定评审准则》，质量体系文件，有关法律、法规或标准。

4. 审核组成员

组长：　　　　组员：

5. 审核计划

拟评审部门：微生物室　　　　拟评审时间：2009 年 11 月

拟评审内容：涉及管理体系的全部要素　　　　拟评审范围：微生物室所有岗位

表 4-22　××食品微生物检验室年度质量体系内审实施计划

1. 目的

查明本检验室质量活动是否按质量体系各要素的要求运作，确保本检验室质量活动与管理体系的符合性、有效性和达标性。

2. 审核部门

微生物室。

3. 审核内容

涉及管理体系的全部要素。

4. 依据

《实验室资质认定评审准则》，质量体系文件，有关法律、法规或标准。

5. 审核组成员

组长：　　　　组员：

6. 审核日程安排

日期	时间	评审活动内容
11 月 21 日	8:30～9:00	首次会议
	9:00～12:00	组织、管理体系、文件控制、合同评审、检测分包、服务和供应品采购
	12:00～13:30	午餐、休息
	13:30～17:00	服务客户、投诉、不符合检测工作的控制、记录的控制
	17:00～17:30	评审组内部会议
11 月 22 日	9:00～12:00	人员、设施和环境条件、检测方法及方法的确认、设备、测量溯源性
	12:00～13:30	午餐、休息
	13:30～17:00	抽样、检测物品的处置、检测结果质量的保证、结果报告
	17:00～17:30	末次会议

表 4-23 ××食品微生物检验室年度质量体系内审报告

<table>
<tr><td colspan="2">目的：查明本检验室质量活动是否按质量体系各要素的要求运作，确保本检验室质量活动与质量体系的符合性、有效性和达标性。</td></tr>
<tr><td colspan="2">依据：《实验室资质认定评审准则》，质量体系文件，有关法律、法规或标准。</td></tr>
<tr><td>审核组长：</td><td>审核员：</td></tr>
<tr><td colspan="2">审核概况：
2009 年 11 月 21 日～11 月 22 日，经上级同意组成的评审小组，对中心检验室微生物室质量体系所涉及的各要素进行了认真的现场审核，通过现场观察、交谈、查阅记录等形式收集客观证据。历时两天紧张的工作，共发现四个不符合项。审核员分别写出了《不符合项报告》，对产生不符合项的要素及时分析原因，制订纠正和预防措施并限期改进。内审员在规定的期限内跟踪审核，于 2009 年 11 月 21 日～11 月 22 日对纠正措施进行验证，证实其已按规定时限整改，落实到位。
本次审核引起了领导和检验室工作人员的高度重视，进一步完善检验室管理工作程序，体现了管理体系文件的有效性，促使检验室的工作持续、有效、不断地改进。</td></tr>
<tr><td colspan="2">审核结论：
针对审核过程中发现的问题都在规定时限内进行了改进，并且经确认纠正措施有效，整个质量体系的规定与实际比较符合，确保了本检验室质量活动与质量体系的符合性、有效性和达标性。详见纠正措施报告及纠正措施验证报告。</td></tr>
<tr><td colspan="2">主任审阅意见：
继续努力，保持管理体系正常运转。
主任：　　　　日期：</td></tr>
<tr><td colspan="2">签收人：</td></tr>
</table>

表 4-24 ××食品微生物检验室年度质量体系内审不符合项报告

<table>
<tr><td>被审核项目：</td><td>人员：</td><td>审核日期：2009 年 11 月 21 日</td></tr>
<tr><td colspan="3">依据：
□CNAL/AC01：2005《检测和校准实验室认可准则》
□质量体系文件
□有关法律、法规或标准</td></tr>
<tr><td colspan="3">审核员：</td></tr>
<tr><td colspan="3">不符合项描述：
经查有培训记录但无考核成绩。
不符合人员培训程序中培训考核“每次培训都要对培训人员进行考核（外部培训除外，但必须要有资格证书），对考核不合格的人员要重新培训”的规定。
审核员签名：　审核组长签名：　被审核方代表签名：</td></tr>
<tr><td colspan="3">原因分析：
工作疏忽，在培训记录中只填写了培训情况，未写成绩。
被审核方代表签名：　　年　月　日</td></tr>
<tr><td colspan="3">纠正措施：　　限期整改时间：2009 年 11 月 22 日
(1)立即填写考核成绩；
(2)认真学习人员培训程序。
被审核方代表签名：　　年　月　日</td></tr>
<tr><td colspan="3">纠正措施跟踪情况：
□已纠正，满意。
□部分纠正，但未满足要求，继续跟踪。
□没纠正，不满意，重新纠正。
审核组长签名：　　年　月　日</td></tr>
</table>

（四）纠正和预防措施管理

受审部门在收到审核报告后，应对本岗位存在的不符合项，立即制订纠正和预防措施，报告质量负责人和检验室主任，经主任批准后，由各岗位负责人组织实施。质量负责人组织对纠正和预防措施实施的有效性进行跟踪检查，并记录检查结果，直到确认不符合项已解决为止。

表 4-25、表 4-26 为某食品微生物检验室典型的纠错和预防措施，供参考。

表 4-25 ××食品微生物检验室纠正措施

1. 目的
针对已出现的不合格工作或质量体系、技术操作中出现偏离体系要求和程序的情况，采取有效的纠正措施，消除并防止其再次发生。
2. 适用范围
适用于对检测中心所出现的不合格检测工作或在质量体系、技术操作中出现的偏离采取的纠正措施的控制。
3. 职责
(1)质量负责人负责制订纠正措施实施计划和负责实施结果的监控。
(2)质量负责人负责问题的原因分析和调查。
(3)质量、技术负责人分别负责质量、技术方面纠正措施的实施。
(4)各岗位检测人员负责本岗位范围内一般问题的原因分析及纠正措施的选择和实施。
4. 控制程序
(1)纠正措施的选择和实施
①质量负责人要根据原因分析的结果，选择和制订纠正措施实施计划。在制订计划时应考虑以下方面。
a. 问题的严重程度。
b. 对体系其他要素或其他部门的影响。
c. 采取措施所需的资源和时间。
d. 能从根本上消除产生问题的原因，解决问题并防止同类问题的再次发生。
e. 如何验证措施的有效性。
f. 如何确定进行附加审核的必要性。
g. 对于有效的纠正措施要立即执行并修改体系文件。
②质量或技术负责人根据《纠正措施实施计划》负责所辖区域纠正措施的实施，并填写《纠正措施报告》。
(2)纠正措施的监控
在采取纠正措施的过程中，质量负责人要对纠正措施的结果进行监控，以保证所采取纠正措施的有效性。
①在纠正措施完成后的一个月内，质量负责人要组织对所采取的纠正措施进行验证。
②如果经验证认为纠正措施无效，则需再次采取纠正措施。
③对经验证认为有效的纠正措施，如需对质量体系文件和技术操作文件进行修改时，质量负责人报请中心主任，并按《文件控制程序》组织相关人员进行更改。
(3)记录
纠正措施的实施者负责每次纠正措施实施过程中的有关记录的填写和整理。文件和资料管理员要按《记录控制程序》负责记录的归档。

表 4-26 ××食品微生物检验室预防措施

1. 目的
通过对预防措施计划的制订和实施进行控制，确保预防措施的有效性，以减少不合格检测工作出现的可能性。
2. 适用范围
本程序适用于为了消除潜在的不合格原因，减少不合格出现的可能性所采用的预防措施。
3. 职责
(1)操作程序评审活动和各项数据分析活动责任人负责确定该项工作是否存在潜在的不合格原因。
(2)质量负责人负责组织潜在的不合格原因分析，预防措施实施计划的制订，并负责所有预防措施实施情况的监督和评价。
(3)各岗位人员负责本岗位范围内预防措施实施计划的实施。
4. 控制程序
(1)预防措施实施计划的制订
质量负责人负责组织有关人员根据潜在的不合格原因的分析结果制订预防措施，其中要考虑到以下几点。
①潜在不合格原因的严重程度。
②对体系其他要素或其他部门的影响。
③采取措施所需的资源和时间。
④制订潜在原因的预防措施。
⑤负责实施的责任人员和岗位。
⑥控制措施的效果。
⑦完成的时限。
⑧对于有效的预防措施，要利用好改进的机会。
(2)预防措施的实施
计划中指定的责任人要根据《预防措施实施计划》负责预防措施的实施，并填写《预防措施报告》。质量负责人负责有关质量体系方面预防措施的实施和有关质量活动方面预防措施的实施；技术负责人负责有关技术方面预防措施的实施。

续表

(3)预防措施的监控 ①在采取预防措施的过程中，质量负责人要对预防措施实施的效果进行监控，以保证所采取预防措施的有效性。在预防措施完成后的一个月内，质量负责人要对所采取的预防措施进行验证。 ②对经验证变为有效的预防措施，要利用改进的机会，对质量体系或技术操作程序进行改进。质量负责人按《文件控制程序》组织相关人员对体系文件或操作程序进行更改。 (4)记录 实施预防措施的责任人员负责每次预防措施实施过程中有关记录的填写和整理。文件和资料管理员要按《记录控制程序》负责记录的归档。

四、食品微生物检验室管理评审

管理评审的目的是对现行管理体系的持续适宜性和总体有效性进行全面的系统的检查和评价，为不断地改进管理体系提出依据。确保管理体系持续有效地满足有关标准的要求，保证质量方针和质量目标始终适应业务工作发展的需要。

管理评审一般每年进行一次，安排在每年定期的内部审核后进行。检验室主任负责管理评审工作的计划、组织与实施，担任管理评审组组长。质量负责人、技术负责人、各岗位负责人及有关人员（可以是外聘专家）参与并协助检验室主任开展管理评审工作。

（一）管理评审的程序

先制订管理评审工作计划，明确评审组成员构成及分工、评审的方式、评审的时间安排等；评审员按照评审组长的要求及评审计划实施对各个管理环节的评审；实施评审过程中各评审员应遵循全面、认真、细致、公正、客观的原则，做好评审记录；评审结束后，由评审组长主持召开评审情况汇总会，并形成管理评审报告，通过后由评审员签字；管理评审报告的分发范围由检验室主任决定。

（二）管理评审的结果

评审中发现的问题，由各岗位负责人组织有关人员提出纠正和预防措施，并经质量负责人或技术负责人审核同意报检验室主任批准后，由各岗位负责人按规定的时间表组织实施；质量负责人负责纠正和预防措施实施有效性的监督检查。

表 4-27、表 4-28 为某食品微生物检验室管理评审案例，供参考。

表 4-27 ××食品微生物检验室年度质量体系管理评审计划

1. 目的 确保检验室质量体系、质量方针、目标及检测活动持续有效地运行，保证检验室质量方针和目标的实现，改进质量体系。 2. 依据 《管理评审程序》和质量体系中所涉及的其他管理评审文件。 3. 范围 质量体系、质量方针、目标及检测活动。 4. 参加人员 检验室主任、副主任、质量负责人、各技术负责人。 5. 评审时间 6. 评审内容 (1)管理评审的输入 ①质量管理体系运行状况(质量方针和质量目标的适宜性和有效性)。 ②监督人员报告。 ③近期内部审核的结果，内部审核报告。 ④改进、纠正措施的状况。 ⑤检验室间比对结果。 ⑥质量控制活动、资源配置和人员培训情况。 ⑦工作量和工作类型的变化。 ⑧改进的建议。 (2)评审输出 ①质量管理体系及其过程的改进。 ②与要求有关工作的改进，对现有工作符合要求的评价。 ③资源配置和人员培训需求。

表 4-28　××食品微生物检验室年度质量体系管理评审报告

评审主持人	评审时间、地点
参加人员	检验室主任、副主任、质量负责人、各技术负责人
评审概况 评审内容	①明确质量体系的现状； ②分析质量体系的有效性和适宜性； ③对重要的纠正和预防措施还要在评审会议上进行审核，审核前期对质量体系的修改是否恰当，并批准修改和补充的文件
评审结论	①检验室的质量方针是适宜的，检验室的质量目标中两项目标是适宜的，客户对检验室检验工作的满意率为90%以上； ②检验室质量体系文件是充分的，使工作人员对于质量体系的执行有了进一步认识，同时为执行质量体系提供依据； ③质量体系的运行是有效的，开展的日常管理工作能紧紧围绕质量体系的要求正常运作，检验室的管理有序、有效； ④通过管理体系的运转，使全体工作人员对质量目标和质量方针有了一定的认识和理解，工作人员对顾客满意的意识有所提高； ⑤在本年度的内部审核中开出的8份不符合报告，均得到了整改，且纠正措施经验证有效，本年度未发生重大质量事故及客户投诉现象； ⑥培训工作进一步加强，确保上岗人员能力都能满足岗位的要求； ⑦证明质量方针和目标对质量管理体系是适宜的、充分的、有效的

五、食品微生物检验室文件管理

检验室的文件包括方针声明、程序、技术规范、记录表格、图表、教科书、广告、通告、备忘录、软件、图纸、计划等；媒体可以是纸张、磁盘、光盘或其他电子媒体、照片或标准样品，或是它们的组合。

文件管理是指对文件的编制、编号、评审、批准、发放、使用、更改、标识、回收和作废等过程活动的管理。检验室必须制订书面程序对上述活动作出明确规定。

（一）总体要求

食品微生物检验室应建立并实施文件控制程序。文件程序应保证使构成其管理体系的所有文件（包括外来文件）得到控制，文件控制需覆盖每个文件自发布至作废的整个时期，这些受控文件可以以任何适当的媒介保存，不限定为纸张，并且检验室应对这些受控文件的保管期限作出规定。检验室对需要控制的文件大致可以分为四类：①检验室编制的管理体系文件。主要包括质量方针和目标、程序文件及作业文件，如检验室操作规程、内部测试程序、关键仪器设备使用维护程序、设备内校程序等。这些文件是检验室开展日常检测工作、实施持续改进活动或过程和用于第三方认证的必备文件。②与日常工作密切相关的技术性文件。主要是检验室在产品检测过程中所必须执行的国际标准、国家标准、行业标准、企业标准及客户提供的检测方法等。它们是检验室进行质量控制和满足客户要求的依据。③外来文件，如上级来文、法律法规文件、采购供应相关文件等。对于此类文件，应编制文件清单，按类别进行归档管理。④记录文件。由于记录的表格是一种特殊类型的文件，一旦填写完毕即成为提供所完成活动的证据，不允许进行更改或更新。它不仅具有证明检测过程是否符合体系要求及体系是否处于有效运行状态的作用，而且还具有追溯、验证和依据记录采取纠正和预防措施的作用，因此对此类文件更应该进行严格控制。

（二）文件控制程序的实施

在管理体系控制范围之内的所有文件（包括外来文件）在发布之前，必须经过授权人员审查并批准，以确保文件是充分的和适宜的。外来文件的批准不是对文件内容的批准，而是对文件适用性的批准。如在引入检测方法前，检验室应证实检验人员能够正确地运用该方法，如果方法发生变化，应重新验证。

建立识别管理体系文件的范围、当前有效性、现行修改状态和分发情况的总目录或等效的文件控制程序，包括：①建立受控文件目录清单，包括注明文件当前的修订状态。②建立受控文件发放/回收记录。目的是便于查阅，避免使用失效或作废的文件。

此外，对于文件的管理还应设计文件有效版本（国家标准）、修订、失效、作废等方面的问题，在此不一一解释，下面介绍一个企业文件管理的案例（表4-29）。

表4-29 ××食品微生物检验室文件管理

1. 目的

通过对文件的控制，保证受控文件版本的现行有效性，并确保检测中心所有人员均能及时获得和使用受控版本的文件。

2. 适用范围

适用于检测中心所有已批准发布的受控文件的控制。

3. 职责

文件和资料管理员负责建立《受控文件和资料一览表》，负责受控文件的登记、标识、发放、回收、保管和处理。

4. 控制程序

(1)受控文件的定义

①内部文件

a. 质量手册：指按《检测和校准实验室认可准则》各要素要求编制的管理和技术要求文件，是质量体系的一级文件。

b. 程序文件：指质量手册的支持性文件，是质量体系的二级文件。

c. 操作指导书：指质量手册和程序文件的支持性文件，是质量体系的三级文件。包括检验室各项质量/技术活动的规定、操作规程、行为规范等文件。

d. 计划文件：指用于实施质量和技术活动的计划性文件，受控期限与活动的期间相一致。

检验室自制方法：指检验室内部编制发布的检测方法。

e. 质量和技术记录(包括原始检验记录)：指质量手册、程序文件、操作指导书引用的质量和技术活动的记录格式文件，也是一项活动的规范文件。

②外部文件指来自于检验室外部对检验室质量和技术活动有影响或有指导性、指令性作用的文件。

a. 检验室认可机构文件：指检验室质量体系运行所依据的文件或对检验室质量体系有规范性和指导性作用的文件。

b. 法律、法令、法规：指与检验室各项活动或过程结果相关的有关法律性、规范性、强制性执行的文件。

c. 上级指令性文件：指与检验室质量体系管理或检测活动相关、起指导或指令性作用的上级部门发布的文件，有些指令性文件可能是客户间接提供的。

d. 检测标准方法：指现行有效的国际或国家发布的标准方法。

e. 客户提供文件：指在合同中规定的由客户提供的文件，包括检测方法、资料或图纸等。

f. 非标准方法：指来自于外部检验室、设备生产厂家、各种专业团体等部门的、未经国际或国家发布的检测方法。

(2)文件的标识

①发放前的标识

a. 对发放至检测中心内部人员使用的文件加盖“受控”印章；

b. 对发给检测中心外部有关部门和人员的参考用文件加盖“非受控”印章。

②回收后的标识

a. 对经修改/换版的体系文件或过期作废的技术类和指导性文件，加盖“失效作废”印章。

b. 对供检测人员参考用的文件或资料，加盖“资料留存”印章。

(3)文件的登记和发放

已批准发布的文件由文件和资料管理员根据《文件和资料发放记录》，确定发放范围，进行文件受控标识，然后向指定的区域和人员发放。受控文件应实施唯一性标识，标识包括：文件编码、批准发布日期、修改次数、页码和发布人等。

(4)文件的更改及回收

①除非主任另有特别指定，一般情况下，文件的更改应经原审查人员批准。审批时应获取修订、审批所依据的有关背景资料。本中心受控文件除原始记录与质量活动和技术活动记录允许采用手写更改外，其他不允许用手写更改。其修改之处应有清晰的标注、签名并注明日期。

②由文件和资料管理员按《文件和资料回收登记表》对文件进行回收，并填写《文件和资料更改申请表》，中心主任审批后，由原编写人员更改，更改的内容由文件和资料管理员填写《文件和资料更改通知单》，经中心主任审批签字后，递交给原编写人员实施更改。回收后，文件标识“失效作废”，注明作废日期。

③技术负责人每年至少组织一次检测标准方法适用性和有效性的审核，经审核已过期失效的文件，由检测中心主任通知文件和资料管理员及时撤档统一销毁并补充有效版本。

④客户提供的方法、资料及与检测有关的文件，属阶段性受控文件，过期失效后应及时撤档。

⑤非受控文件修改/换版或过期失效后，均不进行回收。

续表

(5)文件的保管和处理 ①检测中心人员必须妥善保管所领用的文件,不得外借,若有遗失应立即通知文件和资料管理员,经授权批准后方可补发。 ②作为资料保存的文件,要加盖"资料留存"标识,由文件和资料管理员负责保管。 ③除"资料留存"外的失效作废文件,应及时撤出使用场所,以防止工作人员误用。 (6)管理体系文件出现下述情况时须换版。 ①编制体系文件的依据进行了重大修改。 ②承检商品发生重大改变。 ③管理体系发生重大变化。 ④一次性修改文字超过原文的1/4。 ⑤质量记录表格每次修改均须换页。 (7)外来技术文件等同本中心文件管理,除非法规、上级或合同另有规定。 (8)文件和资料的借阅,须经中心主任批准,由借阅人填写《文件和资料借阅登记表》,办理借阅手续,用毕归还,一般情况下不得复印,确需复印的,应报请中心主任批准,非本中心人员未经中心主任批准不得查阅本中心资料。

六、食品微生物检验室记录管理

(一)记录

记录是阐明所取得的结果或提供所完成的活动证据的一种文件。应对"已完成的活动"从开始到结束全过程的运作进行记录;或对"达到的结果"从初始启动条件到结果产生全过程的操作进行记录,以证实活动的规范、结果的可靠。记录是对整个活动追溯的唯一证据。

1. 质量记录

质量记录包括内部审核、管理评审、纠正和预防措施、人员培训教育考核、采购活动评价等质量管理体系的相关记录。质量记录是管理体系文件的组成部分,任何质量活动均会产生质量记录,因此质量记录的确立、编制和管理对管理体系的运行会产生重大影响。

2. 技术记录

技术记录包括原始观察记录、导出资料、进行审核跟踪的信息、校准记录、人员记录、设备使用记录、仪器校准证书、检测质量控制活动记录、签发的每份检测报告的副本等。

(二)数据

数据作为论据的事实、讨论的材料(资料),既可以是文字、数字或其他符号,也可以是图像、声音或味道。数据也可以是由感觉器官接受并感觉到的一组数量、行动和目标的非随机的可鉴别的符号。

(三)记录的控制

1. 总体要求

食品微生物检验室应建立记录的控制程序,以规定记录的标识(颜色、编号等),采集(包括两类记录),检索(编目、索引要求),查取(查阅规定),存放(保存期、环境要求),维护(保管要求),安全处理(最终如何销毁)。

2. 记录填写要求

所有记录必须按照管理体系文件中受控的记录格式填写。记录填写必须符合规范的要求,应真实、完整、准确、清晰。检测原始记录应完整地记录标准、规程方法中规定的信息,包括样品名称、编号,检测项目、日期,受检样品的数量、状况,测试依据(必须有年代号),所用标准物质的名称及编号,原始数据、导出数据和检测结果等。还应包括检测和结果复核人员的签名,确保在尽可能的情况下能够复现试验过程。

所有记录应采用钢笔或签字笔填写,应做到内容完整、文字简洁、字迹清晰。

记录应包含足够的信息,检验人员在检测过程中应随时做好检测原始记录,如称样数量、检测依据、检测结果等的记录,样品名称、检测类型等可根据需要填写。

填写在检测过程中产生的其他记录。如对结果有影响的设备标识号、仪器设备的使用和维护保养、所采取的质量控制活动等，必要时应由操作者及时记录。原始记录必须在工作时记录，不得在事后抄写、追记或者补记。所有记录应有有关人员的审核或批准签字。

检验室应有对记录安全保护及保密的要求。作为一种证据性文件，要确保其“安全”和“保密”。可以设置专人，如文档管理员保管。检验室可以规定记录的使用和查阅制度，禁止非授权人接触。文档管理员应对记录的存取进行检查验收，制订查阅、使用人员的范围和允许查阅的审定和取用手续。

当记录是以物理方式或电子方式生成并保存时，程序应规定对记录的防护措施。必要时，检验室应有程序来保护和备份以电子形式存储的记录。记录应以只读形式保存。计算机硬盘应有备份，并建立定期刻录和电子签名制度。光盘、移动存储设备等文件应由专人保管，禁止非授权人员接触。记录应有不同级别的密码保护和规定不同级别的权限。应经常对计算机系统进行维护，确保其功能正常，并提供必需的环境和运行条件。记录应存放于适宜的环境中，最好有单独的房间存放，并采取防火、防盗、防蛀、防潮等措施。

表 4-30～表 4-34 为某食品微生物检验室记录管理案例，供参考。

表 4-30 ××食品微生物检验室记录管理程序

1. 目的

本程序是为了规范检验过程中有关数据、结果、情况等记录要求，并随中心的工作记录进行控制，确保其真实、有效、规范地反映检验过程和中心管理体系的有效运行。

适用于本中心与管理体系和检验有关的各项记录。

2. 职责

(1)质量负责人负责对本中心的质量记录进行管理。

(2)各岗位人员负责对本岗位产生的质量记录进行分类、整理。

3. 程序和要求

(1)所有记录必须按规定的格式、术语、法定计量单位认真填写，做到字迹清晰、用语准确、简练、内容全面，使用墨水记录数据和签字。

(2)原始检验记录包括手工和自动打印数据，图表及工作情况的记录。检验记录填毕后，认真自核，发现错误立即更改，无误后，有关人员签名。要做到内容充实、数据准确，结论明确。

(3)记录如有错误，尤其是数据或关键的字和词语，应用一条线划去以便辨认，在其上方改写正确数据或文字，并在更改处注更正人签名，必要时注明更改原因。

(4)原始记录未经中心主任同意，不得向外单位人员出示；未经中心主任同意，不得擅自向外单位预报结果，严格执行《专有权保护与保密管理程序》。

(5)原始检验记录保存 1 年，超过保存期限的原始检验记录应详细检查，除有保存价值的资料外，经中心主任批准集中销毁。

(6)其余记录保存期限为长期保存。

(7)各岗位人员应将本岗位产生的记录每周汇总一次，交档案管理员归档保存。

表 4-31 ××食品微生物检验室微生物检验原始记录

共　页　　　　　　　　　　　　　　　　　　　　　　　第　页

<table>
<tr><td>样品名称</td><td colspan="2"></td><td>收样日期</td><td></td><td>样品编号</td><td></td></tr>
<tr><td>样品状态描述</td><td colspan="4"></td><td>样品数量</td><td></td></tr>
<tr><td>检验项目</td><td colspan="6">□菌落总数　□大肠菌群　□霉菌和酵母菌数　□沙门菌
□志贺菌　□金黄色葡萄球菌　□副溶血性弧菌　□溶血性链球菌</td></tr>
<tr><td>检验依据</td><td colspan="6">GB/T 4789—2003</td></tr>
<tr><td>检验环境条件</td><td colspan="2">室温　℃，相对湿度　%</td><td>检验地点</td><td colspan="3">微生物室</td></tr>
<tr><td>检验仪器名称、型号及编号</td><td colspan="6">□数显电热恒温培养箱　□显微镜　□生化培养箱
□隔水式恒温培养箱　□细菌鉴定仪</td></tr>
</table>

检测记录与结果

培养基配制：见培养基配制记录。

续表

样品制备：按 GB 4789 要求进行。

① 固体样品，无菌称取 25g 样品加 225mL 生理盐水，均质。

② 液体样品，需稀释的，吸取 25mL 置于 225mL 生理盐水，混匀。

③ 液体样品，不需稀释的直接吸样检验。

菌落总数：检验依据为 GB 4789.2—2010。

霉菌和酵母计数：检验依据为 GB 4789.15—2010。

样品编号	不同稀释度细菌菌落数					不同稀释度霉菌和酵母菌数				检验结果	
	原液	10^{-1}	10^{-2}	10^{-3}	对照	原液	10^{-1}	10^{-2}	对照	菌落总数 /[cfu/mL(g)]	霉菌和酵母菌计数 /[个/mL(g)]

检验起止时间：　　年　　月　　日至　　年　　月　　日

检验人：　　　　复核人：

表 4-32　××食品微生物检验室检验报告单

样 品 名 称		生 产 日 期	
收 样 时 间		收 样 人	
样 品 来 源		样品状态描述	
检 验 日 期		报 告 日 期	

检 验 项 目	检 验 依 据	单 位	检 验 结 果	定量下限
样 品 结 论				
检 验 人		审 核 人		
备 注				

表 4-33　××食品微生物检验室药品试剂和标准物质入库记录单

编号	名称	制造商	购入时间	购入数量	验收人

表 4-34　××食品微生物检验室仪器操作人员考核记录

仪器名称	
操作人	
考核时间	

考核项目：

考核成绩评定：

主任签字(章)：

记录人：　　审核人：

七、食品微生物检验室样品管理

微生物检验室的样品管理涉及样品的采集、运送、制备、保存等过程，样品的完整性、典型性对确保检测结果的准确性具有非常重要的作用，加上微生物样品的特殊性，因此检验室必须制订完善的样品管理制度，确保样品符合检验要求表 4-35、表 4-36 是某食品微生物检验室样品管理案例，供参考。

表 4-35　××食品微生物检验室样品管理

1. 目的

保持样品在检测过程中的可追溯性，保证样品在记录或其他文件中提及时不会混淆。

2. 适用范围

适用于检验室样品在取样、样品接收、检测和储存过程中的标识。

3. 职责

(1)检验室样品管理员负责所抽取外部样品的标识。

(2)检验室工作人员负责所抽取内部样品的标识。

(3)检测人员负责制备和检测过程中样品、保留样品的标识。

4. 控制程序

(1)取样样品的标识

① 检验室样品管理员按《取样作业控制程序》采取外部样品后在样品容器外加贴样品标识，标识内容包括：样品名称、样品编号、取样人、取样日期等。

② 检验室工作人员按《取样作业控制程序》采取内部样品后在无菌袋外部标明样品名称、采取时间和地点、规格等。

(2)接收样品的标识

样品管理人接收外部样品时必须完整地填写《样品管理登记表》，送样人应在《样品管理登记表》上签字。并要对样品加贴标识，内容包括：样品名称、样品编号、送样人、接样人等。

(3)检测样品和保留样品的标识

检测人员严格按标准检验，检测人员在检测过程中要对样品进行标识，以保证检测过程中的样品追溯。

(4)样品内部编号的编写方法

① 样品管理员负责本检验室样品的编码。

② 样品按年份编号，2002 年为 2002，2000 年为 2000。

③ 样品按月份编号，一月为 01，十一月为 11。

④ 样品编号的后两位数为顺序号。

例：

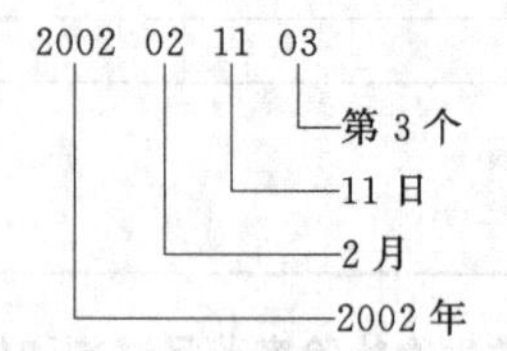

(5)样品保存期限

① 样品保存期限

如客户要求，一般样品保存 3 个月，保鲜样品 10d，农产品 6 个月。

② 超过规定保存期限的样品，由样品管理员报请检验室主任同意签署处理意见后，由样品管理人员具体实施。

(6)样品管理员负责把保留样品存放到适当的位置。样品管理员负责样品的保管，确保样品在保存期间不变质、不遗失和不损坏，并负责样品的调用，应遵守《客户机密与专有权保护程序》；样品管理员负责处理保存期满的样品及特殊样品。

表 4-36　××食品微生物检验室样品管理登记表

编号	生产厂家	名称	接收时间	接收状态	数量/重量	送样人	接收人

食品微生物检验室的管理是一项非常庞大的工程，涉及的领域非常多，对管理者和操作

者均提出了很高的能力要求，本部分所涉及的管理方法主要参考自国家关于微生物实验室的认证和认可方面的有关规定，加入了企业的很多管理案例，以此来启发学生开展微生物检验室的管理。

目前，我国的食品安全事件频出，食品微生物的监测又是食品安全的重要组成部分，加强和完善食品微生物检验室的检测管理水平是未来国家食品安全战略和国际贸易的必然趋势。在我国，由于食品企业的种类、规模、性质等的不同，食品微生物检验室的设备水平和管理水平差异非常明显，出口型的企业通常在检验室管理工作方面比较到位，而对于一些规模较小的企业，检验室的建设和管理几乎还是空白，体现出我国在企业人员职业素养和政府监管方面存在着严重地观念滞后。随着《中华人民共和国食品安全法》的颁布，以及一批食品安全标准的出台，不断加强食品安全管理和检验室管理是必然途径，无论企业检验室是否进行认证认可工作，检验室都应该依据自身特点，严格按照国家规定进行检验室的管理。

【技能训练】

技能　以一个乳制品企业为例，设计该企业微生物检验室的质量管理方案

一、技能目标

- 熟悉我国食品微生物检验室质量管理的有关规定。
- 能初步制订出食品微生物检验室管理、技术、过程的管理制度。
- 能模拟企业微生物检验室情境，运行自行设计的管理体系。

二、用品准备

食品微生物检验室、计算机（带网络）、打印机、扫描仪、照相机等物品。

三、操作要领

1. 分组认真学习《实验室质量控制规范　食品微生物检验》等文件。
2. 提取出国家标准中管理、技术和过程中的管理要素。
3. 结合自身检验室条件，重点草拟检验室的组织构成、文件控制、记录控制、内部审核、管理评审、人员管理、仪器管理、药品管理、样品管理等管理程序。
4. 注重发挥互联网功能，参考企业检验室的质量管理方案，结合自身检验室特点，制订符合自身需要的检验室管理方案。

四、作业要求

1. 每小组提交一份检验室管理体系框架图。
2. 完成组织构成、文件控制、记录控制、内部审核、管理评审、人员管理、仪器管理、药品管理、样品管理等管理程序的制订。
3. 模拟内部审核、仪器管理、药品管理的运行方案。

【拓展学习】

食品检验室的计量认证、审查认可与实验室认可

一、计量认证

计量认证（CMA）是国家对检测机构的法制性强制考核，是政府权威部门对检测机构进行规定类型检测所给予的正式承认。

根据《中华人民共和国产品质量法》的有关规定，在中国境内从事面向社会检测、检验产品的机构，必须由国家或省级计量认证管理部门会同评审机构评审合格，依法设置或依法授权后，才能从事检测、检验活动。

取得实验室资质认定（计量认证）合格证书的检测机构，可按证书上所批准列明的项目，在检测（检测、测试）证书及报告上使用CMA标志。CMA是China Metrology Accredidation（中国计量认证）的缩写。CMA是检测机构计量认证合格的标志，具有此标志的机构为合法的检验机构。

凡是具备计量认证申请条件的实验室都可以向当地或国家质量技术监督部门申请计量认证。

二、审查认可

审查认可是指国家认监委和地方质检部门依据有关法律、行政法规的规定，对承担产品是否符合标准的检验任务和承担其他标准实施监督检验任务的检验机构的检测能力以及质量体系进行的审查。

1986年国务院批准实施《产品质量监督检验测试中心管理试行办法》，随后，各省、地市、县纷纷建立了专门的产品质检所，国家和省级（甚至一些副省级市和个别地级市）授权了一些国家质检中心和省级质检站。

1990年发布的《标准化法实施条例》（第29条）明确了对这些质检机构的规划、审查工作。在技术监督系统依法设置的质检所称“审查验收”，对行业的检验机构叫“依法授权”，统称“审查认可”，使用CAL标志。

CAL标志是质量技术监督部门依法设置或依法授权的检验机构的专用标志。CAL标志是China Accredited Laboratory（中国考核合格检验实验室）的缩写。

（1）审查验收　质量技术监督部门根据有关法律法规的规定，对其依法授权或依法设置承担产品质量检验工作的检验机构进行合理规划，界定检验任务范围，并对其公正性和技术能力进行考核合格后，准予其承担法定产品质量检验工作的行政行为。

（2）依法授权　对计量授权考核合格的单位，由受理申请的人民政府计量行政部门批准，颁发相应的计量授权证书和计量授权检定、测试专用章，公布被授权单位的机构名称和所承担授权的业务范围。

审查认可机构除承担社会的检测业务之外，还承担着政府的监督抽查职能。

三、国家实验室认可

实验室认可是由权威团体对实验室有能力进行规定类型的检测/校准所做的一种正式承认。国家实验室认可CNAS标志是China National Accreditation Service for Conformity Assessment（中国合格评定国家认可委员会）的缩写。CNAS是国家级实验室的标志。有这一标志，表明该检验机构已经通过了中国国家实验室认证委员会的考核，检验能力已经达到了国家级实验室水平。

国家实验室认可是与国外实验室认可制度一致的，是自愿申请的能力认可活动。通过国家实验室认可的检测技术机构，证明其符合国际上通行的校准与检测实验室能力的通用要求。根据中国加入世贸组织的有关协定，“CNAS”标志在国际上可以互认，譬如说能得到美国、日本、法国、德国、英国等国家的承认。

四、计量认证与审查认可（验收、授权）**的区别**

1. 共同点

① 均需有第三方的公正地位；

② 均为强制性行为；

③ 国家、省二级管理；

④ 评审准则一致，都是对质检机构公正性和技术能力的考核。

2. 不同点

① 法律依据不同：计量认证依据《中华人民共和国计量法》，审查认可依据《中华人民共和国标准化法》和《中华人民共和国产品质量法》。

② 法律地位不同：计量认证只考核技术能力，没有政府授权，通过计量认证的质检机

构不能称其为“法定质检机构”；审查认可不光考核技术能力，政府要依法设立或授权，给予质检机构承担法定监督检验任务的特殊地位。因此，通过审查认可的质检机构是“法定质检机构”。

③ 政府规划不同：计量认证不需列入规划，凡向社会出具公证数据的质检机构必须通过计量认证。审查认可要列入统一规划；原则：统筹规划、合理布局、优势互补、不重复建设。

④ 使用标志不同：计量认证标志为CMA，为中国计量认证的英文缩写；审查认可标志为CAL，为中国考核合格检验实验室的英文缩写。

五、计量认证、审查认可和实验室认可的区别

1. 适用对象不同

实验室认可适用于检测/校准实验室，计量认证和审查认可适用于产品质检机构。

2. 法律效力不同

计量认证和审查认可属国家对检验和检定机构实施的法制管理范围，是强制性行为，其结果将导致对检验和检定机构的授权。实验室认可则是实验室依从国际惯例，接受第三方权威机构评审的一种自愿行为，通过认可则表明认可委对实验室技术能力的承认。

3. 管理层次不同

计量认证和审查认可由国务院和省两级政府的质量技术监督部门实行分级管理，而实验室认可是一级管理，实施机构是中国合格评定国家认可委员会，实施一站式认可。

4. 互认性不同

在国际合作中，计量认证和审查认可是政府行政管理行为，各国做法不一，实验室间不能互认，认可实验室出具的检测/校准数据是得到签署了互认协议的实验室认可机构认可的。

六、结论

取得计量认证（CMA）资质即可满足室内环境检测实验室开展业务的需求。

审查认可（CAL）是一种政府行政行为，是国家实施的一项针对承担监督检验、仲裁检验任务的各级质量技术监督部门所属的质检所机构和授权的国家、省级质检中心（站）的一项行政审批制度。

取得国家实验室认可（CNAS）可以提高实验室自身的管理水平和技术能力，且认可实验室出具的检测/校准报告具有互认资格，使得实验室的技术能力得到社会承认。

【思考题】

1. 通过收集近年我国的食品安全事件，结合《中华人民共和国食品安全法》的有关规定，从检验室管理的角度思考我国应该如何加强食品安全工作。

2. 作为一个小型企业，检验室条件有限，你应该重点突出哪些方面的管理？

3. 作为一个检验员，从检验室管理的角度，请反思自己应该遵守哪些职业操守。

附 录

附录一 微生物检验室玻璃器皿的洗涤和包扎

1. 洗涤

清洁的玻璃器皿是得到正确试验结果的先决条件。进行微生物学检验，必须清除器皿上的灰尘、油垢和无机盐等物质，保证不妨碍试验的正确结果。玻璃器皿的洗涤是试验前的一项重要准备工作。其洗涤方法应根据试验目的、器皿的种类、所盛放的物品、洗涤剂的类别和洁净程度等不同而有所不同。

(1) 洗涤剂的种类与使用

① 水　水是最主要的洗涤剂，但只能洗去可溶解在水中的污物，不溶于水的污物如油、蜡等，必须用其他方法处理以后再用水洗。要求比较洁净的器皿，清水洗过之后再用蒸馏水洗。

② 肥皂　肥皂是很好的去污剂，一般肥皂的碱性并不十分强，不会损伤器皿和皮肤，所以洗涤时常用肥皂。使用方法多用湿刷子蘸肥皂刷洗容器，再用水冲洗。热的肥皂水去污能力更强，对器皿上的油脂效果较好。油脂较重的器皿，应先用纸将油层擦去，然后用肥皂水洗，洗时还可以加热煮沸。

③ 去污粉　去污粉内含有碳酸钠、碳酸镁等，有起泡沫和去油污的作用，有时也加一些食盐、硼砂等，以增加摩擦作用。用时将器皿润湿，将去污粉涂在污点上，用布或刷子擦拭，再用水洗去去污粉。一般玻璃器皿、搪瓷器皿等都可以使用去污粉。

④ 洗衣粉　目前我国生产的洗衣粉的主要成分是烷基苯磺酸钠，为阴离子表面活性剂。在水中能解离成带有憎水基的阴离子。其去污能力主要是由于在水溶液中能降低水的表面张力，并起润湿、乳化、分散和起泡等作用。洗衣粉去污能力强，特别是能有效地去除油污。用洗衣粉擦拭过的玻璃器皿要充分用自来水漂洗，以除净残存的微粒。

⑤ 洗涤液

a. 洗涤液的配制　常用的洗涤液是重铬酸钾（或重铬酸钠）的硫酸溶液，是一种强氧化剂，去污能力很强，实验室常用它来洗去玻璃和瓷质器皿上的有机物质。切不可用于金属和塑料器皿。

洗涤液一般分浓溶液与稀溶液两种，配方如下。

浓溶液：重铬酸钠或重铬酸钾（工业用）50g；自来水 150mL；浓硫酸（工业用）800mL。

稀溶液：重铬酸钠或重铬酸钾（工业用）50g；自来水 850mL；浓硫酸（工业用）100mL。

配法都是将重铬酸钠或重铬酸钾先放入自来水中（可加热），使溶解，冷却后慢慢加入浓硫酸，边加边搅动。配好后的洗涤液应是棕红色或橘红色，储存于有盖容器内。此液可用很多次，每次用后倒回原瓶中储存，直至溶液变成青褐色时才失去效用。

b. 原理　重铬酸钠或重铬酸钾与硫酸作用后形成铬酸，铬酸的氧化能力极强，因而，此液具有极强的去污作用。

c. 使用的注意事项　盛洗涤液的容器应始终加盖，以防氧化变质。玻璃器皿投入前，应尽量干燥，避免洗涤液稀释。如需加快作用速度，可将洗涤液加热至40～50℃进行洗涤。

有大量有机质的器皿不可直接加洗涤液，应先行擦洗，然后再用洗涤液，这是因为有机质过多，会加快洗涤液失效。此外，洗涤液虽为很强的去污剂，但也不是所有的污迹都可清除。

洗涤液有强腐蚀性，玻璃器皿浸泡时间太长，会使玻璃变质，因此切忌到时忘记将玻璃器皿取出冲洗。若溅在桌椅上，应立即用水洗去或用湿布擦去；若溅到衣服和皮肤上，应立即用水洗，然后再用苏打（碳酸钠）水或氨液洗。

用洗涤液洗过的器皿，应立即用水冲至无色为止。

(2) 新玻璃器皿的洗涤　新购置的玻璃器皿含游离碱较多，应先在2%的盐酸溶液或洗涤液内浸泡数小时，然后再用水冲洗干净。

(3) 使用过的玻璃器皿的洗涤　试管、培养皿、三角烧瓶、烧杯等可用试管刷、瓶刷或海绵蘸上肥皂、洗衣粉或去污粉等洗涤剂刷洗，然后用自来水充分冲洗干净。热的肥皂水去污能力更强，可有效地洗去器皿上的油垢。洗衣粉和去污粉刷洗之后，附在器壁上的微小粒子较难冲洗干净，故要用水多次充分冲洗，或用稀盐酸溶液摇洗一次，再用水冲洗，然后倒置于铁丝框内或洗涤架上，在室内晾干。急用时可盛于框内或搪瓷盘上，放烘箱烘干。

装有固体培养基的器皿应先刮去培养基，然后洗涤。如果固体培养基已经干涸，可将器皿放在水中蒸煮，使琼脂熔化后趁热倒出，然后用清水洗涤，并用刷子刷其内壁，以除去壁上的灰尘和污垢。带菌的器皿在洗涤前应先在2%来苏儿溶液或0.25%新洁尔灭消毒液内浸泡24h或煮沸30min，再用清水洗涤。带菌的培养物应先行高压蒸汽灭菌，然后将培养物倒去，再进行洗涤。盛有液体或固体培养物的器皿，应先将培养物倒在废液缸中，然后洗涤。不要将培养物直接倒入洗涤槽，否则会阻塞下水道。

玻璃器皿是否洗涤干净的判定方法为洗涤后若水能在内壁上均匀分布成一薄层而不出现水珠，表示油垢完全洗净；若挂有水珠，应用洗涤液浸泡数小时，然后再用自来水充分冲洗。

盛放一般培养基用的器皿经上法洗涤后，即可使用，若需盛放精确配制的化学药品或试剂，在用自来水冲洗干净后，还需用蒸馏水淋洗三次，晾干或烘干后备用。

(4) 玻璃吸管的洗涤　吸过血液、血清、糖溶液或染料溶液等的玻璃吸管（包括毛细吸管），使用后应立即投入盛有自来水的量筒或标本瓶内，免得干燥后难以冲洗干净。量筒或标本瓶底部应垫以脱脂棉花，否则吸管投入时容易破损。待试验完毕，再集中冲洗。若吸管顶部塞有棉花，则冲洗前先将吸管尖端与装在水龙头上的橡皮管连接，用水将棉花冲出，然后再装入吸管自动洗涤器内冲洗，没有吸管自动洗涤器的实验室可用冲出棉花的方法多冲洗片刻。必要时再用蒸馏水淋洗。洗净后，放搪瓷盘中晾干，若要加速干燥，可放烘箱内烘干。

吸过含有微生物培养物的吸管亦应立即投入盛有2%来苏儿溶液或0.25%新洁尔灭消毒液的量筒或标本瓶内，24h后方可取出冲洗。

吸管的内壁如果有油垢，同样应先在洗涤液内浸泡数小时，然后再行冲洗。

(5) 载玻片与盖玻片的洗涤　新载玻片和盖玻片应先在2%的盐酸溶液中浸泡1h，然后再用自来水冲洗2～3次，用蒸馏水换洗2～3次，洗后烘干冷却或浸于95%乙醇中保存备用。用过的载玻片与盖玻片如滴有香柏油，要先用皱纹纸擦去或浸在二甲苯内摇晃几次，使油垢溶解，再在肥皂水中煮沸5～10min，用软布或脱脂棉花擦拭，立即用自来水冲洗，然后在稀洗涤液中浸泡0.5～2h，自来水冲去洗涤液，最后用蒸馏水换洗数次，待干后浸于95%乙醇中保存备用。使用时在火焰上烧去乙醇。用此法洗涤和保存的载玻片和盖玻片清洁透亮，没有水珠。

检查过活菌的载玻片或盖玻片应先在2%来苏儿溶液或0.25%新洁尔灭溶液中浸泡

24h，然后按上法洗涤与保存。

(6) 洗涤工作的注意事项

① 任何洗涤方法，都不应对玻璃器皿有所损伤，所以不能使用对玻璃有腐蚀作用的化学药剂，也不能使用比玻璃硬度大的物品来擦拭玻璃器皿。

② 用过的器皿应立即洗涤，有时放置太久会增加洗涤的困难，随时洗涤还可以提高器皿的使用率。

③ 含有对人有传染性或者是属于植物检疫范围内的微生物的试管、培养皿及其他容器，应先浸在消毒液中或蒸煮灭菌后再行洗涤。

④ 盛过有毒物品的器皿，不要与其他器皿放在一起。

⑤ 难洗涤的器皿不要与易洗涤的器皿放在一起，以免增加洗涤的麻烦。有油的器皿不要与无油的器皿放在一起，以免使本来无油的器皿沾上油污。

⑥ 强酸、强碱及其他氧化物和有挥发性的有毒物品，都不能倒在洗涤槽中，必须倒在废液缸内。

2. 包扎

(1) 培养皿　洗净的培养皿烘干后每5套（或根据需要而定）叠在一起，用牢固的纸卷成一筒，或装入特制的铁桶中，然后进行灭菌。

(2) 吸管　洗净、烘干后的吸管，在吸口的一头塞入少许脱脂棉花，以防在使用时造成污染，塞入的棉花量要适宜，多余的棉花可用酒精灯火焰烧掉。每支吸管用一条宽约4～5cm的纸条，以30°～50°的角度螺旋形卷起来，吸管的尖端在头部，另一端用剩余的纸条打成一结，以防散开，标上容量，若干支吸管包扎成一束进行灭菌，使用时，从吸管中间拧断纸条，抽出吸管（附图1）。

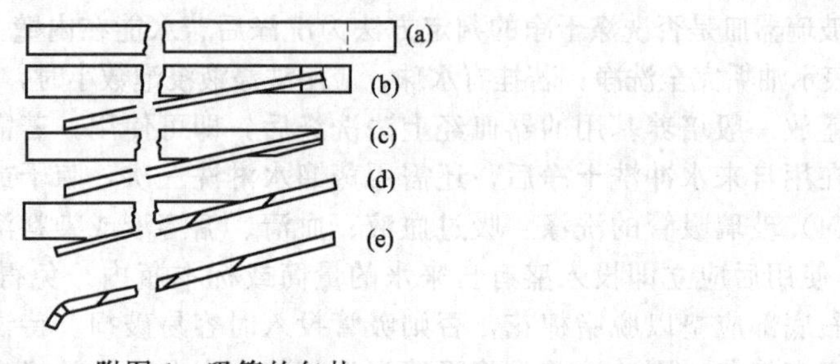

附图1　吸管的包扎

(3) 试管和三角烧瓶　试管和三角烧瓶都需要做合适的棉塞，棉塞可起过滤作用，避免空气中的微生物进入容器。制作棉塞时，要求棉花紧贴玻璃壁，没有皱纹和缝隙，松紧适宜。过紧易挤破管口和不易塞入，过松易掉落和污染。棉塞的长度不小于管口直径的2倍，约2/3塞进管口。若干支试管用绳扎在一起，在棉花部分外包裹油纸或牛皮纸，再用绳扎紧。三角瓶加棉塞后单个用报纸包扎（附图2）。

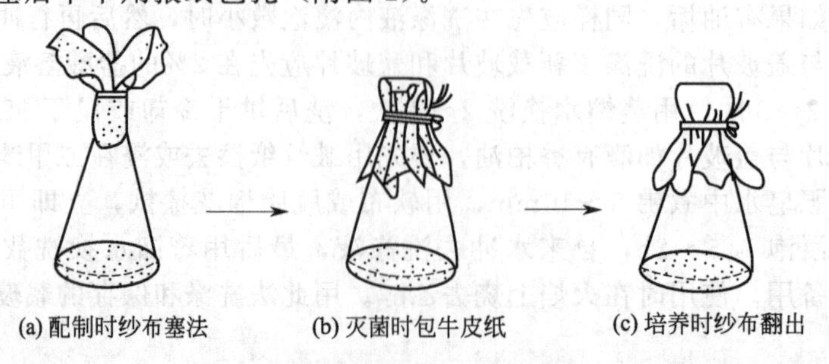

附图2　三角瓶的包扎

附录二　常用染色剂的配制

1. 荚膜染色法

(1) 染色液　番红 3g，蒸馏水 100mL。用乳钵研磨溶解。

(2) 染色法　将玻片在火焰上固定，滴加染色液，并加热至产生蒸汽后，继续染 3min，水洗，待干，镜检。

(3) 结果　炭疽芽孢杆菌菌体呈赤褐色，荚膜呈黄色。

2. 鞭毛染色法

(1) 染色液的配制

甲液：单宁酸 5g、三氯化铁（$FeCl_3$）1.5g 溶于 100mL 蒸馏水中，待溶解后加入 10g/L 氢氧化钠溶液 1mL 和 15%的甲醛溶液 2mL。

乙液：2g 硝酸银溶于 100mL 蒸馏水中。

在 90mL 乙液中滴加浓氢氧化铵溶液，到出现沉淀后，继续滴加使其变为澄清，然后用其余 10mL 乙液小心滴加至澄清液中，至出现轻微雾状为止（此为关键性操作，应特别小心）。滴加氢氧化铵和用剩余乙液回滴时，要边滴边充分摇荡。染液当天配，当天使用，2～3d 后基本无效。

(2) 染色法　在风干的载玻片上滴加甲液，4～6min 后，用蒸馏水轻轻冲净，再加乙液，缓缓加热至冒汽，维持约 30s（加热时注意勿出现干燥面），在菌体多的部位可呈深褐色到黑色，停止加热。用水冲净，干后镜检。菌体及鞭毛为深褐色到黑色。

3. 革兰染色液

(1) 草酸铵结晶紫染色液

A 液：结晶紫 2g，95%乙醇 20mL，10g/L 草酸铵水溶液 80mL。将结晶紫溶解于乙醇中，然后与草酸铵溶液混合。

B 液：草酸铵 0.8g，蒸馏水 80mL。混合 A 液和 B 液，静置 48h 后使用。

(2) 卢戈碘液　碘 1g，碘化钾 2g，蒸馏水 300mL。

将碘与碘化钾先进行混合，加入蒸馏水少许，充分振摇，待完全溶解后，再加蒸馏水 300mL。

(3) 番红染色液　番红 0.25g，95%乙醇 10mL，蒸馏水 90mL。

将番红溶解于乙醇中，然后用蒸馏水稀释。

(4) 95%乙醇。

4. 柯氏染色法

(1) 染色液　5g/L 番红液，5g/L 孔雀绿液。

(2) 染色法　将涂片在火焰上固定，滴加 5g/L 番红液，并加热至出现气泡，约 2～3min，水洗。滴加 5g/L 孔雀绿液，复染 40～50s，水洗，待干，镜检。

(3) 结果　布氏杆菌呈红色，其他细菌及细胞呈绿色。

5. 孔雀绿染液

孔雀绿 5g，蒸馏水 100mL。

6. 吕氏碱性美蓝染色液

A 液：美蓝 0.6g，95%乙醇 30mL。

B 液：氢氧化钾 0.01g，蒸馏水 100mL。

分别配制 A 液和 B 液，配好后混合即可。

7. 抗酸性染色法

（1）染色液

① 石炭酸品红染色液：碱性品红 0.3g，95%乙醇 10mL，5%苯酚水溶液 90mL。将品红溶解于乙醇中，然后与苯酚水溶液混合。

② 3%盐酸乙醇：浓盐酸 3mL，95%乙醇 97mL。

③ 复染液：吕氏碱性美蓝染色液。

（2）染色法

① 将涂片在火焰上加热固定，滴加石炭酸品红染色液，徐徐加热至有蒸汽出现，但切不可使沸腾。染液因蒸发减少时，应随时添加。染 5min，倾去染液，水洗。

② 滴加盐酸乙醇脱色，直至无红色脱落为止（所需时间视涂片厚薄而定，一般为 1～3min），水洗。

③ 加吕氏碱性美蓝染色液，复染 30s～1min，水洗，待干，镜检。

（3）结果　抗酸性细菌呈红色，其他细菌、细胞等呈蓝色。

8. 乳酸-石炭酸液（乳酸石炭酸棉蓝染色液）

石炭酸 10g，乳酸（相对密度 1.21）10mL，甘油 20mL，棉蓝 0.02g，蒸馏水 10mL。

将石炭酸加至蒸馏水中加热溶解，然后加入乳酸和甘油，最后加入棉蓝，使其溶解即成。9. 1g/L 美蓝

美蓝 0.1g，蒸馏水 100mL。

附录三　常用缓冲溶液的配制

1. 甘氨酸-盐酸缓冲液（0.05mol/L）

XmL 0.2mol/L 甘氨酸+YmL 0.2mol/L HCl，再加水稀释至 200mL。

pH	X/mL	Y/mL	pH	X/mL	Y/mL
2.0	50	44.0	3.0	50	11.4
2.4	50	32.4	3.2	50	8.2
2.6	50	24.2	3.4	50	6.4
2.8	50	16.8	3.6	50	5.0

甘氨酸分子量为 75.07，0.2 mol/L 甘氨酸溶液为 15.01g/L。

2. 邻苯二甲酸-盐酸缓冲液（0.05 mol/L）

XmL 0.2mol/L 邻苯二甲酸氢钾+YmL 0.2mol/L HCl，再加水稀释到 20mL。

pH(20℃)	X/mL	Y/mL	pH(20℃)	X/mL	Y/mL
2.2	5	4.070	3.2	5	1.470
2.4	5	3.960	3.4	5	0.990
2.6	5	3.295	3.6	5	0.597
2.8	5	2.642	3.8	5	0.263
3.0	5	2.022			

邻苯二甲酸氢钾分子量为 204.23，0.2mol/L 邻苯二甲酸氢钾溶液为 40.85g/L。

3. 磷酸氢二钠-柠檬酸缓冲液

pH	0.2mol/L Na_2HPO_4 /mL	0.1mol/L 柠檬酸 /mL	pH	0.2mol/L Na_2HPO_4 /mL	0.1mol/L 柠檬酸 /mL
2.2	0.40	10.60	5.2	10.72	9.28
2.4	1.24	18.76	5.4	11.15	8.85
2.6	2.18	17.82	5.6	11.60	8.40
2.8	3.17	16.83	5.8	12.09	7.91
3.0	4.11	15.89	6.0	12.63	7.37
3.2	4.94	15.06	6.2	13.22	6.78
3.4	5.70	14.30	6.4	13.85	6.15
3.6	6.44	13.56	6.6	14.55	5.45
3.8	7.10	12.90	6.8	15.45	4.55
4.0	7.71	12.29	7.0	16.47	3.53
4.2	8.28	11.72	7.2	17.39	2.61
4.4	8.82	11.18	7.4	18.17	1.83
4.6	9.35	10.65	7.6	18.73	1.27
4.8	9.86	10.14	7.8	19.15	0.85
5.0	10.30	9.70	8.0	19.45	0.55

Na_2HPO_4 分子量为 14.98，0.2mol/L 溶液为 28.40g/L。

$Na_2HPO_4 \cdot 2H_2O$ 分子量为 178.05，0.2 mol/L 溶液为 35.01g/L。

柠檬酸（$C_6H_8O_7 \cdot H_2O$）分子量为 210.14，0.1mol/L 溶液为 21.01g/L。

4. 柠檬酸-氢氧化钠-盐酸缓冲液

pH	钠离子浓度 /(mol/L)	柠檬酸/g	氢氧化钠/g NaOH(97%)	盐酸/mL	最终体积/L
2.2	0.20	210	84	160	10
3.1	0.20	210	83	116	10
3.3	0.20	210	83	106	10
4.3	0.20	210	83	45	10
5.3	0.35	245	144	68	10
5.8	0.45	285	186	105	10
6.5	0.38	266	156	126	10

使用时可以每升中加入 1g 酚，若最后 pH 值有变化，再用少量 50%氢氧化钠溶液或浓盐酸调节，冰箱保存。

5. 柠檬酸-柠檬酸钠缓冲液（0.1mol/L）

pH	0.1mol/L 柠檬酸 /mL	0.1mol/L 柠檬酸钠 /mL	pH	0.1mol/L 柠檬酸 /mL	0.1mol/L 柠檬酸钠 /mL
3.0	18.6	1.4	5.0	8.2	11.8
3.2	17.2	2.8	5.2	7.3	12.7
3.4	16.0	4.0	5.4	6.4	13.6
3.6	14.9	5.1	5.6	5.5	14.5
3.8	14.0	6.0	5.8	4.7	15.3
4.0	13.1	6.9	6.0	3.8	16.2
4.2	12.3	7.7	6.2	2.8	17.2
4.4	11.4	8.6	6.4	2.0	18.0
4.6	10.3	9.7	6.6	1.4	18.6
4.8	9.2	10.8			

柠檬酸（$C_6H_8O_7 \cdot H_2O$）分子量为210.14，0.1mol/L溶液为21.01g/L。

柠檬酸钠（$Na_3C_6H_5O_7 \cdot 2H_2O$）分子量为294.12，0.1mol/L溶液为29.41g/L。

6. 乙酸-乙酸钠缓冲液（0.2mol/L）

pH(18℃)	0.2mol/L NaAc/mL	0.3mol/L HAc/mL	pH(18℃)	0.2mol/L NaAc/mL	0.3mol/L HAc/mL
2.6	0.75	9.25	4.8	5.90	4.10
3.8	1.20	8.80	5.0	7.00	3.00
4.0	1.80	8.20	5.2	7.90	2.10
4.2	2.65	7.35	5.4	8.60	1.40
4.4	3.70	6.30	5.6	9.10	0.90
4.6	4.90	5.10	5.8	9.40	0.60

乙酸钠（$NaAc \cdot 3H_2O$）分子量为136.09，0.2mol/L溶液为27.22g/L。

7. 磷酸盐缓冲液

（1）磷酸氢二钠-磷酸二氢钠缓冲液（0.2mol/L）

pH	0.2mol/L Na_2HPO_4 /mL	0.3mol/L NaH_2PO_4 /mL	pH	0.2mol/L Na_2HPO_4 /mL	0.3mol/L NaH_2PO_4 /mL
5.8	8.0	92.0	7.0	61.0	39.0
5.9	10.0	90.0	7.1	67.0	33.0
6.0	12.3	87.7	7.2	72.0	28.0
6.1	15.0	85.0	7.3	77.0	23.0
6.2	18.5	81.5	7.4	81.0	19.0
6.3	22.5	77.5	7.5	84.0	16.0
6.4	26.5	73.5	7.6	87.0	13.0
6.5	31.5	68.5	7.7	89.5	10.5
6.6	37.5	62.5	7.8	91.5	8.5
6.7	43.5	56.5	7.9	93.0	7.0
6.8	49.0	51.0	8.0	94.7	5.3
6.9	55.0	45.0			

$Na_2HPO_4 \cdot 2H_2O$分子量为178.05，0.2mol/L溶液为85.61g/L。

$NaH_2PO_4 \cdot 2H_2O$分子量为156.03，0.2mol/L溶液为31.21g/L。

（2）磷酸氢二钠-磷酸二氢钾缓冲液（1/15mol/L）

pH	1/15mol/L Na_2HPO_4/mL	1/15mol/L KH_2PO_4/mL	pH	1/15mol/L Na_2HPO_4/mL	1/15mol/L KH_2PO_4/mL
4.92	0.10	9.90	7.17	7.00	3.00
5.29	0.50	9.50	7.38	8.00	2.00
5.91	1.00	9.00	7.73	9.00	1.00
6.24	2.00	8.00	8.04	9.50	0.50
6.47	3.00	7.00	8.34	9.75	0.25
6.64	4.00	6.00	8.67	9.90	0.10
6.81	5.00	5.00	8.18	10.00	0
6.98	6.00	4.00			

$Na_2HPO_4 \cdot 2H_2O$分子量为178.05，1/15mol/L溶液为11.876g/L。

KH_2PO_4分子量为136.09，1/15mol/L溶液为9.078g/L。

8. 磷酸二氢钾-氢氧化钠缓冲液（0.05mol/L）

XmL 0.2mol/L KH_2PO_4 ＋YmL 0.2mol/L NaOH 加水稀释至 29mL。

pH(20℃)	X/mL	Y/mL	pH(20℃)	X/mL	Y/mL
5.8	5	0.372	7.0	5	2.963
6.0	5	0.570	7.2	5	3.500
6.2	5	0.860	7.4	5	3.950
6.4	5	1.260	7.6	5	4.280
6.6	5	1.780	7.8	5	4.520
6.8	5	2.365	8.0	5	4.680

9. 巴比妥钠-盐酸缓冲液（18℃）

pH	0.04mol/L 巴比妥钠溶液/mL	0.2mol/L 盐酸/mL	pH	0.04mol/L 巴比妥钠溶液/mL	0.2mol/L 盐酸/mL
6.8	100	18.4	8.4	100	5.21
7.0	100	17.8	8.6	100	3.82
7.2	100	16.7	8.8	100	2.52
7.4	100	15.3	9.0	100	1.65
7.6	100	13.4	9.2	100	1.13
7.8	100	11.47	9.4	100	0.70
8.0	100	9.39	9.6	100	0.35
8.2	100	7.21		100	

巴比妥钠分子量为 206.18，0.04mol/L 溶液为 8.25g/L。

10. Tris-盐酸缓冲液（0.05mol/L，25℃）

50mL 0.1mol/L 三羟甲基氨基甲烷（Tris）溶液与 XmL 0.1mol/L 盐酸混匀后，加水稀释至 100mL。

pH	X/mL	pH	X/mL	pH	X/mL
7.10	45.7	7.80	34.5	8.40	17.2
7.20	44.7	7.90	32.0	8.50	14.7
7.30	43.4	8.00	29.2	8.60	12.4
7.40	42.0	8.10	26.2	8.70	10.3
7.50	40.3	8.20	22.9	8.80	8.5
7.60	38.5	8.30	19.9	8.90	7.0
7.70	36.6				

0.1mol/L 溶液为 12.114g/L。Tris 溶液可从空气中吸收二氧化碳，使用时注意将瓶盖严。

11. 硼酸-硼砂缓冲液（0.2mol/L 硼酸根）

pH	0.05mol/L 硼砂/mL	0.2mol/L 硼酸/mL	pH	0.05mol/L 硼砂/mL	0.2mol/L 硼酸/mL
7.4	1.0	9.0	8.2	3.5	6.5
7.6	1.5	8.5	8.4	4.5	5.5
7.8	2.0	8.0	8.7	6.0	4.0
8.0	3.0	7.0	9.0	8.0	2.0

硼砂（$Na_2B_4O_7 \cdot 10H_2O$）分子量为 381.43，0.05mol/L 溶液（＝0.2mol/L 硼酸根）为 19.07g/L。

硼酸（H_2BO_3）分子量为 61.84，0.2mol/L 溶液为 12.37g/L。

硼砂易失去结晶水，必须在带塞的瓶中保存。

12. 甘氨酸-氢氧化钠缓冲液（0.05mol/L）

XmL 0.2mol/L 甘氨酸+YmL 0.2mol/L NaOH 加水稀释至 200mL。

pH	X/mL	Y/mL	pH	X/mL	Y/mL
8.6	50	4.0	9.6	50	22.4
8.8	50	6.0	9.8	50	27.2
9.0	50	8.8	10.0	50	32.0
9.2	50	12.0	10.4	50	38.6
9.4	50	16.8	10.6	50	45.5

甘氨酸分子量为 75.07，0.2mol/L 溶液为 15.01g/L。

13. 硼砂-氢氧化钠缓冲液（0.05mol/L 硼酸根）

XmL 0.05mol/L 硼砂+YmL 0.2mol/L NaOH 加水稀释至 200mL。

pH	X/mL	Y/mL	pH	X/mL	Y/mL
9.3	50	6.0	9.8	50	34.0
9.4	50	11.0	10.0	50	43.0
9.6	50	23.0	10.1	50	46.0

硼砂（$Na_2B_4O_7 \cdot 10H_2O$）分子量为 381.43，0.05mol/L 溶液为 19.07g/L。

14. 碳酸钠-碳酸氢钠缓冲液（0.1mol/L）

Ca^{2+}、Mg^{2+}存在时不得使用

pH		0.1mol/L Na_2CO_3/mL	0.1mol/L $NaHCO_3$/mL
20℃	37℃		
9.16	8.77	1	9
9.40	9.12	2	8
9.51	9.40	3	7
9.78	9.50	4	6
9.90	9.72	5	5
10.14	9.90	6	4
10.28	10.08	7	3
10.53	10.28	8	2
10.83	10.57	9	1

$Na_2CO_2 \cdot 10H_2O$ 分子量为 286.2，0.1mol/L 溶液为 28.62g/L。

$NaHCO_3$ 分子量为 84.0，0.1mol/L 溶液为 8.40g/L。

15. PBS 缓冲液

pH	7.6	7.4	7.2	7.0
H_2O/mL	1000	1000	1000	1000
NaCl/g	8.5	8.5	8.5	8.5
Na_2HPO_4/g	2.2	2.2	2.2	2.2
NaH_2PO_4/g	0.1	0.2	0.3	0.4

附录四　常用培养基的配制

1. 乳糖胆盐发酵培养基

成分：蛋白胨 20g，猪胆盐（或牛、羊胆盐）5g，乳糖 10g，1.6％溴甲酚紫水溶液

0.6mL（或0.04％溴甲酚紫水溶液25mL），蒸馏水1000mL，pH7.4。

制法：蛋白胨、猪胆盐及乳糖溶于1000mL水中，校正pH，加入溴甲酚紫水溶液，分装试管，每管10mL，并放入一个倒置小管，115℃高压灭菌15min（用于鉴定食品、水体中的大肠杆菌）。

2. 伊红美蓝琼脂

成分：蛋白胨10g，乳糖10g，磷酸氢二钾2g，琼脂17g，2％伊红溶液20mL，0.65％美蓝溶液10mL，蒸馏水1000mL，pH 7.1。

制法：将蛋白胨、磷酸盐和琼脂溶解于蒸馏水中，校正pH，分装于烧瓶内，121℃高压灭菌15min备用。临用时加热熔化琼脂，加入乳糖，冷至50～55℃，加入伊红和美蓝溶液，摇匀，倾注平板。可使用商品化伊红美蓝琼脂粉状培养基（用于大肠杆菌、志贺菌等肠道菌的分离与鉴定）。

3. 乳糖发酵培养基

成分：蛋白胨20g，乳糖10g，0.04％溴甲酚紫水溶液25mL，蒸馏水1000mL，pH7.4。

制法：将蛋白胨、乳糖溶于水中，校正pH，加入溴甲酚紫水溶液，按检验要求分装30mL、10mL或3mL试管，并分别放入一个倒置小管，115℃，15min高压灭菌（用于鉴定食品、水体中的大肠杆菌）。

4. 甘露醇琼脂培养基（MSA）

成分：蛋白胨10g，牛肉浸膏1g，D-甘露醇10g，氯化钠75g，琼脂15g，酚红25mg，蒸馏水1000mL。

制法：将各成分（酚红除外）加热溶解于1000mL蒸馏水中，调pH至7.5，加入酚红，混匀。121℃灭菌15min，倾注灭菌平皿待用（用于分离计数葡萄球菌和微球菌）。

5. 亚硒酸盐胱氨酸（SC）增菌液

成分：蛋白胨5g，乳糖4g，亚硒酸氢钠4g，磷酸氢二钠10g，L-胱氨酸0.01g，蒸馏水1000mL，pH7.0±0.2。

制法：将除亚硒酸氢钠和L-胱氨酸以外的各种成分溶解于900mL蒸馏水中，加热煮沸，冷却备用，另将亚硒酸氢钠溶解于100mL蒸馏水中，加热煮沸，冷却，以无菌操作与上液混合，再加入1％L-胱氨酸氢氧化钠溶液1mL，混匀。分装于灭菌瓶中，每瓶100mL（用于沙门菌检验）。

6. GN增菌液

成分：胰蛋白胨20g，葡萄糖1g，甘露醇2g，柠檬酸钠5g，去氧胆酸钠0.5g，磷酸氢二钾4g，磷酸二氢钾1.5g，氯化钠5g，蒸馏水1000mL，pH7.2。

制法：按上述成分配好，加热使溶解，校正pH。分装每瓶225mL，115℃高压灭菌15min（用于志贺菌检查）。

7. 胆硫乳（DHL）琼脂

成分：蛋白胨20g，牛肉膏3g，乳糖10g，蔗糖10g，去氧胆酸钠1g，硫代硫酸钠2.3g，柠檬酸钠1g，柠檬酸铁铵1g，中性红0.03g，琼脂18～20g，蒸馏水1000mL，pH值7.3。

制法：将除中性红和琼脂以外的成分溶解于400mL蒸馏水中，校正pH值。再将琼脂于600mL蒸馏水中煮沸溶解，两液合并，并加入0.5％中性红水溶液6mL，待冷至50～55℃，倾注平板（用于沙门菌检验）。

8. 氯化钠结晶紫增菌液

成分：蛋白胨20g，氯化钠40g，0.01％结晶紫溶液5mL，3％氢氧化钾溶液4.5mL，蒸馏水1000mL，pH9.0。

制法：除结晶紫外其他按上述成分配好，加热溶解，约加3%氢氧化钾溶液4.5mL，校正pH，加热煮沸，过滤，再加入结晶紫溶液，混合分装试管，121℃高压灭菌15min备用（用于检验副溶血性弧菌）。

9. 麦芽汁培养基

成分：优质大麦或小麦，蒸馏水，碘液。

制法：取优质大麦或小麦若干，浸泡6～12h，置于深约2cm的木盘上摊平，上盖纱布，每日早、中、晚各淋水一次，麦根伸长至麦粒两倍时，停止发芽，晾干或烘干。称取300g麦芽磨碎，加1000mL蒸馏水，38℃保温2h，再升温至45℃，30min，再提高到50℃，30min，再升至60℃，糖化1～1.5h。取糖化液少许，加碘液1～2滴，如不为蓝色，说明糖化完毕，用文火煮30min，四层纱布过滤。如滤液不清，可用一个鸡蛋清加水约20mL调匀，打至起沫，倒入糖化液中搅拌煮沸再过滤，即可得澄清麦芽汁。用波美计检测糖化液浓度，加水稀释至10倍，调pH5～6，用于酵母菌培养；稀释至5～6倍，调pH7.2，可用于细菌培养，121℃灭菌20min。

10. 高氏一号（淀粉琼脂）培养基

可溶性淀粉20g，硝酸钾1g，氯化钠0.5g，磷酸氢二钾0.5g，硫酸镁0.5g，硫酸亚铁0.01g，琼脂20g，蒸馏水1000mL，pH7.2～7.4，121℃灭菌20min（主用于放线菌、霉菌的培养）。

11. 淀粉铵盐培养基

可溶性淀粉10g，硫酸铵2g，磷酸氢二钾1g，硫酸镁1g，氯化钠1g，碳酸钙3g，蒸馏水1000mL，pH7.2～7.4，121℃灭菌20min。若加入15～20g琼脂即成固体培养基（主要用于霉菌、放线菌的培养）。

12. 麦氏培养基（醋酸钠琼脂培养基）

葡萄糖1g，氯化钾1.8g，酵母汁2.5g，醋酸钠8.2g，琼脂15g，蒸馏水1000mL，pH自然，70kPa灭菌30min。

13. 高盐察氏培养基

硝酸钠2g，磷酸二氢钾1g，硫酸镁0.5g，氯化钾0.5g，硫酸亚铁0.01g，氯化钠60g，蔗糖30g，琼脂20g，蒸馏水1000mL，115℃灭菌30min。

注：①分离食品和饮料中的霉菌和酵母菌可选用马铃薯葡萄糖琼脂培养基和/或孟加拉红培养基。②分离粮食中的霉菌可用高盐察氏培养基（用于霉菌和酵母菌计数、分离用）。

14. Elek培养基

成分：蛋白胨20g，麦芽糖3g，乳糖0.7g，氯化钠5g，琼脂15g，40%氢氧化钠溶液1.5mL，蒸馏水1000mL，pH7.8。

制法：用500mL蒸馏水溶解琼脂以外的成分，煮沸，并用滤纸过滤。用1mol/L氢氧化钠校正pH。用另外500mL蒸馏水加热溶解琼脂。将两液混合，分装试管10mL或20mL。121℃高压灭菌15min。临用时加热熔化琼脂倾注平板（毒素测定用）。

15. 2%淀粉察氏培养基

淀粉20g，硝酸钠1g，氯化钾0.5g，磷酸氢二钾0.5g，硫酸亚铁0.01g，硫酸镁0.5g，蒸馏水1000mL，pH7.2～7.4，121℃灭菌20min。

16. 7.5%氯化钠肉汤

蛋白胨10g，牛肉膏3g，氯化钠75g，蒸馏水1000mL，pH7.4，121℃灭菌15min。

17. Baird-Parker培养基

成分：胰蛋白胨10g，牛肉膏5g，酵母膏1g，丙酮酸钠10g，甘氨酸12g，氯化锂

($LiCl \cdot 6H_2O$) 5g，琼脂 20g，蒸馏水 950mL，pH7.0±0.2。

增菌剂的配法：30%卵黄盐水 50mL 与经过除菌过滤的 1%亚碲酸钾溶液 10mL 混合，保存于冰箱内。

制法：将各成分加到蒸馏水中，加热煮沸至完全溶解，冷至 25℃，校正 pH。分装每瓶 95mL，121℃高温灭菌 15min。临用时加热熔化琼脂，冷至 50℃，每 95mL 加入预热至 50℃的卵黄亚碲酸钾增菌剂 5mL，摇匀后倾注平板。培养基应是致密不透明的。使用前在冰箱储存不得超过 48h。

18. HE 琼脂

成分：蛋白胨 12g，牛肉膏 3g，乳糖 12g，蔗糖 12g，水杨素 2g，胆盐 20g，氯化钠 5g，琼脂 18～20g，蒸馏水 1000mL，0.4%溴麝香草酚蓝溶液 16mL，Andrade 指示剂 20mL，甲液 20mL，乙液 20mL，pH 值 7.5。

制法：将前面七种成分溶解于 400mL 蒸馏水内作为基础液，将琼脂加入 600mL 蒸馏水内，加热溶解。加入甲液和乙液于基础液内，校正 pH。再加入指示剂，并与琼脂液合并，待冷至 50～55℃，倾注平板。

注：①此培养基不可高压灭菌。②甲液的配制为硫代硫酸钠 34g，柠檬酸铁铵 4g，蒸馏水 100mL。③乙液的配制为去氧胆酸钠 10g，蒸馏水 100mL。④Andrade 指示剂为酸性复红 0.5g，1mol/L 氢氧化钠溶液 16mL，蒸馏水 100mL。将复红溶解于蒸馏水中，加入氢氧化钠溶液。

19. Ames 检测营养肉汤液体培养基

成分：牛肉膏 0.5g，蛋白胨 1g，氯化钠 0.5g，蒸馏水 100mL，pH7.2～7.5。

制法：加热溶解，调 pH 值，分装于三角瓶中，121℃，20min 高压灭菌。

20. Ames 检测底层培养基

成分：葡萄糖 20g，柠檬酸 ($C_6H_8O_7 \cdot H_2O$) 2g，磷酸氢二钾 3.5g，硫酸镁 0.2g，琼脂 12g，蒸馏水 1000mL，pH7.0。

制法：加热溶解，调 pH 值，分装于三角瓶中，115℃，20min 高压灭菌。

21. Ames 检测顶层培养基的制备

成分：脂粉 0.6g，氯化钠 0.5g，加蒸馏水 90mL。

制法：以上溶液加 10mL 0.5mol/L 组氨酸-生物素溶液，分装灭菌。

22. 营养肉汤

成分：蛋白胨 10g，牛肉膏 3g，氯化钠 5g，蒸馏水 1000mL，pH7.4。

制法：按上述成分混合，溶解后校正 pH，121℃高压灭菌 15min。

23. 营养琼脂培养基

成分：蛋白胨 10g，牛肉膏 3g，氯化钠 5g，琼脂 17g，蒸馏水 1000mL，pH7.2。

制法：将除琼脂外的各成分溶解于蒸馏水中，校正 pH，加入琼脂，分装于烧瓶内，121℃，15min 高压灭菌备用。

24. MRS 培养基

成分：蛋白胨 10g，牛肉膏 10g，酵母粉 5g，磷酸氢二钾 2g，柠檬酸铵 2g，醋酸钠 5g，葡萄糖 20g，吐温 80 1mL，硫酸镁 0.58g，硫酸锰 0.25g，琼脂 15～20g，蒸馏水 1000mL。

制法：将以上成分加入到蒸馏水中，加热使完全溶解，调 pH 至 6.2～6.4，分装于三角瓶中，121℃，灭菌 15min。

25. 脱脂乳培养基

成分：牛奶，蒸馏水。

制法：将适量的牛奶加热煮沸20～30min，过夜冷却，脂肪即可上浮。除去上层乳脂即得脱脂乳。将脱脂乳盛在试管及三角瓶中，封口后置于灭菌锅中在108℃条件下蒸汽灭菌10～15min，即得脱脂乳培养基。

26. 培养基A

成分：蛋白胨10g，酵母提取物1g，葡萄糖10g，氯化钠5g，琼脂15g，蒸馏水1000mL。

制法：将以上成分加入到蒸馏水中，加热使完全溶解，调pH至7.0～7.2，分装于三角瓶中，121℃，灭菌15min。

27. PTYG培养基

成分：胰蛋白胨5g，大豆蛋白胨5g，酵母粉10g，葡萄糖10g，吐温80 1mL，琼脂15～20g，L-半胱氨酸盐酸盐0.05g，盐溶液4mL。

制法：将以上成分加入到蒸馏水中，加热使完全溶解，调pH至6.8～7.0，分装于三角瓶中，115℃灭菌30min。

盐溶液制备：无水氯化钙0.2g，磷酸氢二钾1g，磷酸二氢钾1g，硫酸镁0.48g，碳酸钠10g，氯化钠2g，蒸馏水1000mL，溶解后备用。

28. 豆芽汁液体培养基

成分：豆芽汁10mL，磷酸氢二铵1g，氯化钾0.2g，硫酸镁0.2g，琼脂20g。

制法：将以上成分加入到蒸馏水中，加热使完全溶解，调pH至6.2～6.4，分装于三角瓶中，0.04%的溴甲酚紫乙醇溶液［5.2（黄色）～6.8（紫色）］作为指示剂，115℃灭菌20min。

豆芽汁制备：将黄豆芽或绿豆芽200g洗净，在1000mL中煮沸30min，纱布过滤得豆芽汁，再补足水分至1000mL。

29. 察氏培养基

成分：硝酸钠2g，磷酸氢二钾1g，硫酸镁0.5g，氯化钾0.5g，硫酸亚铁0.01g，蔗糖30g，琼脂15～20g，蒸馏水1000mL，pH值自然。

制法：加热溶解，分装后121℃灭菌20min。

30. 马铃薯葡萄糖琼脂培养基（PDA）

成分：马铃薯（去皮）200g，葡萄糖20g，琼脂20g，蒸馏水1000mL，pH值自然。

制法：将马铃薯去皮、洗净、切成小块，称取200g加入1000mL蒸馏水，煮沸20min，用纱布过滤，滤液补足水至1000mL，再加入糖和琼脂，溶化后分装，121℃灭菌20min。另外，用少量乙醇溶解0.1g氯霉素，加入1000mL培养基中，分装灭菌后可用于食品中霉菌和酵母菌的计数、分离。

31. PY基础培养基

成分：蛋白胨0.5g，酵母提取物1.0g，胰酶解酪胨（Trypticase）0.5g，盐溶液Ⅱ4.0mL，蒸馏水1000mL。

盐溶液Ⅱ成分：无水氯化钙0.2g，硫酸镁0.48g，磷酸氢二钾1g，磷酸二氢钾1g，碳酸氢钠10g，氯化钠2g，蒸馏水1000mL。

制法：加热溶解，分装后121℃灭菌20min。

32. 糖、醇类发酵基础培养基

（1）一般细菌常用休和利夫森二氏培养基　蛋白胨5g，氯化钠5g，磷酸氢二钾0.2g，糖或醇（葡萄糖或其他糖、醇）10g，琼脂5～6g，1%溴甲酚紫溶液3mL，蒸馏水1000mL，pH7.0～7.2，分装试管，培养基高度约4.5cm，115℃灭菌20min。

（2）芽孢菌培养基　磷酸氢二铵1g，氯化钾0.2g，硫酸镁0.2g，酵母膏0.2g，琼脂5～6g，糖或醇类10g，蒸馏水1000mL，0.04%溴甲酚紫溶液15mL，pH7.0～7.2，分装试管，培养基高度约4～5cm，112℃灭菌30min。

(3) 乳酸菌培养基 蛋白胨5g，牛肉膏5g，酵母膏5g，吐温80 0.5mL，糖或醇10g，琼脂5～6g，蒸馏水（自来水）1000mL，加入1.6%溴甲酚紫溶液约1.4mL。以上调pH6.8～7.0，分装试管，112℃灭菌30min。

33. 硝酸盐培养基（硝酸盐还原试验用）

蛋白胨5g，硝酸钾0.2g，蒸馏水1000mL，pH7.4，每管分装4～5mL，121℃灭菌15～20min。

34. 吲哚试验培养基

1%胰蛋白胨，调pH7.2～7.6，分装1/3～1/4试管，115℃灭菌30min。

35. 硫化氢试验（纸条法）培养基

蛋白胨10g，氯化钠5g，牛肉膏10g，半胱氨酸0.5g，蒸馏水1000mL，pH7.0～7.4，分装试管，每管液层高度4～5cm，112℃灭菌20～30min。另外将普通滤纸剪成0.5～1cm宽的纸条，长度根据试管与培养基高度而定。用5%～10%的醋酸铅将纸条浸透，然后用烘箱烘干，放于培养皿中灭菌备用。

36. 尿素培养基（脲酶试验）

成分：蛋白胨1g，葡萄糖1g，氯化钠5g，磷酸二氢钾2g，0.4%酚红3mL，琼脂20g，20%尿素100mL，pH7.1～7.4。

制法：将除尿素和琼脂以外的成分配好，并校正pH值，加入琼脂，加热溶化并分装于三角瓶，121℃灭菌15min，冷却至50～55℃，加入过滤除菌的尿素溶液，分装于灭菌试管内，摆成琼脂斜面备用。

37. 氮源利用基础培养基

成分：磷酸二氢钾1.36g，磷酸二氢钠2.13g，硫酸镁0.2g，硫酸亚铁0.2g，无水氯化钙0.5g，葡萄糖10g，蒸馏水1000mL。

制法：将需要测定的氨基酸、铵态氮（如磷酸氢二铵）、硝态氮（如硝酸钾）加入到上述基础培养基中，使其终浓度为0.05%～0.1%，如测定菌不能利用葡萄糖为碳源，可用其他碳源代替（终浓度为0.2%～0.5%），另做一份不加氮源的空白对照，调pH7.0～7.2，分装于试管，每管4～5mL，112℃灭菌20～30min，制备出的培养基要求无沉淀。

38. 甲基红培养基（MR及V-P试验用）

蛋白胨7g，葡萄糖5g，磷酸氢二钾（或氯化钠）5g，蒸馏水1000mL，pH7.0～7.2，每管分装4～5mL，115℃灭菌30min。

39. 动力、靛基质、尿素（MIU）综合培养基

蛋白胨（含色氨酸）30g，磷酸二氢钾2g，氯化钠5g，琼脂3g，0.2%酚红乙醇溶液2mL，尿素20g，蒸馏水1000mL。分装于小试管，112℃灭菌15min，灭菌后液体应呈淡黄色（用于检验细菌运动性、吲哚、尿素酶用）。

40. 半固体培养基

牛肉膏5g，蛋白胨10g，琼脂3～5g，蒸馏水1000mL，pH7.2～7.4，溶解后分装试管(8mL)，121℃灭菌15min，取出直立试管，待凝固（用于细菌的动力试验）。

41. M17琼脂培养基

植物蛋白胨5g，酵母粉5g，聚蛋白胨5g，抗坏血酸0.5g，牛肉膏2.5g，硫酸镁0.01g，甘油磷酸二钠19g，蒸馏水1000mL，121℃灭菌15min（分离、培养乳球菌等的选择培养基）。

42. 蛋白胨水溶液

蛋白胨20g，氯化钠5g，蒸馏水1000mL，pH7.4，121℃灭菌15min（靛基质试验

用）。

43. 精氨酸双水解酶试验培养基

成分：蛋白胨 1g，氯化钠 5g，磷酸氢二钾 0.3g，L-精氨酸 10g，琼脂 10g，酚红 0.01g，蒸馏水 1000mL。

制法：除酚红外，将以上各成分溶解，调节 pH7.0～7.2，加入酚红指示剂，分装试管，培养基高约 4～5cm，121℃灭菌 20min 备用。

44. 葡萄糖氧化发酵培养基

成分：蛋白胨 2g，氯化钠 5g，1%溴麝香草酚蓝水溶液 3mL，琼脂 5～6g，磷酸氢二钾 0.2g，葡萄糖 10g，蒸馏水 1000mL。

制法：除溴麝香草酚蓝外，溶解以上各成分，调节 pH 值为 6.8～7.0，分装试管，用 115℃灭菌 20min 备用。

45. 假单胞菌选择培养基（PSA）

基础成分：多价胨 16g，水解酪蛋白 10g，硫酸钾 10g，氯化镁 1.4g，琼脂 11g，甘油 10mL，蒸馏水 1000mL，pH6.9～7.3。

CFC 选择添加物：溴化十六烷基三甲胺 10mg/L，梭链孢酸钠 10mg/L，头孢菌素 50mg/L。

制法：先将基础成分加热煮沸使之完全溶解，121℃，15min 条件下灭菌。冷却到 50℃备用。当基础培养基冷却到 50℃后加入溶解后过滤除菌的 CFC 选择添加物，完全混合后倒平板备用。

46. 胰酪胨大豆肉汤

成分：胰酪胨（或胰蛋白胨）17g，植物蛋白胨（或大豆蛋白胨）3g，氯化钠 5g，磷酸氢二钾 2.5g，葡萄糖 2.5g，蒸馏水 1000mL。

制法：将上述成分混合，加热并轻轻搅拌溶解，分装后 121℃高压灭菌 15min。最终 pH7.1～0.5。

47. 豆粉琼脂

成分：牛心消化汤 1000mL，琼脂 20g，黄豆粉浸液 50mL，pH 7.4～7.6。

制法：将琼脂加在牛心消化汤中，加热溶解，过滤。加入黄豆粉浸液，分装每瓶 100mL，121℃高压灭菌 15min。

48. 血琼脂平板

成分：豆粉琼脂 100mL，脱纤维羊血（或兔血）5～10mL。

制法：加热熔化琼脂，冷至 50℃，以无菌操作加入脱纤维羊血或兔血，摇匀，倾注平板；或分装灭菌试管，摆成斜面。

49. 肉浸液

成分：绞碎牛肉 500g，氯化钠 5g，蛋白胨 10g，磷酸氢二钾 2g，蒸馏水 1000mL，pH 7.4～7.6。

制法：将绞碎之去筋膜无油脂牛肉 500g，加蒸馏水 1000mL 混合后放冰箱 24h，除去液面之浮油，隔水煮沸 30min，使肉渣完全凝结成块，用纱布过滤，并挤压收集全部滤液，加水补足原量。加入蛋白胨、氯化钠和磷酸盐，溶解后校正 pH7.4～7.6，煮沸并过滤，分装烧瓶，121℃，高压灭菌 30min。

50. SS 琼脂

（1）基础培养基

成分：牛肉膏 5g，脲胨 5g，三号胆盐 3.5g，琼脂 17g，蒸馏水 1000mL。

制法：将牛肉膏、脲胨和胆盐溶解于 400mL 蒸馏水中，将琼脂溶于 600mL 蒸馏水中，两液混合，121℃灭菌 15min，备用。

(2) 完全培养

成分：基础培养基 1000mL，乳糖 10g，柠檬酸钠 8.5g，硫代硫酸钠 8.5g，10%柠檬酸铁溶液 10mL，1%中性红溶液 2.5mL，0.1%煌绿溶液 0.33mL。

制法：加热熔化基础培养基，按比例加入上述染料以外的各成分，充分混合均匀，校正 pH 值为 7.0，加入中性红和煌绿溶液，倾注平板。

注：制好的培养基宜当日使用，或保存于冰箱内于 48h 内使用；煌绿溶液配好后应在 10d 以内使用。

附录五　中国食品微生物限量规定

产　品	其他信息	微生物项目	限量指标	备　注
非发酵性豆制品及面筋	散装	菌落总数/(cfu/g)	100000	GB 2711—2014
		大肠菌群/(MPN/100g)	150	
		致病菌(沙门菌、金黄色葡萄球菌、志贺菌)	不得检出	
	定型包装	菌落总数/(cfu/g)	750	
		大肠菌群/(MPN/100g)	40	
		致病菌(沙门菌、金黄色葡萄球菌、志贺菌)	不得检出	
发酵性豆制品		大肠菌群/(MPN/100g)	30	GB 2712—2014
		致病菌(沙门菌、志贺菌、金黄色葡萄球菌)	不得检出	
淀粉制品		菌落总数/(cfu/g)	1000	GB 2713—2003
		大肠菌群/(MPN/100g)	70	
		致病菌(沙门菌、志贺菌、金黄色葡萄球菌)	不得检出	
酱腌菜	散装	大肠菌群/(MPN/100g)	90	GB 2714—2003
		致病菌(沙门菌、志贺菌、金黄色葡萄球菌)	不得检出	
	瓶(袋)装	大肠菌群/(MPN/100g)	30	
		致病菌(沙门菌、志贺菌、金黄色葡萄球菌)	不得检出	
酱油		菌落总数/(cfu/mL)	30000	GB 2717—2003
		大肠菌群/(MPN/100mL)	30	
		致病菌(沙门菌、金黄色葡萄球菌、志贺菌)	不得检出	
酱		大肠菌群/(MPN/100g)	30	GB 2718—2014
		致病菌(沙门菌、金黄色葡萄球菌、志贺菌)	不得检出	
食醋		菌落总数/(cfu/mL)	10000	GB 2719—2003
		大肠菌群/(MPN/100mL)	3	
		致病菌(沙门菌、金黄色葡萄球菌、志贺菌)	不得检出	

续表

产　品	其他信息	微生物项目	限量指标	备　注
酱卤肉	烧烤肉、肴肉、肉灌肠	菌落总数/(cfu/g)	50000	GB 2726—2005
	酱卤肉		80000	
	熏煮火腿、其他熟肉制品		30000	
	肉松、油酥肉松、肉粉松		30000	
	肉干、肉脯、肉糜脯、其他熟肉干制品		10000	
	肉灌肠	大肠杆菌/(MPN/100g)	30	
	烧烤肉、熏煮火腿、其他熟肉制品		90	
	肴肉、酱卤肉		150	
	肉松、油酥肉松、肉松粉		40	
	肉干、肉脯、肉糜脯、其他熟肉干制品		30	
		致病菌(沙门菌、金黄色葡萄球菌、志贺菌)	不得检出	
蛋制品	巴氏杀菌冰全蛋	菌落总数/(cfu/g)	5000	GB 2749—2003
	冰蛋黄、冰蛋白		1000000	
	巴氏杀菌全蛋粉		10000	
	蛋黄粉		50000	
	糟蛋		100	
	皮蛋		500	
	巴氏杀菌冰全蛋	大肠菌群/(MPN/100g)	1000	
	冰蛋黄、冰蛋白		1000000	
	巴氏杀菌全蛋粉		90	
	蛋黄粉		40	
	糟蛋		30	
	皮蛋		30	
		致病菌(沙门菌、志贺菌)	不得检出	
发酵酒	鲜啤酒	菌落总数/(cfu/mL)	—	GB 2758—2012
		大肠菌群/(MPN/100mL)	3	
		致病菌(沙门菌、志贺菌、金黄色葡萄球菌)	不得检出	
	生啤酒、熟啤酒	菌落总数/(cfu/mL)	50	
		大肠菌群/(MPN/100mL)	3	
		致病菌(沙门菌、志贺菌、金黄色葡萄球菌)	不得检出	
	黄酒	菌落总数/(cfu/mL)	50	
		大肠菌群/(MPN/100mL)	3	
		致病菌(沙门菌、志贺菌、金黄色葡萄球菌)	不得检出	
	葡萄酒、果酒	菌落总数/(cfu/mL)	50	
		大肠菌群/(MPN/100mL)	3	
		致病菌(沙门菌、志贺菌、金黄色葡萄球菌)	不得检出	
冷冻饮品	含乳蛋白冷冻饮品	菌落总数/(cfu/mL)	25000	GB 2759.1—2003
		大肠菌群/(MPN/100mL)	450	
		致病菌(沙门菌、志贺菌、金黄色葡萄球菌)	不得检出	
	含豆类冷冻饮品	菌落总数/(cfu/mL)	20000	
		大肠菌群/(MPN/100mL)	450	
		致病菌(沙门菌、志贺菌、金黄色葡萄球菌)	不得检出	

续表

产　品	其他信息	微生物项目	限量指标	备　注
冷冻饮品	含淀粉或果类冷冻饮品	菌落总数/(cfu/mL)	3000	GB 2759.1—2003
		大肠菌群/(MPN/100mL)	100	
		致病菌(沙门菌、志贺菌、金黄色葡萄球菌)	不得检出	
	食用冰块	菌落总数/(cfu/mL)	100	
		大肠菌群/(MPN/100mL)	6	
		致病菌(沙门菌、志贺菌、金黄色葡萄球菌)	不得检出	
碳酸饮料		菌落总数/(cfu/mL)	100	GB 2759.2—2003
		大肠菌群/(MPN/100mL)	6	
		霉菌/(cfu/mL)	10	
		酵母/(cfu/mL)	10	
		致病菌(沙门菌、志贺菌、金黄色葡萄球菌)	不得检出	
生活饮用水		总大肠菌群/(cfu/100mL)	不得检出	GB 5749—2006
		耐热大肠菌群/(cfu/100mL)	不得检出	
		大肠埃希菌/(cfu/100mL)	不得检出	
		菌落总数/(cfu/mL)	100	
糕点、面包	热加工	菌落总数/(cfu/g)	1500	GB 7099—2003
		大肠菌群/(MPN/100g)	30	
		霉菌计数/(cfu/g)	100	
		致病菌(沙门菌、志贺菌、金黄色葡萄球菌)	不得检出	
	冷加工	菌落总数/(cfu/g)	10000	
		大肠菌群/(MPN/100g)	300	
		霉菌计数/(cfu/g)	150	
		致病菌(沙门菌、志贺菌、金黄色葡萄球菌)	不得检出	
饼干	非夹心饼干	菌落总数/(cfu/g)	750	GB 7100—2003
		大肠菌群/(MPN/100g)	30	
		霉菌计数/(cfu/g)	50	
		致病菌(沙门菌、志贺菌、金黄色葡萄球菌)	不得检出	
	夹心饼干	菌落总数/(cfu/g)	2000	
		大肠菌群/(MPN/100g)	30	
		霉菌计数/(cfu/g)	50	
		致病菌(沙门菌、志贺菌、金黄色葡萄球菌)	不得检出	
固体饮料	蛋白型	菌落总数/(cfu/g)	30000	GB 7101—2003
		大肠菌群/(MPN/100g)	90	
		霉菌/(cfu/g)	50	
		致病菌(沙门菌、志贺菌、金黄色葡萄球菌)	不得检出	
	普通型	菌落总数/(cfu/g)	1000	
		大肠菌群/(MPN/100g)	40	
		霉菌/(cfu/g)	50	
		致病菌(沙门菌、志贺菌、金黄色葡萄球菌)	不得检出	
巧克力		致病菌(沙门菌、志贺菌、金黄色葡萄球菌)	不得检出	GB 9678.2—2014

续表

产　品	其他信息	微生物项目	限量指标	备　注
皮蛋		细菌总数/(个/g)	500	GB/T 9694—2014
		大肠菌群/(个/100 g)	30	
		致病菌(系指沙门菌)	不得检出	
鱼糜制品	即食类	菌落总数/(cfu/g)	3000	GB 10132—2005
		大肠菌群/(MPN/100 g)	30	
		致病菌(沙门菌、志贺菌、金黄色葡萄球菌)	不得检出	
	非即食类	菌落总数/(cfu/g)	50000	
		大肠菌群/(MPN/100 g)	450	
		致病菌(沙门菌、志贺菌、金黄色葡萄球菌)	不得检出	
水产调味品(虾酱、鱼露、虾油、耗油、贻贝油)		菌落总数/(cfu/g)	8000	GB 10133—2014
		大肠菌群/(MPN/100 g)	30	
		致病菌(沙门菌、志贺菌、金黄色葡萄球菌)	不得检出	
腌制生食动物性水产品(蟹糊或蟹酱)		菌落总数/(cfu/g)	5000	GB 10136—2005
		大肠菌群/(MPN/100g)	30	
		致病菌(沙门菌、副溶血性弧菌、志贺菌、金黄色葡萄球菌)	不得检出	
果、蔬罐头		微生物	符合罐头食品商业无菌要求	GB 11671—2003
		番茄酱罐头霉菌(%视野)计数	50	
含乳饮料		菌落总数/(cfu/mL)	10000	GB 11673—2003
		大肠菌群/(MPN/100 mL)	40	
		霉菌/(cfu/mL)	10	
		酵母/(cfu/mL)	10	
		致病菌(沙门菌、志贺菌、金黄色葡萄球菌)	不得检出	
肉类罐头		微生物	符合罐头食品商业无菌要求	GB 13100—2005
熟肉制品	烧烤肉、肴肉、肉灌肠	菌落总数/(cfu/g)	50000	GB 2726—2005
	酱卤肉		80000	
	熏煮火腿、其他熟肉制品		30000	
	肉松、油酥肉松、肉粉松		30000	
	肉干、肉脯、肉糜脯、其他熟肉干制品		10000	
	肉灌肠	大肠杆菌/(MPN/100g)	30	
	烧烤肉、熏煮火腿、其他熟肉制品		90	
	肴肉、酱卤肉		150	
	肉松、油酥肉松、肉松粉		40	
	肉干、肉脯、肉糜脯、其他熟肉干制品		30	
		致病菌(沙门菌、金黄色葡萄球菌、志贺菌)	不得检出	
食糖	白砂糖、绵白糖 赤砂糖	菌落总数/(cfu/g)	100 500	GB 13104—2014
	白砂糖、绵白糖、赤砂糖	大肠菌群/(MPN/100g)	30	
		霉菌/(cfu/g)	25	
		酵母菌/(cfu/g)	10	
		致病菌(沙门菌、志贺菌、金黄色葡萄糖菌、溶血性链球菌)	不得检出	

续表

产　品	其他信息	微生物项目	限量指标	备　注
蜜饯		菌落总数/(cfu/g)	1000	GB 14884—2003
		大肠菌群/(MPN/100g)	30	
		霉菌/(cfu/g)	50	
		致病菌(沙门菌、志贺菌、金黄色葡萄糖菌)	不得检出	
辐照熟畜禽肉类	出厂	菌落总数/(个/g)	500	GB 14891.1—1997
		大肠菌群/(MPN/100g)	30	
		致病菌	不得检出	
	销售	菌落总数/(cfu/g)	50000	
		大肠菌群/(MPN/100g)	30	
		致病菌(沙门菌、志贺菌、金黄色葡萄糖菌)	不得检出	
辐照花粉		菌落总数/(个/g)	100	GB 14891.2—1994
		大肠菌群/(个/100g)	30	
		霉菌数/(个/g)	100	
		致病菌(系指肠道致病菌和致病性球菌)	不得检出	
辐照干果果脯类		菌落总数/(个/g)	750	GB 14891.3—1997
		大肠菌群/(MPN/100g)	30	
		致病菌	不得检出	
辐照香辛料类		菌落总数/(个/g)	100	GB 14891.4—1997
		大肠菌群/(MPN/100g)	30	
		霉菌计数/(个/g)	100	
		致病菌	不得检出	
鱼类罐头		微生物	符合罐头食品商业无菌要求	GB 14939—2005
胶原蛋白肠衣		大肠菌群/(个/100g)	30	GB 14967—1994
		霉菌数/(个/g)	50	
		致病菌(沙门菌、志贺菌)	不得检出	
人造奶油		菌落总数/(cfu/g)	200	GB 15196—2003
		大肠菌群/(MPN/100g)	30	
		霉菌/(cfu/g)	50	
		致病菌(沙门菌、志贺菌、金黄色葡萄球菌)	不得检出	
淀粉糖		菌落总数/(cfu/g)	3000	GB 15203—2014
		大肠菌群/(MPN/100g)	30	
		致病菌(沙门菌、志贺菌、金黄色葡萄球菌)	不得检出	
植物蛋白饮料		菌落总数/(cfu/mL)	100	GB 16322—2003
		大肠菌群/(MPN/100mL)	3	
		霉菌和酵母/(cfu/mL)	20	
		致病菌(沙门菌、志贺菌、金黄色葡萄球菌)	不得检出	
干果食品	葡萄干 柿饼	致病菌(沙门菌、志贺菌、金黄色葡萄球菌)	不得检出	GB 16325—2005
动物性水产干制品		菌落总数/(cfu/g)	30000	GB 10144—2005
		大肠菌群/(MPN/100g)	30	
		致病菌(沙门菌、金黄色葡萄球菌、志贺菌、副溶血性弧菌)	不得检出	

续表

产品	其他信息	微生物项目	限量指标	备注
油炸小食品		菌落总数/(cfu/g)	1000	GB 16565—2003
		大肠菌群/(MPN/100g)	30	
		致病菌(沙门菌、金黄色葡萄球菌、志贺菌)	不得检出	
保健(功能)食品	液态产品，蛋白质≥1%	菌落总数/(cfu/g 或 cfu/mL)	1000	GB 16740—2014
		大肠菌群/(MPN/100g，或 MPN/100mL)	40	
		霉菌/(cfu/g 或 cfu/mL)	10	
		酵母/(cfu/g 或 cfu/mL)	10	
		致病菌	不得检出	
	液态产品，蛋白质<1%	菌落总数/(cfu/g 或 cfu/mL)	100	
		大肠菌群/(MPN/100g，或 MPN/100mL)	6	
		霉菌/(cfu/g 或 cfu/mL)	10	
		酵母/(cfu/g 或 cfu/mL)	10	
		致病菌	不得检出	
	固态或半固态产品，蛋白质≥4%	菌落总数/(cfu/g 或 cfu/mL)	30000	
		大肠菌群/(MPN/100g，或 MPN/100mL)	90	
		霉菌/(cfu/g 或 cfu/mL)	25	
		酵母/(cfu/g 或 cfu/mL)	25	
		致病菌	不得检出	
	固态或半固态产品，蛋白质<4%	菌落总数/(cfu/g 或 cfu/mL)	1000	
		大肠菌群/(MPN/100g，或 MPN/100mL)	40	
		霉菌/(cfu/g 或 cfu/mL)	25	
		酵母/(cfu/g 或 cfu/mL)	25	
		致病菌	不得检出	
食用螺旋藻粉		细菌总数/(个/g)	10000	GB/T 16919—1997
		大肠菌群/(个/100g)	90	
		霉菌数/(个/g)	25	
		致病菌(沙门菌、金黄色葡萄球菌、志贺菌)	不得检出	
瓶(桶)装饮用纯净水		菌落总数/(cfu/mL)	20	GB 19298—2014
		大肠菌群/(MPN/100mL)	3	
		霉菌和酵母/(cfu/mL)	不得检出	
		致病菌(沙门菌、志贺菌、金黄色葡萄球菌)	不得检出	
食品工业用浓缩果蔬汁(浆)		菌落总数/(cfu/mL)	1000	GB 17325—2005
		大肠菌群/(MPN/100mL)	30	
		霉菌/(cfu/mL)	20	
		酵母/(cfu/mL)	20	
		致病菌(沙门菌、志贺菌、金黄色葡萄球菌)	不得检出	
胶基糖果		菌落总数/(cfu/g)	500	GB 17399—2003
		大肠菌群/(MPN/100g)	30	
		霉菌/(cfu/g)	20	
		致病菌(沙门菌、志贺菌、金黄色葡萄球菌)	不得检出	

续表

产品	其他信息	微生物项目	限量指标	备注
方便面	面块	菌落总数/(cfu/g)	1000	GB 17400—2003
		大肠菌群/(MPN/100g)	30	
		致病菌(沙门菌、金黄色葡萄球菌、志贺菌)	不得检出	
	面块和调料	菌落总数/(cfu/g)	50000	
		大肠菌群/(MPN/100g)	150	
		致病菌(沙门菌、金黄色葡萄球菌、志贺菌)	不得检出	
膨化食品		菌落总数/(cfu/g)	10000	GB 17401—2014
		大肠菌群/(MPN/100g)	90	
		致病菌(沙门菌、志贺菌、金黄色葡萄球菌)	不得检出	

附录六 中国部分食品安全标准微生物限量规定

1. GB 10765—2010 婴儿配方食品微生物限量

项目	采样方案[①]及限量(若非指定,均以 cfu/g 或 cfu/mL 表示)				检验方法
	n❶	c❶	m❶	M❶	
菌落总数[②]	5	2	1000	10000	GB 4789.2
大肠菌群	5	2	10	100	GB 4789.3 平板计数法
金黄色葡萄球菌	5	2	10	100	GB 4789.10 平板计数法
阪崎肠杆菌[③]	3	0	0/100g	—	GB 4789.40 计数法
沙门菌	5	0	0/25g	—	GB 4789.4

① 样品的分析及处理按 GB 4789.1 和 GB 4789.18 执行。

② 不适用于添加活性菌种(好氧和兼性厌氧益生菌)的产品[产品中活性益生菌的活菌数应≥10^6 cfu/g(mL)]。

③ 仅适用于供 0~6 月龄婴儿食用的配方食品。

2. GB 10769—2010 婴幼儿谷类辅助食品微生物限量

项目	采样方案[①]及限量(若非指定,均以 cfu/g 或 cfu/mL 表示)				检验方法
	n	c	m	M	
菌落总数[②]	5	2	1000	10000	GB 4789.2
大肠菌群	5	2	10	100	GB 4789.3 平板计数法
沙门菌	5	0	0/25g	—	GB 4789.4

① 样品的分析及处理按 GB 4789.1 执行。

② 不适用于婴幼儿生制类谷物辅助食品和添加活性菌种(好氧和兼性厌氧益生菌)的产品[产品中活性益生菌的活菌数应≥10^6 cfu/g(mL)]。

3. GB 10767—2010 较大婴儿和幼儿配方食品(包括婴幼儿辅助食品苹果泥、胡萝卜泥、肉泥、骨泥、鸡肉菜糊和番茄汁)微生物限量

项目	采样方案[①]及限量(若非指定,均以 cfu/g 或 cfu/mL 表示)				检验方法
	n	c	m	M	
菌落总数[②]	5	2	1000	10000	GB 4789.2
大肠菌群	5	2	10	100	GB 4789.3 平板计数法
沙门菌	5	0	0/25g	—	GB 4789.4

① 样品的分析及处理按 GB 4789.1 和 GB 4789.18 执行。

② 不适用于添加活性菌种(好氧和兼性厌氧益生菌)的产品[产品中活性益生菌的活菌数应≥10^6 cfu/g(mL)]。

---

❶ n 表示同一批次产品应采集的样品件数;c 表示最大可允许超出 m 值的样品数;m 表示微生物指标可接受水平的限量值;M 表示微生物指标的最高安全限量值。

4. GB 11674—2010 乳清粉和乳清蛋白粉微生物限量

项 目	采样方案①及限量(若非指定,均以 cfu/g 表示)				检 验 方 法
	n	c	m	M	
金黄色葡萄球菌	5	2	10	100	GB 4789.10 平板计数法
沙门菌	5	0	0/25g	—	GB 4789.4

① 样品的分析及处理按 GB 4789.1 和 GB 4789.18 执行。

5. GB 13102—2010 炼乳微生物限量

项 目	采样方案①及限量(若非指定,均以 cfu/g 或 cfu/mL 表示)				检 验 方 法
	n	c	m	M	
菌落总数	5	2	30000	100000	GB 4789.2
大肠菌群	5	1	10	100	GB 4789.3 平板计数法
金黄色葡萄球菌	5	0	0/25g(mL)	—	GB 4789.10 定性检验
沙门菌	5	0	0/25g(mL)	—	GB 4789.4

① 样品的分析及处理按 GB 4789.1 和 GB 4789.18 执行。

6. GB 14693—2011 蜂蜜微生物限量

项 目	指 标	检 验 方 法①
菌落总数/(cfu/g)	1000	GB 4789.2
大肠菌群/(MPN/g)	0.3	GB 4789.3
霉菌计数/(cfu/g)	200	GB 4789.15
嗜渗酵母计数/(cfu/g)	200	GB 14963—2011
沙门菌	0/25g	GB 4789.4
志贺菌	0/25g	GB/T 4789.5
金黄色葡萄球菌	0/25g	GB 4789.10

① 样品的分析及处理按 GB 4789.1 执行。

7. GB 19645—2010 巴氏杀菌乳微生物限量

项 目	采样方案①及限量(若非指定,均以 cfu/g 或 cfu/mL 表示)				检 验 方 法
	n	c	m	M	
菌落总数	5	2	50000	100000	GB 4789.2
大肠菌群	5	2	1	5	GB 4789.3 平板计数法
金黄色葡萄球菌	5	0	0/25g(mL)	—	GB 4789.10 定性检验
沙门菌	5	0	0/25g(mL)	—	GB 4789.4

① 样品的分析及处理按 GB 4789.1 和 GB 4789.18 执行。

8. GB 19646—2010 稀奶油、奶油和无水奶油微生物限量

项 目	采样方案①及限量(若非指定,均以 cfu/g 或 cfu/mL 表示)				检 验 方 法
	n	c	m	M	
菌落总数②	5	2	10000	100000	GB 4789.2
大肠菌群	5	2	10	100	GB 4789.3 平板计数法
金黄色葡萄球菌	5	1	10	100	GB 4789.10 平板计数法
沙门菌	5	0	0/25g(mL)	—	GB 4789.4
霉菌	90				GB 4789.15

① 样品的分析及处理按 GB 4789.1 和 GB 4789.18 执行。

② 不适用于以发酵稀奶油为原料的产品。

9. GB 5420—2010 干酪微生物限量

项目	采样方案[a]及限量(若非指定,均以 cfu/g 表示)				检验方法
	n	*c*	*m*	*M*	
大肠菌群	5	2	100	1000	GB 4789.3 平板计数法
金黄色葡萄球菌	5	2	100	1000	GB 4789.10 平板计数法
单核细胞增生李斯特菌	5	0	0/25g	—	GB 4789.30
霉菌、酵母[b]	50				GB 4789.15

[a]样品的分析及处理按 GB 4789.1 和 GB 4789.18 执行

[b] 不适用于霉菌成熟干酪。

10. GB 10770—2010 婴幼儿罐装辅助食品微生物限量

项目	采样方案[a]及限量(若非指定,均以 cfu/g 表示)	检验方法
霉菌(视野)/%	40	GB 4789.15

[a]样品的分析及处理按 GB 4789.1。

11. GB 19301—2010 婴幼儿罐装辅助食品微生物限量

项目	限量/[cfu/g(mL)]	检验方法
菌落总数	2×10^6	GB 4789.2

12. GB 19302—2010 发酵乳微生物限量

项目	采样方案[a]及限量(若非指定,均以 cfu/g 表示)				检验方法
	n	*c*	*m*	*M*	
大肠菌群	5	2	1	5	GB 4789.3 平板计数法
金黄色葡萄球菌	5	0	0/25g	—	GB 4789.10 定性检验
沙门菌	5	0	0/25g	—	GB 4789.4
酵母	100				GB 4789.15
霉菌	30				

[a]样品的分析及处理按 GB 4789.1 和 GB 4789.18 执行。

13. GB 19644—2010 乳粉微生物限量

项目	采样方案[a]及限量(若非指定,均以 cfu/g 表示)				检验方法
	n	*c*	*m*	*M*	
菌落总数[b]	5	2	50000	200000	GB 4789.2
大肠菌群	5	1	10	100	GB 4789.3 平板计数法
金黄色葡萄球菌	5	2	10	100	GB 4789.10 平板计数法
沙门菌	5	0	0/25g	—	GB 4789.4

[a]样品的分析及处理按 GB 4789.1 和 GB 4789.18 执行。

[b] 不适用于添加活性菌种(好氧和兼性厌氧益生菌)的产品。

14. GB 25191—2010 调制乳微生物限量

项目	采样方案[a]及限量(若非指定，均以 cfu/g 或 cfu/mL 表示)				检验方法
	n	*c*	*m*	*M*	
菌落总数	5	2	50000	100000	GB 4789.2
大肠菌群	5	2	1	5	GB 4789.3 平板计数法
金黄色葡萄球菌	5	0	0/25g(mL)	—	GB 4789.10 定性检测
沙门菌	5	0	0/25g(mL)	—	GB 4789.4

[a]样品的分析及处理按 GB 4789.1 和 GB 4789.18 执行。

附录七　实验室意外事故的处理

1. 火险

立刻关闭电门、煤气，使用灭火器，沙土和湿布灭火，酒精、乙醚或汽油等着火使用灭火器或沙土、湿布覆盖，慎勿以水灭火；衣服着火可就地或靠墙滚转。

2. 破伤

先除尽外物，用蒸馏水洗净，涂以碘酒或红汞。

3. 火伤

可涂 5%鞣酸、2%苦味酸或苦味酸铵苯甲酸丁酯油膏，或龙胆紫液等。

4. 灼伤

(1) 强酸、溴、氯、磷等酸性药品的灼伤　先以大量清水冲洗，再用 5%重碳酸钠或氢氧化铵溶液擦洗以中和酸。

(2) 强碱、氢氧化钠、金属钠、钾等碱性药品的灼伤　先以大量清水冲洗，再用 5%硼酸溶液或醋酸冲洗以中和碱。以浓酒精擦洗。

(3) 眼灼伤　眼为碱伤，以 5%硼酸溶液冲洗，然后于滴入橄榄油或液体石蜡 12 滴以滋润之。眼为酸伤，以 5%重碳酸钠溶液冲洗，然后再滴入橄榄油或液体石蜡 12 滴以滋润之。

5. 食入腐蚀性物质

(1) 食入酸　立即以大量清水漱口，并服镁乳或牛乳等，勿服催吐药。

(2) 食入碱　立即以大量清水漱口，并服 5%醋酸、食蜡、柠檬汁或油类、脂肪。

6. 吸入菌液

(1) 吸入非致病性菌液　用 40%乙醇漱口，并喝大量烧酒，再服用催吐剂使其吐出。

(2) 吸入致病性菌液　立即大量清水漱口，再以 1∶1000 高锰酸钾溶液漱口。

(3) 吸入葡萄球菌、链球菌、肺炎球菌液　立即以大量热水漱口，再以消毒液 1∶5000 米他芬、3%过氧化氢或 1∶1000 高锰酸钾溶液漱口。

(4) 吸入白喉菌液　经上法处理后，并注射 1000 单位的白喉抗毒素以预防。

(5) 吸入伤寒、霍乱、痢疾、布氏等菌液　经上法处理后，并注射疫菌及抗生素以预防患病。

参 考 文 献

[1] 贾英民. 食品微生物学. 北京：中国轻工业出版社，2001.

[2] 周奇迹. 农业微生物. 第 2 版. 北京：中国农业出版社，2001.

[3] 牛天贵. 食品微生物学实验技术. 北京：中国农业大学出版社，2002.

[4] [英] 哈瑞根. 食品微生物学实验室手册. 李卫华等译. 第 3 版. 北京：中国轻工业出版社，2004.

[5] 张文志. 新编食品微生物学. 北京：中国轻工业出版社，2004.

[6] 刘慧. 现代食品微生物学实验技术. 北京：中国轻工业出版社，2006.

[7] 周德庆. 微生物学教程. 第 2 版. 北京：高等教育出版社，2002.

[8] 黄秀梨，辛明秀. 微生物学. 第 3 版. 北京：高等教育出版社，2009.

[9] 沈萍. 微生物学. 北京：高等教育出版社，2000.

[10] 于淑萍. 微生物基础. 北京：化学工业出版社，2005.

[11] 陈红霞，李翠华. 食品微生物学及实验技术. 北京：化学工业出版社，2008.

[12] 车文毅，蔡宝亮. 水产品质量检验. 北京：中国计量出版社，2006.

[13] 叶磊，杨学敏. 微生物检测技术. 北京：化学工业出版社，2009.

[14] 魏明奎，段鸿斌. 食品微生物检验技术. 北京：化学工业出版社，2008.

[15] 钱爱东. 食品微生物学. 北京：中国农业出版社，2008.

[16] 赵贵明. 食品微生物实验室工作指南. 北京：中国标准出版社，2005.

[17] 全国认证认可标准化技术委员会. GB/T 27405—2008《实验室质量控制规范　食品微生物检验》理解与实施. 北京：中国标准出版社，2009.

[18] 雷质文. 食品微生物实验室质量管理手册. 北京：中国标准出版社，2006.

[19] 中华人民共和国国家标准 GB 4789.2—2010 食品安全国家标准　食品微生物学检验　菌落总数测定. 中华人民共和国卫生部发布，2010.

[20] 中华人民共和国国家标准 GB 4789.3—2010 食品安全国家标准　食品微生物学检验　大肠菌群计数. 中华人民共和国卫生部发布，2010.

[21] 中华人民共和国国家标准 GB 4789.15—2010 食品安全国家标准　食品微生物学检验　霉菌和酵母计数. 中华人民共和国卫生部发布，2010.

[22] 中华人民共和国国家标准 GB 4789.4—2010 食品安全国家标准　食品微生物学检验　沙门氏菌检验. 中华人民共和国卫生部发布，2010.

[23] 中华人民共和国国家标准 GB 4789.10—2010 食品安全国家标准　食品微生物学检验　金黄色葡萄球菌检验. 中华人民共和国卫生部发布，2010.

[24] 中华人民共和国国家标准 GB 4789.35—2010 食品安全国家标准　食品微生物学检验　乳酸菌检验. 中华人民共和国卫生部发布，2010.

[25] 中华人民共和国国家标准 GB 4789.26—2013 食品安全国家标准　食品微生物学检验　商业无菌检验. 国家卫生和计划生育委员会发布，2013.

[26] 中华人民共和国国家标准 GB 4789.30—2010 食品安全国家标准　食品微生物学检验　单核细胞增生李斯特氏菌检验. 中华人民共和国卫生部发布，2010.

[27] 中华人民共和国国家标准 GB 4789.5—2012 食品安全国家标准　食品微生物学检验　志贺氏菌检验. 中华人民共和国卫生部发布，2012.

[28] 中华人民共和国国家标准 GB/T 4789.6—2013 食品卫生微生物学检验　致泻大肠埃希氏菌检验. 中华人民共和国卫生部　中国国家标准化管理委员会发布，2003.

[29] 中华人民共和国国家标准 GB 4789.7—2013 食品安全国家标准　食品微生物学检验　副溶血性弧菌检验. 国家卫生和计划生育委员会发布，2013.

[30] 李洪，龚涛，达永淑等. 探讨影响大肠菌群快速纸片法的因素. 职业卫生与病伤，2002，17 (3)：198-199.

[31] 陈广全，张惠媛，饶红等. 电阻抗法检测食品中沙门氏菌. 食品科学，2001，22 (9)：66-70.

［32］ 张莎，李立，姜卫星等. 琼脂凝胶免疫扩散试验（AGID）在检测珍稀雉类新城疫病毒上的应用. 湖南林业科技，2004，31（1）：445.
［33］ 鲁满新. 现代检测技术在食品安全中的应用. 安徽农业科学，2007，35（21）：6589-6590.
［34］ 郭振泉，郭云昌，刘秀梅. 食源性致病菌检测方法研究进展——分子生物学检测方法. 中国食品卫生杂志，2007，19（2）：153-157.
［35］ 王洪水，侯相山. 基因芯片技术研究进展. 安徽农业科学，2007，35（8）：2241-2243，2245.
［36］ 杜巍. 基因芯片技术在食品检测中的应用. 生物技术通讯，2006，17（2）：296-298.
［37］ 雅梅. 食品微生物检验技术. 第2版. 北京：化学工业出版社，2015.
［38］ 李凤梅. 食品微生物检验. 北京：化学工业出版社，2015.